Léonard Hamburger

Prestataire AMO
Bâtiment et travaux publics

Guide pratique, technique et juridique

Éditions
EYROLLES

ÉDITIONS EYROLLES
61, bd Saint-Germain
75240 Paris Cedex 05
info@eyrolles.com
www.editions-eyrolles.com

Du même auteur chez le même éditeur

Maître d'œuvre Bâtiment. Guide pratique, technique et juridique, 6e édition 2019

Dépôt légal : novembre 2019
Imprimé en Allemagne par BoD

ISBN : 978-2-212-67592-4

Sommaire

Table des matières

CHAPITRE 2. Le cadre réglementaire de l'opération de construction

Introduction

Sept ans après la première parution du *Guide pratique, technique et juridique – Maître d'œuvre Bâtiment*, le présent ouvrage raconte à nouveau la même histoire, mais du point du vue d'un autre personnage : le prestataire AMO.

L'ambition de ce guide est de présenter, à l'attention des jeunes professionnels ou des professionnels en reconversion, un panorama général des métiers de l'assistance à maîtrise d'ouvrage. L'AMO conducteur d'opération est tout particulièrement sous les feux de la rampe, mais les autres membres de la grande famille des AMO ne sont pas oubliés, qu'ils soient AMO financier, AMO juridique, AMO technique, AMO BIM, AMO environnement ou AMO planificateur.

Le *Guide pratique, technique et juridique – Maître d'œuvre Bâtiment*, initialement publié en 2012, avait décrit la grande diversité des aspects du métier de maître d'œuvre, dont l'exercice est pourtant très encadré par les textes.

La diversité des situations auxquelles peut être confronté un AMO conducteur d'opération est bien plus grande encore car, de même que le maître d'ouvrage peut être confronté à une immense diversité de questions, les prestations susceptibles d'être réalisées par le conducteur d'opération sont infiniment variées.

Au-delà du métier de conducteur d'opération, les missions AMO sont d'une diversité déconcertante : toute prestation intellectuelle dans le domaine des projets peut prendre le nom d'assistance à maîtrise d'ouvrage ; il suffit de consulter les références de grands bureaux d'études AMO pour s'en rendre compte.

Ce guide est composé de deux parties :

- Dans la première partie, on trouvera un aperçu du contexte dans lequel s'inscrit la prestation AMO, d'abord le cadre réglementaire de l'opération de construction ou d'aménagement, puis une présentation de deux enjeux très différenciants sur le marché, le BIM et l'environnement.
- La seconde partie se présente comme comme un storyboard du déroulement du projet, du point de vue du prestataire AMO. On y suit le projet à travers neuf étapes successives.

Dans ce guide comme dans notre guide sur la maîtrise d'œuvre, on s'est attaché à toujours citer les *textes sources* à l'origine des prescriptions réglementaires afin de permettre au lecteur de les consulter. D'où les nombreuses notes de bas de page un peu rébarbatives qui permettent au lecteur de prendre connaissance des textes réglementaires, pour creuser davantage les sujets par soi-même et pour être à même de suivre les évolutions réglementaires. La consultation des textes sources est sans aucun doute la clé de la maîtrise du cadre réglementaire.

Il y aura des déceptions, car ce guide n'est en rien exhaustif. Des pans entiers mériteront sans aucun doute d'être ajoutés à l'avenir au présent ouvrage. Fallait-il pour autant priver les jeunes prestataires AMO et les nouveaux prestataires AMO des éléments déjà disponibles ?

Comme tous les membres d'une même famille, le *Guide maîtrise d'œuvre* et le *Guide AMO* présentent des traits communs : on ne s'étonnera donc pas que certains chapitres soient similaires, notamment sur le cadre réglementaire, commun à ces deux professions.

Les AMO techniques à la recherche d'indications plus détaillées sur l'ingénierie de la construction (sécurité incendie, structure, électricité, CVC) et sur les processus de production des études pourront consulter le *Guide maîtrise d'œuvre*.

Dernières évolutions réglementaires

La réglementation du bâtiment et des travaux publics est en permanente évolution. La présente édition ambitionne d'être totalement à jour des évolutions réglementaires au 1er octobre 2019, sur les sujets évoqués.

Elle prend par exemple en compte l'impact :

- du nouveau Code de la commande publique qui a remplacé le Code des marchés publics ;
- de la loi Elan ;
- de la loi Essoc,

ainsi que l'évolution de la réglementation thermique vers une réglementation thermique et environnementale.

Remerciements

Un immense merci à Marc Jammet, Jean-Louis Liennard, Vanessa Deslances et Lionel Auvergne sans qui cette publication n'aurait pas été possible.

PARTIE 1

Cadre réglementaire et enjeux des projets

CHAPITRE 1

MOA et AMO

Le présent chapitre vise à clarifier le positionnement réciproque du maître d'ouvrage et du prestataire AMO.

1. Pourquoi des AMO?

La mission de maîtrise d'ouvrage, qu'elle soit publique ou privée, ne cesse de se complexifier.

Les facteurs de complexité tiennent tout particulièrement à certaines thématiques:

- les processus achat n'ont cessé de se diversifier, permettant de nouvelles formes d'achat innovant, notamment les marchés globaux; cette diversification, qui témoigne en marchés publics d'une plus grande liberté concédée au maître d'ouvrage, est paradoxalement la source de risques juridiques importants;
- les montages pour l'exploitation des équipements publics sont très complexes juridiquement: délégation de service public, régie directe, concession;
- les intervenants de l'opération sont de plus en plus nombreux;
- le droit de l'environnement s'est considérablement complexifié;
- les règles techniques bâtiment sont elles aussi devenues très complexes:
  - inflation du nombre de pièces à joindre aux dossiers PC (permis de construire),
  - inflation des attestations de fin de chantier,
  - évolution de la réglementation thermique vers une réglementation thermique et environnementale,
  - évolution de la réglementation acoustique.

Les responsabilités qui pèsent sur la maîtrise d'ouvrage sont très lourdes et exigent des compétences dans de nombreuses spécialités, dans un cadre juridique en perpétuelle évolution :

- responsabilité en matière de sécurité des travailleurs sur le chantier [1] ;
- responsabilité en matière de réglementation du travail sur le chantier (prévention du travail au noir, par exemple) ;
- responsabilité en matière de sécurité vis-à-vis des canalisations enterrées [2] ;
- responsabilité vis-à-vis du public, qu'il s'agisse des riverains ou du public d'un ERP (établissement recevant du public) ;
- responsabilité vis-à-vis du respect des réglementations dans l'acte de construire, d'où les attestations de fin de chantier, etc.

La lourdeur de ces responsabilités et la diversité des compétences requises pour y faire face conduisent le maître d'ouvrage à s'entourer de professionnels compétents.

Le maître d'ouvrage fait donc appel à des prestataires AMO, hommes et femmes de l'art capables de lui apporter leur expertise et de défendre ses intérêts dans la complexité du projet, tout en assurant la sécurité juridique des décisions.

2. Typologie des missions d'AMO

Le contenu des prestations AMO n'est pas réglementé, s'agissant d'une famille de prestations très diverses. Pourtant les missions AMO se déroulent dans un environnement très réglementé.

La mission peut porter sur une opération ou un ensemble d'opérations (par exemple, déploiement national d'un concept de boutiques).

On peut distinguer deux grandes familles de prestations AMO : l'AMO conduite d'opération et l'AMO spécialisé.

2.1. L'AMO conduite d'opération

La mission de l'AMO conduite d'opération peut porter globalement sur l'ensemble des sujets relevant de la maîtrise d'ouvrage. Le maître d'ouvrage en titre conserve néanmoins les prises de décisions et les signatures. C'est l'AMO conduite d'opération.

Il peut être hébergé chez le client ou – plus rarement – se dérouler dans les locaux de la société d'AMO. La mission peut aussi être localisée en phase chantier sur le site lui-même.

La mission de l'AMO s'inscrit dans le respect des process propres au maître d'ouvrage. Elle est donc très variable en fonction de chaque maître d'ouvrage.

Une variante de la conduite d'opération : la direction de projet

Les missions de l'AMO direction de projet font référence aux prestations AMO réalisées par un professionnel senior, en capacité de piloter intégralement une opération complexe comme

---

1 En application du Code du travail ; voir plus bas le chapitre sur la phase réalisation.

2 En application du Code de l'environnement ; voir plus bas le chapitre sur les acquisitions de données, le paragraphe sur les réseaux VRD.

le ferait un maître d'ouvrage expérimenté. Le directeur de projet peut même intervenir pour plusieurs maîtres d'ouvrage d'une même opération.

On est donc là face à un paradoxe : de par ses compétences professionnelles, le prestataire est capable d'un grand niveau d'autonomie dans la résolution des problèmes. Mais en tant qu'AMO il ne doit prendre aucune décision structurante sans en référer préalablement au maître d'ouvrage en titre.

2.2. L'AMO spécialisé

L'AMO spécialisé est missionné spécifiquement par le maître d'ouvrage sur un sujet bien délimité ; par exemple, une mission AMO BIM.

La liste de ces missions particulières est longue et ouverte.

À l'extrême, les missions de coordination SPS (sécurité et protection de la santé) et de coordination SSI (système de sécurité incendie) peuvent être considérées comme des missions AMO particulières. Même un géomètre peut être considéré comme assurant une prestation AMO.

Certaines missions AMO sont donc normalisées ou réglementées.

Les prestations d'AMO spécialisé peuvent être réalisées en hébergé ; c'est souvent le cas pour les grands projets avec une organisation « en plateau » avec un AMO planificateur, un AMO technique, un AMO juridique, etc.

3. MOA et AMO en maîtrise d'ouvrage publique : quelques définitions

3.1. Rappel du champ d'application de la loi MOP

La loi MOP, d'où proviennent les définitions ci-dessous, liste les organismes auxquels elle s'applique ; principalement :

- l'État et ses établissements publics ;
- les collectivités territoriales, leurs établissements publics, les syndicats mixtes intercommunaux ; et
- les organismes de sécurité sociale[1].

Les définitions ci-dessous sont donc à strictement parler applicables à ces maîtres d'ouvrage. Par extension, elles sont cependant pertinentes dans un champ bien plus large, y compris en maîtrise d'ouvrage privée.

---

1 Article L2411-1 et L2430-2 du Code de la commande publique.

Point de vigilance

La loi MOP étant maintenant codifiée au sein du Code de la commande publique, on ne devrait plus parler des maîtres d'ouvrage soumis à cette loi, mais des maîtres d'ouvrage *soumis au livre IV* (pour reprendre la terminologie du code[1]).

3.2. La maîtrise d'ouvrage publique

La maîtrise d'ouvrage est la personne morale pour laquelle l'ouvrage est construit. Cette fonction d'intérêt général ne peut être déléguée, sauf dans le cadre d'un mandat ou d'un transfert de maîtrise d'ouvrage, évoqués plus bas.

Les attributions essentielles du maître d'ouvrage d'une opération sont :

- de s'assurer de la faisabilité et de l'opportunité de l'opération ;
- d'identifier le site où sera réalisée l'opération ;
- d'élaborer le programme ;
- de fixer l'enveloppe financière prévisionnelle ;
- de s'assurer du financement de l'opération ;
- de choisir le mode de réalisation de l'opération ; et
- de passer les marchés d'étude et de travaux[2].

Le Code de la commande publique précise que le maître d'ouvrage peut recourir à des tiers selon les modalités suivantes :

- l'assistance à maîtrise d'ouvrage ;
- la conduite d'opération ;
- le mandat de maîtrise d'ouvrage ; et
- le transfert de maîtrise d'ouvrage[3].

3.3. Définition de l'AMO

Le Code de la commande publique prévoit que le maître d'ouvrage puisse passer des marchés d'assistance à maîtrise d'ouvrage « portant sur un ou plusieurs objets spécialisés, notamment en ce qui concerne tout ou partie de l'élaboration du programme, la fixation de l'enveloppe financière prévisionnelle de l'opération ou le conseil spécialisé dans un domaine technique, financier, juridique ou administratif »[4].

1 Article L2172-1 du Code de la commande publique.
2 Article L2421-1 du Code de la commande publique.
3 Article L2422-1 du Code de la commande publique.
4 Article L2422-2 du Code de la commande publique.

3.4. La conduite d'opération, un cas particulier de prestation AMO

La conduite d'opération est définie comme « une assistance générale à caractère administratif, financier et technique » [1].

Il s'agit donc d'une mission AMO généraliste et pluridisciplinaire, portant sur l'ensemble des problématiques auxquelles peut être confrontée la maîtrise d'ouvrage.

Elle est incompatible avec toute mission de maîtrise d'œuvre ou de contrôle technique sur la même opération.

Par extension, le terme de conducteur d'opération peut aussi désigner un salarié du maître d'ouvrage, qui n'est donc pas un AMO.

3.5. Le mandat de maîtrise d'ouvrage

Le maître d'ouvrage peut confier ses attributions à un *mandataire*, aussi appelé *maître d'ouvrage délégué* (MOAD).

3.5.1. Les responsabilités du maître d'ouvrage délégué

La mission est associée à un programme et à une enveloppe financière définis préalablement.

Le maître d'ouvrage délégué agit au nom du maître d'ouvrage et pour son compte.

Il peut notamment :

- définir les modalités de réalisation du projet ;
- attribuer la mission de maîtrise d'œuvre et la piloter ;
- piloter l'attribution des marchés publics de travaux, et suivre leur exécution ;
- assurer le paiement des factures ; et
- réceptionner l'ouvrage.

Toutefois le mandataire doit soumettre au maître d'ouvrage pour validation *a minima* :

- l'AVP ; et
- la décision de réception de l'ouvrage.

3.5.2. Quelques caractéristiques de la maîtrise d'ouvrage déléguée

Le mandataire est *personnellement* tenu à l'exécution de ses missions.

Les règles achat applicables au maître d'ouvrage sont applicables telles quelles au maître d'ouvrage délégué.

Le maître d'ouvrage délégué représente réellement le maître d'ouvrage ; il peut même le représenter en justice si le mandat l'autorise [2].

1 Article. L2422-3 du Code de la commande publique.
2 Article L2422-5 et suivants du Code de la commande publique.

3.5.3. Contenu du contrat de mandat

Le contrat de mandat doit comporter obligatoirement certaines informations :

« 1° L'ouvrage qui fait l'objet du contrat, les attributions confiées au mandataire, les conditions dans lesquelles le maître d'ouvrage constate l'achèvement de la mission du mandataire, le cas échéant les modalités de la rémunération de ce dernier, les pénalités qui lui sont applicables en cas de méconnaissance de ses obligations et les conditions dans lesquelles le contrat peut être résilié ;

2° Le mode de financement de l'ouvrage ainsi que les conditions dans lesquelles le maître d'ouvrage fera l'avance de fonds nécessaires à l'exécution du contrat ou remboursera les dépenses exposées pour son compte et préalablement définies ;

3° Les modalités du contrôle technique, financier et comptable exercé par le maître d'ouvrage aux différentes phases de l'opération ;

4° Les conditions dans lesquelles l'approbation des études d'avant-projet et la réception de l'ouvrage sont subordonnées à l'accord préalable du maître d'ouvrage. (...)

5° Les conditions dans lesquelles le mandataire peut agir en justice pour le compte du maître d'ouvrage. »

3.6. Différence entre l'AMO et le mandat de maîtrise d'ouvrage

La différence entre mandat et AMO est importante : le mandataire, dans les limites de son mandat, prend des décisions, signe des documents, et peut même représenter le maître d'ouvrage en justice.

L'AMO, bien au contraire, ne doit prendre aucune décision sans validation du maître d'ouvrage. Il ne signe aucun document. C'est en quelque sorte un conseil.

3.7. Le transfert de maîtrise d'ouvrage

La présence d'une co-maîtrise d'ouvrage sur un projet est un facteur important de complexité ; il est donc souhaitable de l'éviter si possible.

Lorsqu'un projet comporte plusieurs maîtres d'ouvrage, ceux-ci peuvent désigner par convention l'un d'entre eux pour assurer la maîtrise d'ouvrage unique du projet.

C'est le principe du *transfert de maîtrise d'ouvrage*[1].

4. Définitions en marchés privés

4.1. Le maître d'ouvrage en marchés privés

En marchés privés, la notion de maîtrise d'ouvrage n'est pas définie aussi précisément qu'en marchés publics :

---

1 Article L2422-12 du Code de la commande publique.

- en matière de permis de construire le Code de l'urbanisme cite le *demandeur*;
- le Code du travail cite les *obligations du maître d'ouvrage pour la conception des lieux de travail*;
- le Code civil cite le *maître ou l'acquéreur de l'ouvrage*[1] ;
- le Code de la construction ne cite apparemment pas le maître d'ouvrage; il cite seulement les *constructeurs d'ouvrages* et les *propriétaires des établissements*.

4.2. Le mandat de maîtrise d'ouvrage en maîtrise d'ouvrage privée

La maîtrise d'ouvrage déléguée n'est pas officiellement définie par la loi en maîtrise d'ouvrage privée.

Elle obéit donc au droit commun des mandats[2].

Le MOAD n'est normalement pas une entreprise de travaux. Si le MOAD peut assurer quelques prestations matérielles, leur prépondérance entraîne la requalification par les tribunaux en *contrat d'entreprise*. Le MOAD requalifié en constructeur est alors soumis aux garanties légales du Code civil[3].

Le mandat doit donc être rédigé avec soin pour échapper à la requalification en constructeur.

Le mandat de MOA n'entraîne pas de transfert du risque financier vers le MOAD.

Le MOAD n'est pas tenu au respect impératif d'une enveloppe financière, sans quoi le contrat pourrait être requalifié en *contrat de promotion immobilière*, qui fixe le prix global de l'opération[4].

Lorsque le mandat est bien rédigé, le MOAD n'est pas tenu de souscrire une assurance autre que l'assurance responsabilité civile professionnelle. Il n'est en effet pas un *constructeur* au sens du Code civil.

L'AMO en maîtrise d'ouvrage privée

La notion d'AMO du maître d'ouvrage privé n'est pas définie juridiquement. C'est donc le contrat qui le lie à son commanditaire qui fait foi.

5. Répondre à une demande de prestation AMO

Chiffrer une mission AMO nécessite de bien analyser le périmètre d'action tel qu'exprimé par le commanditaire, pour en déduire la proposition de mission la plus adéquate:

- quelles compétences précises sont requises?
- quels livrables seront à produire? Seront-ils à remettre à jour périodiquement?
- une seule personne peut-elle assurer la mission ou plusieurs intervenants sont-ils nécessaires, soit du fait du volume d'activité, soit du fait des compétences requises?

1 Article 1792 du Code civil.
2 Articles 1984 à 2010 du Code civil.
3 Article 1792 et suivants du Code civil.
4 Article 1831-2 du Code civil.

- y a-t-il des points ambigus, dans la demande, à faire clarifier ?
- la mission est-elle hébergée chez le client ?
- si oui, les moyens (informatiques, EPI...) sont-ils fournis par le commanditaire ?
- la mission est-elle rémunérée au forfait (c'est souvent le cas en non hébergé) ou au *prorata* du temps à passer (comme c'est parfois le cas en hébergé) ?
- la prestation demandée est-elle clairement indépendante du périmètre du maître d'œuvre ? Alerter si nécessaire le commanditaire sur ce point pour éviter tout empiétement sur les missions du maître d'œuvre.

Il est important pour un (bureau d'études) AMO de connaître les limites de ses compétences, et de savoir s'entourer des spécialistes nécessaires avec lesquels il collabore régulièrement, en sous-traitance ou cotraitance.

Pour prendre un exemple, un bon AMO ne se lancera pas seul dans une gestion d'ICPE ou de terres polluées s'il n'en a pas la compétence.

6. La déontologie du prestataire AMO

Le prestataire AMO ne peut prendre aucune décision, ni signer aucun document. En tant que conseil, il prépare les décisions du maître d'ouvrage. Suivant la nature de la décision :

- soit la décision à prendre ne fait pas débat, et le maître d'ouvrage se contente de formaliser par sa signature la décision préparée par l'AMO ;
- soit la décision à prendre nécessite une itération entre AMO et maître d'ouvrage, permettant au maître d'ouvrage, éclairé par les conseils techniques de l'AMO, de mûrir sa décision avant qu'elle ne soit actée.

Le prestataire AMO est souvent amené à représenter le maître d'ouvrage au cours de réunions de travail avec des intervenants extérieurs à l'équipe de maîtrise d'ouvrage. Au cours des réunions, le prestataire AMO doit en permanence garder à l'esprit qu'il n'est que le conseil du maître d'ouvrage et qu'il ne doit jamais exprimer devant ses interlocuteurs une décision qui relèverait du maître d'ouvrage.

La qualité du dialogue mis en place avec le maître d'ouvrage et la relation de confiance qu'elle permet d'établir sont évidemment essentielles pour le bon déroulement de la mission.

Le prestataire AMO doit de plus bien maîtriser le périmètre d'action et de responsabilité de son commanditaire, notamment dans les interfaces vis-à-vis d'autres intervenants. Il doit comprendre l'organisation interne du commanditaire et la nature juridique et stratégique de ses relations aux autres intervenants.

CHAPITRE 2

Le cadre réglementaire de l'opération de construction

A. APERÇU GLOBAL DU CADRE RÉGLEMENTAIRE

Le présent chapitre rappelle le contexte global dans lequel s'inscrit la réglementation de l'opération de construction ou d'aménagement.

1. Accéder aux textes

Pour accéder aux textes réglementaires, le plus simple est évidemment de consulter des sites Internet.

Mais sur ce sujet toujours en pleine évolution qu'est la réglementation, il faut se méfier de l'immense majorité des sites Internet, qui comportent très souvent des inexactitudes. En particulier, les pages de « documentation réglementaire », présentes sur les sites Internet des fabricants, sont presque toujours truffées d'erreurs. Même de grands fabricants, tout à fait sérieux et irréprochables sur leur segment d'activité technique, hébergent sur leur site des pages relatives à la réglementation du bâtiment contenant ce type d'inexactitudes ou d'informations périmées.

Autre exemple : récemment encore, on trouvait sur le site www.miqcp.gouv.fr (dont on pourrait supposer qu'il est sérieux, puisque représentant la mission interministérielle pour la qualité des constructions publiques) le « décret concours » et le « décret conception/réalisation », deux textes abrogés en 2008 !

1.1. Légifrance

Le site de Légifrance[1] est bien entendu la référence pour tous les textes officiels. Il a l'avantage d'être gratuit, et d'être la référence la plus fiable, étant l'image du *Journal officiel.*

Il suffit d'entrer la nature du texte recherché (arrêté, décret...) et sa date de signature, puis d'identifier le texte grâce à son titre. Ne pas s'étonner de la quantité importante d'arrêtés existants pour certaines dates: un mot clé du titre, combiné à la date, permet de retrouver l'arrêté cherché.

Attention à bien choisir lors de la consultation la version en vigueur, de nombreux textes ayant été modifiés postérieurement à leur publication. Ces modifications ne changent pas la date de signature initiale par laquelle est désigné le texte officiel: même si un arrêté a été modifié de très nombreuses fois, c'est sa date de signature initiale et son titre qui permettent de trouver dans Légifrance sa version en vigueur.

Ainsi, par exemple, l'arrêté du 25 juin 1980 qui constitue le règlement ERP a été très souvent modifié depuis sa publication, mais il est toujours identifié comme « arrêté du 25 juin 1980 ».

Pour les textes modifiés récemment, on a la possibilité, sur le site de Légifrance, outre la version en vigueur, de consulter une version applicable à une *date future*; c'est cette version future qu'il faut prendre en compte pour connaître les intentions du législateur.

Règle d'or des sources documentaires

N'utiliser pour consulter la réglementation que des sites Internet dont le sérieux ne fait aucun doute, et dont on est sûr qu'ils sont régulièrement tenus à jour, comme Légifrance.

1.2. Nommer correctement les textes

Quand on consulte un arrêté ou un décret sur Légifrance, on tombe parfois sur des textes dont l'objet est de modifier des textes antérieurs ou des articles d'un code. Il faut éviter de citer ce type de texte, que ça soit dans une note d'analyse, dans un cahier des charges, ou dans un marché, par exemple, car le lecteur qui consulte un tel texte n'y trouvera pas directement d'information intéressante. Il est préférable de citer le texte source, celui qui a été modifié.

Ainsi, dans l'exemple ci-dessous, l'article R431-2 du Code de l'urbanisme est modifié par le décret du 14 décembre 2016:

> *« Décret n° 2016-1738 du 14 décembre 2016 relatif à des dispenses de recours à un architecte*
>
> *Le Premier ministre,*
>
> *(...)*
>
> *Décrète :*
>
> *Article 1*
> *A modifié les dispositions suivantes :*
> *Modifie Code de l'urbanisme – art. R431-2*
>
> *(...)*

---

1 https://www.legifrance.gouv.fr/

Article 3
A modifié les dispositions suivantes :
Abroge Décret n° 77-190 du 3 mars 1977 »

Si l'on veut citer ce texte dans une notice ou dans un courrier, il vaut mieux citer l'article R431-2 du Code de l'urbanisme et non pas le décret du 14 décembre 2016.

2. Bases sur la hiérarchie des normes en droit français

Il est important de comprendre les différences de statuts entre les textes, et leur priorité respective.

2.1. La pyramide du droit

Pour mémoire, les textes établissant le droit français sont constitués de différentes strates, chaque strate inférieure respectant les principes édictés par les strates supérieures.

Les *lois* sont votées par le Parlement. Elles ne donnent que des principes généraux.

Les *ordonnances* sont situées entre les lois et les décrets, elles sont prises par le gouvernement dans des matières relevant normalement du domaine de la loi. On parle de *procédure législative déléguée*. Le gouvernement ne peut prendre des ordonnances que s'il y a été autorisé par le Parlement.

Les *décrets* sont signés par le gouvernement. Ils mettent en application les lois.

Les *arrêtés* ministériels sont rédigés par un ou plusieurs ministères, les arrêtés préfectoraux (par exemple, le plan de prévention des risques d'inondation, le règlement sanitaire départemental…) par les services préfectoraux, et les arrêtés municipaux par les maires.

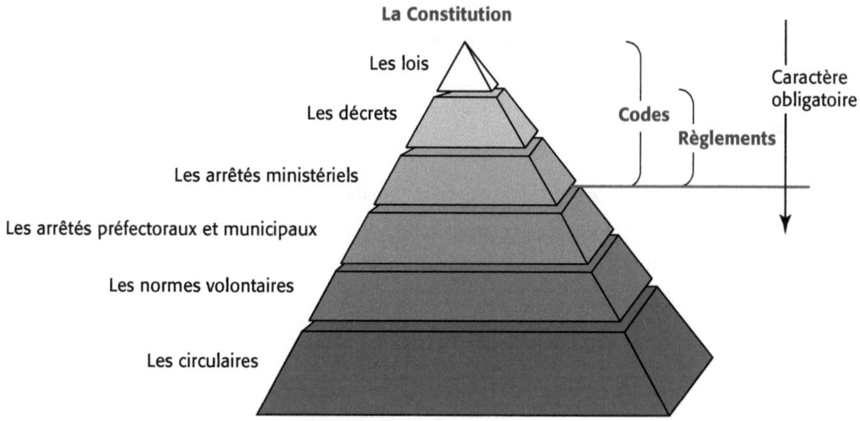

Figure 1 – La pyramide du droit en France : les principales strates qui peuvent concerner l'AMO.

La majeure partie de la réglementation applicable à la construction est constituée par des arrêtés ministériels, qui précisent les conditions techniques d'application des lois et décrets pour la conception et la réalisation des bâtiments.

Les *circulaires* sont des textes internes à l'administration. Ce ne sont pas des textes réglementaires, et elles ne sont pas opposables à des tiers.

2.2. Particularités pour les DROM et les COM (ex-DOM-TOM)

La plupart des textes réglementaires, et notamment les arrêtés ministériels, sont applicables dans les départements et régions d'outre-mer (DROM) : Guadeloupe, Martinique, Guyane, La Réunion et Mayotte (attention toutefois à la réglementation thermique). On parle de *régime d'identité législative.*

Mais dans les collectivités d'outre-mer (COM) il existe des textes particuliers qui diffèrent de la réglementation métropolitaine ; ceci concerne par exemple Saint-Pierre-et-Miquelon et la Polynésie française. On parle de *régime de spécialité législative.*

2.3. Les textes européens

Les textes européens peuvent être de plusieurs natures :

- les *règlements* sont signés par le Conseil européen et sont applicables dans tous les États membres directement, sans transposition ni publication nationale ; exemple : le règlement européen sur les produits de construction ;
- les *directives* fixent pour tous les États membres des objectifs à atteindre, avec un délai de mise en conformité ; une grande partie du droit aujourd'hui applicable en France découle de directives européennes ; exemple : la directive européenne sur la performance énergétique des bâtiments ;
- les *décisions* règlent des cas particuliers et sont d'application obligatoire, pour un nombre limité de destinataires ;
- les *avis*, *recommandations* et *résolutions* ne sont pas d'application obligatoire ; ils ont pour objet de conseiller ou de préparer des actes ultérieurs.

2.4. Les codes

La France a engagé un travail de codification de sa législation, c'est-à-dire de classement de ses lois et décrets sous la forme de codes, ce qui facilite leur consultation [1]. Les articles issus de lois sont repérés par la lettre *L*, les articles issus de règlement par les lettres *R* ou *D*. Les codes sont consultables sur Légifrance.

Que trouve-t-on dans les codes, qui puisse intéresser l'AMO ?

1 Les codes sont consultables sur Légifrance, rubrique « Codes ».

Le Code de l'urbanisme

On y trouve la réglementation relative aux autorisations et règles d'urbanisme :

- permis de construire ;
- déclaration préalable ;
- lotissements ;
- plan local d'urbanisme (PLU) ;
- zone d'aménagement concerté (ZAC), etc.

Voir plus bas le chapitre consacré au droit de l'urbanisme et aux autorisations administratives.

Le Code du travail

On y trouve un chapitre important regroupant les règles à respecter pour la conception des établissements recevant des travailleurs (ERT). Bizarrerie réglementaire, certaines prescriptions applicables aux projets figurent au chapitre du code relatif à l'*exploitation* des ERT.

Le Code de la construction et de l'habitation

On y trouve de nombreuses prescriptions relatives à la construction sous son aspect juridique :

- responsabilité, assurances ;
- en matière technique (isolation thermique, isolation acoustique, sécurité incendie, ventilation), seuls de grands principes généraux y figurent, à l'intérêt assez limité ;
- obligations génériques très diverses, allant des espaces de stationnement aux raccordements fibres optiques, en passant par l'acoustique ;
- accessibilité aux personnes handicapées : prescriptions générales suivant la nature des bâtiments ;
- statuts et règles applicables aux sociétés de construction et promoteurs immobiliers ;
- aides financières de l'État ;
- organismes HLM, etc.

Le Code de la commande publique

Ce nouveau texte fondamental, qui a remplacé l'ancien Code des marchés publics, décrit les procédures que doivent respecter les acheteurs de la sphère publique pour leurs achats, qu'il s'agisse d'achats de travaux, de prestations intellectuelles ou de fournitures.

Point de vigilance

L'ancien Code des marchés publics a été abrogé par la réforme de l'achat public de 2015.

Le Code de la santé publique

On y trouve quelques points utiles :

- sur les eaux destinées à la consommation humaine ;
- sur le radon dans les bâtiments ;
- sur le risque plomb ;
- sur le risque amiante.

Le Code de l'environnement

On y trouve notamment :

- les dispositions relatives aux ICPE ;
- les précautions à prendre vis-à-vis des fluides frigorigènes ;
- certaines contraintes imposées aux installations géothermiques ;
- la loi sur l'eau ;
- les dispositions relatives à la prévention du risque sismique ;
- les règles relatives au guichet unique Réseaux et Canalisations institué par la réforme anti-endommagement.

Le Code du patrimoine

On trouve au livre VI du Code du patrimoine l'ensemble des règles relatives à la protection du patrimoine bâti, ainsi que le rôle des architectes des bâtiments de France et des architectes des monuments historiques.

La protection des monuments historiques remonte essentiellement à la loi du 31 décembre 1913 sur les monuments historiques, dont certains articles sont toujours en vigueur (une loi de 1887 fixait cependant déjà des critères et des procédures de classement).

Un immeuble protégé au titre des monuments historiques peut être soit *classé* (pour les immeubles les plus intéressants), soit *inscrit.*

Point de vigilance

Attention, on ne doit plus parler d'« inventaire supplémentaire des monuments historiques » depuis 2005 ; on parle simplement maintenant d'« inscription au titre des monuments historiques ».

Les propriétaires d'un immeuble classé ou inscrit peuvent bénéficier d'un service d'assistance à maîtrise d'ouvrage gratuit, assuré par la direction régionale des affaires culturelles (DRAC). Ils peuvent aussi bénéficier de subventions.

Le Code civil

On y trouve les règles de base relatives aux limites mitoyennes entre propriétés, règles datant initialement de 1804 :

- question des murs mitoyens, fossés et clôtures mitoyennes[1], ainsi que de leur entretien ; distances des plantations aux limites mitoyennes ;
- question des vues sur le voisin mitoyen : distances minimales à respecter pour les vues droites et les vues obliques (ces règles ne s'appliquent pas vis-à-vis du domaine public).[2]

Du fait de l'ancienneté du texte, de nombreux articles ont un charme suranné, par exemple :

> *« Dans les villes et les campagnes, tout mur servant de séparation entre bâtiments jusqu'à l'héberge, ou entre cours et jardin, et même entre enclos dans les champs, est présumé mitoyen s'il n'y a titre ou marque du contraire.*

---

1 Articles 653 à 673 du Code civil.
2 Articles 675 à 680 du Code civil.

Il y a marque de non-mitoyenneté lorsque la sommité du mur est droite et à plomb de son parement d'un côté, et présente de l'autre un plan incliné.

Lors encore qu'il n'y a que d'un côté ou un chaperon ou des filets et corbeaux de pierre qui y auraient été mis en bâtissant le mur. »[1]

Le Code de la propriété intellectuelle

On y trouve les notions de droit d'auteur, qui peuvent concerner un projet architectural.

Le Code général des collectivités territoriales

On y trouve toutes les règles à respecter par les collectivités territoriales, par exemple les domaines de compétences, le régime juridique des actes, la gestion des services publics locaux, la gestion des biens des collectivités territoriales, la comptabilité, les sociétés d'économie mixte locales, les établissements intercommunaux, ainsi que les particularités locales propres à certains territoires.

B. DROIT DE L'URBANISME ET AUTORISATIONS ADMINISTRATIVES

On parle d'*urbanisme réglementaire* pour désigner le cadre réglementaire imposé par le Code de l'urbanisme aux projets.

On parle d'*urbanisme individuel* pour décrire les procédures administratives auxquelles sont soumis les projets, procédures qui constituent les outils de contrôle de l'administration.

Point de vigilance

Le droit de l'urbanisme est un domaine très instable juridiquement. Au cours des 20 dernières années, il a été réformé un nombre incalculable de fois : loi SRU (solidarité et renouvellement urbain), loi Alur (pour l'accès au logement et un urbanisme rénové), ordonnance du 23 septembre 2015 de recodification du Code de l'urbanisme et décret du 28 décembre 2015 qui a totalement réformé le contenu des plans locaux d'urbanisme (PLU).

Rien qu'en 35 mois, de septembre 2015 à juillet 2018, on a pu dénombrer *a minima* 24 textes modifiant la partie du Code de l'urbanisme qui intéresse les AMO : ordonnance du 23 septembre 2015, décret du 28 décembre 2015, décret du 5 janvier 2016, décret du 1er février 2016, décret du 17 mars 2016, décret du 25 mars 2016, décret du 31 mai 2016, loi du 20 juin 2016, loi du 7 juillet 2016, ordonnance du 3 août 2016, loi du 3 août 2016, loi du 8 août 2016, décret du 11 août 2016, décret du 25 novembre 2016, loi du 28 décembre 2016, décret du 26 janvier 2017, loi du 27 janvier 2017, décret du 27 mars 2017, décret du 29 mars 2017, décret du 25 avril 2017, décret du 10 mai 2017, décret du 10 novembre 2017, décret du 27 février 2018 et décret du 17 juillet 2018 ; et encore cette liste ne porte-t-elle que sur les sujets qui nous

---

1 Articles 653/654 du Code civil.

intéressent ici. Cette frénésie législative donne le tournis. On pourrait penser qu'après toutes ces modifications le système a enfin atteint un point d'équilibre et satisfait les pouvoirs publics ; mais un rapport parlementaire de janvier 2017 proposait justement de réformer le droit de l'urbanisme.

On retiendra que, s'il est un domaine dans lequel il est impératif de consulter les textes sources sur Légifrance, c'est bien celui-ci. On veillera aussi sur Légifrance à bien choisir la date d'entrée en vigueur de l'article consulté.

1. Vocabulaire d'urbanisme réglementaire

Les règles d'urbanisme s'appliquent sur tout le territoire français.

1.1. Le règlement national d'urbanisme (RNU)

En 1955 a été instauré le règlement national d'urbanisme [1]. C'est ce règlement qui s'applique dans les communes rurales qui ne se sont pas dotées d'un PLU.

Le RNU contient des règles relatives à la localisation, à l'implantation et à la desserte des constructions.

Ce règlement est souvent considéré comme en partie responsable du mitage des paysages, très consommateur d'espace.

1.1.1. Règles relatives à la localisation des constructions

En application du RNU, certaines parties du territoire ne sont pas constructibles, ou seulement sous certaines conditions, notamment pour des raisons liées à l'hygiène et à la sécurité.

Hygiène : des terrains jouxtant une activité polluante, une activité bruyante ou un élevage industriel sont par exemple inconstructibles. Les services instructeurs apprécient au cas par cas la constructibilité.

Sécurité : des risques naturels ou technologiques rendent inconstructibles des terrains, même en l'absence d'un plan de prévention des risques.

Les espaces naturels sont aussi bien entendu inconstructibles.

Règle d'or dite règle de la constructibilité limitée

Dans le cadre du RNU, cette règle fondamentale édicte qu'il est interdit de construire en dehors des zones déjà urbanisées de la commune. On parle des PAU : les *parties actuellement urbanisées* de la commune. Le texte n'interdit cependant pas la construction dans le prolongement des parties actuellement urbanisées.

Cette règle, issue de la décentralisation (1983), est parfois d'interprétation difficile.

1 Article R111-1 et suivants du Code de l'urbanisme.

La jurisprudence considère par exemple qu'un simple lieu-dit constitué par une maison de maître accompagnée de bâtiments agricoles ne fait pas partie des PAU de la commune, et ses abords restent donc inconstructibles.

Des dérogations à cette règle sont possibles pour l'activité agricole : des bâtiments liés à l'activité agricole peuvent être autorisés, et même l'habitation de l'agriculteur si celui-ci est en mesure de prouver qu'il doit être présent sur place du fait de son activité d'élevage.

Des dérogations sont aussi possibles pour implanter des équipements collectifs.

1.1.2. Règles relatives à la desserte des constructions

Pour être constructible dans le cadre du RNU, le terrain doit être desservi par une *voie routière* et des *réseaux VRD* correspondant à l'importance des constructions projetées.

Il faut aussi que le terrain ait un *accès* depuis la voie routière, accès adapté à la construction projetée. La situation de l'accès au terrain peut rendre ce dernier inconstructible. Pourront par exemple être considérés inconstructibles par le service instructeur des terrains, bien que desservis par une voie routière :

- dont l'accès depuis la voie serait trop étroit ;
- dont l'accès serait dangereux car situé dans un virage avec peu de visibilité ;
- dont l'accès serait dangereux car situé sur un axe à fort trafic rapide.

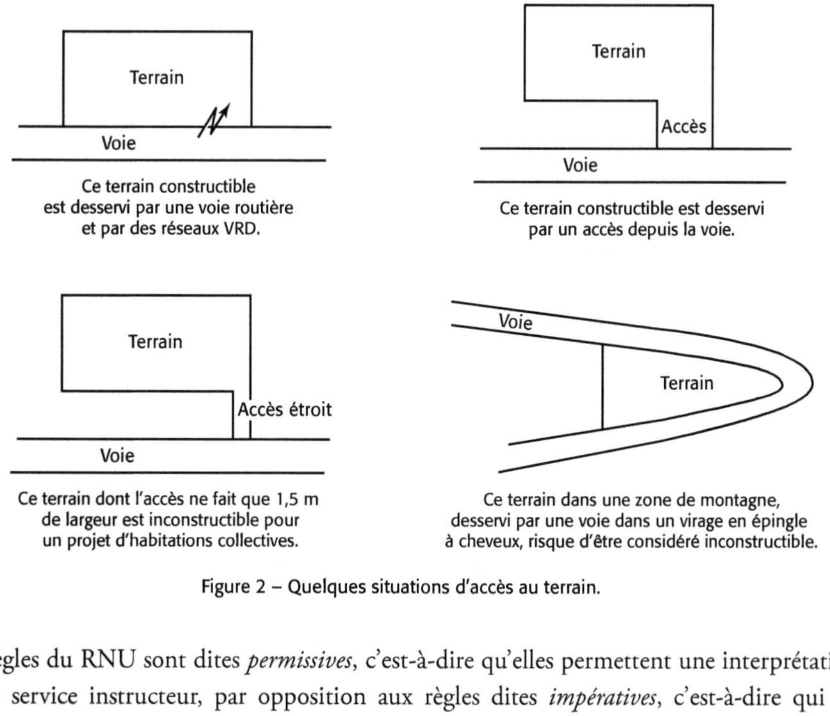

Figure 2 – Quelques situations d'accès au terrain.

Ces règles du RNU sont dites *permissives*, c'est-à-dire qu'elles permettent une interprétation par le service instructeur, par opposition aux règles dites *impératives*, c'est-à-dire qui ne prêtent pas à interprétation.

1.1.3. Règles relatives à l'implantation et au volume des constructions

Le règlement impose des distances de prospect entre bâtiments et par rapport aux voies.

1.1.4. Règles relatives à l'aspect extérieur des constructions

Les services instructeurs peuvent s'opposer à un projet s'ils estiment qu'il peut porter atteinte à l'*intérêt des lieux avoisinants*; règle évidemment assez subjective, qui est précisée par toute une jurisprudence.

Dans l'instruction des demandes de permis, le maire peut déroger à certaines règles du RNU pour des raisons motivées, si la dérogation ne porte pas une atteinte déraisonnable à la règle.

Il est par exemple arrivé que des tours de bureaux soient autorisées en dérogation sur des communes soumises au règlement national d'urbanisme.

1.1.5. Les cartes communales

Dans les communes soumises au RNU, le maire peut instaurer une *carte communale*[1]. Ce document, constitué d'une carte, d'un rapport de présentation et d'annexes éventuelles, divise la commune en zones constructibles et inconstructibles, afin d'éviter tout problème d'interprétation du RNU. Seuls ces deux statuts existent: constructible ou inconstructible, contrairement aux nombreux types de zones figurant dans les PLU.

Règle d'or

Il n'y a pas de règlement local associé à une carte communale, c'est juste une modalité d'application du RNU.

L'élaboration d'une carte communale est souvent préférée au PLU par les communes rurales car elle est beaucoup moins chère à réaliser.

La carte communale peut être partielle ou porter sur tout le territoire de la commune. L'établissement et l'approbation peuvent prendre couramment deux ans, voire plus. Pour mettre en place une carte communale, la commune doit en effet lancer une enquête publique.

La carte communale fait ensuite l'objet d'une double approbation, par le conseil municipal et par le préfet.

Au moment de cette approbation, les compétences en matière d'urbanisme sont transférées: le maire instruit dorénavant au nom de la commune et sous la responsabilité de la commune, alors qu'en l'absence de carte communale, dans le cadre du RNU, le maire instruisait au nom de l'État.

Les communes dotées d'une carte communale peuvent conserver cette organisation sur le long terme et rien ne les oblige à passer un jour en PLU.

Sur le géoportail de l'urbanisme[2], les communes dotées d'une carte communale apparaissent en vert.

---

1 Article R161-1 et suivants du Code de l'urbanisme.

2 www.geoportail-urbanisme.gouv.fr

1.2. Du POS au PLU

En 1967 ont été créés les plans d'occupation des sols (POS). À partir de cette date, le règlement national d'urbanisme ne s'applique plus dans les communes dotées d'un POS.

La loi SRU (solidarité et renouvellement urbain) du 13 décembre 2000 a transformé les POS en plans locaux d'urbanisme (PLU). Le nom a été changé pour insister sur la présence de nouveaux objectifs assignés aux PLU, objectifs qui étaient absents des POS :

- le développement durable et les économies d'énergie ;
- la mixité des usages (habitation versus bureaux) ; et
- la mixité sociale (favoriser le logement social).

Point de vigilance

La loi SRU n'avait pas supprimé les POS existants, mais elle avait prévu que les communes ou intercommunalités n'ayant pas commencé l'élaboration d'un PLU repassent automatiquement au RNU jusqu'à l'approbation d'un PLU ! Ces cas restent rares, car les communes concernées ont initié un PLU pour échapper à cette règle [1]. On retiendra que tous les POS sont donc maintenant caducs.

1.3. RNU *versus* PLU

On a donc deux régimes possibles dans une commune française donnée :

- soit la commune est soumise au RNU (éventuellement avec une carte communale), ce qui est le cas d'environ la moitié des communes françaises ; ce sont des communes rurales, représentant environ 25 % de la population ;
- soit la commune est dotée d'un PLU.

Le RNU n'est donc pas applicable en présence d'un PLU.

Point de vigilance

Deux bémols cependant à cette règle :

Certains articles du RNU sont dits *d'ordre public*, c'est-à-dire qu'un tribunal peut les appliquer même dans une commune dotée d'un PLU, si le PLU a omis de prendre en compte les principes associés. Il s'agit des articles du RNU relatifs à la sécurité, à la salubrité publique, à la protection des sites et vestiges archéologiques, à la protection de l'environnement et à l'aspect extérieur des constructions. On dit que ces articles sont *opposables*.

Deuxième point d'attention, depuis 2015, les PLU intercommunaux ont la possibilité de renvoyer à l'application du RNU pour certaines zones rurales de leur territoire.

---

1 Article L174-1 du Code de l'urbanisme.

1.4. Les plans locaux d'urbanisme (PLU)

1.4.1. Quel est l'intérêt du PLU?

La réalisation d'un PLU est longue et coûteuse. Les cabinets spécialisés qui les réalisent doivent faire appel à de nombreuses compétences dans des domaines aussi variés que le droit de l'urbanisme, l'architecture, les VRD, l'assainissement, l'acoustique, le droit de l'environnement, etc.

Alors quel est l'intérêt pour une commune de se lancer dans un PLU?

Le PLU permet d'instaurer de nombreuses règles qui ne figurent pas dans le RNU, il donne donc des outils aux communes pour réglementer de manière très détaillée leur urbanisme.

Les PLU sont encore un exemple d'inflation réglementaire: dans certaines communes, comme à Paris, même les spécialistes les jugent d'une grande complexité, jusqu'à n'être compréhensibles sur certains points que par les services de la Ville.

1.4.2. Le contenu type d'un PLU[1]

Tout PLU doit obligatoirement contenir:

- un *rapport de présentation*, souvent assorti d'illustrations, document un peu fastidieux qui explique ce qui a motivé les exigences du PLU; ce rapport n'est pas opposable: un permis de construire ne peut pas être refusé à cause du non-respect du rapport;
- un *projet d'aménagement et de développement durable* (PADD): c'est le projet de ville des élus, qui doit décrire les intentions des élus pour la ville; ce PADD non plus n'est pas opposable, il ne comporte normalement pas de prescriptions réglementaires;
- les *orientations d'aménagement et de programmation* (OAP): ce document facultatif consiste à délimiter des îlots pour lesquels les élus précisent l'évolution qu'ils souhaitent; les demandes de permis de construire doivent être cohérentes avec les objectifs des OAP, mais n'ont pas à les respecter en détail;
- un *règlement* et ses *pièces graphiques* (les plans de zonage ou carte du PLU): documents opposables, auxquels les dossiers de permis de construire doivent être strictement conformes; c'est donc ce document qui intéressera le plus l'AMO;
- des annexes, listant les servitudes d'utilité publique;
- éventuellement un *programme d'orientations et d'actions* (POA) qui porte sur la politique en matière d'habitat et de transport.

1.4.3. La structure type du règlement du PLU

Le règlement est la partie opposable du PLU. La structure de ce texte est régie par la loi.

Jusqu'en 2015, les règlements des PLU suivaient une trame type basée sur une série de 16 articles thématiques, qu'on rencontrera dans nombre de PLU existants. Cette organisation a été réformée en 2015, et les futurs PLU seront dorénavant organisés comme suit:

---

1 Article L151-1 et suivants et article R151-1 et suivants du Code de l'urbanisme.

I. Destination des constructions, usage des sols et natures d'activité

   Cette partie du règlement du PLU répond à la question : où peut-on construire ?

II. Caractéristiques urbaines, architecturales, environnementales et paysagères

   Cette partie traite de la volumétrie, de l'implantation, des espaces non bâtis et du stationnement. Elle répond à la question : comment la construction s'insère-t-elle dans son environnement ?

III. Équipement et réseaux

   Cette partie traite des conditions de desserte des terrains par les voies et réseaux.

1.4.4. Le plan de zoning du PLU

La carte du PLU découpe la commune en différentes zones :

- zones urbaines : zones U ; il s'agit des zones déjà urbanisées et des zones non construites actuellement mais pouvant l'être car elles sont viabilisées (ou en cours de viabilisation) en termes de VRD ; le règlement est modulé en secteurs (UA, UB, UC, par exemple), avec des prescriptions différentes ;
- zones à urbaniser : zones AU ; ce sont des zones qui ne sont pas encore viabilisées et qui seront équipées en VRD à l'occasion d'une ZAC, d'un permis de construire groupé ou d'un lotissement, trois procédures qui permettent de faire financer par le programme de construction la viabilisation des terrains ; un échéancier peut figurer dans le PLU ;
- zones agricoles : zones A, qui peuvent être des zones d'activité agricole ou des zones d'ancienne activité agricole ; et
- zones naturelles et forestières : zones N.

1.4.5. Les périmètres de servitudes complémentaires

À l'intérieur d'une zone du PLU, certains secteurs peuvent être assortis de servitudes complémentaires venant s'ajouter aux contraintes de la zone. Ces servitudes sont de différentes natures. En voici quelques exemples.

- Le classement en *espaces boisés classés* (EBc). Une zone N sans EBc autorise à couper les arbres, une zone EBc l'interdit.

  Le classement d'arbres isolés est aussi possible, mais cette possibilité est malheureusement rarement utilisée (alors qu'elle est largement répandue dans d'autres pays, en Angleterre, par exemple).
- Les PLU peuvent prévoir des *emplacements réservés.*

  La commune prévoit qu'un emplacement doit être réservé pour un équipement public futur, pour un élargissement de voie, pour un espace vert ou encore pour du logement social. Cet emplacement n'appartient pas à la commune, mais elle souhaite l'acquérir ou le réserver pour un autre bénéficiaire.

  Le propriétaire peut mettre en demeure la collectivité d'acquérir l'emplacement réservé, mais cela est risqué car le juge peut fixer lui-même le prix et transférer d'office la propriété.
- Les servitudes propres aux *sites patrimoniaux remarquables* prévus par le Code du patrimoine sont indiquées dans le PLU.

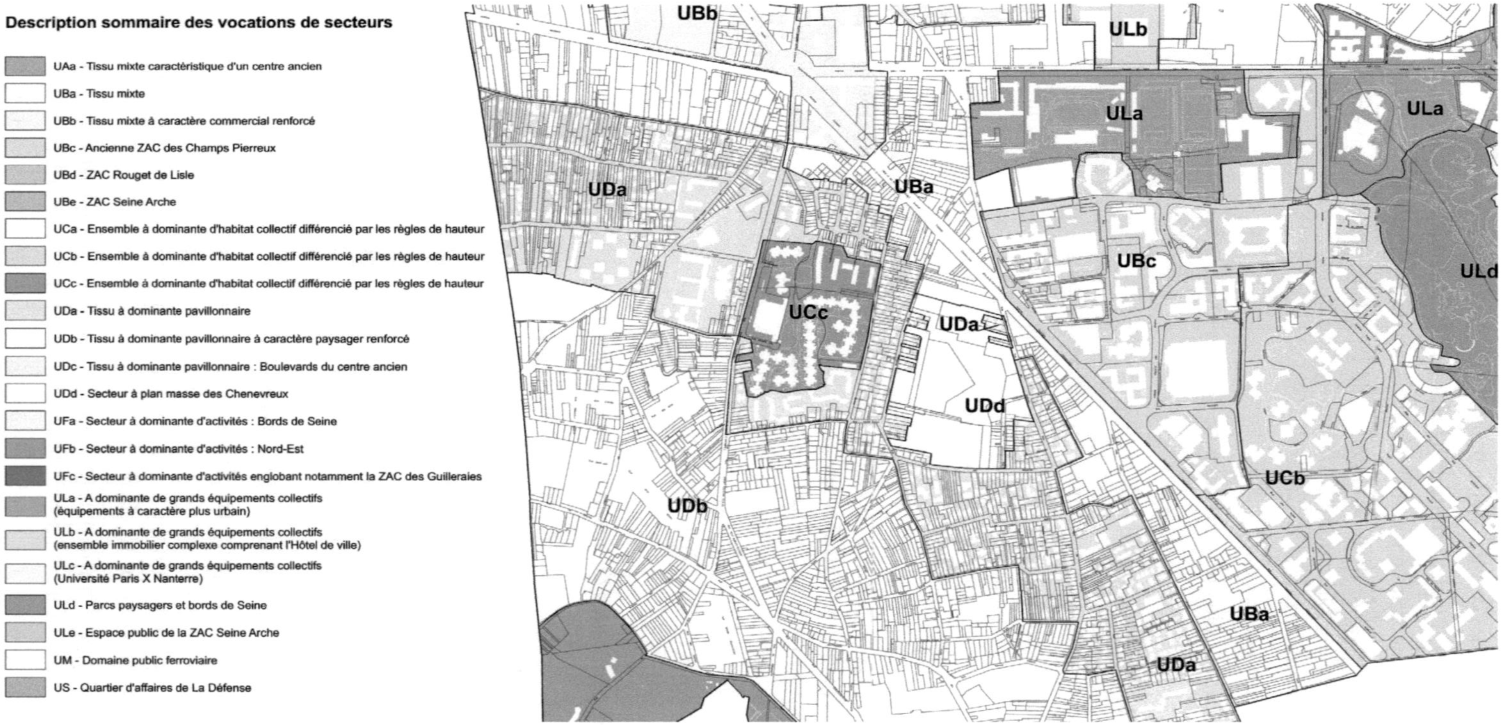

Figure 3 – Un exemple de plan de zonage, extrait du PLU de la ville de Nanterre.

- Le PLU peut délimiter des *secteurs de performance énergétique*, sur lesquels la commune peut exiger des performances particulières. Cette possibilité offerte par la loi, bien qu'elle parte d'une bonne intention, peut laisser perplexe : vu le nombre des communes françaises, est-il souhaitable que chaque ville de France ait la liberté de définir sa propre réglementation thermique ?

Point de vigilance

Bien que la trame soit identique, les dispositions contenues dans les PLU sont très différentes d'une commune à l'autre. On ne peut pas se baser sur des dispositions déjà rencontrées dans une autre commune et supposer qu'elles s'appliquent à nouveau.

1.4.6. Procédure d'élaboration des PLU

En application de la loi Alur, ce n'est maintenant plus la commune qui est compétente pour l'élaboration du PLU, mais un *établissement public de coopération intercommunale*: le PLU devient intercommunal; on parle alors de *PLUi*. Cette évolution est sans doute un progrès dans la mesure où elle permet :

- d'une part de prendre en compte des problématiques intercommunales (trame verte et bleue, transports publics, etc.) ;
- d'autre part de mutualiser les moyens d'études, un PLU étant coûteux à réaliser.

Cependant des dérogations sont possibles : si un nombre suffisant d'élus s'y oppose, les PLU peuvent rester communaux.

Les PLU ne peuvent pas être partiels : ils couvrent toute l'intercommunalité, à l'exception des éventuels secteurs sauvegardés (voir plus bas le paragraphe sur le Code du patrimoine).

La population doit pouvoir participer aux étapes de l'élaboration du PLU, notamment grâce à l'enquête publique.

Lors de l'approbation du PLU sur une commune préalablement soumise au RNU, la compétence passe à la commune : le maire devient compétent pour instruire les dossiers au nom de la commune, et non plus au nom de l'État.

En 2016 la durée moyenne d'élaboration d'un PLU était de 3,5 ans[1], il s'agit donc d'une procédure complexe.

1.4.7. Révisions et modifications du PLU

Il existe une procédure de *révision* du PLU, qui doit s'appliquer à chaque fois que l'autorité compétente veut changer les orientations du PADD, réduire un espace boisé classé, une zone agricole ou une zone naturelle.

Cette procédure est identique à un nouveau PLU, elle est donc lourde.

Il existe aussi des procédures de *modification* du PLU, qui sont plus simples, et parmi lesquelles on distingue la *modification de droit commun* et la *modification simplifiée*.

---

1 Source : www.logement.gouv.fr.

1.4.8. Opposabilité du PLU

Dans l'instruction des dossiers, le service instructeur utilise le règlement accompagné de son plan de zonage du PLU. Il n'utilise pas les textes non opposables du PLU, comme le rapport de présentation et le PADD.

Les orientations d'aménagement et de programmation (OAP) sont aussi opposables mais le projet n'a pas à être strictement *conforme* à l'OAP ; il suffit que le projet soit *compatible*; en urbanisme le terme « conforme » correspond à un strict respect des dispositions alors que le terme « compatible » renvoie à une cohérence générale.

Des *adaptations mineures* au règlement du PLU peuvent être accordées par le service instructeur, par exemple dans le cas de parcelles de forme complexe [1].

Mais au contentieux ces permis sont souvent annulés par les juges.

1.5. Les SCoT

Le PLU doit être établi dans le cadre du schéma de cohérence territoriale, le SCoT [2].

Le SCoT est toujours intercommunal.

Il a été introduit par la loi SRU du 13 décembre 2000, comme les PLU. Il a remplacé les anciens schémas directeurs. Les orientations du SCoT couvrent un champ très large.

1.5.1. Principe de l'urbanisation limitée dans les communes non couvertes par un SCoT

La grande nouveauté avec les SCoT est que la loi SRU a prévu qu'en leur absence la commune n'a pas le droit d'accorder de permis de construire sur ses zones AU (zones à urbaniser). Ce point encourage fortement les communes à créer des SCoT [3].

Une manière courante d'urbaniser les zones AU est de créer une ZAC, avec désignation d'un aménageur chargé de réaliser la viabilisation des terrains. L'aménageur se rémunère en vendant des charges foncières à des promoteurs, c'est-à-dire des droits à construire sur un lot.

Les communes sans SCoT peuvent créer des ZAC mais pas les réaliser concrètement.

1.5.2. Élaboration des SCoT

Pour élaborer un SCoT, les communes se regroupent librement sous une forme intercommunale et proposent au préfet un périmètre d'un seul tenant et sans enclave, périmètre qui peut être à cheval sur plusieurs départements.

Les PLU devant maintenant être eux aussi intercommunaux, certains spécialistes considèrent que l'intérêt des SCoT est amoindri. Mais compte tenu de l'impossibilité d'urbaniser les

---

1 Article L152-3 du Code de l'urbanisme.
2 Article R141-1 et suivants du Code de l'urbanisme.
3 Article L142-4 du Code de l'urbanisme.

zones AU sans ce dernier, de nombreuses intercommunalités se sont lancées dans son élaboration.

Les PLU doivent ensuite être compatibles avec le SCoT.

1.6. Les réglementations d'urbanisme spécifiques

Il existe des servitudes complémentaires qui s'ajoutent au règlement national d'urbanisme.

1.6.1. Loi littoral de 1986

Elle est applicable sur toutes les communes qui touchent la mer, même ponctuellement, qui touchent un estuaire jusqu'à la limite de la salure des eaux, et sur les lacs de plus de 1 000 ha [1].

Certaines dispositions s'appliquent à l'ensemble du territoire de la commune.

Certaines dispositions s'appliquent aux espaces proches du rivage.

Enfin, d'autres dispositions s'appliquent dans la bande des 100 m de la limite haute du rivage.

La loi littoral permet aux juges d'annuler un permis de construire même s'il est conforme au PLU ; de nombreux PLU ne sont en effet toujours pas conformes à la loi littoral.

1.6.2. Loi montagne [2]

Elle encadre l'urbanisation et la construction de routes nouvelles.

1.6.3. Loi bruit [3]

Elle porte sur les aménagements aux abords des aérodromes. Toute construction est interdite dans un premier périmètre autour des aérodromes. Dans un second périmètre, des constructions sont possibles moyennant des mesures d'isolation acoustique renforcées.

1.7. Les autres contraintes complémentaires locales

Outre la réglementation de l'urbanisme, le projet doit respecter les servitudes d'utilité publique qui peuvent parfois exister, définies par des arrêtés préfectoraux ou municipaux. On doit normalement les trouver en annexe au PLU.

Il peut s'agir par exemple :

- du règlement d'une ZAC ;
- de plans de prévention des risques, établis par les préfectures, notamment :
  - les plans particuliers contre les risques d'inondation (PPRI), et
  - les plans de prévention des risques technologiques (PPRT) ; ou encore

1 Article L121-1 et suivants du Code de l'urbanisme.

2 Article L122-1 et suivants du Code de l'urbanisme.

3 Article L112-3 et suivants du Code de l'urbanisme.

- des règlements sanitaires départementaux, en pratique assez similaires d'un département à l'autre car issus d'un règlement type [1].

Les règlements sanitaires départementaux sont surtout utilisés lors des études CVC plomberie. Ils comportent des dispositions hétéroclites, par exemple sur le battage des tapis, la protection des cressonnières ou la fabrication des crèmes glacées…

1.8. Avoir accès aux documents d'urbanisme

Les documents locaux d'urbanisme, en particulier les PLU et les SCoT, vont progressivement être mis en ligne sur le géoportail de l'urbanisme [2], géré par l'IGN. Actuellement, seule une partie des documents y figure.

1.9. Bribes de vocabulaire pour lire le RNU et les PLU

Alignement : la règle de l'alignement, qui vise à interdire aux constructions d'empiéter sur le domaine public, est l'une des plus anciennes règles contenues dans le Code de l'urbanisme.

Distance de prospect : distance minimale entre une façade et le bâtiment ou l'obstacle qui lui fait face, mesurée perpendiculairement. Le but des règles de prospect est de préserver l'apport de lumière naturelle.

Gabarit : profil-enveloppe, épure, que doit respecter un bâtiment projeté, limité par une verticale et surmonté d'un couronnement.

Pour mémoire, depuis 2015, les PLU peuvent autoriser des *« dépassements des règles relatives au gabarit (…) pour les constructions faisant preuve d'exemplarité énergétique ou environnementale ou qui sont à énergie positive »*. [3]

Égout de toit : altitude de la gouttière ou du chéneau.

Vues principales : concernent les pièces où l'on séjourne. Elles exigent un prospect plus important que les vues secondaires.

Vues secondaires : relatives aux locaux de service, y compris dans certains PLU aux cuisines.

COS : depuis la loi Alur [4] les PLU ne peuvent plus imposer un coefficient d'occupation des sols (COS). En conséquence, depuis 2014, tous les articles de PLU édictant un COS sont illégaux. Les services instructeurs ne doivent plus tenir compte de l'existence du COS lors des instructions.

---

1 Le règlement type est consultable sur Légifrance dans la circulaire du 9 août 1978 relative à la révision du règlement sanitaire départemental type. Attention toutefois, s'agissant d'un texte non réglementaire, les articles modifiés par une circulaire ultérieure ne sont pas à jour quand on consulte le fac-similé de la version d'origine en ligne.

2 www.geoportail-urbanisme.gouv.fr

3 Article L151-28§3 du Code de l'urbanisme.

4 Loi n° 2014-366 du 24 mars 2014 pour l'accès au logement et un urbanisme rénové (Alur).

2. L'urbanisme opérationnel : ZAC et lotissement

2.1. Les zones d'aménagement concerté (ZAC)

Les ZAC[1] sont des outils d'aménagement utilisés par les pouvoirs publics, contrairement aux lotissements, qui sont généralement d'initiative privée.

Elles permettent à un aménageur de viabiliser des terrains et de se rémunérer en vendant à des promoteurs des charges foncières.

2.2. Les lotissements

Un lotissement n'est jamais une construction, c'est une opération faite en vue de futures constructions, qui consiste à diviser un terrain pour fabriquer des lots à bâtir. Si un terrain non constructible est divisé en lots qui ne sont pas constructibles, ce n'est pas un lotissement.

Les tribunaux sont généralement très stricts en matière de lotissements, car les lotissements défectueux (voiries ou réseaux défaillants) ont été nombreux tout au long du xxe siècle, d'où provient d'ailleurs l'expression « être bien mal loti ».

Quand il n'est pas nécessaire de créer une voie et des réseaux VRD, il s'agit d'un *lotissement sans travaux*, qui est seulement soumis à déclaration préalable.

Quand il est nécessaire de faire des travaux de VRD pour créer et viabiliser les lots, il s'agit d'un *lotissement avec travaux*, soumis à permis d'aménager.

2.3. Le régime des opérations d'intérêt national (OIN)

Les opérations d'intérêt national sont des opérations d'urbanisme gérées directement par l'État. Par décret, l'État se substitue aux communes pour gérer l'urbanisme opérationnel sur le périmètre concerné.

Sur ce périmètre, c'est l'État qui délivre les autorisations d'occupation des sols et non la commune. C'est aussi l'État qui décide de la création d'une ZAC, et non la commune.

Les villes nouvelles d'Île-de-France, l'opération Bordeaux-Euratlantique, les aéroports d'Orly et Roissy ou le quartier d'affaire de La Défense en sont des exemples.

Ces opérations sont généralement gérées par un établissement public d'aménagement.

2.4. Les projets urbains partenariaux (PUP)

La convention de projet urbain partenarial est une forme de préfinancement d'équipements publics par un opérateur privé. Elle est conclue entre les propriétaires, les aménageurs ou constructeurs d'une part, et la personne publique compétente en matière d'urbanisme d'autre part.

---

1 Article R311-1 et suivants du Code de l'urbanisme.

Ce type de convention permet un partage du financement entre la collectivité locale et l'aménageur, assorti d'une exonération de taxe d'aménagement.

Exemple : une crèche est financée en partie par l'aménageur dans le cadre d'un projet d'aménagement.

3. Les procédures administratives

C'est le contrôle de l'application de la réglementation.

On distingue les procédures au titre du Code de l'urbanisme des procédures au titre du Code de la construction, du Code du patrimoine ou du Code de l'environnement.

3.1. Quelques mots d'urbanisme individuel : les procédures au titre du Code de l'urbanisme

3.1.1. Le certificat d'urbanisme

Le *certificat d'urbanisme d'information* est un outil qui permet de demander à l'administration les règles applicables à un terrain. Il se présente sous la forme d'un cerfa. Le demandeur n'a pas besoin d'être propriétaire du terrain. Sous un mois, la mairie indique la réglementation opposable au terrain et quelles seront les taxes prévues en cas de demande de permis, par exemple la taxe d'aménagement.

On peut en outre indiquer à l'administration qu'on souhaiterait réaliser un projet, projet que l'on décrit sommairement. On parle alors de demande de *certificat d'urbanisme opérationnel.* Le délai de réponse est alors de deux mois et l'administration indique si le projet semble *a priori* réalisable ou non.

3.1.2. Le permis de construire (PC)

3.1.2.1. La procédure du permis de construire

Avant l'instauration de la procédure du permis de construire par une loi de 1943, le pétitionnaire devait obtenir toute une série d'autorisations liées à des réglementations diverses auprès de différentes administrations. Depuis l'instauration de la procédure du permis de construire, un seul dossier est déposé et l'administration se charge de consulter les services nécessaires.

La commune est *guichet unique*, on y dépose toujours la demande.

3.1.2.2. Champ d'application du permis de construire

En matière de construction neuve, le principe général est que toutes les constructions sont soumises à permis de construire, sauf :

- une liste d'exceptions qui sont dispensées de toutes formalités au titre du Code de l'urbanisme (liste à consulter car elle évolue souvent [1]) ; et
- une liste de cas soumis à déclaration préalable, liste à consulter là aussi [2].

Les bases vie de chantier sont dispensées de formalités pendant la durée du chantier.

Point de vigilance

La dispense de formalités au titre du Code de l'urbanisme ne dispense pas pour autant des formalités au titre d'autres réglementations : réglementation ERP, réglementation ICPE, Code du patrimoine.

De plus, les travaux dispensés de toutes formalités doivent néanmoins respecter le RNU ou le PLU et les servitudes applicables.

3.1.2.3. Les justificatifs particuliers à joindre à la demande de permis de construire

Dans de nombreux cas, des pièces justificatives sont à annexer à la demande de permis de construire [3]. Certaines de ces pièces sont courantes, comme l'attestation de respect de la réglementation thermique, d'autres sont beaucoup plus rarement rencontrées. On peut par exemple rencontrer les exigences suivantes :

- étude d'impact exigée par le Code de l'environnement, ou décision de dispense ;
- dossier d'évaluation des incidences du projet sur un site Natura 2000 ;
- attestation de conformité d'un projet d'assainissement non collectif ;
- attestation du contrôleur technique relative aux règles parasismiques et paracycloniques ;
- étude de sécurité publique ;
- bilan de concertation ;
- attestation dans le cadre d'un site ou sol pollué ;
- attestation de respect de la réglementation thermique et environnementale.

Certaines de ces pièces annexes sont couramment sur le chemin critique du planning du projet.

3.1.2.4. Travaux et changement de destination sur les constructions existantes

Pour les travaux sur l'existant, le principe est inversé : le principe est que toutes les constructions sont dispensées de formalités au titre du Code de l'urbanisme, sauf :

- une liste d'exceptions qui sont soumises à permis de construire [4] ; et
- une liste de cas soumis à déclaration préalable [5].

Point de vigilance

Un projet de reconstruction d'un bâtiment en ruine peut être considéré par l'administration comme un projet neuf et non comme des travaux sur l'existant. Cela peut faire une grosse différence si le terrain est inconstructible.

---

1 Article R421-2 et suivants du Code de l'urbanisme.
2 Article R421-9 et suivants du Code de l'urbanisme.
3 Article R431-16 du Code de l'urbanisme.
4 Article R421-14 et suivants du Code de l'urbanisme.
5 Article R421-17 et suivants du Code de l'urbanisme.

3.1.2.5. Le rôle de l'architecte dans le cadre du permis de construire

Les architectes sont soumis à une stricte déontologie[1]. Signer un permis de construire n'est pas un acte neutre : l'architecte signataire doit être l'auteur du projet, projet qui doit de plus être réalisable ; des architectes ont déjà été condamnés pour avoir signé un permis de construire sans avoir pris en compte les contraintes du site.

Dans les cas où le permis de construire est obligatoire[2], le recours à un architecte pour l'établissement du projet architectural du dossier de permis de construire l'est aussi[3] :

- pour toute personne physique qui ne construit pas pour elle-même ;
- pour toute personne physique qui construit pour elle-même au-delà du seuil réglementaire de 150 m^2 de plancher (sauf pour les hangars : 800 m^2 ; et pour les serres : 2 000 m^2) ; ce nouveau seuil de 150 m^2 a été institué par la loi CAP[4] de 2016 ;
- pour toute personne morale publique ou privée, quelle qu'elle soit.

3.1.2.6. Audit des dossiers de permis de construire

Le droit de l'urbanisme est si complexe que, sur les grosses opérations, les maîtres d'ouvrage font parfois auditer le dossier de permis de construire de l'architecte par un cabinet d'avocats spécialisés, qui vérifie si le dossier a des chances d'être accepté et propose si nécessaire à l'architecte des modifications à apporter.

3.1.2.7. Permis précaire

La procédure de permis précaire[5] permet, à titre exceptionnel, de déroger à certaines règles d'urbanisme pour l'érection d'une construction temporaire justifiée par une « nécessité caractérisée », par exemple un centre d'hébergement d'urgence.

3.1.3. Le permis de démolir (PD)

En cas de permis de construire avec démolitions, il n'est pas nécessaire de déposer un permis de démolir distinct du permis de construire.

3.1.4. La déclaration préalable (DP)

Une déclaration préalable doit être déposée pour les projets modifiant l'aspect extérieur d'un bâtiment existant, ainsi que pour les changements de destination d'un bâtiment existant. On peut retenir qu'il s'agit notamment des modifications de façade.

Consulter le texte source pour les autres cas divers[6].

---

1 Code de déontologie des architectes accessible sur Légifrance directement à la rubrique « Codes en vigueur ».
2 Les travaux soumis à permis de construire sont définis par les articles R421-1 (pour le neuf) et R421-14 (pour l'existant) du Code de l'urbanisme.
3 Article R431-2 du Code de l'urbanisme.
4 Loi du 7 juillet 2016 relative à la liberté de la création, à l'architecture et au patrimoine.
5 Article L433-1 et suivants du Code de l'urbanisme.
6 Article R421-17 et suivants du Code de l'urbanisme.

Point de vigilance

Ne pas confondre la *déclaration préalable* avec la procédure de *déclaration de travaux*, relative à la prévention de l'endommagement des réseaux VRD. La confusion est parfois rencontrée car, au début du XXIe siècle, la déclaration préalable s'appelait déclaration de travaux.

3.1.5. Le permis d'aménager

Le permis d'aménager est une procédure s'appliquant à différents aménagements extérieurs[1], notamment :

- lorsqu'on surélève ou lorsqu'on abaisse le niveau du sol d'un terrain sur une profondeur ou une hauteur excédant 2 m et sur plus de 2 ha ;
- lorsqu'on crée ou agrandit un terrain de camping pour plus de 20 personnes ou pour plus de 6 tentes, caravanes ou mobil-homes ;
- pour l'aménagement d'un terrain de sport à partir de 2 ha ;
- pour les parkings au sol de plus de 50 places ;
- pour la plupart des lotissements.

Le principe est que tous les aménagements de terrain sont dispensés de formalités, sauf ceux figurant sur une liste.

Point de vigilance

Depuis la loi CAP (création, architecture et patrimoine) de 2016, le recours à un architecte est obligatoire pour la conception des lotissements à partir de 2 500 m^2. Cette disposition a été adoptée après un long débat et devrait favoriser la qualité paysagère des lotissements. L'architecte élabore le dossier de demande de permis d'aménager[2].

3.1.6. Le rôle de l'ABF dans les procédures administratives

L'architecte des bâtiments de France, en poste au sein du service départemental de l'architecture et du patrimoine, est l'interlocuteur des maîtres d'œuvre et maîtres d'ouvrage pour la protection du patrimoine aux abords des monuments historiques.

Le rôle donné par la loi à l'ABF est de vérifier s'il y a *visibilité* ou *covisibilité* entre le projet du pétitionnaire et le monument historique, à l'intérieur du périmètre des abords[3]. Le service instructeur n'a pas à évaluer ce point, il doit se contenter de transmettre le dossier à l'ABF. Si l'ABF considère qu'il n'y a ni visibilité ni covisibilité, il retourne le dossier en précisant qu'il n'a pas de remarque.

Si l'ABF considère qu'il y a visibilité ou covisibilité, il donne ou refuse son accord ; on rencontre parfois le terme d'*avis conforme* de l'ABF. S'il refuse son accord, le maire est obligé de refuser le permis de construire.

---

1 Article R421-19 du Code de l'urbanisme.
2 Article L441-4 du Code de l'urbanisme.
3 Article R621-96-3 du Code du patrimoine.

Point de vigilance

Le refus de l'ABF ne peut être motivé qu'en démontrant que le projet serait de nature à diminuer la valeur du monument historique. L'ABF ne peut pas refuser un projet indépendamment du monument historique objet du périmètre, ce refus serait illégal.

Par exemple, si le projet vise à démolir un bâtiment existant intéressant patrimonialement mais non classé ni inscrit, l'ABF ne peut le refuser que s'il montre que le bâtiment existant participe à la mise en valeur du monument historique protégé.

Les bâtiments classés sont listés en annexe au PLU.

Pour les projets situés dans le périmètre des abords d'un monument historique, il est souhaitable que l'architecte rencontre l'ABF avant le dépôt du permis de construire.

Voir aussi plus bas le paragraphe consacré aux procédures au titre du Code du patrimoine, avec la définition de la notion d'« abords ».

3.1.7. Les délais d'instruction des permis et déclarations au titre du Code de l'urbanisme

Le Code de l'urbanisme distingue trois types de délai d'instruction[1] des autorisations :

- le délai de droit commun ;
- le délai modifié, applicable dans certains cas ; et
- le délai exceptionnellement prolongé.

Les cas particuliers étant nombreux, il faut se reporter au texte.

Le *délai de droit commun* est de :

- un mois pour les déclarations préalables ;
- deux mois pour les permis de construire d'une maison individuelle ou de ses annexes ainsi que pour les permis de démolir ;
- trois mois pour les autres permis de construire et pour les permis d'aménager.

Le délai d'instruction est majoré s'il y a lieu de consulter une commission départementale ou régionale, ainsi que dans d'autres cas particuliers.

Le délai d'instruction des permis de construire est porté à :

- quatre mois lorsqu'un permis de construire porte sur un projet situé dans le *périmètre de protection* d'un immeuble classé ou inscrit au titre des monuments historiques, pour permettre la consultation de l'ABF ;
- cinq mois lorsqu'un permis porte sur un immeuble *inscrit* au titre des monuments historiques ;
- cinq mois aussi (depuis 2015) lorsqu'un permis de construire porte sur un ERP.

Si le PLU est en cours de révision, l'administration peut *surseoir à statuer* sur un dossier de permis de construire.

---

1 Art. R423-23 et suivants du Code de l'urbanisme.

Délais et pièces manquantes

Pour tous les types de dossiers (PC, DP, PD, permis d'aménager), le point de départ du délai d'instruction est la date de dépôt en mairie, à condition que le dossier soit complet. Le récépissé de dépôt ne signifie pas que le dossier est complet. Si la mairie n'a rien réclamé pendant un mois, le délai court à compter de la date de dépôt.

Si la commune demande une pièce manquante au cours du premier mois, un nouveau délai court de trois mois pour produire la pièce manquante[1]. Au bout de trois mois, il y a refus tacite de PC.

Si la pièce manquante est bien fournie sous trois mois, la date de fourniture est le point de départ du délai d'instruction.

3.1.8. L'obtention des autorisations et les attendus du PC

Maître d'ouvrage et maître d'œuvre doivent prendre en compte, chacun en ce qui les concerne, les exigences exprimées par l'administration lors de la délivrance du PC, et ceci tout particulièrement pour les projets d'ERP.

En ERP, ces exigences portent souvent sur la sécurité incendie : l'administration rappelle des prescriptions réglementaires, et peut imposer des dispositions non prévues initialement. On appelle ces exigences les *attendus* du PC.

Il faut donc déposer le dossier PC suffisamment tôt (idéalement en fin d'APS ou au plus tard APD) pour pouvoir prendre en compte ces attendus du permis de construire dans le dossier PRO, afin qu'ils soient inclus aux marchés de travaux.

3.1.8.1. Refus de permis de construire et indemnisation

Les servitudes d'urbanisme peuvent avoir des conséquences financières très importantes pour les maîtres d'ouvrage.

Or, depuis 1943, les servitudes d'urbanisme ne sont jamais indemnisables : aucune compensation financière ne peut être demandée par le maître d'ouvrage, contrairement aux servitudes d'utilité publique, qui peuvent parfois être indemnisables.

3.1.8.2. Ouverture du chantier

Au début de travaux ayant fait l'objet d'un permis de construire ou d'un permis d'aménager, le maître d'ouvrage doit informer l'administration en réalisant une *déclaration d'ouverture de chantier*, sur www.service-public.fr.

3.1.8.3. Interruption de chantier et caducité du permis de construire

Les travaux doivent commencer avant trois ans à compter de l'accord de permis de construire, sinon il est caduc.

On peut interrompre le chantier, même plusieurs fois, mais jamais pendant plus d'un an.

---

1 Article R423-38 du Code de l'urbanisme.

Pour prouver à l'administration que le chantier n'est pas interrompu, les juges considèrent que les travaux réalisés ne doivent pas être de faible importance ; le maître d'ouvrage doit montrer une volonté manifeste de réaliser les travaux ou le permis sera néanmoins caduc.

3.2. Les procédures au titre du Code du patrimoine

Comme on l'a vu plus haut, un bâtiment peut être classé ou simplement inscrit au titre des monuments historiques.

3.2.1. Les travaux sur les immeubles classés au titre des monuments historiques

Les travaux[1] sur les immeubles classés ne sont pas soumis à permis de construire, mais à une autorisation administrative particulière, relavant du préfet de région, la *demande d'autorisation de travaux sur immeuble classé.*

Tous les travaux sont soumis à cette procédure, même les travaux de ravalement ou de mise aux normes.

Le maître d'œuvre choisi par le maître d'ouvrage doit généralement être un architecte en chef des monuments historiques (ACMH), mais il y a cependant des exceptions à ce principe.

Au cours de l'élaboration du programme des travaux, ou lors de l'APS, le maître d'ouvrage doit consulter la direction régionale des affaires culturelles (Drac). C'est la phase dite de *concertation préalable.* La Drac exerce un *contrôle scientifique et technique* sur le programme des travaux.

Au cours de l'APD, la demande d'autorisation de travaux est déposée.

La Drac exerce ensuite un droit de regard sur les travaux au titre du contrôle scientifique et technique.

En fin de travaux, un dossier de récolement, qui va bien au-delà d'un simple DOE, doit être transmis à l'administration. La Drac vérifie alors la conformité des travaux à l'autorisation accordée, et le préfet délivre une attestation nécessaire pour le versement du solde des éventuelles subventions et pour obtenir certaines déductions fiscales.

3.2.2. Les travaux sur les immeubles inscrits au titre des monuments historiques

Les simples travaux d'entretien ordinaire sur un immeuble inscrit ne nécessitent aucune autorisation administrative.

Tous les autres travaux portant sur un immeuble ou une partie d'immeuble inscrit sont toujours soumis à permis de construire[2]. Il n'y a pas de procédure administrative distincte à respecter dans le cadre du Code du patrimoine ; l'administration se charge, lors de l'instruction du permis de construire, de consulter le service en charge des monuments historiques.

---

1 Voir les articles R621-11 à R621-44 du Code du patrimoine. On pourra aussi consulter le résumé de ces articles sur service-public.fr.

2 Article R421-16 du Code de l'urbanisme.

Règle d'or des travaux sur immeuble inscrit

Tous travaux sur un immeuble inscrit au titre des monuments historiques nécessitent un permis de construire.

3.2.3. La notion d'abords

La notion « d'abords » des immeubles protégés, notion existant depuis la loi de 1913, a été modifiée en 2016 ; il ne s'agit plus simplement d'une zone de 500 m autour de l'immeuble protégé mais, plus intelligemment, d'un ensemble cohérent d'immeubles : *« Les immeubles ou ensembles d'immeubles qui forment avec un monument historique un ensemble cohérent ou qui sont susceptibles de contribuer (…) à sa mise en valeur sont protégés au titre des abords. »* [1] Dans cette zone des abords, les projets affectant l'aspect extérieur d'un immeuble font l'objet d'un avis de l'ABF.

3.2.4. Les sites patrimoniaux remarquables

Les anciens *secteurs sauvegardés* (mis en place par la loi Malraux en 1962) et les anciennes *aires de valorisation de l'architecture et du patrimoine* (mises en place par la loi Grenelle II) ont été remplacés en 2016 par un nouveau régime unique, les *sites patrimoniaux remarquables* [2] (SPR). Deux servitudes d'utilité publique peuvent couvrir un site patrimonial remarquable :

- le *plan de sauvegarde et de mise en valeur* (PSMV), qui constitue le mode de protection le plus élevé ; et
- le *plan de valorisation de l'architecture et du patrimoine* (PVAP).

Le plan de sauvegarde et de mise en valeur est un véritable document d'urbanisme, comme un PLU sur son périmètre. C'est une exception à la règle suivant laquelle le PLU s'applique à la totalité de son territoire. À Paris, par exemple, il existe deux PSMV : le quartier du Marais et une partie du 7e arrondissement.

Dans le périmètre d'un SPR, les travaux affectant l'aspect extérieur sont soumis à autorisation. Le permis de construire ou l'absence d'opposition à la déclaration préalable tiennent lieu d'autorisation ; c'est en effet l'administration qui se charge, dans le cadre de ces procédures d'urbanisme, de consulter l'ABF afin de recueillir l'autorisation nécessaire.

3.2.5. Les zones du patrimoine mondial de l'Unesco

On trouvera aussi dans le Code du patrimoine la notion de *zone tampon* [3], qui est une zone de protection autour des biens inscrits au patrimoine mondial de l'Unesco.

---

1 Article L621-30 du Code du patrimoine.
2 Articles L631-1 à L633-1 du Code du patrimoine.
3 Article L612-1 du Code du patrimoine.

3.3. Les procédures au titre du Code de la construction et de l'habitation

3.3.1. La DACAM

Le Code de la construction et de l'habitation indique que les travaux qui conduisent à la création, l'aménagement ou la modification d'un ERP ne peuvent être exécutés qu'après autorisation délivrée par l'autorité administrative, qui vérifie leur conformité [1].

Cette procédure administrative est appelée demande d'autorisation de construire, d'aménager ou de modifier un ERP (DACAM).

La DACAM comporte deux volets :

- un volet accessibilité, comprenant une notice accessibilité et un plan ;
- un volet sécurité incendie, comprenant une notice sécurité incendie et un plan.

Point fondamental, lorsque les travaux font l'objet d'un permis de construire, celui-ci remplace la DACAM, et aucune DACAM n'est à déposer.

Règle d'or de la DACAM

S'il faut un permis de construire, il n'y a pas besoin de DACAM.

Les DACAM se rencontrent donc sur les petits aménagements ne nécessitant pas de permis de construire, par exemple :

- remplacement de la chaufferie d'un ERP existant ;
- mise en conformité d'un ERP existant avec la réglementation accessibilité ;
- réaménagement de locaux d'un ERP existant.

3.3.2. DACAM et déclaration préalable

Certains types de travaux ne nécessitent pas de dossier de permis de construire, mais nécessitent à la fois une DACAM et une déclaration préalable.

Par exemple un réaménagement de locaux dans un ERP existant avec création d'une porte modifiant la façade extérieure ; ou encore la mise en accessibilité d'un ERP avec pose d'une porte automatique modifiant la façade.

3.3.3. DACAM et maintenance dans un ERP

L'administration a rappelé que les travaux de maintenance à l'identique dans un ERP ne nécessitent pas de dépôt de DACAM [2]. Concernant les travaux de maintenance avec modification des installations électriques, le critère retenu est l'impact éventuel sur les protections

1 Article L111-8 du Code de la construction et de l'habitation.

2 Note d'information sur les modalités d'application des dispositions du paragraphe 2 de l'article GN 10, disponible sur www.interieur.gouv.fr.

différentielles du tableau de distribution électrique : l'administration considère que pour les interventions sans impact sur les protections différentielles, on reste dans le cadre de la maintenance, et une DACAM n'est donc pas nécessaire.

3.4. Les procédures au titre du Code de l'environnement

3.4.1. Une réglementation profondément remaniée

La politique de l'État vis-à-vis des impacts environnementaux des projets est basée sur la séquence éviter, réduire, compenser, dite *séquence ERC.*

L'essentiel de la réglementation environnementale française actuelle est issu de directives européennes.

Le droit de l'environnement a été profondément remanié en 2016, avec une réforme comportant trois volets :

- réforme de l'évaluation environnementale ;
- réforme de l'enquête publique ;
- création de l'autorisation environnementale unique.

La réforme des autorisations environnementales a permis de remplacer de nombreuses procédures par une *autorisation environnementale* unique[1], qui s'applique aussi aux ICPE et aux projets concernés par la loi sur l'eau.

La préfecture est l'interlocuteur unique des porteurs de projets pour l'autorisation environnementale.

Point de vigilance

L'autorisation environnementale ne vaut pas autorisation d'urbanisme lorsque celle-ci est nécessaire.

3.4.2. Délai de l'autorisation environnementale

Par défaut, le délai d'instruction de l'autorisation environnementale est de neuf mois à compter du dépôt du dossier :

- quatre mois pour la *phase d'examen* par l'administration, qui comprend la consultation de commissions ;
- trois mois pour l'*enquête publique* ;
- deux mois pour la *phase de décision* de l'administration ;
- suivis des délais de recours.

Les délais réels peuvent différer de ces délais annoncés, s'il manque des pièces ou sur avis motivé du préfet. Autant dire qu'il s'agit là de projets à long terme.

1 Article R181-1 et suivants du Code de l'environnement.

3.4.3. Articulation de l'autorisation environnementale avec les autorisations d'urbanisme

Pour les projets nécessitant à la fois un permis de construire et une autorisation environnementale, la demande de permis de construire doit être accompagnée :

- de l'étude d'impact lorsqu'elle est exigée ; ou
- de la décision de l'autorité environnementale dispensant le projet d'évaluation environnementale.

3.4.4. Les procédures facultatives en phase amont

Avant le dépôt d'une demande d'autorisation environnementale, le porteur de projet (c'est-à-dire le maître d'ouvrage) a trois possibilités facultatives pour interroger l'administration en phase amont :

- la *phase amont informelle*, qui consiste en échanges par e-mails ou sous la forme de réunions ;
- la procédure de *certificat de projet*[1] qui permet au porteur de projet d'interroger l'administration sur le cadre réglementaire applicable au projet ; le certificat de projet ne cristallise pas la réglementation, c'est-à-dire qu'il ne met pas à l'abri le projet d'une évolution du cadre réglementaire postérieurement à sa délivrance ;
- la procédure de *cadrage préalable de l'étude d'impact*, évoquée plus bas, qui permet d'échanger avec l'administration préalablement au lancement d'une étude d'impact.

3.4.5. Projets soumis à évaluation environnementale ou à examen au cas par cas

Les projets dont l'administration estime qu'ils ont un fort impact environnemental sont soumis à la procédure dite d'*évaluation environnementale*, procédure contraignante qui nécessite une étude d'impact.

La réforme de l'évaluation environnementale de 2016 a permis de réduire le nombre de projets concernés, en basculant de nombreux projets vers la procédure d'*examen au cas par cas*, procédure qui permet à nombre d'entre eux d'échapper à une étude d'impact.

En parallèle de cette mesure de simplification, la réforme a renforcé le contenu de l'étude d'impact dans les cas où elle reste nécessaire.

3.4.5.1. Identification de la procédure applicable

Relèvent de l'évaluation environnementale les projets répondant à une ou plusieurs rubriques, listées dans une annexe au Code de l'environnement[2].

Ces rubriques sont fondées sur la nature du projet et sur des seuils d'applicabilité.

---

1 Article R181-4 du Code de l'environnement.

2 Tableau annexe à l'article R122-2 du Code de l'environnement ; dans Légifrance on ne trouve pas ce tableau à l'article R122-2 mais dans les annexes figurant à la fin du Code de l'environnement.

Quelques exemples parmi d'autres des types de projets pouvant être concernés par ces procédures :

- forages profonds ;
- exploitations minières ;
- carrières ;
- lignes électriques ;
- canalisations de transports d'hydrocarbures ;
- autoroutes ;
- tramways ;
- aérodromes ;
- ports de commerce ou de plaisance ;
- parcs éoliens ;
- installations nucléaires ;
- élevages bovins ;
- rechargements de plage ;
- villages de vacances ;
- aires de stationnement de 50 places et plus ;
- pistes de ski et remontées mécaniques ;
- crématoriums.

Le tableau du Code de l'environnement permettant d'identifier les cas concernés distingue :

- les cas où l'étude d'impact est systématiquement nécessaire ; et
- les cas où un examen au cas par cas est possible, ce qui signifie que le projet peut éventuellement être dispensé d'étude d'impact.

3.4.5.2. Projets soumis à évaluation environnementale

L'*évaluation environnementale* est l'ensemble de la procédure. L'*étude d'impact* est le rapport produit par le maître d'ouvrage et sous sa responsabilité.

Avant de lancer l'étude d'impact, le maître d'ouvrage peut demander des précisions à l'autorité environnementale sur le contenu et le degré de précision attendu dans l'étude d'impact. Ce dialogue avec l'administration est appelé *demande de cadrage préalable de l'étude d'impact.*

L'étude d'impact comprend au moins[1] :

- un résumé non technique ;
- une description du projet (localisation, conception, dimension, caractéristiques) ;
- une description des aspects pertinents de l'état actuel de l'environnement et de leur évolution en cas de mise en œuvre du projet, ainsi qu'un aperçu de l'évolution probable de l'environnement en l'absence de mise en œuvre du projet ;
- une description des incidences notables du projet sur l'environnement, ainsi que de celles résultant de la vulnérabilité du projet à des risques d'accidents ou de catastrophes majeurs ;

1 Article R122-5 du Code de l'environnement.

- les mesures envisagées pour éviter, réduire et lorsque c'est possible compenser les incidences négatives notables du projet sur l'environnement ou sur la santé humaine ;
- une présentation des modalités de suivi de ces mesures et de leurs effets ;
- une description des solutions de substitution examinées et les principales raisons de son choix au regard des incidences sur l'environnement[1].

Après la réalisation de l'étude d'impact, le public est consulté *via* une enquête publique, puis la décision autorisant ou non le projet est prise par l'administration.

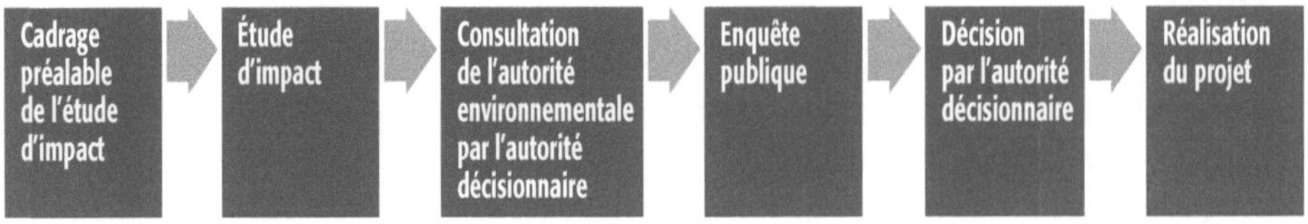

En 2016, les préfets de région ont rendu 1 712 avis de l'autorité environnementale sur des projets avec étude d'impact. Ces avis ont concerné des ICPE pour 47 % des cas, des projets d'urbanisme pour 25 % des cas et des projets liés à l'énergie pour 7 % des cas[2].

3.4.5.3. Projets soumis à demande d'examen au cas par cas

Lorsqu'un projet entre dans le cadre de l'examen au cas par cas, le maître d'ouvrage demande à l'autorité environnementale, par le biais d'un imprimé[3], de décider si le projet nécessite une évaluation environnementale avec étude d'impact et enquête publique.

Cette demande peut être couplée avec une demande de certificat de projet.

En fonction de la nature et de la taille du projet, de sa localisation et de ses impacts potentiels, l'autorité environnementale décide si une évaluation environnementale est nécessaire.

Si une évaluation environnementale est nécessaire, le maître d'ouvrage devra faire réaliser une étude d'impact par un AMO spécialisé, puis une enquête publique sera réalisée sur la base de cette étude d'impact.

En 2016, les préfets de région ont rendu 2 195 décisions suite à examen au cas par cas d'un projet. Ces décisions ont porté dans 43 % des cas sur des projets d'urbanisme, dans 29 % des cas sur des projets de défrichement et dans 19 % des cas sur des projets d'infrastructures. Parmi ces projets, seuls 244 ont été soumis à étude d'impact[4].

Conseil pratique

Afin d'optimiser les délais, la demande d'examen au cas par cas doit intervenir le plus en amont possible.

---

1 Résumé de l'article R122-5 du Code de l'environnement ;
source : www.ecologique-solidaire.gouv.fr/levaluation-environnementale.

2 Source : « Rapport sur l'activité de l'autorité environnementale locale en 2016 »,
disponible sur www.ecologique-solidaire.gouv.fr

3 Formulaire dit « Demande d'examen au cas par cas préalable à la réalisation éventuelle d'une évaluation environnementale ».

4 Source : « Rapport sur l'activité de l'autorité environnementale locale en 2016 »,
disponible sur www.ecologique-solidaire.gouv.fr.

Pour en savoir plus sur l'évaluation environnementale

Consulter le site du ministère de l'Environnement, www.ecologique-solidaire.gouv.fr/levaluation-environnementale.

Consulter www.projets-environnement.gouv.fr, le site de consultation des projets soumis à étude d'impact.

Par ailleurs, cette procédure d'évaluation environnementale ne concerne pas que les projets ; elle s'applique aussi à certains documents d'urbanisme : SCoT, PLU et PLUi.

3.4.6. L'autorisation environnementale des ICPE

Le régime des installations classées pour la protection de l'environnement (ICPE), concerne des installations particulières qu'on ne rencontre que sur une minorité de projets.

Dans les cas rencontrés, pour savoir si une démarche administrative est nécessaire, consulter la nomenclature des installations ICPE, disponible sur le site Internet du ministère de l'Environnement et sur celui de l'Ineris.

Depuis la réforme des autorisations administratives, tous les dossiers de demande d'autorisation pour les ICPE prennent la forme d'une demande d'autorisation environnementale.

Pour en savoir plus sur les démarches ICPE

Consulter le site https://aida.ineris.fr, dédié à la réglementation de la prévention des risques et de la protection de l'environnement.

Consulter le site de l'inspection des installations classées : www.installationsclassees.developpement-durable.gouv.fr.

3.4.7. Les dossiers loi sur l'eau

Pour connaître les démarches administratives à réaliser, consulter la nomenclature[1] dédiée.

L'administration utilise le terme *Iota* pour désigner les installations, ouvrages, travaux et activités soumis à la loi sur l'eau.

Depuis la réforme des autorisations administratives, tous les dossiers de demande d'autorisation au titre de cette loi prennent la forme d'une demande d'autorisation environnementale.

3.5. Les procédures au titre du Code de commerce

À partir de 1 000 m^2, l'ouverture des commerces est soumise à l'autorisation de la commission départementale d'aménagement commercial (CDAC).

Cette réglementation figure dans le Code de commerce.

1 On trouvera cette nomenclature à l'article R214-1 du Code de l'environnement.

C. LA RÉGLEMENTATION DE LA CONSTRUCTION

La réglementation technique applicable aux projets de bâtiment est éparpillée dans de nombreux textes. L'objectif du présent chapitre est donner une vision synthétique de ce cadre réglementaire, et d'encourager la consultation des textes officiels.

La consultation des textes sources est en effet indispensable, en particulier du fait de leur évolution permanente.

1. Accéder aux textes techniques

Les sites présentés ci-dessous ont l'avantage d'être des références incontestables.

Site Sécurité

www.sitesecurite.com est un site sérieux, gratuit hors commentaires, dédié aux règles de sécurité incendie.

Ce site a l'avantage de présenter, juxtaposés, la liste des articles applicables pour chaque type d'ERP, aussi bien ceux issus du règlement général que ceux issus du règlement propre aux types particuliers d'ERP.

Le site ne contient pas les textes non relatifs à la sécurité, comme les normes et arrêtés divers.

Il est réalisé par France-Sélection, la maison d'édition qui publie les fameux ouvrages commentés à couverture bleue *Règlement de sécurité contre l'incendie relatif aux établissements recevant du public*.

Le Reef

Le site Internet Reef du CSTB[1] est un site encyclopédique sur toutes les techniques et réglementations du bâtiment, pas seulement en matière de sécurité incendie. Il contient notamment, outre les textes réglementaires, les normes les plus courantes, les DTU, la liste des avis techniques en cours de validité, des exemples de solutions techniques, avec des notes et des commentaires pratiques. En revanche, le texte intégral de certaines normes n'est pas toujours consultable.

Par ailleurs, le site intègre un moteur de recherche et ne nécessite pas d'abonnement.

Batipedia

Le site Batipedia du CSTB[2] comprend une partie sur abonnement et une partie gratuite. La partie payante permet de consulter tous les documents de référence, comme sur le Reef. La

1 http://boutique.cstb.fr/fr/reef4.html.
2 www.batipedia.com.

partie gratuite, rubrique «Actualité technique et réglementaire», est très bien faite et peut suffire pour suivre l'actualité si on n'a pas besoin de consulter des normes et des DTU.

2. Quelques types de textes techniques réglementaires

2.1. Comprendre le statut des normes

Contrairement à ce que l'on croit parfois, une norme n'est pas *en soi* un texte légal, d'application obligatoire. C'est un outil d'aide à la contractualisation, qui définit un cadre qu'on choisit de respecter.

On parle de *normes volontaires* pour désigner les normes dont l'application n'est pas obligatoire en marché privé. On estime que moins de 100 normes sont d'application obligatoire sur les 4 000 existantes.

Au contraire, un règlement fait partie du corpus juridique, son application est donc obligatoire.

Point de vigilance

Cependant, de nombreux textes réglementaires, notamment en ERP, imposent le respect d'une norme. Son application devient de ce fait obligatoire.

Exemples:

- l'article MS 53 du règlement de sécurité dans les ERP exige que les systèmes de sécurité incendie (SSI) satisfassent aux normes en vigueur;
- l'article EC 5 du règlement de sécurité dans les ERP exige que les appareils d'éclairage respectent une série de normes.

Il existe différents types de normes, notamment:

- des normes de prescription (par exemple sur les SSI);
- des normes de procédures (par exemple sur les essais);
- des normes sur un produit;
- des normes sur une mise en œuvre;
- des normes d'organisation (par exemple pour les systèmes qualité).

Par ailleurs, une norme peut être de trois niveaux:

- norme française: NF P... ou NF DTU...;
- norme européenne transcrite en droit français: NF EN...;
- norme internationale: NF EN ISO...

Les normes européennes dites *harmonisées* comportent une annexe ZA, qui est utilisée pour l'attribution du marquage CE dans le cadre du règlement des produits de construction [1].

---

1 Voir www.rpcnet.fr.

Des normes un peu particulières

Les documents techniques unifiés (DTU) sont maintenant tous des normes.

Les Eurocodes, présentés ci-dessous dans un chapitre spécifique, sont aussi des normes.

Pour quelle raison une norme peut-elle être à appliquer?

Dans le cadre d'un marché de travaux, des normes peuvent être imposées sous plusieurs formes:

- une norme peut être à appliquer car elle est imposée par un règlement (exemple: l'article EL4 du règlement ERP exige le respect de la norme électrique NF C 15-100);
- une norme peut être à appliquer car elle est imposée par un texte générique rendu contractuel par le marché (exemple: la norme imposée par le cahier des clauses techniques générales (CCTG) en marchés publics de travaux publics);
- enfin, une norme peut être à appliquer sur un chantier parce qu'un CCTP du marché le prescrit explicitement.

La version de la norme que l'entreprise a obligation d'appliquer est celle en vigueur à la date de signature de son marché.

Dans le cadre des marchés publics

En marchés publics[1], les spécifications techniques doivent être définies:

- soit par référence à des normes ou à d'autres documents équivalents;
- soit en termes de performances ou d'exigences fonctionnelles.

Dans la pratique, c'est le plus souvent par référence à des normes que les spécifications sont définies. Ce qui ne veut pas dire que toutes les normes sont applicables en marché public, comme on l'entend parfois, mais que les performances attendues dans le cadre du marché doivent être formulées par le maître d'œuvre *sous la forme du respect de normes*, si du moins elles existent, ce qui n'est pas toujours le cas.

2.2. Les documents techniques unifiés (DTU)

Ils sont établis par consensus d'acteurs de chaque milieu professionnel du bâtiment, sous le contrôle général de l'Afnor, au sein de commissions de normalisation. Ils ont maintenant le statut de normes, optionnelles et contractuelles.

Ils constituent ce qu'on appelle les *règles de l'art* et sont la référence technique indiscutée pour tout litige de conception ou de réalisation.

Les NF DTU comprennent trois documents:

- partie 1-1 Cahier des clauses techniques, qui donne des prescriptions de mise en œuvre, par corps d'état;
- partie 1-2 Guide du choix des matériaux;
- partie 2 Cahier des clauses spéciales, qui définit les limites traditionnelles de prestations entre corps d'état.

1 Article R2111-8 et suivants du Code de la commande publique.

Quand on utilise un DTU, il est important de consulter le *domaine d'application*. Exemple : un revêtement de couverture peut être utilisable hors climat de montagne.

En Allemagne, l'équivalent de la NF DTU est la norme DIN, au Royaume-Uni il s'agit des *British Standards*.

Les DTU comprennent aussi des *règles de calcul DTU*, qui sont à remplacer par les Eurocodes. Il faut donc veiller à ce que les dossiers marchés ne fassent plus référence à ces règles.

Peut-on travailler hors DTU ?

Il est tout à fait normal sur un grand chantier de réaliser certaines mises en œuvre dérogeant aux DTU, du fait de leur caractère innovant ou particulier. Le fait de déroger aux DTU ne doit pas être perçu comme un problème ; il suffit que le maître d'œuvre collabore avec le bureau de contrôle afin que celui-ci soit associé à la démarche.

Quelques exemples de situations hors DTU :

- il arrive qu'on déroge aux DTU pour la distance entre deux descentes d'eaux pluviales ;
- on utilise un produit de construction sous avis technique, qui n'est couvert par aucun DTU (c'est précisément pour cette raison que le fabricant a sollicité et obtenu un avis technique) ;
- la construction paille est hors DTU.

Ces situations hors DTU sont très courantes dans le domaine des façades et enveloppes en verre, dès qu'elles sont un peu innovantes.

Pour en savoir plus

On peut trouver tous les DTU sur le site payant Reef du CSTB, ou à l'unité sur le site de l'Afnor.

2.3. Les Eurocodes

En France, avant les Eurocodes, les calculs des structures étaient principalement régis par :

- le règlement BAEL 91 pour le béton armé ;
- les règles CM66 pour les structures métalliques, avec leur additif de 1980 ;
- des fascicules du cahier des clauses techniques générales (CCTG) de l'État (dans le cadre des marchés publics) ;
- les règles de calcul DTU relatives aux structures ;
- les règles N 84 Action de la neige ;
- les règles NV 65 Action du vent ;
- les règles PS 92 de construction parasismique.

Afin de faciliter l'accès des bureaux d'études de chaque pays au marché européen, la Commission européenne a uniformisé les règles de calculs des structures en créant les Eurocodes, normes structures unifiées s'appliquant aux bâtiments et au génie civil. Ce travail de normalisation avait commencé dans les années 1970 au sein de différentes associations professionnelles, et a été développé dans les années 1980 par la Commission.

Le programme de rédaction et d'approbation des Eurocodes s'est achevé en 2005 ; ils sont donc maintenant tous opérationnels et leur utilisation est obligatoire dans les marchés publics [1].

En France, c'est le CSTB qui publie les Eurocodes avec l'annexe nationale française.

Il existe au total 58 Eurocodes, comprenant près de 5 000 pages, regroupés en 10 familles :

- Eurocode 0 : Bases de calcul des structures (NF EN 1990, 2 normes) ;
- Eurocode 1 : Actions sur les structures (NF EN 1991, 10 normes) ;
- Eurocode 2 : Calcul des structures en béton (NF EN 1992, 4 normes) ;
- Eurocode 3 : Calcul des structures en acier (NF EN 1993, 20 normes) ;
- Eurocode 4 : Calcul des structures mixtes acier-béton (NF EN 1994, 3 normes) ;
- Eurocode 5 : Conception et calcul des structures en bois (NF EN 1995, 3 normes) ;
- Eurocode 6 : Calcul des ouvrages en maçonnerie (NF EN 1996, 4 normes) ;
- Eurocode 7 : Calcul géotechnique (NF EN 1997, 2 normes) ;
- Eurocode 8 : Calcul des structures pour leur résistance aux séismes (NF EN 1998, 6 normes) ;
- Eurocode 9 : Calcul des structures en aluminium (NF EN 1999, 5 normes).

Chaque famille d'Eurocode est constituée d'une partie générale (partie 1-1), d'une partie concernant le comportement au feu (partie 1-2), d'une partie concernant les ponts (partie 2), le cas échéant, et d'autres parties spécifiques.

Chaque Eurocode est référencé par un nom du type NF EN 19--, par exemple NF EN 1992-1-1 pour les règles générales du calcul des structures en béton.

La liste à jour des Eurocodes peut être consultée sur le site Internet de l'Afnor, mais le téléchargement est payant.

2.4. Les règles professionnelles

Les règles professionnelles sont des documents de référence produits par des filières professionnelles, soucieuses de mieux formaliser et faire reconnaître leurs pratiques constructives. Ces règles peuvent déboucher ultérieurement sur un DTU. Elles ne font pas partie, à strictement parler, de la réglementation.

Quelques exemples :

- *Construction paille – Remplissage isolant et support d'enduit*, d'octobre 2011 ;
- *Construire en chanvre, règles professionnelles d'exécution*, de juillet 2012 [2] ;
- *Règles professionnelles concernant les travaux d'étanchéité à l'eau par application de systèmes d'étanchéité liquides sur les dalles de parking*, de décembre 2013 [3].

---

1 Ceci a été rappelé dans la *Recommandation sur la rédaction des spécifications techniques dans les marchés publics de travaux de bâtiment*, mai 2012, V1.0, Groupe d'étude des marchés ouvrages, travaux et maîtrise d'œuvre, Observatoire économique de l'achat public, ministère de l'Économie.

2 Disponible à l'achat sur http://librairie.sebtp.com (pas de version gratuite).

3 Sur www.etancheite.com, site de la Chambre syndicale de l'étanchéité.

Ces règles professionnelles sont acceptées ou non par la commission prévention produits (C2P) de l'Agence Qualité Construction (AQC). Si elles sont acceptées, elles passent vis-à-vis des assureurs en *techniques courantes*. Si elles ne le sont pas (ou pas encore), elles sont considérées par les assureurs comme techniques non courantes.

Pour en savoir plus sur les règles professionnelles

Consulter le site de l'Agence Qualité Construction : www.qualiteconstruction.com, rubrique « C2P », qui liste les règles professionnelles acceptées par la C2P.

2.5. Le programme PACTE

Le programme PACTE (programme d'action pour la qualité de la construction et la transition énergétique) est une vaste refonte des règles professionnelles du bâtiment, lancée en 2010 (initialement sous le nom RAGE – règles de l'art Grenelle environnement) et pilotée par le CSTB. Le but de cette refonte était d'adapter les règles de l'art pour favoriser les économies d'énergie et l'amélioration du bilan carbone des bâtiments.

Le programme comprend des recommandations professionnelles, des guides, des rapports et des calepins de chantier, portant sur le bâti (façades, chapes, verrières, isolation, etc.) et sur ses équipements techniques (VMC, solaire, chauffe-eau, PAC, GTB, etc.).

Contrairement aux DTU, qui traitent principalement du neuf, les documents RAGE portent tant sur le neuf que sur l'existant. Ils visent de plus à prendre en compte les dernières innovations techniques.

Les recommandations professionnelles RAGE ne sont ni des documents réglementaires d'application obligatoire ni des normes, mais elles servent de base à la refonte progressive des DTU et à la création de futures normes, à jour par rapport aux enjeux énergétiques.

Pour en savoir plus

Consulter le site du PACTE : www.programmepacte.fr.

2.6. Les cahiers des clauses techniques générales (CCTG)

Les CCTG sont des textes de référence applicables dans le cadre des marchés publics.

Le *CCTG applicable aux marchés publics de travaux de génie civil* est composé d'une trentaine de fascicules, principalement utilisés par l'administration dans le domaine des ouvrages d'art et des travaux VRD[1].

À titre d'exemple, le fascicule 2 traite des terrassements généraux, le fascicule 25 traite de l'exécution des assises de chaussée, le fascicule 65 de l'exécution des ouvrages de génie civil en béton armé ou précontraint et le fascicule 70 des ouvrages d'assainissement.

1 La liste des fascicules approuvés figure dans l'arrêté du 28 mai 2018 relatif à la composition du cahier des clauses techniques générales applicables aux marchés publics de travaux de génie civil.

3. La réglementation incendie et technique par type de programme

3.1. Aperçu général de la réglementation ERP

La conception et l'exploitation des *établissements recevant du public* (ERP) sont encadrées par des règles strictes, motivées par le fait que le public qu'ils accueillent ne connaît pas forcément les lieux en situation d'évacuation incendie.

Ces règles font l'objet du règlement de sécurité contre les risques d'incendie et de panique dans les établissements recevant du public[1], communément appelé *règlement ERP*.

L'objet du présent chapitre est uniquement de permettre à l'AMO de s'orienter dans les textes, pour retrouver le texte source évoqué par l'administration, par le bureau de contrôle ou par le maître d'œuvre. On n'évoquera pas le contenu détaillé des textes.

3.1.1. Plan du règlement ERP

Ce texte fondamental s'articule en quatre livres. Il est important d'avoir une vision claire de leur articulation :

- le livre I comprend les dispositions applicables à tous les ERP, d'une épicerie de village à l'aéroport de Roissy ; ces dispositions sont présentées sous la forme des articles GN 1 à GN 14 ;
- le livre II comprend les dispositions applicables aux ERP des quatre premières catégories, c'est-à-dire ceux ayant le plus fort effectif. Ce livre est divisé en :
  - titre 1er – Dispositions générales, classées par thème (construction, désenfumage, éclairage, etc.),
  - titre II – Dispositions particulières, qui regroupent les règlements particuliers à chaque *type* d'ERP (hôtels, bibliothèques, musées, etc.), qui apportent des adaptations aux dispositions générales ;
- le livre III comprend les dispositions applicables aux établissements de 5e catégorie, c'est-à-dire ceux au plus faible effectif, qui sont aussi les plus nombreux (ceci concerne notamment tous les petits magasins de la vie quotidienne) ;
- le livre IV comprend les dispositions applicables aux établissements spéciaux, dont certains disposent de leur propre règlement, dit *autoporteur*. Il s'agit là de types d'ERP plus rarement rencontrés, sauf deux qui sont courants : les hôtels-restaurants et les parcs de stationnement couverts.

Dans cet ensemble de textes, l'essentiel pour la majorité des projets ERP est constitué par les livres II et III.

Pour savoir comment s'orienter dans ce règlement, il faut connaître les notions fondamentales de classement des ERP, par *type d'activité* et par *catégorie*.

---

1 Arrêté du 25 juin 1980 portant approbation des dispositions générales du règlement de sécurité contre les risques d'incendie et de panique dans les établissements recevant du public (ERP).

3.1.2. Classement des ERP par type d'activité

Les établissements recevant du public sont classés par type, en fonction de la nature de leur activité, et par catégorie, en fonction de leur effectif. Les règles à appliquer découlent ensuite du type et de la catégorie.

Les types d'activité – hors établissements dits spéciaux – sont :

- type L : salles à usage d'auditions, de conférences, de réunions, de spectacles, ou à usages multiples ;
- type M : magasins, centres commerciaux ;
- type N : restaurants et débits de boissons ;
- type O : hôtels et autres établissements d'hébergement ;
- type P : salles de danse et salles de jeux ;
- type R : établissements d'éveil, d'enseignement, de formation, centres de vacances, centres de loisirs sans hébergement ;
- type S : bibliothèques, centres de documentation et de consultation d'archives ;
- type T : salles d'exposition (à vocation commerciale) ;
- type U : établissements de soins ;
- type V : établissements de culte ;
- type W : administrations, banques, bureaux ;
- type X : établissements sportifs couverts ;
- type Y : musées ;
- type J : structures d'accueil pour personnes âgées et personnes handicapées.

D'autres types sont classés en *établissements spéciaux*. Une grande partie de ces établissements ne sont pas régis par le livre II (articles CO, EL, CH, etc.) mais par des dispositions spécifiques, à voir au cas par cas suivant le type, par exemple :

- type PA : établissements de plein air ;
- type OA : hôtels-restaurants ;
- type PS : parcs de stationnement couverts.

Point de vigilance

Les prisons et les établissements militaires font l'objet de réglementations spécifiques, hors règlement ERP[1], bien que certains de leurs locaux puissent accueillir du public.

3.1.3. Classement par catégorie d'établissement

Les établissements sont classés par catégorie, selon l'effectif du public et du personnel.

1 Code de la construction et de l'habitation, article R123-17 et arrêté du 18 juillet 2006 portant approbation des règles de sécurité contre les risques d'incendie et de panique dans les établissements pénitentiaires et fixant les modalités de leur contrôle.

Point de vigilance

Le calcul de l'effectif du public découle de règles propres à chaque type d'ERP, précisées dans le règlement de sécurité ERP pour chaque type.

Ces règles de calcul peuvent prendre en compte le nombre de places assises, la surface réservée au public, la déclaration du chef de l'établissement ou plusieurs de ces indications.

Les catégories d'ERP sont les suivantes[1] :

- 1re catégorie : au-dessus de 1 500 personnes ;
- 2e catégorie : de 701 à 1 500 personnes ;
- 3e catégorie : de 301 à 700 personnes ;
- 4e catégorie : 300 personnes et au-dessous, jusqu'au seuil de la 5e catégorie ;
- 5e catégorie : jusqu'à un seuil propre à chaque type d'établissement (souvent 200 personnes), spécifié dans le règlement propre à la 5e catégorie (article PE 2) et qu'on trouvera dans le tableau ci-dessous.

Les quatre premières catégories constituent ce qu'on appelle le *premier groupe*, et la cinquième catégorie constitue le *deuxième groupe* d'ERP[2], distinction supplémentaire dont on peut être tenté de se demander si elle ne vise pas à embrouiller les « non-sachants » !

Pour récapituler :

Les catégories d'ERP sont déterminées en fonction de l'effectif des personnes admises.		
1er groupe d'ERP	1re catégorie : plus de 1 500 personnes	L'effectif prend en compte le public et le personnel
	2e catégorie : entre 701 et 1 500 personnes	
	3e catégorie : entre 301 et 700 personnes	
	4e catégorie : du seuil de la 5e catégorie à 300 personnes	
2e groupe d'ERP	5e catégorie : effectif inférieur au seuil d'assujettissement (art. PE 2)	Seul le public est pris en compte

Le règlement ERP donne, pour chaque type d'établissement, le seuil d'assujettissement, c'est-à-dire les effectifs maximaux pour rester en 5e catégorie[3], donc pour bénéficier d'un règlement beaucoup moins contraignant.

3.1.4. S'orienter dans les textes, identifier les parties du règlement ERP à appliquer

Armé de ces notions de type et d'activité, on peut maintenant comprendre la démarche permettant d'identifier les parties du règlement à appliquer à un projet.

---

1 Code de la construction et de l'habitation, article R123-19.

2 Arrêté du 25 juin 1980 portant approbation des dispositions générales du règlement de sécurité contre les risques d'incendie et de panique dans les établissements recevant du public (ERP), article GN 1.

3 Idem, extrait de l'article PE 2.

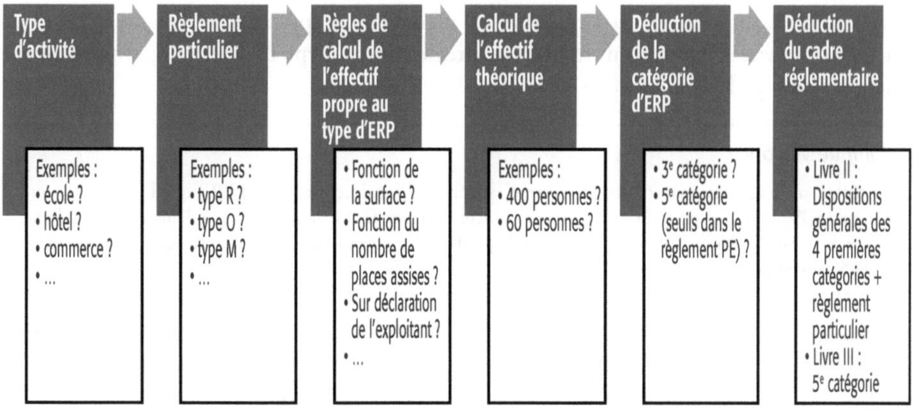

Figure 4 – Étapes pour la détermination de la catégorie ERP et du cadre réglementaire d'un projet d'ERP.

Dans le cadre d'un projet d'ERP, la première chose à faire est d'identifier le type d'activité.

On consulte ensuite le règlement particulier propre au type d'activité, règlement qui donne les particularités du calcul d'effectif.

Grâce à ce règlement particulier et sur la base du programme, on identifie l'effectif théorique de l'établissement.

De cet effectif est déduite la catégorie de l'établissement. Étape essentielle puisque le règlement applicable est différent suivant qu'on se situe en 5e catégorie ou en 1re, 2e, 3e ou 4e catégorie.

Attention, le seuil de la 5e catégorie dépend du type d'établissement, comme on l'a vu.

Connaissant maintenant le type d'activité et la catégorie, on est en mesure d'identifier les parties du règlement ERP applicables :

- de la 1re à la 4e catégorie : les dispositions générales assorties des adaptations prescrites par le règlement particulier au type d'activité ;
- en 5e catégorie : les « dispositions applicables aux établissements de 5e catégorie ».

3.1.4.1. Le livre I – Dispositions applicables à tous les ERP – Les articles GN

Le livre premier du règlement ERP, en vérité réduit à quelques pages, regroupe les articles GN, qui s'appliquent à tous les ERP quels que soient leur type et leur taille.

Que trouve-t-on dans ces articles GN ?

L'article GN 1 définit la liste des types d'ERP.

Les articles GN 2, GN 3 et GN 5 définissent les règles relatives au classement des établissements voisins les uns des autres, par exemple des commerces dans un mail commercial ou un établissement regroupant plusieurs bâtiments dans son enceinte.

L'article GN 5 traite des établissements abritant plusieurs activités : l'auditorium accueillant des conférences au sein d'un hôpital, le restaurant au sein d'un musée, autant d'ERP accueillant en leur sein une activité annexe d'un type autre que l'activité principale de l'établissement.

Pour les locaux abritant ces activités annexes, il convient d'appliquer le règlement propre à leur type d'activité : l'auditorium respectera le règlement du type L, le restaurant respectera le règlement du type N.

Point de vigilance

Le règlement à consulter pour l'activité annexe est celui de la même catégorie d'ERP que l'ERP dans son ensemble. Par exemple, pour un café pouvant accueillir une vingtaine de personnes seulement au sein d'un grand musée de 1re catégorie, on appliquera les dispositions du type N de 1re catégorie et non les dispositions de la 5e catégorie.

Le fameux article GN 8, introduit en 2009, traite de l'évacuation des personnes à mobilité réduite en cas d'incendie. Plusieurs solutions sont possibles pour réaliser les *espaces d'attente sécurisés*, où les personnes en fauteuil roulant sont censées attendre en toute sécurité les pompiers.

L'article GN 10§1 rappelle que seules les dispositions du règlement ERP relatives à l'*exploitation* (tout ce qui concerne le classement des ERP par catégorie et par type, les contrôles périodiques, les vérifications techniques et l'entretien) sont applicables aux ERP *existants* ; l'ensemble des autres prescriptions du règlement ERP, ce qu'on pourrait appeler les règles de conception, ne s'appliquent pas aux ERP existants tant qu'ils ne font pas l'objet de travaux de réaménagement. On a coutume de dire : « L'existant n'a pas à être aux normes. » C'est seulement lorsqu'on entreprend des travaux qu'on doit respecter ces règles de conception.

Il faut toutefois noter que dans certains cas extrêmes, lorsque l'état de vétusté d'un ERP existant finit par présenter des risques pour la sécurité du public, la commission exige la programmation de travaux de mises aux normes.

L'article GN 10§2 est fondamental pour les projets de réaménagements partiels dans l'existant : il précise que dans un établissement existant objet de travaux, seules les parties modifiées doivent respecter le règlement.

Pour ces projets, les plans du dossier de permis de construire doivent faire figurer – de manière très précise – le *périmètre* objet du réaménagement. Seuls les locaux situés dans ce périmètre sont objets du PC, et eux seuls seront conformes à la réglementation à l'issue des travaux.

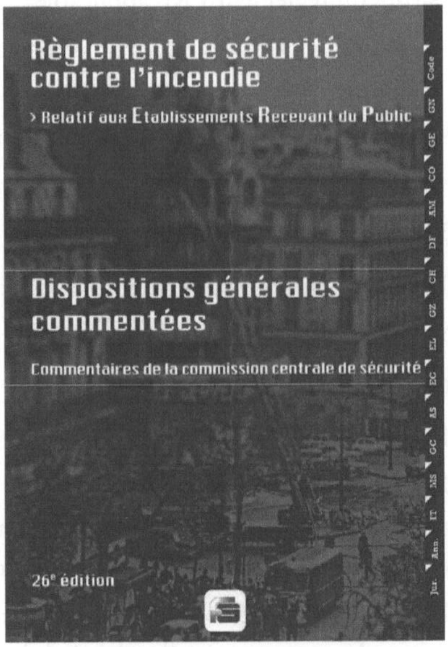

Figure 5 – Couverture du *Règlement de sécurité ERP – Dispositions générales*

3.1.4.2. Le livre II – Dispositions générales applicables aux établissements des quatre premières catégories

Ce livre II du règlement ERP est présenté sous la forme d'articles classés par thème :

- articles GE pour les généralités ;
- articles CO pour les règles relatives à la construction ;
- articles AM pour les aménagements intérieurs, décoration et mobilier ;
- articles DF pour le désenfumage ;

- articles CH pour la CVC ;
- articles GZ pour les règles relatives à l'utilisation du gaz et des hydrocarbures liquéfiés ;
- articles EL pour les installations électriques ;
- articles EC pour l'éclairage ;
- articles AS pour les ascenseurs, escaliers mécaniques et trottoirs roulants ;
- articles GC (comme grandes cuisines) pour les appareils de cuisson destinés à la restauration ;
- articles MS pour les moyens de secours contre l'incendie.

Ces dispositions générales du règlement ERP sont connues sous la forme d'un petit livre à couverture bleue, édité aux éditions France-Sélection.

Point de vigilance

Attention, ces dispositions générales sont altérées par les règlements particuliers au type d'activité : hôtel, commerce, hôpital, etc.

Que trouve-t-on dans les articles GE ?

Le dossier GE 2

L'article GE 2 traite du dossier de sécurité à adresser à la commission. Ce dossier, dit dossier GE 2, est le pendant technique du permis de construire. L'article GE 2 prévoit que soient transmises à la commission pour validation certaines dispositions techniques, par exemple un principe de désenfumage, un principe d'alimentations électriques de sécurité, etc. En effet, le dossier de permis de construire n'offre pas un cadre adapté pour transmettre à la commission des documents techniques, et il arrive que certaines dispositions méritent validation.

La rédaction très générale de l'article pourrait laisser croire que le dossier GE 2 est systématiquement réalisé. En pratique, il ne l'est pas toujours. Il est indispensable :

- si le bureau de contrôle le demande ;
- si le projet comporte des dispositions particulières (de nature dérogatoire ou nécessitant une interprétation des textes) qu'on souhaite faire valider par la commission avant les travaux, pour éviter de réaliser les travaux et d'essuyer ensuite un avis défavorable lors de la réception.

Typiquement, un projet de mise en conformité incendie d'un établissement existant avec refonte du SSI peut mériter un dossier GE 2 pour faire valider par la commission les principes de la conception du SSI et son cahier des charges fonctionnel. Autre exemple, les services instructeurs demandent souvent un dossier sur les principes de désenfumage.

En dehors de Paris, il est cependant rare que les services instructeurs aient les effectifs et les compétences pour analyser réellement un dossier portant sur les spécialités techniques.

Comment faire réaliser le dossier GE 2 ? Deux solutions se présentent :

- soit il est réalisé en phase conception par le maître d'œuvre, qui assemble des éléments significatifs extraits de ses propres études (synoptiques, plans techniques, notices techniques) ;

- soit il est réalisé en début de chantier par le maître d'œuvre, qui assemble des études d'exécution des entreprises.

Il est généralement considéré que le dossier GE 2 fait partie de la mission de base de maîtrise d'œuvre.

GE 3

L'article GE 3 est relatif à la visite de réception par la commission.

GE 6 à 10

Les articles GE 6 à 10 traitent des *vérifications techniques* qui sont confiées suivant les cas soit au bureau de contrôle, soit à un technicien compétent. (Voir dans le chapitre consacré au chantier la partie relative au bureau de contrôle.)

Les articles CO – Construction

Ce sont des articles essentiels. Ils ont un impact important sur les projets.

Ils contiennent notamment les règles relatives :

- à la stabilité au feu des structures ;
- à l'accessibilité des façades ;
- à l'isolement par rapport aux tiers ;
- aux dégagements et aux unités de passage ;
- aux escaliers, etc.

Les articles AM – Aménagements intérieurs, décoration et mobilier

Ces articles donnent des prescriptions sur la réaction au feu des matériaux utilisés pour différents usages.

Les articles DF – Désenfumage

Ces articles ne définissent que les grands principes à respecter en désenfumage. Les solutions techniques figurent quant à elles dans l'instruction technique n° 246 relative au désenfumage dans les ERP.

Les articles CH – Chauffage, ventilation, réfrigération, climatisation, conditionnement d'air et installation d'eau chaude sanitaire

Les articles CH distinguent les *chaufferies* et les *sous-stations* : alors que les chaufferies produisent de la chaleur par combustion, les sous-stations ne sont que le siège d'échanges thermiques entre un réseau primaire et un réseau secondaire.

Point de vigilance

Les chaufferies de forte puissance, de même que les productions de froid importantes, peuvent être soumises aux arrêtés ICPE (voir plus bas le paragraphe sur ce sujet).

Les articles EL – Installations électriques

On y trouve notamment les concepts de source *normale*, source *de remplacement* et source *de sécurité*. Alors que la source de sécurité alimente les installations concourant à la sécurité incendie, la source de remplacement vise à permettre une continuité d'exploitation.

Les articles MS – Moyens de secours contre l'incendie

On trouve dans ces articles les thématiques suivantes (ce qui n'est pas forcément intuitif compte tenu du titre « Moyens de secours ») :

- les moyens d'extinction, au nombre desquels :
  - les robinets d'incendie armés (RIA),
  - les bouches et poteaux d'incendie,
  - les colonnes sèches,
  - les installations de sprinklage (dites « d'extinction automatique »), et
  - divers autres moyens ;
- les dispositions visant à faciliter l'action des pompiers ;
- les services de sécurité ;
- les SSI ;
- les systèmes d'alerte.

Ce sont les règlements particuliers propres à chaque type d'ERP qui précisent quels moyens de secours doivent être prévus.

3.1.4.3. Le livre III – Dispositions applicables aux établissements de 5e catégorie

Pour mémoire, les établissements de 5e catégorie sont les plus petits ERP, par exemple tous les petits commerces de proximité.

Ces établissements sont uniquement assujettis au livre I du règlement ERP, c'est-à-dire aux articles GN (voir ci-dessus), et au livre III, c'est-à-dire aux articles PE (comme « petits établissements »), PO et PU. Ils ne sont pas assujettis au livre II, c'est-à-dire aux articles thématiques GE, CO, AM, DF, CH, GZ, EL, EC, AS, GC et MS. Autant dire que la réglementation applicable est beaucoup plus simple et moins contraignante.

On trouvera ci-dessous une sélection d'articles, mais il faut consulter le texte source intégral.

PE 2 – Établissements assujettis

Cet article déjà évoqué comprend le tableau des seuils d'effectifs de la 5e catégorie.

Il comprend en outre un ensemble de cas particuliers, présentés de manière (il faut le reconnaître) assez confuse – consulter le texte source, qui n'est certes pas un modèle d'ergonomie !

On peut retenir que les ERP accueillant moins de 19 personnes sans locaux de sommeil ne sont soumis qu'à un très petit nombre de règles. L'installation électrique doit être conforme aux normes en vigueur et les prises multiples y sont interdites.

PE 3

Le personnel n'est pas comptabilisé dans l'effectif.

PE 5

Les établissements occupant entièrement le bâtiment dont le plancher bas de l'étage le plus élevé est situé à plus de 8 m du niveau d'accès des sapeurs-pompiers doivent respecter des prescriptions constructives particulières.

3.1.4.4. Le livre IV – Établissements spéciaux

Ces types particuliers sont :

- le type PA : établissements de plein air ;
- le type CTS : chapiteaux, tentes et structures ;
- le type SG : structures gonflables ;
- le type OA : hôtels-restaurants ;
- le type REF : refuges de montagne ;
- le type PS : parcs de stationnement couverts ;
- le type GA : gares accessibles au public ;
- le type EF : établissements flottants.

Certains de ces types disposent de leur propre règlement, dit *autoporteur*.

Zoom sur...

... le type PS – Parcs de stationnement couverts

Ce règlement a été profondément remanié en 2006[1]. Attention aussi en cas de projet dans un parking existant : un projet de réaménagement peut nécessiter la remise aux normes de l'existant, qui peut être très lourde, notamment en désenfumage. Il est prudent de faire réaliser un *diagnostic* de la conformité de l'existant au nouveau cadre réglementaire.

Pour en savoir plus sur les autres réglementations applicables aux parkings couverts

Voir plus loin le paragraphe dédié à ce sujet.

3.2. La réglementation sécurité incendie des bâtiments d'habitation

La réglementation applicable aux bâtiments d'habitation a l'avantage d'être régie par un texte synthétique, l'arrêté du 31 janvier 1986 relatif à la protection contre l'incendie des bâtiments d'habitation, qui couvre la plupart des thèmes réglementaires. Ce n'est pas le seul texte applicable, mais le cadre réglementaire est tout de même plus simple que pour les ERP.

L'arrêté s'applique aux immeubles d'habitation dont le plancher bas du logement le plus haut est à moins de 50 m au-dessus du niveau d'accès des engins de secours (au-delà, on entre dans

1 Comme toutes les parties du règlement ERP, ce texte est consultable dans l'arrêté du 25 juin 1980 portant approbation des dispositions générales du règlement de sécurité contre les risques d'incendie et de panique dans les établissements recevant du public (ERP) ; pour mémoire un arrêté modifié continue à être désigné par sa date de publication initiale.

la réglementation IGH) et aux parcs de stationnement couverts associés à une surface de plus de 100 m^2[1].

Point de vigilance

L'arrêté du 31 janvier 1986 a été modifié en 2015 et 2019 : ne pas consulter d'ouvrages antérieurs non mis à jour.

3.2.1. Classement des bâtiments d'habitation[2]

L'arrêté classe les bâtiments en quatre familles :

Première famille

Il s'agit :

- des maisons individuelles isolées ou jumelées à un étage sur rez-de-chaussée au plus ;
- des maisons individuelles à rez-de-chaussée groupées en bandes ;
- des maisons individuelles à un étage sur rez-de-chaussée, groupées en bandes, dont les structures porteuses sont indépendantes des maisons voisines.

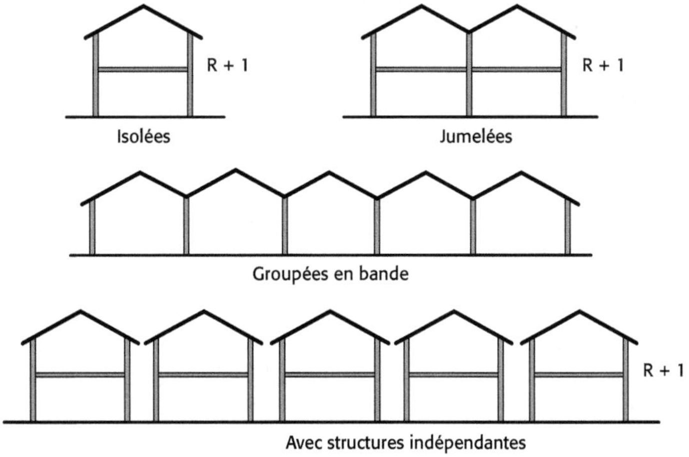

Figure 6 – Habitations de la 1re famille[3].

Deuxième famille

Il s'agit :

- des maisons individuelles isolées ou jumelées de plus d'un étage sur rez-de-chaussée ;
- des maisons individuelles à un étage sur rez-de-chaussée seulement, groupées en bandes, dont les structures porteuses ne sont pas autonomes d'une maison à l'autre ;

---

1 Article 1 de l'arrêté du 31 janvier 1986 relatif à la protection contre l'incendie des bâtiments d'habitation.

2 Arrêté du 31 janvier 1986 relatif à la protection contre l'incendie des bâtiments d'habitation, article 3.

3 D'après *Guide d'application de la réglementation incendie – Habitations, ERP, Locaux d'activité*, Casso & Associés, CSTB.

- des maisons individuelles de plus d'un étage sur rez-de-chaussée, groupées en bandes ;
- des immeubles collectifs de trois étages au plus sur rez-de-chaussée.

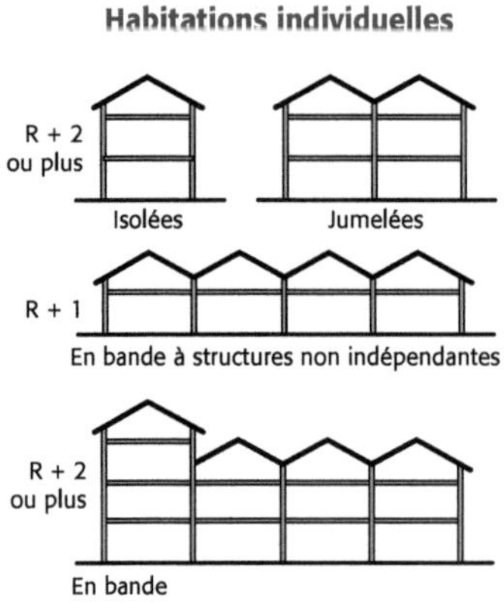

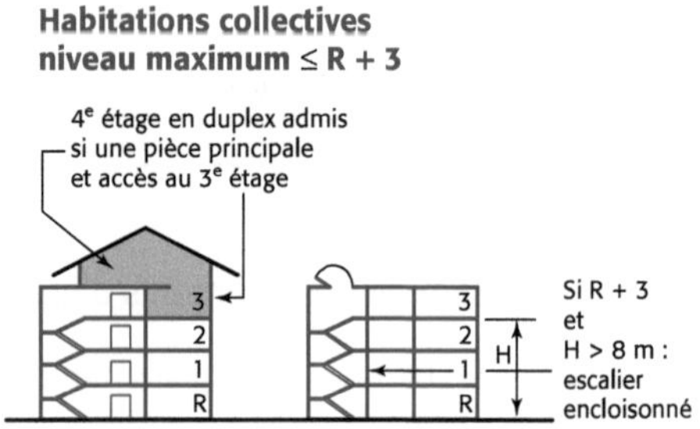

Figure 7 – Habitations de la 2e famille[1].

Troisième famille

Ce sont les habitations dont le plancher bas du logement le plus haut est à 28 m au plus au-dessus du niveau d'accès des engins de secours.

On distingue les 3e familles A et B.

Troisième famille A

Ce sont les habitations qui répondent de plus à toutes les prescriptions suivantes :

- comporter au plus sept étages sur rez-de-chaussée ; et
- comporter des circulations horizontales entre portes palières de logement et escalier
  - dont la longueur est toujours au plus égale à 10 m, et
  - dont les accès aux escaliers au rez-de-chaussée sont accessibles par voie échelle.

Exemple : l'immense majorité des immeubles parisiens.

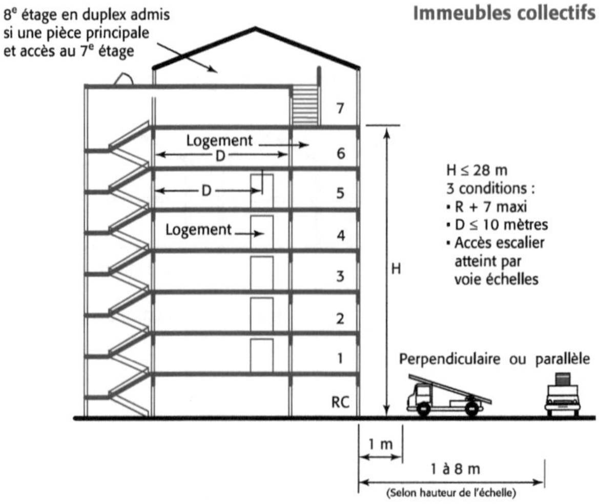

Figure 8 – Habitations de la 3e famille A[2].

1 Idem.
2 Idem.

Troisième famille B

Ce sont les habitations de 3e famille qui ne répondent pas à l'une des trois prescriptions ci-dessus[1].

Exemple : immeuble au fond d'une cour.

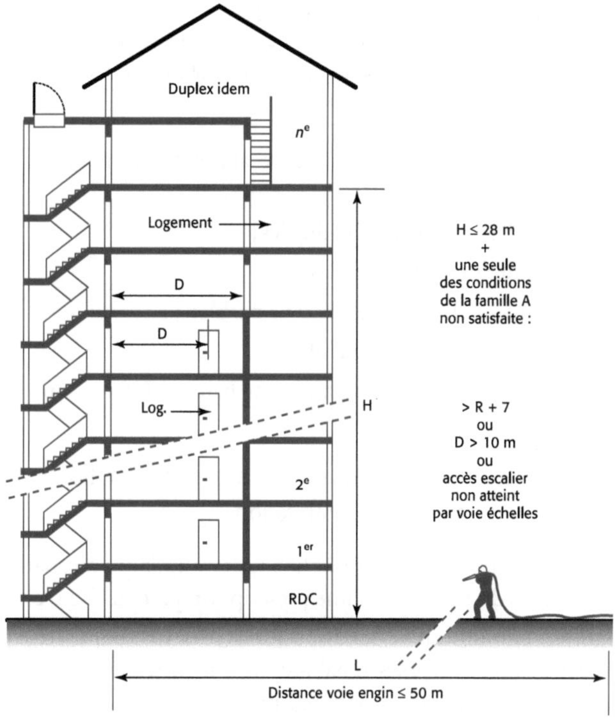

Figure 9 – Habitations de la 3e famille B[2].

Quatrième famille/Immeubles de moyenne hauteur (IMH)

Ce sont les immeubles dont le plancher bas le plus haut est situé entre 28 m et 50 m au-dessus du niveau du sol accessible aux engins de secours.

Si un immeuble de 4e famille comporte des locaux autres que d'habitation, il existe des règles complexes qui déterminent s'il bascule dans la catégorie des IGH. Ces règles peuvent conduire à prescrire des isolements coupe-feu entre habitation et activité autre – consulter l'arrêté.

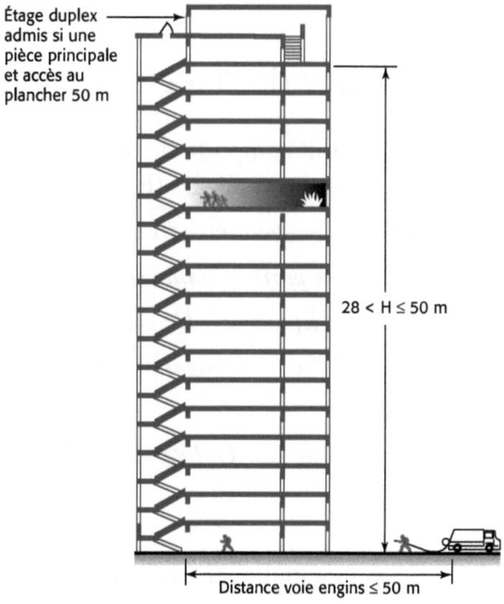

Figure 10 – Habitations de la 4e famille/IMH.

Point de vigilance

En 2019 a été introduit le terme d'*immeubles de moyenne hauteur*, qui est quasiment équivalent à la 4e famille ; ce double vocable est regrettable en termes d'ergonomie de la réglementation.

1 Idem.
2 Idem.

Suite à l'incendie de la tour Grenfell à Londres, les matériaux de façade de ces immeubles de moyenne hauteur sont maintenant très encadrés, pour limiter les risques de propagation d'incendie en façade[1].

Dans le cadre des projets de rénovation et d'isolation thermique des IMH, le *système de façade* doit être constitué de matériaux incombustibles.

On peut donc retenir en première approche de manière très simplifiée, pour faciliter la mémorisation :

- 1re famille : maisons individuelles ;
- 2e famille : petits immeubles ;
- 3e famille A : immeubles de type parisien ;
- 3e famille B : grands immeubles ;
- 4e famille : immeubles de moyenne hauteur (28 à 50 m), non-IGH.

3.2.2. La sécurité incendie dans les parcs de stationnement couverts des immeubles d'habitation

L'arrêté[2] relatif aux bâtiments d'habitation s'applique aux parkings couverts de plus de 100 m^2. En dessous de 100 m^2, aucune prescription particulière n'est à prendre en compte.

Subtilité administrative, les dispositions prescrites par l'arrêté pour les parcs de stationnement couverts des immeubles d'habitation sont légèrement différentes de celles issues du règlement PS applicables aux parkings publics.

Pour en savoir plus sur les autres réglementations applicables aux parkings couverts

Voir plus loin le paragraphe « Les parcs de stationnement couverts » dédié à ce sujet.

3.3. Aperçu de la réglementation ERT

Le Code du travail comporte des dispositions importantes pour la conception des établissements recevant des travailleurs (ERT).

Ces dispositions peuvent être trouvées dans les pages du code intitulées :

Quatrième partie – Santé et sécurité au travail

Livre deuxième – Dispositions applicables aux lieux de travail

Titre I – Obligations du Maître d'ouvrage pour la conception des lieux de travail

et

Titre II – Obligations de l'employeur pour l'utilisation des lieux de travail

Principaux textes applicables

D'autres arrêtés s'appliquent aux locaux ERT, outre le Code du travail. On les trouvera sur www.sitesecurite.com, rubrique « ERT/Textes satellites ».

1 Article R122-30 et suivants du Code de la construction et de l'habitation.

2 Article 77 à 96 de l'arrêté du 31 janvier 1986 relatif à la protection contre l'incendie des bâtiments d'habitation.

Point de vigilance

Le Code du travail ne regroupe pas l'intégralité des dispositions applicables à la conception des ERT. Contrairement au règlement ERP qui, s'il n'est pas exhaustif, vise cependant à donner une vue synthétique du cadre réglementaire, le Code du travail ne donne parfois que les grands principes applicables, et d'autres textes s'appliquent aux ERT, qui n'y figurent pas. Le cadre réglementaire ERT est sur certains sujets un maquis, comparé à la relative ergonomie du règlement ERP.

3.3.1. Quelles dispositions pour les locaux ERT dans un ERP?

Si un ERP comprend des locaux Code du travail (ce qui est presque toujours le cas), les dispositions de ce code s'appliquent en complément des dispositions applicables aux locaux ERP[1].

De même, si un établissement est ERT et habitation, ou ERT et installation classée, le Code du travail s'applique en complément de l'autre réglementation.

Les dispositions les plus contraignantes s'appliquent en cas de contradiction.

Mais, en pratique, les règlements ERP sont généralement plus exigeants que les dispositions ERT, avec beaucoup d'analogies: le Code du travail a évolué au cours des années pour se rapprocher des dispositions ERP.

3.3.2. Quelques prescriptions essentielles relatives aux ERT

Infirmerie

Si l'effectif est supérieur à 200 personnes dans l'industrie, ou 500 personnes dans les autres ERT, il faut prévoir un local de premier secours facilement accessible[2].

Installations électriques en ERT

Les dispositions à respecter sont regroupées dans un décret spécifique[3]. Elles stipulent notamment l'obligation de réaliser une vérification initiale des installations électriques après les travaux (voir le chapitre relatif à la réception des travaux).

Sources de sécurité

Un arrêté (pas aussi clair que les dispositions ERP) précise les dispositions relatives aux alimentations de sécurité en ERT[4]. Une distinction est faite entre les installations nécessaires pour assurer la sécurité des travailleurs en cas de sinistre (désenfumage, SSI, etc.) et celles dont l'arrêt ou le maintien à l'arrêt entraînerait des risques pour le personnel, c'est-à-dire les installations liées au process. Les règles strictes des ERP pour les sources de sécurité, groupes électrogènes, TGS, etc. ne s'appliquent pas telles quelles.

1 Code du travail, article R4227-1.
2 Code du travail, article R4214-23.
3 Décret n° 88-1056 du 14 novembre 1988 relatif à la protection des travailleurs dans les établissements qui mettent en œuvre des courants électriques.
4 Arrêté du 26 février 2003 relatif aux circuits et installations de sécurité.

Éclairage

Le Code du travail exige un éclairage naturel sur les lieux de travail « sauf dans les cas où la nature technique des activités s'y oppose ». Par ailleurs, les locaux doivent comporter des fenêtres à hauteur des yeux, sauf en cas d'incompatibilité avec l'activité[1].

Éclairage de sécurité

Les règles à respecter pour la conception de l'éclairage de sécurité dans les ERT figurent dans un arrêté spécifique[2]. Pour mémoire, l'éclairage de sécurité répond à deux fonctions :

- éclairage d'évacuation ;
- éclairage d'ambiance ou anti-panique.

SSI

Contrairement aux ERP, les ERT n'ont pas besoin réglementairement d'être équipés d'un SSI, sauf cas particulier. Dans la pratique, bien que cela ne soit pas exigible, les immeubles de bureaux neufs (et de nombreux immeubles existants) sont malgré tout équipés d'une installation de détection incendie.

Dispositions spécifiques aux ERT dont le plancher bas du dernier niveau est situé à plus de 8 m du sol

Pour ces bâtiments, certaines prescriptions constructives particulières s'appliquent, qui découlent du Code du travail et d'un arrêté spécifique[3].

Ces dispositions étant assez contraignantes, elles dissuadent de concevoir un bâtiment ERT dont le plancher bas du dernier niveau serait juste au-dessus de 8 m.

3.4. Enjeux de la réglementation IGH

Un immeuble de grande hauteur (IGH) est un immeuble dont le plancher du dernier niveau est situé, par rapport au plus haut niveau d'accès des engins pompiers :

- à plus de 50 m pour les habitations ;
- à plus de 28 m pour les autres immeubles[4].

Les bâtiments contigus sont aussi considérés comme IGH, sauf s'ils bénéficient d'un isolement particulier[5].

S'il faut retenir un concept relatif aux IGH, c'est la notion de *volume de protection.*

Les IGH doivent être isolés de toute construction par un mur ou une façade coupe-feu deux heures *sur toute sa hauteur* ou par un volume de protection de 8 m de largeur. Compte tenu du coût important des façades coupe-feu, ce n'est évidemment pas la façade des IGH qui est

---

1 Code du travail, article R4213-3.

2 Arrêté du 14 décembre 2011 relatif aux installations d'éclairage de sécurité – certains articles sont redondants avec l'arrêté du 26 février 2003.

3 Arrêté du 5 août 1992 cité ci-dessus.

4 Code de la construction et de l'habitation – Chapitre 2. Dispositions relatives aux immeubles de grande hauteur (IGH), article R122-2.

5 Arrêté du 30 décembre 2011 portant règlement de sécurité pour la construction des immeubles de grande hauteur et leur protection contre les risques d'incendie et de panique, article GH 8.

intégralement coupe-feu, et c'est le concept de volume de protection qui est utilisé en pratique. Dans le volume de protection ne peuvent être présents que des bâtiments dont le dernier niveau est à moins de 8 m de hauteur du sol et dont l'enveloppe est entièrement RE120 (pare-flammes deux heures), ce qui est assez contraignant[1].

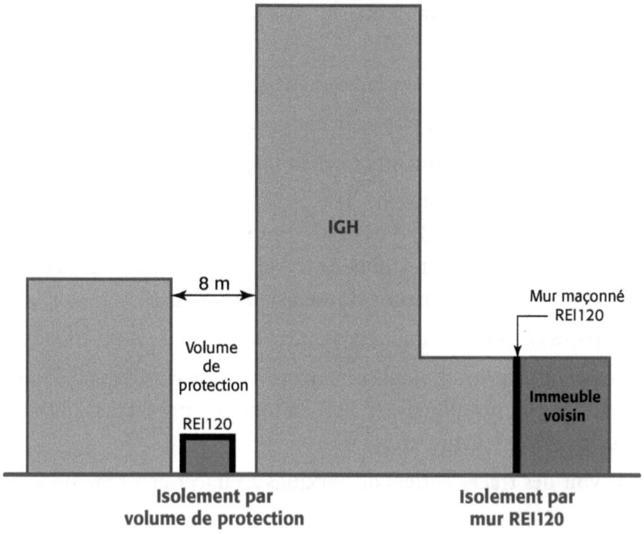

Figure 11 – Volume de protection d'un IGH : une zone de non-constructibilité.

Outre les nombreuses contraintes réglementaires, ce qui limite la construction des IGH est l'obligation pour le propriétaire d'avoir *en permanence* sur place un service de sécurité[2].

Se référer pour plus de détails au règlement de sécurité, articles GH, qui sont complétés par des articles spécifiques à chaque type d'IGH : habitation, bureau, ERP, hôtel, enseignement, etc.[3]

3.5. Les parcs de stationnement couverts

3.5.1. Règlement applicable en matière de sécurité incendie

Comme évoqué plus haut, les parcs de stationnement couverts peuvent relever de la réglementation des immeubles d'habitation[4] ou du règlement ERP type PS (parcs de stationnement)[5].

1 Idem.
2 Idem, article GH 60.
3 Arrêté du 30 décembre 2011 portant règlement de sécurité pour la construction des immeubles de grande hauteur et leur protection contre les risques d'incendie et de panique, ou plus simplement sur www.sitesecurite.com.
4 Arrêté du 31 janvier 1986 relatif à la protection contre l'incendie des bâtiments d'habitation.
5 Articles PS 1 à PS 43 – Règlement de sécurité incendie dans les ERP (approuvé par arrêté du 25 juin 1980 et modifié) – Livre 4. Dispositions applicables aux établissements spéciaux – Chapitre 6. Établissements de type PS : Parcs de stationnement couverts.

3.5.2. Dimensionnement des emplacements et des voies des parcs de stationnement

Les projets de parking nécessitent généralement un suivi rapproché du ratio coût par place de parking. Du fait de cette attention au ratio, les règles de dimensionnement jouent un rôle essentiel dans la conception de ces projets.

Les règles de dimensionnement figurent, de manière assez absurde, dans deux normes distinctes :

- la NF P 91-120 pour les parcs de stationnement à usage privatif[1] ;
- la NF P 91-100 pour les parcs de stationnement accessibles au public[2].

Ces deux normes, très similaires, présentent cependant quelques différences :

- La norme sur les parcs privatifs distingue deux types d'emplacements : les emplacements A, dits *normaux*, et les emplacements B, dits *réduits*, lesquels conviennent aux plus petits véhicules, mais ne doivent pas représenter plus de 10 % du nombre total d'emplacements. Ce taux peut être ramené à 5 % à la demande du maître d'ouvrage.

- La norme sur les parcs publics distingue des catégories dites 1, 2 et 3 d'emplacement.

Les normes déterminent tous les dimensionnements minimaux des emplacements, en fonction du type de stationnement : alignés, en épi, en long, en présence d'obstacles (poteaux) et en fonction de leur positionnement, etc.

Il n'est pas rare de voir des tracés entiers de parkings à effacer et à repeindre intégralement si la norme n'a pas été respectée.

La responsabilité du promoteur peut être engagée si un acheteur considère sa place de parking inexploitable, comme l'a montré un récent arrêt de la Cour de cassation[3]. Une vigilance toute particulière est donc nécessaire sur ces sujets.

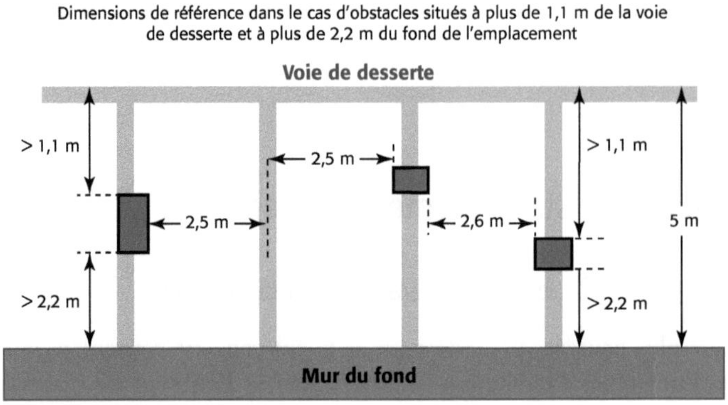

Figure 12 – Exemple de dimensionnement de places de parking, extrait de la norme NF P 91-120 (vue en plan).

Pour mémoire, on veillera par ailleurs aux règles relatives aux emplacements vélo et aux alimentations pour véhicules électriques.

1 NF P 91-120 : Dimensions des constructions – Parcs de stationnement à usage privatif – Dimensions minimales des emplacements et des voies.

2 NF P 91-100 : Parcs de stationnement accessibles au public – Règles d'aptitude à la fonction – Conception et dimensionnement.

3 3e chambre civile, du 20 mai 2015, n° 14-15107.

3.6. Les ICPE

La réglementation des installations classées pour la protection de l'environnement est basée sur une *nomenclature*, qui comporte deux catégories de rubriques :

- l'emploi ou le stockage de certaines substances présentant un danger pour l'environnement ;
- le type d'activité de l'exploitation.

Un établissement peut donc être classé en ICPE soit à cause d'une substance qu'il emploie ou stocke, soit à cause de son type d'activité. Chaque rubrique est identifiée par un numéro à quatre chiffres dont les deux premiers caractérisent la famille de substance ou d'activité (ex : 14XX substances inflammables, 22XX agroalimentaire...).

Point de vigilance

La nomenclature est souvent modifiée, car elle s'adapte aux évolutions technologiques. De plus, depuis le Grenelle II, la réglementation ICPE s'est beaucoup développée. On peut la consulter sur le site Internet de l'Ineris, « Aïda ».

Chaque rubrique de la nomenclature est réglementée par un arrêté spécifique ; autant dire qu'il est impossible de les connaître tous, et qu'une analyse détaillée est nécessaire au cas par cas pour chaque projet.

Quelques exemples de rubriques ICPE

- rubrique 1435 : stations-service ;
- rubrique 1510 : stockage de matières, produits ou substances combustibles dans des entrepôts couverts ;
- rubrique 2101 : élevage, transit, vente, etc. de bovins ;
- rubrique 2340 : blanchisserie, laverie.

La nomenclature définit les seuils quantitatifs à partir desquels l'installation devient ICPE (toute blanchisserie n'étant certes pas une ICPE !).

La législation donne à l'État le pouvoir :

- d'autoriser ou non l'exploitation d'une ICPE ;
- d'imposer des règles relatives à l'exploitation ;
- de contrôler l'exploitation ;
- de sanctionner les exploitants[1].

En fonction du tableau de la nomenclature ICPE, une ICPE peut être soumise à trois régimes différents :

- autorisation ;
- déclaration ;
- enregistrement.

Le régime de l'enregistrement a été introduit en 2009 pour simplifier la gestion des ICPE les moins dangereuses.

---

1 Article L511-1 et suivants du Code de l'environnement.

Conseil pratique

En conclusion, pour un projet portant sur une ICPE :

- identifier la rubrique concernée dans la nomenclature ICPE ;
- analyser l'arrêté spécifique à la rubrique concernée ;
- faire appel aux compétences spécialisées nécessaires.

Pour en savoir plus sur les ICPE

Consulter le site Internet du ministère de l'Environnement et celui de l'Ineris.

3.7. Quelques concepts fondamentaux en sécurité incendie

3.7.1. Le désenfumage

Le désenfumage a pour objet d'extraire, en début d'incendie, une partie des fumées et des gaz de combustion à l'extérieur des locaux à protéger[1]. Son rôle est important, puisque 80 % des décès dans un incendie sont dus à l'intoxication par les fumées.

Ses objectifs sont :

- d'évacuer la fumée et les gaz toxiques pour diminuer les risques d'asphyxie ;
- d'augmenter la visibilité pour permettre une évacuation plus rapide du public et faciliter l'intervention des secours ;
- de diminuer la température des locaux pour limiter la propagation de l'incendie et faciliter l'intervention des secours.

Deux types de désenfumage peuvent être utilisés :

- le *désenfumage mécanique*, assuré par des ventilateurs de désenfumage permettant une extraction ou éventuellement un soufflage ;
- le *désenfumage naturel*, assuré par des ouvertures permettant l'évacuation des fumées par tirage thermique. Ce désenfumage naturel peut être soit permanent (volume largement ventilé, par exemple une halle de gare), soit réalisé par des ouvrants de désenfumage, c'est-à-dire des châssis s'ouvrant en cas de besoin.

Les installations de désenfumage font partie des équipements concourant à la sécurité incendie du bâtiment et, comme telles, doivent respecter des règles particulières.

---

1 Article DF 1 de l'arrêté du 25 juin 1980 portant approbation des dispositions générales du règlement de sécurité contre les risques d'incendie et de panique dans les établissements recevant du public (ERP).

Figure 13 – Exemple de moteur de désenfumage centrifuge.

3.7.2. Vocabulaire des systèmes de sécurité incendie (SSI)

La définition officielle

« Le système de sécurité incendie d'un établissement est constitué de l'ensemble des matériels servant à collecter toutes les informations ou ordres liés à la seule sécurité incendie, à les traiter et à effectuer les fonctions nécessaires à la mise en sécurité de l'établissement.

La mise en sécurité peut comporter les fonctions suivantes :

- *compartimentage ;*
- *évacuation des personnes (diffusion du signal d'évacuation, gestion des issues) ;*
- *désenfumage ;*
- *extinction automatique ;*
- *mise à l'arrêt de certaines installations techniques. »* [1]

En d'autres termes, le SSI détecte et signale l'incendie puis commande des organes de sécurité qui permettent d'une part d'évacuer le public (équipement d'alarme, gestion des issues de secours) et d'autre part d'éviter la propagation de l'incendie et de faciliter l'intervention (désenfumage, compartimentage, sprinklage, etc.).

Les cas d'utilisation

En ERP, le règlement particulier propre à chaque type d'ERP prescrit le type (on parle de la catégorie) de SSI et le type d'alarme exigibles [2]. On trouvera ces prescriptions dans les articles « Moyens de secours », le SSI étant considéré dans le règlement comme l'un des moyens de secours, à côté des RIA, du sprinklage, etc. Des articles du règlement, autres que ceux relatifs aux moyens de secours, peuvent conduire à l'utilisation d'un SSI, en particulier plusieurs articles CO.

1 Article MS 53§1 du règlement ERP.
2 Article MS 53§3 du règlement ERP.

En ERT, la détection automatique n'est pas obligatoire mais hautement souhaitable à partir d'une certaine taille et peut être exigée par les assureurs. La plupart des bâtiments de bureaux construits actuellement en sont équipés.

Quoi qu'il en soit, un système d'alarme sonore est obligatoire à partir de 50 occupants[1], alarme qui peut être assurée par un SSI.

La norme NF S 61-931 est le texte de base sur les SSI, qui permet d'avoir une vue d'ensemble du domaine ; elle recense toutes les définitions des sigles et du vocabulaire propre à cette spécialité ; vocabulaire si hermétique qu'on se demande parfois s'il n'est pas destiné à exclure les non-sachants ! Il est utile de connaître l'essentiel de ce vocabulaire, et les nombreux sigles associés, pour pouvoir dialoguer avec le coordonnateur SSI.

Règle d'or

Dans les ERP avec locaux de sommeil, la réglementation impose la détection incendie.

Point de vigilance : caractéristiques exigibles et installation volontaire d'équipements

Un maître d'ouvrage peut décider d'implanter un SSI plus complet que celui exigible réglementairement. Par exemple, dans un bâtiment ERT où un SSI de catégorie A n'est pas exigible (le règlement ERP ne s'appliquant pas), le maître d'ouvrage peut décider de prévoir une détection incendie. La présence de détection incendie dans une installation n'implique donc pas nécessairement qu'on soit en présence d'un SSI de catégorie A exigible réglementairement.

Une installation volontaire n'a pas besoin de respecter les articles du règlement ERP relatifs aux SSI.

Petit glossaire des SSI

Afin de ne pas se laisser impressionner par les spécialistes, on trouvera ci-dessous un glossaire rappelant le vocabulaire principal des SSI :

- BAAS : bloc autonome d'alarme sonore
- BAAS type MA : bloc autonome d'alarme sonore manuel
- BAAS type Pr : bloc autonome d'alarme sonore principal
- BAAS type Sa : bloc autonome d'alarme sonore satellite
- CMSI : centralisateur de mise en sécurité incendie
- DAC : dispositif adaptateur de commande
- DAS : dispositif actionné de sécurité
- DCM : dispositif de commande manuelle de DAS
- DCMR : dispositif de commandes manuelles regroupées
- DCS : dispositif de commande et de signalisation
- DI : détecteur incendie
- DM : déclencheur manuel
- DS : diffuseur sonore

---

1 Article R4227-34 du Code du travail.

- EA : équipement d'alarme
- ECS : équipement de contrôle et de signalisation
- SDI : système de détection incendie
- SMSI : système de mise en sécurité incendie
- UCMC : unité de commandes manuelles centralisées
- UGA : unité de gestion de l'alarme
- US : unité de signalisation

3.7.3. La défense extérieure contre l'incendie (DECI)

On utilise ce terme pour désigner les équipements de lutte contre l'incendie utilisés par les pompiers dans les espaces extérieurs. On distingue en particulier :

- les bouches d'incendie enterrées ;
- les poteaux d'incendie ;
- les citernes d'incendie ; et
- les aires d'aspiration de points d'eau naturels ou artificiels.

4. L'accessibilité aux personnes handicapées

L'accessibilité des bâtiments a donné lieu à un foisonnement instable et peu ergonomique de textes réglementaires au cours des dernières années. Les textes essentiels sont listés dans un tableau récapitulatif plus bas.

4.1. En ERP et en habitation

La loi Handicap du 11 février 2005 a introduit la notion d'égalité d'accès au logement, à la formation et à l'emploi [1].

Son décret d'application a introduit un ensemble de prescriptions qui sont à la base des règles de conception en matière d'accessibilité PMR (personne à mobilité réduite). Ces dispositions générales sont consultables dans le Code de la construction et de l'habitation, articles R111-18 à R111-19-30.

4.1.1. En ERP : conformité des travaux neufs et mise en conformité des existants

4.1.1.1. Travaux neufs en ERP

Pour les ERP neufs et pour les ERP créés par changement de destination d'un local, le détail des prescriptions figure dans un arrêté du 20 avril 2017 [2] qui est le texte de référence.

1 Voir Code de la construction et de l'habitation, articles L111-7 et L111-8.

2 Arrêté du 20 avril 2017 relatif à l'accessibilité aux personnes handicapées des établissements recevant du public lors de leur construction et des installations ouvertes au public lors de leur aménagement.

4.1.1.2. ERP existants

Concernant les ERP existants, la loi exigeait leur mise en conformité avant le 1er janvier 2015.

Le détail des obligations à respecter a été légèrement assoupli fin 2014 et figure dans un arrêté spécifique[1]. Certaines obligations à respecter sont un peu moins contraignantes que dans le neuf, ce qui est une avancée significative, car avec la législation précédente la mise en conformité d'un ERP existant consistait sur de nombreux points à respecter les règles applicables aux bâtiments neufs, sauf impossibilité.

4.1.2. En habitation

En 2018 un assouplissement important a été introduit : seuls 10 % des logements neufs doivent désormais être accessibles au lieu de 100 %, les autres logements pouvant se contenter d'être *évolutifs*.

4.1.2.1. Dans le neuf

Pour l'habitat, qu'il soit collectif ou individuel, on trouvera le détail des prescriptions :

- dans un arrêté spécifique[2] ; et
- dans le Code de la construction[3].

Même l'intérieur des logements fait l'objet de prescriptions, dites « caractéristiques de base des logements ».

Depuis la loi Elan de 2018, l'obligation d'accessibilité ne porte que sur 20 % des logements d'un bâtiment d'habitation collectif, les autres logements se contentant d'être évolutifs[4].

4.1.2.2. Dans l'existant

Le texte de référence pour les habitations collectives existantes est là aussi le Code de la construction[5], accompagné d'un arrêté[6].

Pour les travaux lourds sur un immeuble d'habitation collectif existant (ou lors d'un changement de destination d'un immeuble), impactant plus de 80 % de la *valeur* de l'immeuble, la mise en accessibilité est à appliquer[7].

---

1 Arrêté du 8 décembre 2014 fixant les dispositions prises pour l'application des articles R111-19-7 à R111-19-11 du Code de la construction et de l'habitation et de l'article 14 du décret n° 2006-555 relatives à l'accessibilité aux personnes handicapées des établissements recevant du public situés dans un cadre bâti existant et des installations existantes ouvertes au public.

2 Arrêté du 24 décembre 2015 relatif à l'accessibilité aux personnes handicapées des bâtiments d'habitation collectifs et des maisons individuelles lors de leur construction.

3 Bâtiments d'habitation collectifs neufs : articles R111-18 à R111-18-3 du Code de la construction et de l'habitation ; maisons individuelles neuves : articles R111-18-4 à R111-18-7.

4 Article L111-7-1 du Code de la construction et de l'habitation.

5 Articles R111-18-8 à R111-18-11 du Code de la construction et de l'habitation.

6 Arrêté du 26 février 2007 fixant les dispositions prises pour l'application des articles R111-18-8 et R111-18-9 du Code de la construction et de l'habitation, relatives à l'accessibilité pour les personnes handicapées des bâtiments d'habitation collectifs lorsqu'ils font l'objet de travaux et des bâtiments existants où sont créés des logements par changement de destination.

7 Article R111-18-9 du Code de la construction et de l'habitation.

4.1.3. L'attestation d'accessibilité de fin de travaux

Un nouveau document administratif a été introduit, décrit par un arrêté spécifique[1] : l'attestation de fin de travaux.

À l'issue des travaux soumis à permis de construire (sauf construction ou aménagement de maison individuelle pour son propre usage), le maître d'ouvrage doit faire établir par un contrôleur technique ou un architecte (à l'exclusion de celui qui a conçu le projet) une attestation constatant que les travaux réalisés respectent les règles d'accessibilité applicables.

Pour les projets dotés d'un contrôleur technique, c'est ce dernier qui établit l'attestation[2].

L'attestation est donc plus qu'un simple document, c'est une *véritable mission* à part entière.

4.2. En ERT

L'accessibilité des ERT neufs et des parties neuves d'un ERT est inscrite au Code du travail[3]. Elle fait aussi l'objet d'un arrêté[4].

L'obligation d'accessibilité dans les lieux de travail est devenue obligatoire quel que soit l'effectif des établissements et pour tous travaux dans un bâtiment neuf ou dans la partie neuve d'un bâtiment existant. En effet, les possibilités de dérogation qui existaient auparavant ont été supprimées par une jurisprudence du Conseil d'État du 1er juin 2011, qui les a jugées incompatibles avec la loi Handicap.

Il faut donc considérer qu'à part les impossibilités liées aux monuments historiques tous les ERT neufs ou toutes les parties neuves d'ERT doivent être *intégralement accessibles* aux PMR.

4.3. Synthèse de la réglementation accessibilité

La réglementation accessibilité est foisonnante et a été plusieurs fois modifiée au cours des dernières années. Le tableau de synthèse qui suit permet de retrouver facilement les articles des codes et les arrêtés à consulter. Pour les arrêtés, on a fait figurer la date et un mot-clé facilitant la recherche sur le site de Légifrance ; on se reportera aux notes de bas de page précédentes si on cherche le titre complet des arrêtés.

1 Articles L111-7-4 et R111-19-27 du Code de la construction et de l'habitation et arrêté du 22 mars 2007 fixant les dispositions prises pour l'application des articles R111-19-21 et R111-19-24 du Code de la construction et de l'habitation, relatives à l'attestation constatant que les travaux sur certains bâtiments respectent les règles d'accessibilité aux personnes handicapées. Pour la petite histoire, les articles du code cités dans le titre de cet arrêté ne sont plus les bons ; encore un exemple de l'état déplorable de la réglementation.

2 Article L111-26 du Code de la construction et de l'habitation, § 2.

3 Articles R4214-26 à 28 du Code du travail.

4 Arrêté du 27 juin 1994 relatif aux dispositions destinées à rendre accessibles les lieux de travail aux personnes handicapées (nouvelles constructions ou aménagements) en application de l'article R235-3-18 du Code du travail. *Nota*: cet article du Code du travail n'existe plus, mais le nom de l'arrêté est inchangé.

Synthèse de la réglementation accessibilité							
	Bâtiments d'habitation collectifs		**Maisons individuelles**		**ERP**		**ERT**
	Bâtiments d'habitation collectifs neufs	Bâtiments d'habitation collectifs existants lorsqu'ils font l'objet de travaux + bâtiments existants où sont créés des logements par changement de destination	Maisons individuelles neuves	Maisons individuelles neuves dont le propriétaire est maître d'ouvrage pour son propre usage	ERP neufs	ERP existants	ERT neufs et parties neuves d'ERT existants
Nota		Si travaux lourds impactant plus de 80 % de la valeur de l'immeuble se reporter aux travaux neufs					
Code	Code de la construction art. R111-18 à R111-18-3	Code de la construction art. R111-18-8 à R111-18-11	Code de la construction art. R111-18-4 à R111-18-7	Pas d'article du Code de la construction sur ce périmètre	Code de la construction art. R111-19 à R111-19-5	Code de la construction art. R111-19-7 à R111-19-12	Code du travail art. R4214-26 à R4214-28 (principe général)
Arrêté	Arrêté du 24 décembre 2015 + mot-clé « construction »	Arrêté du 26 février 2007 + mot-clé « construction »	Arrêté du 24 décembre 2015 + mot-clé « construction »		Arrêté du 20 avril 2017 + mots-clés « public » et « construction »	Arrêté du 8 décembre 2014 + mot-clé « construction »	Arrêté du 27 juin 1994 + mot-clé « construction »

Pour en savoir plus sur l'accessibilité PMR

Utiliser les annexes graphiques de la circulaire interministérielle.

Consulter le site Internet créé par le ministère [1] et dédié à la réglementation accessibilité : www.accessibilite-batiment.fr/.

Ce site est très clair ; il permet sur chaque thème de comparer décret, arrêté et circulaire, avec en outre les questions/réponses bien utiles.

Ces deux sources ne traitent pas des ERT, mais les principes à appliquer en ERT sont proches.

Il existe aussi le Centre de ressources de l'accessibilité, www.accessibilité.gouv.fr, site portant sur un périmètre plus large, mais comportant certaines rubriques utiles aux maîtres d'œuvre.

5. La réglementation thermique et environnementale

5.1. La RT 2012, réglementation thermique des constructions neuves

Son contenu est en grande partie issu du retour d'expérience des bâtiments certifiés BBC-Effinergie au cours des dernières années.

5.1.1. Textes de base et champ d'application

La RT 2012 est constituée d'un décret, d'un arrêté [2] du 26 octobre 2010 et de textes relatifs aux méthodes de calcul, mais l'essentiel est surtout présent dans l'arrêté qui s'applique, en France métropolitaine, aux bâtiments neufs :

- d'habitation ;
- de bureaux ;
- d'enseignement ; et
- d'accueil de la petite enfance.

Un deuxième arrêté du 28 décembre 2012 [3] a étendu l'application de la RT 2012 aux autres bâtiments tertiaires qui n'entraient pas dans le champ d'application du premier arrêté. Le contenu de ce deuxième texte est très proche du premier, ce sont surtout les valeurs à prendre en compte qui diffèrent.

---

1 La dénomination complète du ministère en charge du Bâtiment évoluant en fonction du Gouvernement en place, on parle dans le présent ouvrage du « ministère » (sous-entendu : en charge du secteur du bâtiment).

2 Décret n° 2010-1269 du 26 octobre 2010 relatif aux caractéristiques thermiques et à la performance énergétique des constructions, et arrêté du 26 octobre 2010 modifié relatif aux caractéristiques thermiques et aux exigences de performance énergétique des bâtiments nouveaux et des parties nouvelles de bâtiment.

3 Arrêté du 28 décembre 2012 relatif aux caractéristiques thermiques et aux exigences de performance énergétique des bâtiments nouveaux et des parties nouvelles de bâtiments autres que ceux concernés par l'article 2 du décret du 26 octobre 2010 relatif aux caractéristiques thermiques et à la performance énergétiques des constructions.

En termes d'objectifs, la RT 2012 est basée sur trois exigences d'obligations de résultat [1], qui en constituent les grands principes :

- la limitation de la consommation maximale d'énergie primaire, traduite par le coefficient Cep_{max}, à 50 kWh/m²/an en moyenne ;
- l'efficacité énergétique minimale de l'enveloppe du bâtiment, traduite par le coefficient $Bbio_{max}$ (qualités bioclimatiques du bâti) ; et
- le confort d'été, traduit par le coefficient Tic.

5.1.2. Les attestations de prise en compte de la réglementation thermique

Afin de s'assurer que la RT 2012 est bien appliquée sur le terrain, les pouvoirs publics ont introduit l'obligation de fournir une attestation au dépôt du permis de construire et une autre lors de l'achèvement des travaux.

Le contenu détaillé de ces deux attestations est décrit dans un arrêté spécifique [2].

L'attestation à joindre au dépôt du dossier de permis de construire : à charge du maître d'œuvre

Au dépôt du permis de construire, l'attestation à joindre [3] est réalisée par le maître d'œuvre ayant assuré la conception ou, en son absence, par le maître d'ouvrage. Elle prend la forme d'un « récapitulatif standardisé d'étude thermique ».

L'attestation à établir à l'achèvement des travaux : à charge du maître d'ouvrage

À l'achèvement des travaux, une seconde attestation [4] doit être fournie prouvant le respect de la RT 2012. Cette attestation doit être réalisée pour le maître d'ouvrage par un tiers indépendant : diagnostiqueur, contrôleur technique, organisme certificateur ou architecte (autre que le concepteur). Elle précise le Bbio, le Cep et de nombreux autres renseignements thermiques détaillés. Elle est jointe à la déclaration d'achèvement des travaux.

La personne en charge de cette attestation visite le bâtiment à l'achèvement des travaux et vérifie par contrôle visuel que les équipements installés sont bien cohérents avec ceux figurant sur le récapitulatif standardisé d'étude thermique du permis de construire.

Le contrôleur vérifie aussi le justificatif de perméabilité à l'air en fin de chantier et la cohérence des isolants thermiques posés avec ceux prévus lors de l'étude thermique réglementaire.

Sur les projets avec un contrôleur technique, cette mission d'attestation de prise en compte de la réglementation thermique lui est souvent confiée. Dans ce cas, le maître d'ouvrage doit aussi confier la mission Th de base au bureau de contrôle.

---

1 Article 7 de l'arrêté du 26 octobre 2010 modifié relatif aux caractéristiques thermiques et aux exigences de performance énergétique des bâtiments nouveaux et des parties nouvelles de bâtiment.

2 Arrêté du 11 octobre 2011 relatif aux attestations de prise en compte de la réglementation thermique et de réalisation d'une étude de faisabilité relative aux approvisionnements en énergie pour les bâtiments neufs ou les parties nouvelles de bâtiments.

3 Article R111-20-1 du Code de la construction et de l'habitation et chapitre 1 de l'arrêté ci-dessus.

4 Articles R111-20-3 et R111-20-4 du Code de la construction et de l'habitation et chapitre 2 de l'arrêté du 11 octobre 2011 relatif aux attestations de prise en compte de la réglementation thermique et de réalisation d'une étude de faisabilité relative aux approvisionnements en énergie pour les bâtiments neufs ou les parties nouvelles de bâtiments.

5.2. L'avenir de la réglementation thermique

5.2.1. Contexte

La Commission européenne encourage les États membres à progresser vers la sobriété énergétique, l'objectif étant que tous les nouveaux bâtiments soient à consommation d'énergie quasi nulle[1] à fin 2020.

Le plan Bâtiment Grenelle a lancé dès 2012 un groupe de travail « Réglementation bâtiment responsable 2020 » chargé des retours d'expérience sur la RT 2012 et de la définition des orientations de la future réglementation thermique 2020.

5.2.2. Les grandes orientations de la nouvelle réglementation thermique et environnementale

Les objectifs retenus pour la future RT 2020 sont principalement de :

- généraliser les bâtiments neufs à énergie positive : volet énergie ;
- améliorer le bilan carbone des bâtiments sur tout leur cycle de vie : volet carbone.

On remarque que d'autres problématiques environnementales, comme l'impact du bâtiment sur l'artificialisation des sols ou sur la biodiversité, ne sont pas prises en compte à ce stade.

Alors que les consommations énergétiques d'un bâtiment ne sont évaluées que durant la phase d'exploitation du bâtiment, l'impact carbone est, quant à lui, mesuré sur l'ensemble du cycle de vie du bâtiment :

- production des matériaux de construction ;
- transport des matériaux de construction ;
- opérations de construction du bâtiment ;
- phase exploitation du bâtiment (consommations énergétiques) ;
- jusqu'à la phase de fin de vie du bâtiment.

Le bilan carbone est une *analyse en cycle de vie* (ACV) monocritère (seul le critère carbone est pris en compte).

5.2.3. L'expérimentation E+C– et son référentiel

En novembre 2016, le ministère a lancé l'expérimentation « Bâtiments à énergie positive et réduction carbone (E+C–) » qui préfigure la RT 2020. Cette démarche est basée sur le *Référentiel « Énergie-carbone » – Méthode d'évaluation de la performance énergétique et environnementale des bâtiments neufs* (Référentiel E+C–).

Cette expérimentation, suivie par un observatoire, avait notamment pour objectif de recueillir le maximum de retours d'expérience afin d'adapter la réglementation envisagée aux réalités du terrain.

---

1 Voir la recommandation (UE) 2016-1318 de la commission du 29 juillet 2016 concernant des lignes directrices destinées à promouvoir des bâtiments dont la consommation d'énergie est quasi nulle et de meilleures pratiques garantissant que tous les nouveaux bâtiments seront à consommation d'énergie quasi nulle d'ici à 2020.

Le référentiel E+C– définit quatre niveaux de performance énergétique et deux niveaux de performance carbone[1] :

Niveau de performance	Énergie 1 Énergie 2	Énergie 3	Énergie 4
Caractéristiques	Plus performant que la RT 2012. Amélioration des performances du bâtiment à coût maîtrisé, soit par des mesures d'efficacité énergétique, soit par le recours, pour les besoins du bâtiment, à des énergies renouvelables.	Constitue un effort supplémentaire par rapport aux précédents niveaux. Nécessite un effort en termes d'efficacité énergétique du bâti et des systèmes et un recours significatif aux énergies renouvelables.	Bâtiment avec bilan énergétique nul ou négatif sur tous les usages et qui contribue à la production d'énergie renouvelable à l'échelle du quartier.
Indicateur	Indicateur bilan Bepos		

Niveau de performance	Carbone 1	Carbone 2
Caractéristiques	Accessible à tous bâtiments. Vise seulement à embarquer les professionnels dans la démarche de mesure de l'impact carbone.	Travail renforcé de réduction de l'empreinte carbone : - de la phase construction ; - de la phase exploitation (consommations énergétiques).
Indicateurs	Indicateurs Eges et EgesPCE	

5.2.4. Le label E+C–

Cette démarche d'expérimentation est accompagnée d'un label, le label E+C–, qui permet au maître d'ouvrage de valoriser, en termes de communication, la performance de son bâtiment.

1 D'après www.batiment-energiecarbone.fr.

5.2.5. L'exemplarité des bâtiments publics

Depuis le 1er septembre 2017, les bâtiments neufs publics doivent respecter des critères d'exemplarité énergie et carbone, qui impliquent, entre autres obligations, l'atteinte du niveau E3 ou E4 du référentiel E+C– [1].

Pour en savoir plus sur l'avenir de la réglementation thermique

Consulter les rapports d'étape du groupe « Réflexion bâtiment responsable 2020-2050 », sur www.planbatimentdurable.fr, rubriques « Nos travaux » et « Nos publications ».

Sur l'expérimentation du nouveau label, consulter http://www.batiment-energiecarbone.fr/. Le référentiel figure dans la rubrique « Documentation ».

5.3. La réglementation thermique des bâtiments existants

À l'heure actuelle, cette réglementation ne s'applique que lorsque le propriétaire décide de lancer des travaux susceptibles d'entraîner une amélioration de la performance énergétique, ou lors d'un ravalement. Elle ne s'applique donc pas pour un simple réaménagement intérieur sans remplacement de menuiseries et sans isolation.

Il faut distinguer le cas d'une rénovation classique de celui d'une rénovation lourde.

5.3.1. Rénovation classique : la RT Existant dite « élément par élément »

Cette réglementation [2], qui s'applique dans la majorité des projets de rénovation, définit les performances minimales à respecter pour chaque élément remplacé ou installé : une menuiserie, un isolant installé, une paroi vitrée, une installation de chauffage, de refroidissement, une ventilation, etc. Il n'est pas demandé de calcul thermique global du bâtiment.

Cette réglementation s'applique en particulier pour toutes les interventions sur un bâtiment construit avant 1948.

5.3.2. Rénovation lourde des bâtiments de plus de 1 000 m^2 : la RT Existant globale

Pour les opérations de rénovation lourde de bâtiments de plus de 1 000 m^2 achevés après 1948, la réglementation thermique [3] impose un objectif de performance énergétique globale, à justifier par étude thermique, ainsi que des exigences minimales par composant, les *garde-fous*.

Attention, cette réglementation est amenée à évoluer prochainement.

Pour certaines opérations, il n'est pas évident de savoir lequel de ces deux volets de la réglementation thermique des bâtiments existants il convient d'appliquer. Le CSTB et l'Ademe ont réalisé une fiche d'application permettant de s'y retrouver dans ces cas limites [4].

---

1 Arrêté du 10 avril 2017 relatif aux constructions à énergie positive et à haute performance environnementale sous maîtrise d'ouvrage de l'État, de ses établissements publics et des collectivités territoriales.

2 Arrêté du 3 mai 2007 relatif aux caractéristiques thermiques et à la performance énergétique des bâtiments existants.

3 Arrêté du 13 juin 2008 relatif à la performance énergétique des bâtiments existants de surface supérieure à 1 000 m^2 lorsqu'ils font l'objet de travaux de rénovation importants.

4 Fiche d'application RT, ex : précisions sur l'application des deux volets de la réglementation thermique des bâtiments existants, disponible sur www.rt-batiment.fr.

6. La réglementation acoustique

6.1. Dans les bâtiments d'habitation neufs

La réglementation acoustique des habitations comporte des exigences en matière de :

- isolation acoustique entre logements ;
- isolation aux bruits d'impact ;
- isolation aux bruits extérieurs,

et relatives aux performances acoustiques des équipements (chaufferies, ascenseurs, CTA, etc.) [1].

Les non-conformités sont très nombreuses dans ce domaine sur les chantiers, aussi l'administration a-t-elle introduit en 2013 l'obligation pour le maître d'ouvrage de produire une attestation de prise en compte de la réglementation acoustique à l'achèvement des travaux, ceci pour les bâtiments d'habitation collectifs neufs, les maisons individuelles neuves accolées ainsi que les habitations individuelles neuves contiguës ou superposées à un local d'activité.

Un arrêté [2] précise les modalités du contrôle à prévoir au cours du chantier (programme des mesures à effectuer), ainsi que le modèle de l'attestation.

6.2. Pour les autres bâtiments neufs

La réglementation acoustique évoquée ci-dessus ne s'applique pas aux bâtiments tertiaires.

Il existe cependant trois arrêtés qui encadrent les performances acoustiques pour les hôtels, les établissements d'enseignement et les établissements de santé [3].

6.3. Pour les travaux importants sur les bâtiments existants

Depuis 2016, des obligations d'amélioration acoustique s'imposent aux bâtiments existants d'habitation, d'enseignement, d'hébergement et soins ainsi qu'aux hôtels, lorsqu'ils font l'objet de travaux importants [4].

---

1 Le texte de référence est l'arrêté du 30 juin 1999 relatif aux caractéristiques acoustiques des bâtiments d'habitation.

2 Arrêté du 27 novembre 2012 relatif à l'attestation de prise en compte de la réglementation acoustique applicable en France métropolitaine aux bâtiments d'habitation neufs.

3 Arrêté du 25 avril 2003 relatif à la limitation du bruit dans les hôtels, arrêté du 25 avril 2003 relatif à la limitation du bruit dans les établissements d'enseignement, et arrêté du 25 avril 2003 relatif à la limitation du bruit dans les établissements de santé.

4 Article R111-23-4 du Code de la construction et de l'habitation.

CHAPITRE 3

Les enjeux du BIM

Pourquoi traiter du BIM dans un guide destiné aux prestataires AMO, alors que de très nombreux projets ne sont pas traités en BIM ?

Parce que le nombre de maîtres d'ouvrage convertis au BIM ne cesse de grandir et que l'examen de la situation internationale pousse à penser que le BIM va se généraliser rapidement.

Le BIM est un enjeu transverse qui concerne toutes les spécialités. Qu'on soit maître d'ouvrage public, privé, planificateur, contrôleur technique, acousticien, cuisiniste, BET bois, directeur travaux, on est concerné par le BIM : aucun métier du bâtiment n'échappe à cette révolution. Même les métiers des VRD, des aménagements extérieurs et des infrastructures sont maintenant concernés, avec de nombreuses recherches sur l'interopérabilité avec le BIM.

Dans un marché concurrentiel, les compétences en BIM font la différence et ouvrent de nouveaux marchés.

Des compétences en BIM peuvent même être très rémunératrices.

Enfin pour les prestataires de maîtres d'ouvrages publics, accroître sa compétence en BIM anticipe les évolutions réglementaires futures : la France est assez en retard par rapport à de nombreux autres pays occidentaux ou asiatiques, mais il est inévitable que le BIM devienne un jour obligatoire comme c'est le cas dans un nombre croissant de pays.

1. Contexte

L'inconvénient de l'utilisation des logiciels de dessin classiques, comme AutoCad est que chaque bureau d'étude doit ressaisir les plans architectes dans ses propres logiciels spécialisés :

- logiciel de calcul thermique ;
- logiciel de calcul structure ;
- logiciel d'étude de prix, etc.

sans parler des prestations plus spécialisées utilisant des logiciels de simulation dynamique, d'acoustique, d'évaluation environnementale, de planification qui nécessitent elles aussi des resaisies.

À chaque modification du plan par l'architecte, l'ensemble des spécialistes doit procéder à une reprise de saisie informatique dans son propre modèle, puis à une reprise de calcul : reprise de calcul thermique, reprise de calcul structure, reprise de chiffrage, etc.

Dans les années 1980, le ministère de la Défense américain a initialisé une nouvelle méthode de travail, en demandant à ses prestataires de livrer leurs études bâtiments sous forme d'un unique rendu numérique assemblant tous les métiers, comme c'était déjà le cas à l'époque pour la conception d'un avion. Cette initiative allait donner naissance à l'idée de l'« interopérabilité » des fichiers décrivant le bâtiment, c'est-à-dire la recherche de moyens permettant à tous les spécialistes de partager ou d'échanger des fichiers de travail.

2. Principes du BIM

La « maquette numérique » 3D, en anglais *BIM* (*Building Information Modeling*), est une méthode de travail qui permet à tous les métiers intervenant dans un projet de partager les mêmes fichiers, en les enrichissant chacun des informations propres à leur spécialité, et ceci en 3D.

Dans le travail en BIM, la représentation du projet n'est plus constituée par un ensemble de plans, spécialité par spécialité (un plan architecte, un plan électrique, un plan structure, etc.) mais par un unique *modèle numérique* multidisciplinaire, la *maquette numérique*. On peut considérer la maquette numérique comme une grande base de données de l'ensemble des caractéristiques du bâtiment.

La maquette numérique rassemble des informations structurées sur les composants du bâtiment. Elle est composée d'un ensemble d'*objets* (par exemple un mur), appartenant à des *classes d'objets*. Chaque objet 3D composant le bâtiment n'est pas seulement un ensemble de traits, mais possède des *attributs*, qui sont des caractéristiques physiques, thermiques, acoustiques, de comportement au feu, etc. : une fenêtre n'est plus représentée dans le fichier par un simple dessin en plan, mais elle est identifiée comme un objet fenêtre, avec des caractéristiques dimensionnelles, thermiques, acoustiques, un prix unitaire et une relation avec un objet mur.

La liste de plans se transforme en une base de données unique et commune.

Les gains en efficacité sont très importants, en particulier pour l'économiste et les BET. En évitant les ressaisies, on permet aux BET de se consacrer aux vrais sujets de conception et d'optimisation. Un des intérêts du BIM est ainsi de faciliter les simulations métier, réalisées sur des logiciels spécialisés, sans nécessiter de ressaisie des données du projet par exemple :

- simulations thermiques dynamiques ;
- simulations aérauliques (impact du vent, par exemple au pied d'un IGH) ;
- évaluations environnementales ;
- simulations acoustiques ;
- calculs d'éclairement ;
- ingénierie de désenfumage ;
- simulations de trafic routier en aménagements extérieurs ;
- simulations sismiques ; etc.

En plus des données renseignées dans le fichier BIM lui-même, on peut insérer un lien vers un document extérieur, par exemple le PDF de la documentation fabricant d'un équipement, une fiche technique, une photo.

Le BIM peut même gérer le phasage et la planification du chantier, en important un planning et en associant une phase à chaque objet de la maquette numérique. Les phasages peuvent aussi être réalisés sur un *viewer* comme Naviswork.

La pratique du BIM a révolutionné la manière de travailler dans le bâtiment. De nombreuses fonctionnalités informatiques sont en pleine émergence, et les recherches sont en plein boom dans ce domaine.

Actuellement, les pays les plus en pointe en matière de BIM sont la Finlande, la Corée du Sud, Singapour (qui a imposé dès 2002 le dépôt d'un fichier IFC avec tout dossier permis de construire), le Royaume-Uni, l'Irlande et les États-Unis (où plus de 80 % des projets sont réalisés en BIM).

3. Les deux grandes familles de méthodes de travail en BIM : modèle centralisé et modèle de synthèse

Sous le terme de BIM, on trouve en fait deux méthodes de travail différentes (ainsi qu'un continuum de situations intermédiaires) :

- le modèle centralisé ou *closed BIM*,
- et le modèle de synthèse ou *open BIM*.

3.1. Le modèle centralisé ou *closed BIM*

On désigne par-là l'organisation projet BIM dans laquelle tous les membres de l'équipe de maîtrise d'œuvre utilisent des logiciels d'un même éditeur, logiciels conçus pour permettre le partage de fichiers BIM multidisciplinaires. Dans ce modèle, l'interopérabilité des fichiers est le résultat du travail de recherche-développement de l'éditeur des logiciels. On parle d'environnement fermé.

La situation la plus courante en France correspond à l'utilisation de logiciels de la sphère Autodesk, c'est-à-dire Revit et les autres logiciels Autodesk associés.

Différentes organisations du travail sont possibles :

- soit le projet est découpé en maquettes par métier : une maquette architecte, une maquette structure, une maquette fluides, qui sont assemblées par le BIM manager,
- soit les différents métiers interviennent sur la même maquette, les utilisateurs recevant des autorisations associées à des familles d'objets, suivant leur spécialité (BIM de niveau 3).

Dans ce modèle de travail fermé, certains spécialistes peuvent être amenés à utiliser un logiciel sortant de la sphère Autodesk. Dans ce cas, ils devront ressaisir les caractéristiques du projet sur leur propre logiciel, à moins qu'un export ne soit possible.

Outre Autodesk, il existe d'autres éditeurs de logiciels qui permettent de travailler de même en BIM en « modèle centralisé », par exemple le logiciel allemand Allplan de Nemetschek (ces éditeurs utilisent le terme d'« *open BIM* » pour des raisons commerciales).

Pour en savoir plus le modèle centralisé

Consulter le site d'Autodesk, www.autodesk.fr, ou celui de l'éditeur Nemetschek : www.allplan.com/fr.

3.2. Le modèle de synthèse ou *open BIM*

3.2.1. Le principe

Dans cette méthode de travail, encore appelée BIM non propriétaire, chaque métier utilise son propre logiciel métier, qui peut appartenir à divers éditeurs. Par exemple l'architecte peut travailler sur Archicad, le BET structure sur Tekla et Robot, etc. Une fois leur étude réalisée, les intervenants l'exportent sous un format d'échange, dont le plus courant est le format IFC (*Industry Foundation Classes*). Ils le mettent à disposition du BIM manager (qui peut être l'architecte, un ingénieur coordonnateur, ou un prestataire spécialisé), qui « assemble » ces fichiers grâce à un logiciel appelé *outil de synthèse* ou *viewer*.

3.2.2. Cycle courant d'étude en *open BIM*

Une fois le travail de chacun réunit en un fichier de données unique, le BIM manager vérifie la compatibilité entre les données fournies par chaque intervenant, et demande aux équipes de corriger toutes les incompatibilités. Par exemple si le BET structure a été amené à modifier le dimensionnement d'une poutre, le dessin architecte est mis à jour. Si le thermicien a besoin d'une réservation dans un mur, elle est prise en compte. Si deux « objets » ont une géométrie incompatible, ils sont redessinés.

Le BIM manager n'intervient pas lui-même sur les données produites par les équipes de chaque métier, de même qu'à l'époque d'AutoCad l'animateur de la cellule de synthèse ne corrigeait pas lui-même le dessin de chaque spécialité. Chaque métier reste responsable des données qu'il produit.

Une fois ce travail de synthèse des données effectué, le BIM manager exporte la maquette numérique à jour sous forme d'IFC et la remet à disposition de tous les intervenants. Chaque métier importe alors les mises à jour dans son propre logiciel métier et finalise son étude.

De nouvelles itérations ont lieu jusqu'à ce que l'étude soit terminée.

3.2.3. Le format IFC

Le format IFC est un format « libre », géré par l'association internationale BuildingSMART, représentée en France par l'association Mediaconstruct. Ce format est au cœur du modèle du BIM non propriétaire.

Le format IFC n'est pas un format de travail, c'est un format normé d'échange de fichiers ou plus précisément c'est le standard ISO pour l'interopérabilité des fichiers. Le format IFC est le format interopérable le plus courant, mais ce n'est pas le seul.

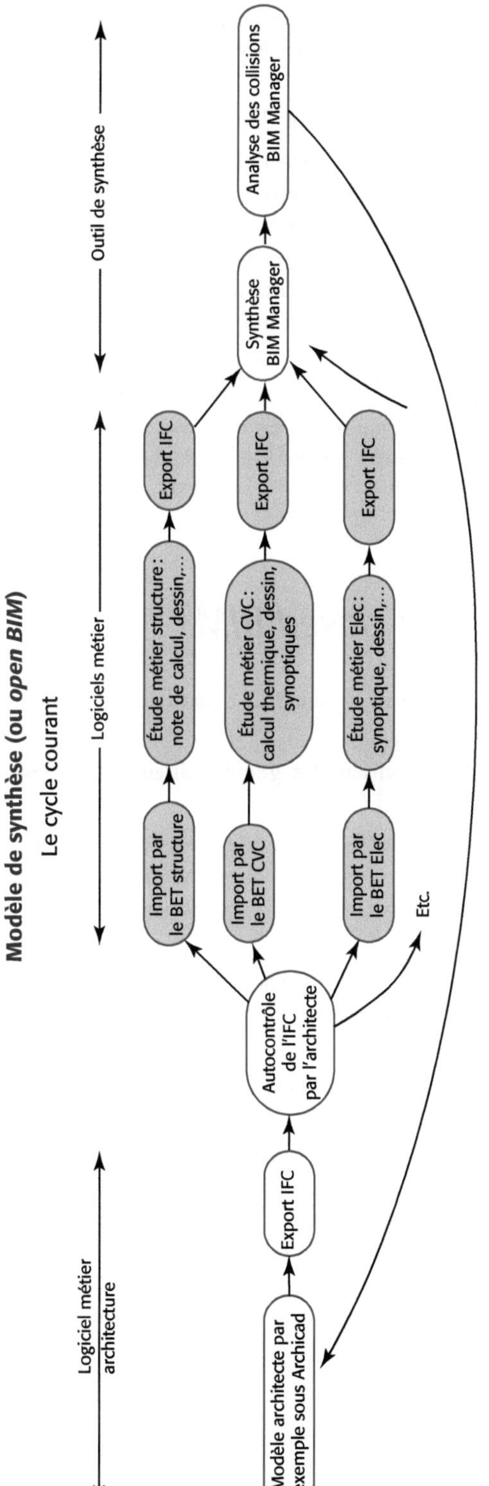

Figure 14 – Le cycle courant en *open BIM*.

Tous les logiciels de conception ne peuvent pas exporter ou importer des IFC ; on trouve sur le site de Mediaconstruct la liste des logiciels certifiés pour leur capacité à exporter ou à importer correctement des IFC.

Ce format promeut la liberté des utilisateurs d'utiliser des codes « ouverts ».

Revers de la médaille, l'association a de très faibles moyens de recherche développement par comparaison à ceux d'Autodesk et des autres grands éditeurs de logiciels qui, eux, sont énormes. Résultat, actuellement l'utilisation des IFC butte encore souvent sur des bugs très gênants et ceci surtout dans le cas des maquettes de grande taille ; il suffit d'exporter une maquette Revit en IFC, puis de l'importer dans un autre logiciel BIM pour s'apercevoir qu'on a généralement perdu certaines propriétés et informations.

Pour en savoir plus sur l'*open BIM *et les IFC

Consulter le site www.buildingsmartfrance-mediaconstruct.fr, mais en gardant à l'esprit que ce site défend la solution IFC, et a donc tendance à réduire le BIM à l'utilisation des IFC.

Les anglophones pourront consulter le site www.buildingsmart.org

---

4. *Open BIM* ou *closed BIM* ?

Lequel des deux modèles de travail préférer ? Le débat fait rage entre les lobbyistes des deux camps.

Les partisans de l'*open BIM* accusent les grands éditeurs, Autodesk en tête, de saboter volontairement l'interopérabilité IFC.

Le fait qu'Autodesk affiche son indéfectible soutien aux IFC ne trompe personne. Il est indéniable que l'impossibilité d'exporter sans déboires une maquette Revit *via* des IFC arrange bien Autodesk, puisque la solution naturelle à ces problèmes d'interopérabilité est de rester dans la sphère Autodesk en *closed BIM* !

De leur côté, les partisans du *closed BIM* considèrent l'IFC comme une norme « administrative » dont les évolutions suivent un pas de sénateur totalement incompatible avec les exigences d'efficacité.

Enfin, pour couronner le tout, les pouvoirs publics exigent toujours des IFC et veillent à ne jamais imposer un format propriétaire.

Que penser de ce débat ? On ne peut que se féliciter de l'existence du format IFC qui permet d'élargir le champ de l'interopérabilité à un nombre important de logiciels. Mais on est forcé de reconnaître que tant qu'un mécanisme de financement de la recherche développement en *open BIM* ne sera pas trouvé, les dysfonctionnements des IFC resteront problématiques et conduiront nécessairement de nombreux professionnels à préférer l'environnement efficace du *closed BIM* d'un grand éditeur (quitte à utiliser les IFC pour échanger avec certains intervenants).

5. Conséquences du BIM sur le déroulement d'un projet

5.1. Le rôle des intervenants

Le rôle de chaque intervenant n'est pas modifié lors du travail en BIM : chacun reste dans son métier ; ce qui est modifié, ce sont les modalités de formalisation des caractéristiques du projet et les modalités d'échange des données entre les intervenants.

Au sein de l'équipe de maîtrise d'œuvre, une *convention BIM* régit dès le début des études BIM les relations entre les intervenants.

Cette convention est rédigée par le BIM manager de l'équipe de maîtrise d'œuvre, puis enrichie au fil de l'eau. Elle peut être annexé à la convention de groupement si elle existe.

La convention BIM, document propre à la maîtrise d'œuvre, ne doit pas être confondu avec le *cahier des charges BIM* du maître d'ouvrage, qui décrit ses exigences et ses besoins en matière de BIM.

La convention BIM doit notamment définir :

- les logiciels utilisés par chaque métier, en précisant la version du logiciel ;
- l'organisation des échanges de fichiers entre les membres de l'équipe de maîtrise d'œuvre : périodicité et modalité des échanges de maquettes numériques ;
- l'identité et le rôle du BIM manager et des référents BIM ;
- le niveau de développement à respecter à chaque phase.

Le niveau de développement renseigné dans les fichiers est crucial ; le niveau de développement de chaque phase doit donc être acté entre les intervenants :

- le maître d'ouvrage a fortement intérêt à imposer un niveau de développement au maître d'œuvre dans son contrat, phase par phase ;
- l'équipe de maîtrise d'œuvre doit s'entendre en son sein sur le niveau de développement de chaque phase ; ces dispositions figurent dans la convention BIM ;
- le maître d'œuvre doit imposer contractuellement aux entreprises un niveau de développement des études d'exécution numériques ;
- les entreprises doivent s'assurer que leurs sous-traitants respectent ces mêmes niveaux de développement ; ce point mérite une vigilance toute particulière, car il est courant que certains sous-traitants n'aient pas les compétences étude nécessaires ; préciser au marché que le titulaire est responsable de la bonne application des règles BIM par ses sous-traitants.

Cette chaîne de responsabilités nécessite des contrôles, pour éviter que certains intervenants, par soucis de simplicité ou dans l'urgence, ne renseignent pas toutes les caractéristiques qui relèvent de leur spécialité.

Ces contrôles interviennent à plusieurs niveaux :

- au niveau de la maîtrise d'œuvre, un unique *BIM manager* est responsable (en phase conception) de la vérification de la structuration des données produites par l'équipe de maîtrise d'œuvre. Il est en charge de la gestion et de la coordination des maquettes numériques, dès le début des études en BIM (typiquement : APS).

- au sein de chaque société de l'équipe de maîtrise d'œuvre, un *référent BIM* (on parle parfois de *coordinateur BIM*) doit être désigné. Le référent BIM est chargé de répercuter au sein de son équipe les prescriptions relatives au BIM. Alors que BIM manager est réellement un nouveau métier, référent BIM est plutôt une nouvelle mission assurée au sein des équipes.
- enfin le maître d'ouvrage est assisté d'un *AMO BIM* qui procède à des vérifications des maquettes rendues par la maîtrise d'œuvre en fin de phase.

Pour en savoir plus sur les conventions BIM

Consulter le «Guide méthodologique pour des conventions de projet en BIM» proposé par Mediaconstruct (www.buildingsmartfrance-mediaconstruct.fr).

5.2. Le BIM pour quelles phases d'étude?

Le BIM est particulièrement recommandé pour l'APS, l'APD et le PRO, mais peut-on réaliser des esquisses ou des concours en BIM?

Oui tout à fait, à condition de bien définir le niveau de détail afin de ne pas se perdre dans des détails inadéquats par rapport à ces phases. Si le niveau de détail de la maquette numérique est trop lourd, les modifications de projet, bien évidemment nombreuses dans ces phases amont, seront trop lourdes à gérer du fait des relations entre objets à mettre à jour.

5.3. Niveau de développement des maquettes numériques

Quand on travaille en BIM, la définition du niveau de développement de la maquette est essentielle pour le bon déroulement des études.

Le niveau de développement d'une maquette numérique comporte deux aspects:

- le niveau de détail du graphisme 3D (*Level of Geometry*),
- le niveau de renseignement de la base de données (*Level of Information*).

Le texte de référence à l'international pour la normalisation des niveaux de développement de la maquette numérique est le *Level of Development Specification Guide* publié par BIM Forum, le représentant américain de l'association internationale BuildingSMART International. Ce guide de référence est le fruit du travail de l'American Institute of Architects et de diverses associations professionnelles américaines. Le guide distingue:

- «LOD 100: *estimate it*;
- LOD 200: *specify it*;
- LOD 300: *buy it*;
- LOD 400: *build it*;
- LOD 500: *operate it.*»

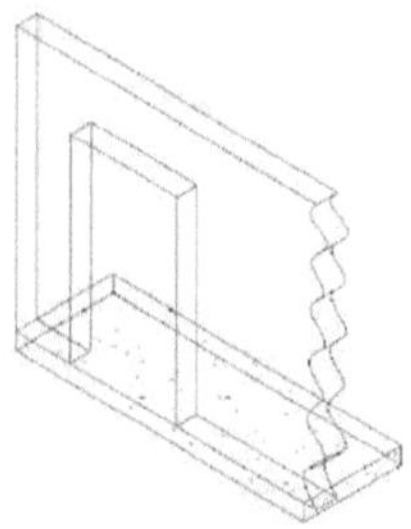

34 B1010.10-LOD-200
Floor Structural Frame
(Masonry Framing)
LOD 200

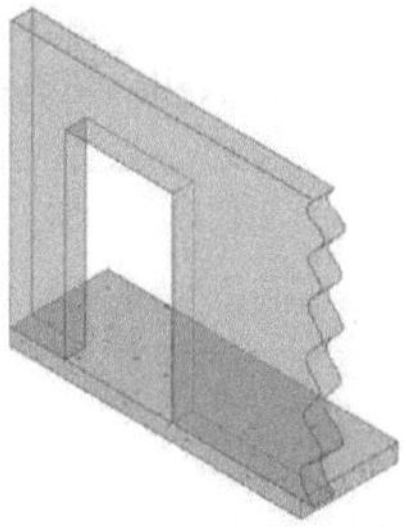

35 B1010.10-LOD-300
Floor Structural Frame
(Masonry Framing)
LOD 300

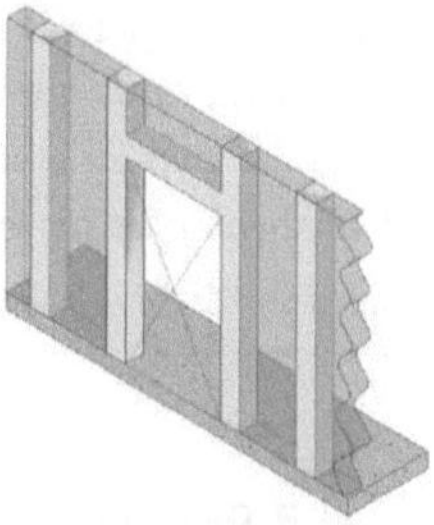

36 B1010.10-LOD-350
Floor Structural Frame
(Masonry Framing)
LOD 350

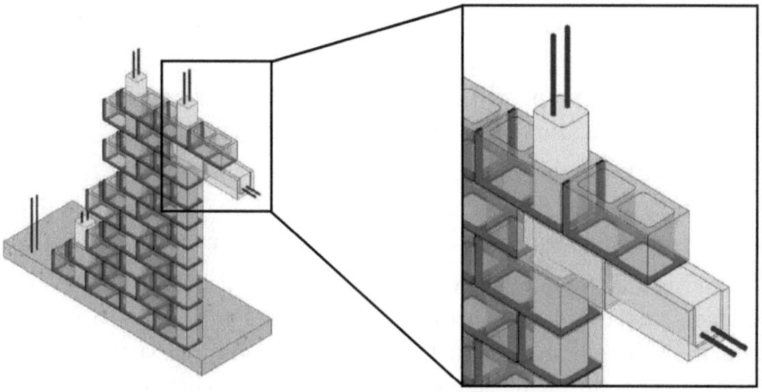

37 B1010.10-LOD-400 Floor Structural Frame (Masonry Framing)
LOD 400

Figure 15 – Exemple de différents LOD pour un mur maçonné.

Ces LOD ne sont pas des échelles, et ils ne correspondent pas non plus à nos phases françaises, bien qu'on puisse assimiler LOD 100 à une esquisse, LOD 200 à un avant-projet, LOD 300 à un PRO, LOD 400 aux EXE et LOD 500 au DOE. La différence porte principalement sur le fait que les phases amont (LOD 100 et 200) sont beaucoup plus détaillées qu'en France.

On rencontre aussi parfois :

- le terme LOD 000 pour désigner la maquette numérique en phase de programmation et de préparation des données du projet ;
- le terme LOD 600 pour désigner la maquette numérique en phase exploitation et maintenance (dite MNEM).

En 2014, Syntec a publié un cahier pratique proposant des niveaux de développement français, allant de ND 1 à ND 6.

De son côté, le CSTB prépare pour le contexte français une charte type qui définira des niveaux de détail type.

On peut se demander s'il n'aurait pas été plus simple d'adopter tels quels les LOD utilisés à l'international, plutôt que d'inventer une nouvelle nomenclature franco-française…

Pour en savoir plus sur les LOD

Consulter les *LOD Specification* américains sur https://bimforum.org/lod/.

5.4. La gestion des fichiers

5.4.1. Les niveaux de maturité BIM

Il existe de nombreuses manières de travailler en BIM. Le gouvernement britannique a défini des *niveaux de maturité BIM* pour désigner l'organisation d'échange des fichiers mise en place sur un projet :

- le BIM de niveau 0 correspond à l'absence totale de collaboration : des plans PDF ou papier sont échangés au sein de l'équipe de maîtrise d'œuvre ;
- en BIM de niveau 1, chaque intervenant a ses propres fichiers 2D et 3D ; des échanges de fichiers peuvent avoir lieu sur une armoire à plans informatique : c'est la pratique la plus courante en France actuellement et cela n'est pas à proprement parler du BIM ;
- en BIM de niveau 2, chaque intervenant a ses propres fichiers BIM et ces fichiers sont interopérables, c'est-à-dire qu'ils peuvent être échangés grâce à un format comme l'IFC (ou le format COBie si l'on parle de la phase exploitation) ou parce que les intervenants utilisent des logiciels du même éditeur, par exemple des logiciels de la sphère Autodesk : c'est ce qu'on appelle communément « travailler en BIM » et c'est ce que fait déjà en France une petite minorité des maîtres d'œuvre ;
- en BIM de niveau 3, tous les intervenants travaillent en même temps sur la même maquette numérique, située sur une plateforme commune ; des systèmes d'autorisations contrôlent les accès aux différents objets de la maquette numérique unique (ou divisée géographiquement) ; on ne passe donc pas par des IFC ; cette collaboration totale est extrêmement rare.

5.4.2. Le BIM de niveau 3, but suprême ?

Le BIM de niveau 3 est-il l'objectif ? les avis sont partagés.

Pour certains, comme l'organisme britannique National BIM Strategy, le BIM de niveau 3 est « le Saint Graal » vers lequel on devrait tendre, le BIM de niveau 2 n'étant qu'une étape dans la maturation des process.

Pour d'autres, et notamment pour de nombreux professionnels français, l'objectif devrait plutôt être le BIM de niveau 2, et le BIM de niveau 3 est plutôt un mythe, aucunement souhaitable. En effet, faire partager le même fichier à tous les métiers nécessite une discipline extrêmement forte des intervenants : la conception doit aller toujours plus dans le détail, mais sans jamais modifier le projet.

Tous les maîtres d'œuvre savent que la conception passe par des tâtonnements, des itérations, des variantes, des pistes envisagées puis écartées, des avancées et des reculades. Pour bien imaginer ce que représente le BIM 3, même sans avoir pratiqué le BIM, il suffit d'imaginer un projet où BET et architectes travailleraient sur le même fichier 2D : on imagine bien que cela exigerait que les architectes n'utilisent ce fichier qu'une fois leur travail de conception stabilisé.

On peut imaginer la faisabilité du BIM de niveau 3 à partir de l'APD, avec des équipes extrêmement disciplinées, mais cela parait impensable en esquisse et en APS.

Pour en savoir plus sur les niveaux de maturité BIM

Consulter le site anglais National BIM Strategy : www.thenbs.com.

5.4.3. Intérêt du contenu des maquettes

Quand le projet est conçu sous forme de maquette numérique, le rendu en plan n'est qu'une des formes de rendu possible pouvant être extraite des fichiers de travail. On peut aussi extraire de la maquette des vues 3D grâce à un *viewer*, mais il ne faut pas croire que la maquette numérique donnera des vues perspectives « rendues ». La vraie richesse de la maquette numérique est dans la pluridisciplinarité des données stockées dans le modèle. Elle ne remplacera jamais un aquarelliste talentueux !

Il ne faut pas croire non plus que les spécialistes pourront exploiter le fichier BIM tel quel. Ils n'y trouveront dans un premier temps que les données renseignées par l'architecte, avec un niveau de détail qui peut être très variable. Chaque spécialiste devra compléter le fichier en ajoutant les caractéristiques techniques qui lui sont utiles.

Exemple :

- l'architecte renseigne la géométrie d'un objet « mur », précise que le matériau est un béton, et indique une teinte ;
- l'ingénieur structure va choisir un type précis de béton parmi les très nombreux types de béton possibles, il vérifie que les données techniques associées par le logiciel à ce type de béton sont cohérentes ;
- la personne en charge du chiffrage ajoutera le prix de ce béton.

5.5. Le cas des grands projets : le découpage en modèles

La question de la vitesse de traitement des données par les postes informatiques est cruciale quand on travaille en BIM ; cela peut même être un critère de choix entre plusieurs logiciels.

Du fait du grand nombre de données, les fichiers BIM peuvent prendre une taille importante. 200 Mo est généralement considéré comme la taille maximale de la maquette numérique ; au-delà, il faut diviser le projet en plusieurs maquettes, soit géographiquement (typiquement au niveau des joints de dilatation) soit par métier, pour réduire la taille des fichiers.

Le *plan BIM* formalise ce découpage du projet en modèles, découpage qui est décidé au moment de la création de la maquette numérique.

5.6. Et en phase chantier?

5.6.1. La convention BIM en phase chantier

Les entreprises sont liées contractuellement par le cahier des charges BIM de l'AMO BIM, qui précise les exigences en termes de niveau de développement des maquettes numériques en phase EXE.

Le BIM manager de la phase chantier, qui peut appartenir à l'une des entreprises, met au point la convention BIM d'exécution, document vivant qui précise les modalités de partage des maquettes numériques d'exécution entre les entreprises.

5.6.2. Le découpage du projet en maquettes

Pour les chantiers en corps d'état séparés, on demande généralement dans le DCE que chaque entreprise produise une maquette numérique de son lot. On a donc en études d'exécution une maquette numérique par corps d'état.

Pour les chantiers en entreprise générale, de la même manière, le découpage par corps d'état parait le plus cohérent.

Il arrive que les entreprises préfèrent recréer une nouvelle maquette numérique conforme à leurs habitudes, plutôt que de repartir de celle du maître d'œuvre.

5.6.3. Synthèse et BIM management

Durant le chantier, le BIM manager de la maîtrise d'œuvre peut garder son rôle (rôle qui sort bien entendu de la mission de base). Il peut aussi passer la main à un BIM manager appartenant à l'entreprise ou à une autre entreprise.

Pour les projets dotés d'une cellule de synthèse, il peut aussi être pertinent de considérer en phase chantier que l'animateur de la cellule de synthèse prend le relais et devient BIM manager. En effet, les tâches de la cellule de synthèse et du BIM manager présentent de fortes similitudes : dans les deux cas, on assemble des données fournies par différents intervenants et on s'assure de leur compatibilité. À tel point qu'une fois le BIM arrivé à un certain degré de maturité, on peut se demander si les missions de cellule de synthèse et de BIM management ne vont pas un jour fusionner.

5.6.4. BIM et visa

Sur les chantiers en BIM, on pourrait imaginer que les documents d'exécution soient constitués par la maquette numérique de l'entreprise. Mais, pour une question de responsabilité, il est nécessaire d'exiger des versions PDF de chaque document d'exécution, comme on le faisait avant l'arrivée du BIM.

Quant aux avis délivrés par le maître d'œuvre dans le cadre de ses visas, il ne semble pour l'instant pas encore souhaitable qu'ils soient intégrés directement dans la maquette numérique. Le maître d'œuvre émet toujours un avis formalisé, qui peut être rédigé et diffusé via une armoire à plans informatique. Il est en effet important de conserver une bonne traçabilité des visas en cas de sinistre.

5.6.5. Processus de validation des maquettes

Les armoires PLM permettent de tracer le processus de validation des maquettes numériques par le BIM manager désigné en phase chantier.

Point de vigilance

Ce processus de validation des maquettes numériques par le BIM manager ne doit pas être confondu avec les visas du maître d'œuvre. Ces deux processus, validation BIM et validation métier, sont distincts, de même qu'avant le BIM il y a avait une distinction entre le visa du maître d'œuvre et la validation par la cellule de synthèse.

5.6.6. BIM et PME

La problématique de l'accès des PME au BIM n'est pas sans susciter d'inquiétudes. La plateforme collaborative Kroqi[1] créée par le CSTB vise à faciliter l'accès des PME au BIM.

6. Les outils associés au travail en BIM

6.1. Outils de synthèse, *viewers* et *model checkers*

L'outil de synthèse (ou *viewer*) n'est pas un logiciel de dessin ; il ne permet pas non plus de réaliser des calculs. Il est utilisé pour visualiser la maquette numérique et consulter les données (les caractéristiques des objets). Il est donc particulièrement indiqué pour les AMO conducteurs d'opération.

La visualisation dans un *viewer* est beaucoup plus rapide et fluide que dans un logiciel de conception comme Revit. On peut aisément naviguer grâce à un *viewer* dans un assemblage de plusieurs grosses maquettes numériques, ce qui est serait très difficile dans Revit.

On peut de plus dans un *viewer* annoter les maquettes, et établir des listes de problèmes à traiter, zone par zone.

La plupart des *viewers* ont de plus une fonction *model checker* : ils permettent de tester les conflits entre les modèles de chaque intervenant. L'informatique permet de détecter les interférences entres les objets (on parle de collisions, en anglais *clashes*). Une tolérance peut être paramétrée, par exemple 5 cm, pour cette détection des *clashes*. Les outils de *clash detection* constituent une remarquable avancée pour le travail de synthèse en phase EXE, ou de présynthèse en phases APD et PRO. Un travail de tri et de priorisation des *clashes* est cependant nécessaire, qui représente une charge de travail non négligeable.

En phase APS, il est trop tôt pour utiliser la fonction *model checker*, car, à ce stade d'avancement des études, ces outils conduiraient à la détection de milliers d'erreurs impossibles à analyser. En phase APS, la synthèse entre les maquettes métier relève plutôt de réunions de coordination (on parle de « revues de maquettes ») : architectes et ingénieurs se réunissent

---

1 http://www.kroqi.fr

dans une salle et projettent sur un grand écran la maquette de synthèse que le BIM manager a analysée.

Les avancées apportées par les outils de *clash detection* conduisent dans certains pays les maîtres d'ouvrage à exiger des maquettes zéro *clashes*, ce qui nécessite un niveau de détail poussé. La notion de marge de tolérance est alors essentielle.

Pour en savoir plus sur les outils de synthèse

Consulter des sites d'éditeurs, comme :

- www.solibri.com : Solibri est un logiciel d'origine finlandaise, avec un module *viewer* et un module *model checker*, qui permet d'analyser une maquette sur la base de règles définies (par exemple pour comparer une maquette architecte et une maquette structure) ;
- www.tekla.com/tekla-bimsight/ : Tekla Bimsight est un outil de synthèse lui aussi finlandais, qui permet de faire de la *clash detection* ;
- dans la sphère Autodesk, on utilise l'outil de synthèse Navisworks ; voir www.autodesk.fr. Il existe sous deux formes :
  - Navisworks Freedom, qui est un *viewer* destiné par exemple aux maîtres d'ouvrage, dans lequel on peut assembler des maquettes de n'importe quel format BIM,
  - et Navisworks Manage, qui permet d'intégrer des données issues de plusieurs maquettes, de détecter des conflits, de réaliser de la présynthèse et de visualiser des simulations de phasage associé à un planning ;
- le CSTB a développé un outil de synthèse du nom de eveBIM ; il existe une version gratuite et une version payante ; la version gratuite est un *viewer*, qui peut être tout à fait suffisant pour de nombreux intervenants pour visualiser la maquette et faire des annotations ; voir https://logiciels.cstb.fr rubrique « Bâtiments et villes durables ».

6.2. Les plateformes PLM

Pour les grands chantiers s'étalant sur une certaine durée, des armoires à plans informatiques sophistiquées permettent l'enregistrement au fil de l'eau des évolutions des versions successives de la maquette numérique. On parle de *plateforme PLM* (*Product Lifecycle Management*). Ces plateformes comportent généralement des outils de visualisation de la maquette numérique.

Pour en savoir plus sur les PLM

Consulter par exemple www.thinkproject-plm.com.

6.3. BIM et logiciels d'étude

En France, une trentaine de logiciels utilisent le format IFC. Il s'agit de logiciels destinés aux architectes, de logiciels destinés aux thermiciens, de logiciels destinés au calcul des structures, aux économistes, aux gestionnaires de patrimoine, etc.

Les trois éditeurs généralistes leaders dans ce domaine dans le monde sont Autodesk, Nemetschek et Bentley.

Les logiciels n'utilisant pas des « objets » ne peuvent pas être utilisés directement en BIM. Ainsi, un logiciel de conception 3D qui définit des volumes, mais sans préciser par exemple qu'un poteau joue un rôle de poteau, ne permet pas la réutilisation de ses données sous la forme d'IFC. Un tel logiciel n'est donc pas certifié IFC.

Pour en savoir plus sur les logiciels compatibles IFC

Consulter la liste des logiciels certifiés IFC sur le site de l'association BuildingSMART : www.buildingsmart-tech.org/certification.

---

7. L'impact du BIM sur la MOA professionnelle

Le travail en BIM a plusieurs conséquences pour la MOA :

- Les données supplémentaires obtenues par le travail de renseignement de la maquette BIM peuvent être très utiles pour la maintenance du bâtiment. Si la MOA souhaite que le travail en BIM lui soit utile lors de la phase ultérieure d'exploitation du bâtiment, elle doit faire appel à un AMO BIM qui assurera pour son compte tout le pilotage technique du BIM :
  - définition du niveau d'exigence à l'égard des maîtres d'œuvre à travers la rédaction du *cahier des charges BIM*,
  - analyse des propositions d'organisation BIM des maîtres d'œuvre en phase de sélection,
  - validation de la convention BIM de la MOE retenue,
  - contrôle tout au long de la vie du projet du niveau de détail respecté par les entreprises, jusqu'au DOE numérique.
- L'objectif de l'AMO BIM est *in fine* de permettre au maître d'ouvrage de récupérer des maquettes numériques DOE facilitant l'exploitation et la maintenance du bâtiment.
- Actuellement les maquettes numériques IFC sont souvent difficilement exploitables telles quelles par les logiciels de gestion de patrimoine des maîtres d'ouvrage. Un fichier d'échange est souvent nécessaire, pour rendre les données de la maquette numérique exploitables. L'AMO BIM peut être chargé de cette manipulation.
- Dans certains projets, l'équipe MOA a accès directement aux fichiers interopérables, et peut même aller jusqu'à annoter les fichiers en y faisant figurer ses remarques ; cette méthode est à aborder avec beaucoup de réserves car elle peut risquer de perturber la production de la maîtrise d'œuvre si elle est mal encadrée ; se pose aussi le problème de la traçabilité des remarques de l'équipe MOA.
- La livraison du DOE sous format de maquette numérique est un atout important pour le MOA, s'il a la capacité de tenir à jour ce modèle numérique pendant toute la vie du bâtiment. Pour ce faire, il devra mettre en place une organisation solide permettant de garantir la mise à jour régulière sur le long terme de la maquette numérique. Que les mises à jour soient réalisées par un salarié du maître d'ouvrage ou par un prestataire, la tâche est certainement lourde.

8. Les problèmes actuels du BIM et les pistes de progrès

Comme nous l'avons vu, l'utilisation des IFC pose encore actuellement de nombreux problèmes, par exemple pour la gestion des formes courbes. Il suffit d'exporter une maquette Revit en IFC et de la réimporter en fichier Revit pour voir que des informations ont été perturbées. Aussi, comme vu plus haut, de nombreux professionnels préfèrent utiliser la suite de logiciels compatibles entre eux d'un éditeur (*closed BIM*).

Mais la difficulté principale du travail en BIM réside probablement dans la difficulté qu'il peut y avoir à imposer une « discipline » au sein d'une équipe de cotraitants, puis d'entreprises et de sous-traitants. Inévitablement, certains intervenants respectent inégalement les consignes de niveau de détail de la maquette numérique.

Actuellement, dire qu'on travaille en BIM, est une affirmation très vague, car des maîtres d'œuvre peuvent travailler en BIM en utilisant seulement l'outil 3D sans rentrer aucune autre données, ou à l'autre extrême rentrer des centaines de caractéristiques pour chaque objet. Actuellement, en France, il n'y a pas de texte officiel qui définisse officiellement des seuils de niveaux de détail dans l'utilisation du BIM, en fonction des phases de la loi MOP. Les conventions BIM entre maîtres d'œuvre et les cahiers des charges BIM des maîtres d'ouvrage peuvent se baser sur les LOD américains.

Pour en savoir plus sur les BIM

Consulter le site de l'association Mediaconstruct : www.buildingsmartfrance-mediaconstruct.fr.

Les anglophones pourront consulter le très complet www.bimforum.org.

Consulter le site suisse www.objectif-bim.com.

CHAPITRE 4

Les enjeux environnementaux du projet

1. Importance des enjeux de qualité environnementale pour l'AMO

1.1. Pourquoi s'intéresser à la qualité environnementale du bâtiment ?

Comme le BIM, les enjeux environnementaux traversent transversalement toutes les spécialités du projet. Qu'on soit investisseur, AMO conducteur d'opération, AMO financier, AMO juridique, ingénieur structure, chef d'entreprise, ingénieur VRD, urbaniste, spécialiste plomberie, les décisions que prennent les acteurs du projet ont toujours un impact environnemental et leur compétence environnementale est un facteur différenciant sur le marché.

Les bâtiments représentent 40 % de l'énergie consommée dans le monde, 25 % de l'eau consommée et 40 % des ressources en général. Ils sont responsables d'un tiers des émissions de gaz à effets de serre liés à l'énergie.

Les pratiques des professionnels de la construction ont un tel impact environnemental, notamment en termes de bilan carbone en phase construction et en phase d'usage, que la qualité environnementale est devenue en quelques années le principal enjeu des projets de bâtiments et d'aménagements urbains. Il n'est plus possible pour un professionnel quel qu'il soit de se désintéresser de ces enjeux.

1.2. Quels sont les objectifs des démarches de qualité environnementale du projet?

Si l'on voulait résumer de manière très simpliste le cœur de la démarche environnementale d'un projet bâtiment ou urbain, on pourrait retenir que l'objectif fondamental est de *réduire tous les besoins* :

- besoins en énergie ;
- besoins en eau ;
- besoins en matériaux ;
- besoins en maintenance ;
- besoins en déplacements ;

et de *réduire les impacts* :

- impact carbone ;
- impacts sur le site et sur la biodiversité ;
- déchets de chantier et d'exploitation ;
- impacts sur la santé des occupants.

1.3. Qualité environnementale du bâtiment et développement durable

Le terme un peu galvaudé de développement durable couvre un champ plus vaste que la qualité environnementale du bâtiment, puisqu'il prend en compte – outre les objectifs ci-dessus – des aspects sociétaux.

1.4. Se méfier des idées reçues et réexaminer la pertinence des solutions pour chaque projet

Pas plus que la conception d'un projet en général, les enjeux de la qualité environnementale ne sauraient être un catalogue de solutions toutes faites, applicables à tous les projets.

C'est un domaine de réflexions très complexe, où les avantages apportés par un dispositif peuvent souvent s'accompagner d'un inconvénient connexe. Ainsi, une façade vitrée engendre des déperditions thermiques, mais elle apporte de l'éclairage naturel et contribue aux économies d'éclairage artificiel : tout est affaire d'équilibre entre avantages et inconvénients.

Beaucoup d'humilité est donc indispensable dans ce domaine : il faut en permanence analyser la pertinence réelle des dispositifs, leur adéquation au cas particulier du projet, et faire appel aux spécialistes si nécessaire.

Suit un exemple réel, typique des conséquences d'une vision simpliste des problématiques environnementales.

Un des objectifs courants dans le domaine de la gestion de l'eau dans les espaces extérieurs est de limiter l'imperméabilisation des sols, afin de limiter la construction des coûteux ouvrages d'assainissement, dimensionnés pour les pluies d'orage.

Dans un projet d'espace public extérieur, les élus locaux, ayant bien assimilé cette règle, exigent qu'un soin particulier soit apporté à la perméabilité des sols. Ce n'est pas l'intérêt pour la biodiversité qu'ils mettent en avant, mais bien les conséquences de l'imperméabilisation sur les réseaux d'assainissement.

Au cours des études, la maîtrise d'œuvre rencontre le service technique gestionnaire de l'assainissement qui indique que, dans ce quartier, les égouts et collecteurs sont récents et très largement surdimensionnés. Ils indiquent qu'en conséquence une imperméabilisation des sols de l'espace public projeté n'aurait aucun impact positif ou négatif en termes de gestion des eaux, les réseaux étant déjà surdimensionnés (il reste cependant que la perméabilité des sols a un impact très positif sur la biodiversité).

Cet exemple montre qu'il faut se méfier des idées reçues plaquées artificiellement à la diversité des projets et des sites.

1.5. S'ouvrir à l'international

Dans ce domaine de la qualité environnementale, le professionnel qui souhaite progresser en compétences doit être conscient que la France n'est pas très en avance sur ce sujet, bien que la RT 2020 constituera un important progrès.

Les pays à la pointe en termes de compétences et d'innovations sont notamment l'Allemagne (on parle parfois de quinze ans d'avance !), l'Autriche, le Royaume-Uni, les pays nordiques et dans une moindre mesure les États-Unis (lesquels partent certes de loin en termes de consommations énergétiques).

Le professionnel qui veut progresser a donc intérêt, dans la mesure du possible, à être attentif aux pratiques, réflexions et innovations en provenance de ces pays.

La « Mecque » de l'architecture durable est souvent considérée comme étant la région autrichienne du Vorarlberg, région bouillonnante d'innovation et de dynamisme, dont les architectes sont connus sous le nom d'École du Vorarlberg.

Pour en savoir plus sur l'exemple du Vorarlberg

www.energieinstitut.at : le site de l'institut de l'énergie du Vorarlberg, avec quelques pages en français. Sur le site de l'ordre, www.architectes.org/outils-d'évaluation-0, on trouvera une traduction française de la grille d'évaluation de l'institut de l'énergie du Vorarlberg (avec très peu de détails, mais malgré tout intéressante).

www.v-a-i.at : le site de l'institut d'architecture du Vorarlberg, extrêmement riche d'enseignements, malheureusement réservé aux germanistes.

www.baubook.at : site autrichien intéressant, malheureusement réservé aux germanistes, rubrique Vorarlberg.

---

2. Accompagnement du maître d'ouvrage par l'AMO environnement

Le maître d'ouvrage soucieux d'engager une démarche environnementale désignera un AMO environnement, à moins qu'il ne dispose, assez rarement, des compétences en interne.

L'AMO environnement accompagne le maître d'ouvrage au cours des trois grandes étapes : phase programmation, phase conception et phase réalisation, tant pour les projets de bâtiments qu'en matière d'aménagements urbains.

2.1. En phase programmation

L'AMO environnement commence généralement sa mission par un *diagnostic environnemental* (parfois appelé étude de faisabilité ou pré-évaluation) du projet, prestation consistant couramment à :

- analyser le site du projet ; dans l'existant : audit énergétique préalable ;
- analyser les spécificités de l'opération et les priorités du maître d'ouvrage en termes environnementaux ;
- éventuellement analyser les priorités environnementales des acteurs locaux (PLUi, SCoT, Agenda 21) ;
- en fonction de ces analyses, proposer un type de certification ou de labélisation et identifier les crédits les plus pertinents et les faciles à obtenir compte tenu de la nature du projet : proposition du profil environnemental du projet.

2.2. En phase conception et réalisation

Au cours du déroulement du projet, l'AMO environnement est l'interlocuteur de l'organisme certificateur.

Il contrôle tout au long du projet le bon déroulement de la démarche de certification, jusqu'à la réception du certificat final.

Il participe au choix de l'équipe de maîtrise d'œuvre.

Il évalue la pertinence des études du maître d'œuvre à chaque phase et prépare le cas échéant l'audit de certification ou le dossier de soumission.

Au cours de l'enchaînement des phases de conception, il détecte les prestations à caractère environnemental qui ont été abandonnées et il donne un avis sur la pertinence de ce renoncement.

Il rédige la charte chantier à faible impact environnemental du DCE.

Il participe à la sélection des entreprises.

En phase chantier il mobilise les acteurs, vérifie la prise en compte des objectifs et prépare l'audit ou le dossier de soumission en compilant les documents requis.

2.3. Les différentes appellations des AMO environnement

Les différents systèmes de certification environnementale utilisent des termes particuliers pour désigner l'AMO environnement dans leur démarche de certification, par exemple :

- AMO BREEAM
  BREEAM délivre à des professionnels formés le titre de *BREEAM Accredited Professionnal* (*BREEAM AP*).

- AMO LEED
  LEED délivre à des professionnels formés le titre de *LEED Accredited Professionnal* (*LEED AP*).
- AMO HQE
  HQEGBC délivre à des professionnels formés le titre de *référent certification HQE.*
- AMO BDM ou BDF
  L'association envirobatBDM, qui gère la démarche BDM, désigne pour accompagner le maître d'ouvrage un *accompagnateur* BDM ou BDF

2.4. Autres prestations couramment réalisées par les AMO environnement

Outre l'accompagnement des démarches de certification, les bureaux d'étude et prestataires en AMO environnement proposent couramment d'autres prestations, typiquement :

- *commissionning*,
- simulations thermiques dynamiques,
- simulations CFD de confort au vent,
- études d'ensoleillement et facteur lumière du jour,
- simulations de rentabilité d'énergie renouvelables,
- analyse de cycle de vie (bilan carbone des projets).

De nombreux BET AMO environnement sont aussi des BET thermique.

3. Les grands thèmes de la qualité environnementale du projet

L'amélioration de la qualité environnementale des projets passe par un ensemble d'enjeux, qu'on peut regrouper en grandes familles. Bien évidemment la présente liste n'est qu'une liste parmi de nombreuses autres, et certaines thématiques sont à cheval sur plusieurs « familles » de thèmes.

L'AMO conducteur de projet doit être au fait de ces enjeux afin de pouvoir analyser avec pertinence les propositions et les rendus du maître d'œuvre, et afin de conseiller au maître d'ouvrage les expertises qui pourraient s'avérer nécessaires.

L'AMO environnement quant à lui, maîtrise parfaitement toutes ces problématiques.

3.1. L'analyse du site

L'analyse doit à la fois identifier les atouts du site et les contraintes qu'il fait peser sur le projet :

- nuisances pour les futurs utilisateurs (acoustiques, visuelles, olfactives) ;
- pollution du milieu naturel ;
- risques sanitaires pour les futurs utilisateurs (air pollué, ondes, etc.) ;
- risques naturels (radon, etc.) et technologiques.

3.1.1. Le milieu physique

Il est intéressant de connaître les particularités du site en matière de topologie, de nature du sol, d'hydrologie.

Pour les données sur les sous-sols, on peut utiliser http://infoterre.brgm.fr (par exemple pour la présence d'une aquifère utilisable en géothermie) ou www.geoportail.gouv.fr, site Internet de l'IGN et du BRGM, avec accès à des cartographies thématiques :

- la géologie ;
- les eaux souterraines ;
- les anciens sites industriels :
  - le BRGM met à disposition sur son site une base de données, la Basias (base des anciens sites industriels et activités de service),
  - il existe aussi une base de données des sols pollués, la Basol, évidemment non exhaustive[1] ;
- les risques naturels (sismicité, cavité souterraines, mouvements de terrain, remontées de nappes).

Le site www.georisques.gouv.fr précise tous les risques identifiés sur chaque site.

On peut trouver les données sur les expositions du site aux ondes électromagnétiques sur www.anfr.fr, le site Internet de l'Agence nationale des fréquences, très instructif. On y trouve la position des antennes émettrices et les mesures de l'intensité des champs électromagnétiques réalisées dans tous les sites.

Le site professionnels.ign.fr/données fournit des ortho-images (images aériennes superposables à une carte) et des modèles 3d de courbes de niveau.

3.1.2. Le climat

La connaissance du climat du site peut avoir de nombreux impacts sur le projet : potentiel d'ensoleillement, vents dominants, pluviométrie, etc.

Des données sur le climat peuvent être recherchées sur *Weather Online* : www.wofrance.fr et sur http://fr.weatherspark.com.

3.1.3. Les écosystèmes

Il est intéressant d'identifier la présence éventuelle sur le site de flore et faune, et les atouts paysagers.

3.1.4. L'environnement bâti et humain

L'ensemble des documents d'urbanisme (PLUi, servitudes d'utilité publique, schémas de cohérence territoriale, etc.) figureront progressivement sur www.geoportail-urbanisme.gouv.fr.

Penser à consulter le site Internet de la ville, du département et, le cas échéant, d'une éventuelle structure intercommunale (communauté de communes, d'agglomérations, commu-

1 http://basol.developpement-durable.gouv.fr

nauté urbaine, syndicat intercommunal...), pour connaître les priorités environnementales des collectivités locales et les potentialités du site.

Les données démographiques, utiles pour les études urbaines, sont disponibles sur le site de l'Insee.

3.1.5. Les réseaux

Il est intéressant d'identifier la présence éventuelle d'un réseau de chaleur urbain ou, de manière plus classique, du gaz de ville.

3.1.6. Les ressources locales

Y a-t-il des matériaux locaux (ardoises, ...), des carrières, des forêts exploitées qui pourraient orienter le choix vers la construction bois ou vers le bois-énergie ?

Y a-t-il une industrie locale utile au projet ? une filière locale de valorisation des déchets ?

3.1.7. L'histoire du site

Le site remonterletemps.ign.fr fournit des cartes et photographies anciennes des sites.

Sur www.delcampe.net on peut acheter des cartes postales anciennes des sites à diverses époques.

Les sites https://monumentum.fr et atlas.patrimoines.culture.fr fournissent des données sur les monuments historiques et le patrimoine. Le site de référence sur les monuments historiques reste la fameuse base Mérimée [1].

3.2. Impact environnemental du projet sur le site et biodiversité

Une fois réalisée l'analyse du site, la seconde étape de la démarche d'écoconception est de réfléchir à l'impact du projet sur le site.

La conception peut s'attacher à minimiser cet impact, grâce à la réflexion sur l'insertion paysagère.

Un exemple parmi tant d'autres : un bâtiment sur pilotis aura un impact plus faible sur le biotope local qu'un bâtiment traditionnel.

Dans la démarche BREEAM on dénombre les espèces végétales présentes sur le site et on s'efforce dans le cadre du projet d'augmenter la diversité des espèces présentes.

Pour en savoir plus sur la prise en compte de la biodiversité en conception

Consulter le site www.biodiversite-positive.fr réalisé par une filiale de Bouygues et par l'Institut du développement durable et responsable de l'Université catholique de Lille. Ce site comporte en particulier un ensemble de fiches pratiques extrêmement bien faites sur la prise en compte de la biodiversité dans les projets.

Consulter les guides *Intégration des enjeux de biodiversités dans les ÉcoQuartiers* et *Biodiversité et chantier*, sur www.ecoquartiers.logement.gouv.fr/documents

---

1 www2.culture.gouv.fr/culture/inventai/patrimoine/

3.3. Optimisation thermique et énergétique des bâtiments

Si la réglementation thermique donne des valeurs à respecter, elle n'indique pas comment les atteindre. En pratique, comment améliorer la performance énergétique d'un bâtiment neuf ou existant ?

La réponse est complexe, et les thématiques listées ici ne constituent qu'une introduction forcément très réductrice, et une ouverture vers des recherches documentaires complémentaires.

Il n'existe pas une solution universelle en termes constructifs qui serait à privilégier pour améliorer les performances : un bâtiment basse consommation peut aussi bien être réalisé en béton, en structure métallique, en bois, etc. Ce sont la qualité de la conception, le dialogue architecte-thermicien et le soin apporté aux détails lors des études, puis sur le chantier, qui permettent d'atteindre la performance énergétique.

La conception doit être attentive à trois thèmes :

- la conception bioclimatique de l'enveloppe (le Bbio de la RT 2012) ;
- le choix d'équipements techniques performants ;
- le recours aux énergies renouvelables.

3.3.1. Le Bbio et la conception bioclimatique de l'enveloppe

3.3.1.1. Les grands principes, pour mémoire

Les principes du bioclimatisme sont très proches des savoir-faire traditionnels du bâtiment.

En hiver, on cherche à capter la chaleur du soleil dont la hauteur est faible, à emmagasiner la chaleur grâce à une forte inertie des murs, et à la conserver grâce à l'isolation.

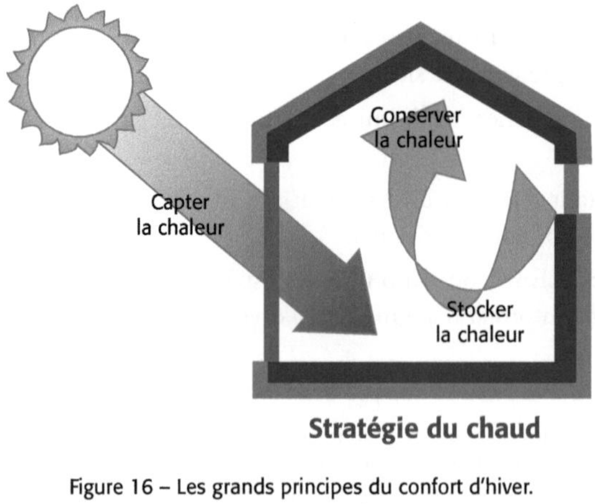

Figure 16 – Les grands principes du confort d'hiver.

En été, on cherche à limiter les apports solaires au sud, à l'ouest et en toiture grâce aux protections solaires, à profiter de l'inertie du bâtiment et à évacuer la chaleur la nuit grâce à la ventilation traversante.

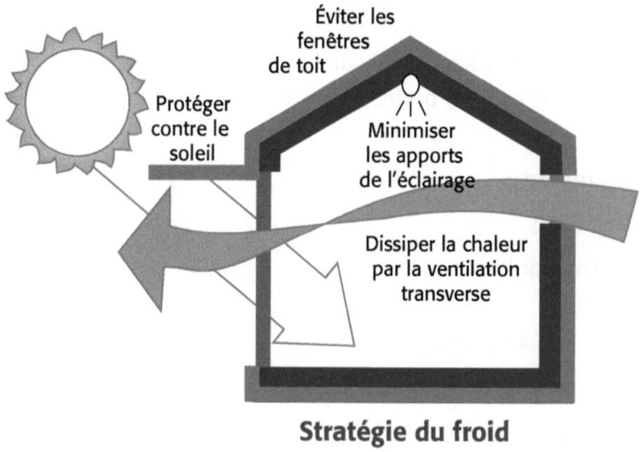

Figure 17 – Les grands principes du confort d'été.

3.3.1.2. L'orientation, la forme du bâtiment et la disposition des pièces

Les enjeux de l'orientation du bâtiment sont un exemple de la nécessité d'initialiser la réflexion thermique dès l'esquisse ; il est en effet trop tard en APS pour corriger une mauvaise implantation déjà décidée.

En milieu urbain existant, les contraintes du parcellaire et de l'insertion urbaine rendent généralement impossible la prise en compte de principes bioclimatiques pour l'orientation du bâtiment.

En urbanisme neuf (ZAC), la prise en compte du bioclimatisme est un enjeu très important.

En ce qui concerne la forme du bâtiment, la compacité est favorable thermiquement : les maisons victoriennes anglaises en bande sont ainsi plus favorables thermiquement que les pavillons contemporains au milieu de leur pelouse ; les bâtiments mitoyens sont préférables thermiquement.

À volume égal, les formes compactes, sans redan, sont les plus favorables au Bbio.

Il est par ailleurs important que les murs aient une forte inertie, comme les bâtiments anciens.

Outre l'orientation, il est important d'étudier au cas par cas les façades en fonction de leur orientation. Il n'est plus possible de proposer le même type de façades et de protections solaires indifféremment sur les quatre faces d'un bâtiment comme on pouvait le faire dans le passé.

Enfin, la disposition des pièces au sein du bâtiment est essentielle : la réglementation thermique implique l'isolation des planchers et parois séparant des locaux chauffés et non chauffés ; il est donc nécessaire de bien analyser quels seront les locaux non chauffés, et d'essayer au maximum de les grouper plutôt que de les disperser. Les locaux techniques doivent de préférence être implantés au nord et les locaux de vie au sud. C'est ce qu'on appelle le *zonage thermique*.

3.3.1.3. Une isolation renforcée

Alors que les isolants étaient quasiment absents jusqu'en 1982, leur épaisseur a depuis augmenté avec les versions successives de la réglementation thermique.

Des ordres de grandeur

Les épaisseurs d'isolants dépendent bien sûr fortement des matériaux et de la technique constructive. Il est pourtant utile en première approche d'avoir en tête des ordres de grandeur des pratiques actuelles :

- 15 à 30 cm sur les murs ;
- 30 à 40 cm sous toiture ;
- 15 à 30 cm sous plancher bas.

L'intérêt de l'isolation par l'extérieur

Il existe trois types d'isolation thermique des murs :

- l'isolation thermique par l'extérieur (ITE) ;
- l'isolation thermique par l'intérieur (ITI) ;
- et l'isolation thermique répartie, c'est-à-dire dans l'épaisseur du mur, notamment en construction bois.

L'isolation par l'extérieur est banale dans de nombreux pays européens, et se pratique depuis longtemps en Allemagne. En France, un grand retard a été pris sur ce sujet et de nombreuses entreprises n'ont pas encore les compétences nécessaires.

Dans le neuf, l'isolation par l'extérieur est d'après les thermiciens la solution la plus performante, à privilégier (sauf cas particuliers évoqués ci-dessous), avec pour variante non dénuée d'intérêt l'isolation thermique répartie.

Il n'y a évidemment pas de solution universelle.

Point de vigilance

En isolation par l'extérieur, il ne doit jamais y avoir de voile d'air mobile entre le mur et l'isolant extérieur. Un voile d'air mobile crée en effet un effet cheminée qui évacue toutes les calories du mur.

On rencontre souvent ce problème sur les chantiers ; un exemple typique : l'entreprise fixe l'isolant avec des plots de collage, qui laissent un vide entre mur béton et isolant. C'est finalement comme si l'isolant était implanté à 15 cm du mur : il perd toute son efficacité.

Quel est l'intérêt de l'isolation par l'extérieur pour les bâtiments neufs et pour la rénovation des bâtiments des trente glorieuses ?

En isolation par l'extérieur, le traitement des ponts thermiques est facilité. En effet, avec une isolation par l'intérieur, chaque plancher constitue un pont thermique qui doit recevoir un traitement particulier (rupteurs thermiques) ; le traitement se complique dans les grands immeubles avec épais planchers structurels. L'isolation par l'intérieur est donc source de moisissures au droit des ponts thermiques.

Avec une isolation par l'extérieur, les planchers ne constituent plus des ponts thermiques : ils sont intégrés dans l'enveloppe isolée. Les balcons peuvent poser problème s'ils existent, mais le traitement des ponts thermiques constitués par les balcons se réalise (désolidarisation). Il faut aussi être vigilant sur les encadrements de fenêtres et portes, ainsi que les jonctions avec le sol extérieur.

D'autre part, l'isolation par l'extérieur, et c'est là le point principal, améliore la performance du bâti car elle permet de profiter de l'inertie du bâtiment.

En hiver, les murs du bâtiment isolé par l'extérieur se chargent de chaleur ; ils peuvent ensuite restituer cette chaleur au volume intérieur (vers l'extérieur, l'isolant bloque les flux), et ils se comportent donc un peu comme un poêle de masse. Au contraire, avec une isolation par l'intérieur, la masse des murs reste froide en hiver ; elle ne présente donc aucun apport thermique intéressant pour le bâtiment.

En été, avec une isolation par l'extérieur, la masse des murs du bâtiment reste relativement fraîche, comme dans un bâtiment ancien aux épais murs de pierre ; cette masse participe donc au confort d'été. Par contre, avec une isolation par l'intérieur, la masse des murs reste chaude ; elle emmagasine le jour la chaleur du soleil, et constitue la nuit un manteau chaud n'apportant aucun bénéfice au volume intérieur en termes de confort d'été.

Depuis 2015, on peut de plus déroger aux règles d'urbanisme pour implanter une isolation en saillie des façades ou par surélévation des toitures. [1]

Bâtiments existants : conditions pour isoler par l'intérieur en évitant les désordres futurs

Dans le bâti ancien, quand l'isolation par l'extérieur est impossible du fait de l'intérêt patrimonial de la façade ou du fait de sa configuration particulière, il reste possible de réaliser une isolation thermique de qualité par l'intérieur, mais à condition de prêter une attention toute particulière à l'hygrométrie du mur existant, pour éviter toute condensation entre mur et isolant intérieur.

Trois points d'attention sont nécessaires :

- bien protéger le mur existant contre la pluie battante ;
- bien ventiler les locaux ;
- bien traiter les ponts thermiques.

Point de vigilance

En isolation par l'intérieur, la membrane pare-vapeur est indispensable pour empêcher la condensation.

Pour en savoir plus sur l'isolation par l'extérieur

On peut consulter www.mur-manteau.fr, le site des entreprises pratiquant depuis longtemps l'isolation par l'extérieur, avec des suggestions sur les détails aux points singuliers.

Utiliser le guide Rage très complet : *Menuiseries extérieures avec isolation thermique par l'extérieur - Neuf/rénovation* - novembre 2014, disponible sur www.programmepacte.fr.

Pour en savoir plus sur l'isolation par l'intérieur

Pour les cas où l'isolation par l'intérieur est incontournable, consulter sur www.programmepacte.fr les deux guides Rage, extrêmement détaillés et complets :

- *Isolation thermique par l'intérieur - rénovation* ;
- *Isolation thermique par l'intérieur - neuf.*

---

1 Article L152-5 du Code de l'urbanisme.

Pour en savoir plus sur les pathologies liées à l'isolation par l'intérieur et sur leur prévention

Consulter l'intéressante étude de septembre 2013 *Évaluation des risques de pathologies liées à l'humidité au niveau des poutres encastrées dans un mur extérieur isolé par l'intérieur*, disponible aussi sur www.programmepacte.fr.

Les enjeux de l'isolation des toitures

Le calcul montre que l'épaisseur de l'isolant en toiture joue un rôle important dans le confort d'été. Il faut donc tout particulièrement éviter en toiture les isolants minces, peu performants en confort d'été.

En zone chaude, il faut éviter les fenêtres de toit.

Enfin, l'idéal, quand le principe constructif le permet, est de prévoir un espace de ventilation naturelle de quelques centimètres immédiatement en sous-face du matériau de toiture (tuiles, etc.) pour permettre l'évacuation de la chaleur.

3.3.1.4. L'intérêt des toitures végétalisées

Les toitures végétalisées, qui peuvent être extensives (c'est-à-dire sans entretien, ce qui est idéal), intensives (entretien à prévoir) ou semi-intensives, ont plusieurs avantages, outre leur intérêt architectural :

- elles contribuent au confort d'été en participant à l'inertie du bâtiment ; elles ne contribuent cependant pas à l'isolation thermique en hiver, du fait de leur taux d'humidité ;
- elles contribuent à la biodiversité en milieu urbain ;
- elles améliorent l'isolation acoustique des locaux : le substrat et les végétaux amortissent les bruits, surtout par temps humide ;
- elles apportent un abattement sur les rejets d'eaux pluviales à l'égout, en emmagasinant une portion des eaux d'orage, et en retardant leur évacuation au réseau ; au total, une toiture végétalisée évite l'évacuation au réseau d'environ la moitié de la totalité des eaux de pluie ;
- en ville, elles contribuent à lutter contre l'effet « îlot de chaleur » (grâce à l'évapotranspiration) ;
- la végétalisation protège l'étanchéité bitumineuse sous-jacente et améliore sa durée de vie.

Pour en savoir plus sur les toitures végétalisées

Consulter le site du CSTB, riche en articles sur ce sujet.

Utiliser pour la conception le document de référence, les Règles professionnelles pour la conception et la réalisation des terrasses et toitures végétalisées, disponible sur www.adivet.net.

3.3.1.5. Le traitement des ponts thermiques et l'étanchéité à l'air

L'étanchéité à l'air

La perméabilité à l'air, autrement dit les « courants d'air », peut être localisée :

- à la liaison entre murs et soubassements ;
- à la liaison entre toiture et parois intérieures ;

- à la liaison des parois verticales entre elles ;
- à la liaison entre les menuiseries extérieures et l'enveloppe, et au niveau des menuiseries elles-mêmes (volets roulants, trappes de désenfumage, etc.) ;
- au niveau des boîtiers électriques, et tableaux électriques ;
- au niveau du percement de l'enveloppe par un réseau traversant.

Ces courants d'air parasites sont dus à la fois au vent et au tirage thermique du bâtiment, dû à la différence de température entre intérieur et extérieur.

L'étude de la perméabilité à l'air a commencé dans les années 1980 aux États-Unis et en Norvège.

Pourquoi l'étanchéité à l'air est-elle importante ?

La perméabilité à l'air, outre son impact acoustique, cause d'importantes pertes énergétiques. Elle dégrade le confort thermique en créant une sensation de froid et de paroi froide.

Par ailleurs, en présence de vent, les systèmes de ventilation risquent des perturbations : ils deviennent moins efficaces, et en ventilation double flux l'échangeur peut être en partie court-circuité par les flux parasites. Certaines pièces ne sont alors plus ventilées. C'est d'ailleurs pour cette raison qu'on déconseille généralement d'investir dans une VMC double flux dans un logement existant perméable à l'air.

Les courants d'air peuvent de plus entraîner vers l'intérieur du bâtiment des polluants : fibres, poussières, moisissures, COV issus des matériaux d'isolation non biosourcés.

Les courants d'air parasites provoquent aussi, tout comme les ponts thermiques, de la condensation. Cette condensation est source de moisissures qui, en plus de leur impact sanitaire, peuvent endommager les isolants.

Enfin, pour les habitations situées dans une agglomération comportant des industries dangereuses (sites dits « Seveso avec servitude »), un plan de prévention des risques technologiques peut imposer la possibilité pour les habitants de se confiner en cas d'accident. Dans ce cas, l'étanchéité à l'air relève de la sécurité des personnes.

Prendre en compte l'étanchéité à l'air dans les marchés de travaux

Pour atteindre les objectifs de performance, le maître d'œuvre doit décrire en PRO les détails de calfeutrement (la technique et sa mise en œuvre) à chaque intersection avec un point singulier, et à chaque jonction entre deux plans de l'enveloppe.

En chantier, les assemblages doivent être calfeutrés, avec utilisation aux points singuliers de bandes d'étanchéité et de Scotch étanche à l'air (adhésif pare-vapeur).

Pour en savoir plus sur les ponts thermiques et l'étanchéité à l'air

Le Cerema de Lyon a réalisé de nombreux documents sur l'étanchéité à l'air (www.rt-batiment.fr/batiments-neufs/etancheite-a-lair/information-et-documents-ressources.html), qui bien qu'un peu anciens restent une mine de renseignements.

Voir le site Internet de l'association Effinergie.

3.3.1.6. La gestion des apports solaires thermiques

Autrefois, les fenêtres étaient petites pour limiter les déperditions. Aujourd'hui, les menuiseries sont performantes, avec vitrages basse-émissivité (en anglais, *low-e*) au minimum, et triple vitrage au mieux. Les grandes baies vitrées au sud permettent de bénéficier d'apports solaires thermiques en hiver et d'éclairage naturel, mais une façade d'immeuble excessivement vitrée peut dégrader le confort thermique d'été et constitue un point faible dans l'isolation thermique de l'enveloppe. Tout est donc affaire d'équilibre en avantages et inconvénients, et face à une telle complexité les calculs permettent de proposer un optimum. En habitation, la RT 2012 donne une indication d'ordre de grandeur, en exigeant 1/6 de la surface du sol en surface vitrée.

L'implantation en extérieur des protections solaires est préférable en termes de confort d'été : les stores intérieurs sont inefficaces pour la protection contre les surchauffes, car ils emmagasinent la chaleur du soleil et la retransmettent au volume intérieur.

Dans les bâtiments tertiaires, la protection solaire peut aussi utiliser des verres à contrôle solaire ou des sérigraphies pour limiter les besoins en rafraîchissement. Les verres à contrôle solaire sont caractérisés principalement (il existe de nombreux autres paramètres) par deux valeurs clé :

- le *facteur solaire* F_s, qui caractérise la proportion d'énergie solaire qui traverse le vitrage, par rapport à l'énergie solaire totale incidente sur la paroi vitrée ; plus ce taux est faible et plus le verre protège le volume intérieur de la chaleur solaire ; ainsi un verre doté d'un facteur solaire de 70 % pourra convenir pour un vitrage exposé au nord, alors qu'un facteur solaire de 30 % sera nécessaire pour un vitrage horizontal ou très exposé ;
- le *taux de transmission lumineuse* T_l, qui caractérise la proportion de la lumière qui traverse le vitrage ; plus ce taux sera élevé et plus le vitrage sera « performant » à la fois en termes d'éclairage naturel et de « discrétion » ou de « clarté » du vitrage ; les verres performants en termes de facteur solaire sont en effet souvent opacifiant, mais il existe des vitrages à la fois performants énergétiquement et peu opacifiants ; pour donner des ordres de grandeur, un taux entre 50 % et 70 % est généralement considéré comme acceptable architecturalement en termes de clarté ou de « neutralité » visuelle, alors qu'un taux beaucoup plus bas correspondra plus à un aspect « métallisé », « verre fumé » ou « verdâtre » de la façade vitrée.

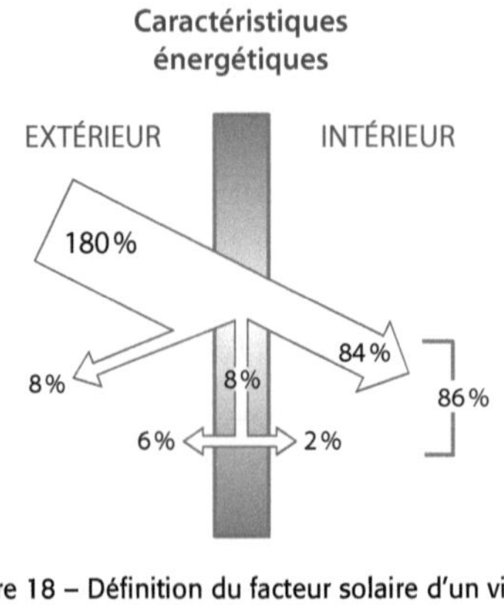

Figure 18 – Définition du facteur solaire d'un vitrage.

Les grands principes à retenir restent de prévoir des protections solaires côté sud et de limiter les ouvertures côté ouest, pour se protéger de la chaleur du soir.

Point de vigilance

La conception des protections solaires nécessite une véritable étude et ne doit pas être négligée : insuffisantes ou mal orientées, elles entraînent des surchauffes d'été ; excessives, elles entraînent une perte d'éclairage naturel.

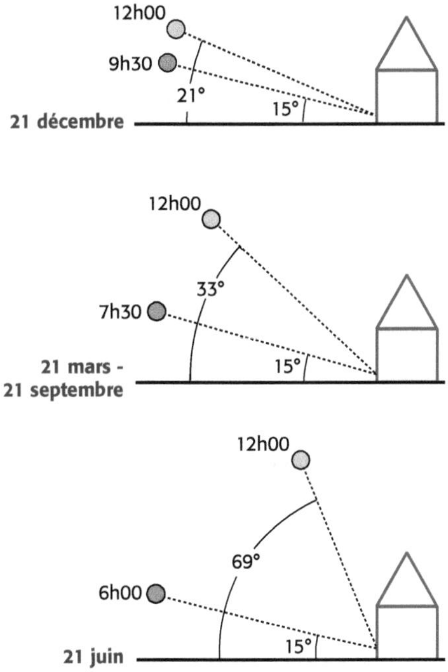

Figure 19 – Hauteurs du soleil (au niveau du 45° de latitude nord).

3.3.1.7. L'utilisation de l'éclairage naturel

Il ne suffit pas de privilégier l'éclairage naturel, il faut aussi prendre en compte cet apport dans les commandes d'éclairage, et permettre à l'utilisateur de passer en manuel, sans quoi l'éclairage naturel ne produira pas d'économies d'énergie.

3.3.2. Choisir les énergies renouvelables les plus pertinentes

Quand on propose au maître d'ouvrage le recours à une énergie renouvelable, il est important de savoir justifier sa proposition en fonction de la nature du projet, et de savoir la justifier en termes de rentabilité financière : quelles sont les énergies renouvelables les plus rentables dans la configuration précise du projet.

Il est donc important de savoir, pour chaque énergie renouvelable, dans quel cas elle est économiquement pertinente.

Conseil pratique

Les énergies renouvelables doivent faire l'objet d'une étude de pertinence économique.

Par ailleurs, il faut garder à l'esprit que, la meilleure des énergies renouvelables, ce sont tout simplement les apports solaires utilisés passivement grâce à la bonne conception bioclimatique de l'enveloppe.

3.3.2.1. L'énergie photovoltaïque

Le raccordement au réseau Enedis pour la revente de la production électrique est précédé du passage du Consuel.

L'autoconsommation individuelle ou collective, confidentielle récemment encore, est en plein boom actuellement grâce à l'évolution du cadre réglementaire survenue en 2017.

Ce nouveau cadre réglementaire va booster les projets photovoltaïques, projets qui redeviennent enfin rentables après des années d'équilibre économique difficile. Grâce à cette réforme c'est maintenant à nouveau une bonne idée de conseiller aux maîtres d'ouvrage une installation photovoltaïque.

La rentabilité d'une installation photovoltaïque dépend :

- de la situation géographique ;
- des ombres portées pouvant former masque : bâtiments voisins, arbres, montagnes ;
- de l'orientation et de l'inclinaison des cellules ;
- du modèle de cellules choisi ;
- de la nature des besoins électriques du programme (nature qui impactera le *taux d'autoconsommation*, c'est-à-dire la part de la consommation produite sur place par rapport à la consommation totale).

En ce qui concerne l'orientation des cellules, la production optimale est obtenue plein sud avec 35° d'inclinaison. Le schéma ci-dessous rappelle la production obtenue dans les autres cas.

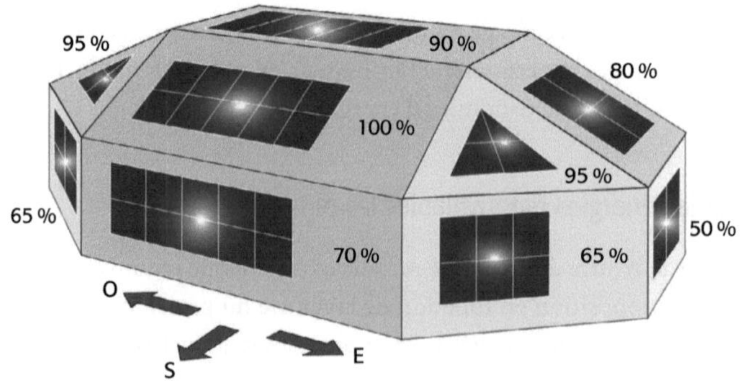

Figure 20 – Production électrique comparée aux conditions d'exposition optimales.

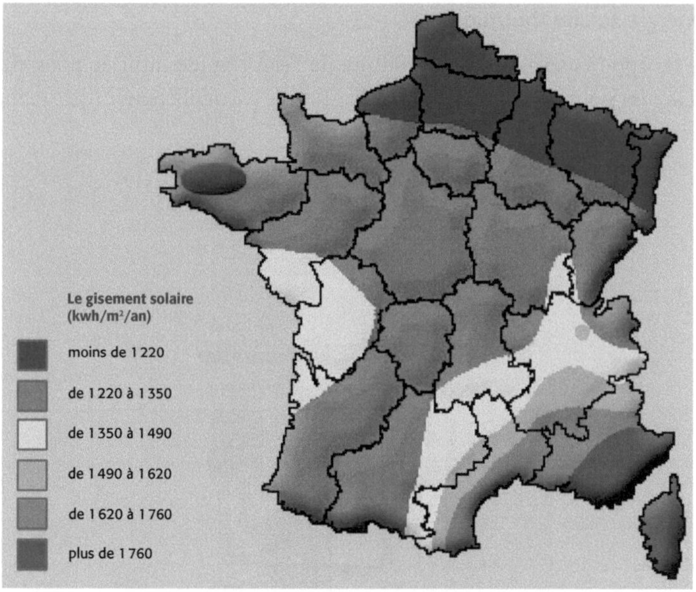

Figure 21 – Carte schématique du potentiel d'énergie solaire.
Ce potentiel peut être utilisé en photovoltaïque ou en solaire thermique.

Pour en savoir plus sur le photovoltaïque

www.photovoltaique.info, site de l'association Hespul, est le meilleur site sur le sujet.

Le programme « Règles de l'art Grenelle Environnement 2012 » a publié en mars 2013 un guide pratique : *Systèmes photovoltaïques par modules rigides en toitures inclinées – Guide de conception, de mise en œuvre et de maintenance.*[1]

Un exemple de logiciel de simulation couramment utilisé, réalisé par une université suisse : www.pvsyst.com.

Consulter le site du ministère pour se tenir informé sur l'actualité des tarifs de rachat.

Figure 22 – Exemple de cellules photovoltaïques insérées entre deux verres.

1 Consultable sur www.programmepacte.fr.

3.3.2.2. L'énergie solaire thermique

Elle exploite les apports solaires pour produire de l'eau chaude, utilisée pour chauffer l'eau chaude sanitaire ou pour contribuer au chauffage, tout particulièrement par plancher chauffant basse température.

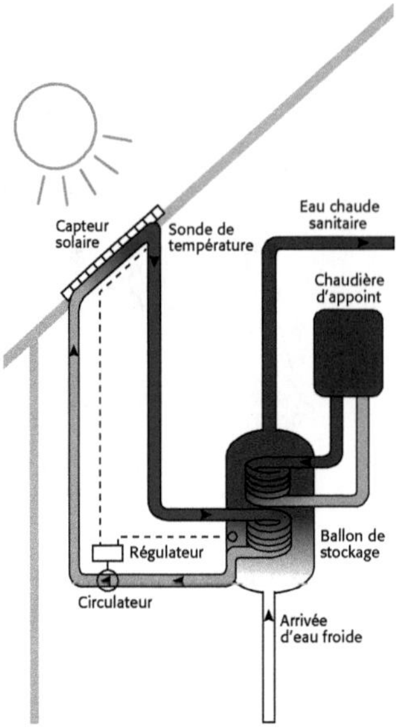

Figure 23 – Principe du solaire thermique pour la production d'ECS.

Pour donner un ordre de grandeur, 3 à 6 m^2 de panneaux permettent de couvrir en partie les besoins en ECS d'une famille de quatre personnes.

La rentabilité des capteurs solaires thermiques dépend :

- de la situation géographique ;
- des ombres portées (masques), de l'inclinaison ;
- du modèle choisi ;
- de la température de l'arrivée d'eau froide : plus l'arrivée d'eau est froide, plus les panneaux solaires pourront économiser de l'électricité, car le delta de température à couvrir pour chauffer l'eau sera plus important ; ceci signifie que les panneaux solaires sont particulièrement rentables en haute montagne ;
- de la répartition dans l'année des besoins : l'installation sera plus rentable avec une bonne répartition (un lycée fermé en été n'est par exemple pas la configuration idéale) ;
- mais aussi et tout particulièrement de la nature du programme : pour une bonne rentabilité, elle est à réserver aux projets avec un besoin important en eau chaude sanitaire (habitations, hôtels, piscines, etc.).

Règle d'or

Réserver le solaire thermique aux programmes comportant un important besoin en eau chaude sanitaire, bien réparti dans l'année.

3.3.2.3. La biomasse

Le bois-énergie

Le bois-énergie peut se présenter sous la forme :

- de plaquettes ;
- de bûches ;
- de granulés bois ;
- de briquettes ou bûchettes reconstituées ;
- de déchets de scierie et d'élagage des haies.

Le label Flamme verte identifie les équipements les plus performants en termes de rendement et d'émissions.

Les principaux critères pour choisir cette énergie sont :

- la proximité de filières de fourniture : au-delà de 50 km, l'intérêt devient contestable ;
- et surtout la facilité d'accès et de manœuvre pour la livraison du combustible (par exemple à Paris la biomasse est difficilement recommandable).

Le bois-énergie issu de forêts gérées durablement a l'avantage de limiter les gaz à effet de serre, puisque la quantité de CO_2 émis pendant la combustion est la même que celle absorbée par la plante pendant sa croissance.

Figure 24 – Carte des forêts françaises.

Pour en savoir plus sur le potentiel du site

Consulter le site de l'Inventaire forestier national (IFN).

La méthanisation des biodéchets

Les déchets organiques peuvent produire de l'énergie grâce au procédé de méthanisation.

Ce procédé permet la fabrication de biogaz, qui peut être injecté dans le réseau public de gaz naturel, ainsi que la production d'électricité par cogénération. Encore rare en France, et principalement associé aux déchets agricoles, ce procédé est courant en Allemagne.

En France, les gros producteurs de biodéchets (hypermarchés, cantines, restaurants à partir d'un seuil) ont dorénavant l'obligation de réaliser une collecte sélective en vue de les valoriser (soit par compostage, soit en vue d'une méthanisation).

Pour permettre la méthanisation, les reliefs des repas sont prétraités et stockés sur place dans une cuve, vidée périodiquement par un camion-citerne, qui achemine les déchets à une usine de méthanisation distante.

Pour concevoir une installation de stockage des biodéchets, il peut être nécessaire de s'associer les compétences d'un BET spécialisé en restauration collective.

Pour en savoir plus sur la gestion des biodéchets de la restauration collective

Sur le site Internet d'un fabricant d'équipements, www.meiko.fr, consulter le produit « WasteStar SC ».

3.3.2.4. L'éolien

Les éoliennes classiques ne sont pas intégrables à un bâtiment, mais de petites productions horizontales ou verticales peuvent l'être.

En ville, les vents sont « chaotiques », ce qui est peu propice à la production éolienne, mais de petites éoliennes à axe vertical ont été spécialement conçues pour s'adapter au mieux à ces vents chaotiques.

Les principales contraintes à l'utilisation de l'éolien dans les bâtiments sont actuellement :

- le coût encore important des petites éoliennes ;
- le cadre réglementaire peu favorable.

Vérifier la réglementation, qui est en pleine évolution.

3.3.2.5. La géothermie

La réglementation [1] distingue trois types de « gîtes » géothermiques :

- les gîtes géothermiques à haute température (plus de 150 °C), qui sont exploités principalement pour produire de l'électricité,
- les gîtes géothermiques à basse température (moins de 150 °C), qui sont exploités pour produire de l'électricité ou de la chaleur,
- les gîtes géothermiques dits de « minime importance » : moins de 100 m de profondeur et moins de 230 kW.

On évoquera principalement ici la géothermie de minime importance, la plus courante.

---

1 Décret n°2006-649 du 2 juin modifié relatif aux travaux miniers, aux travaux de stockage souterrain et à la police des mines et des stockages souterrains.

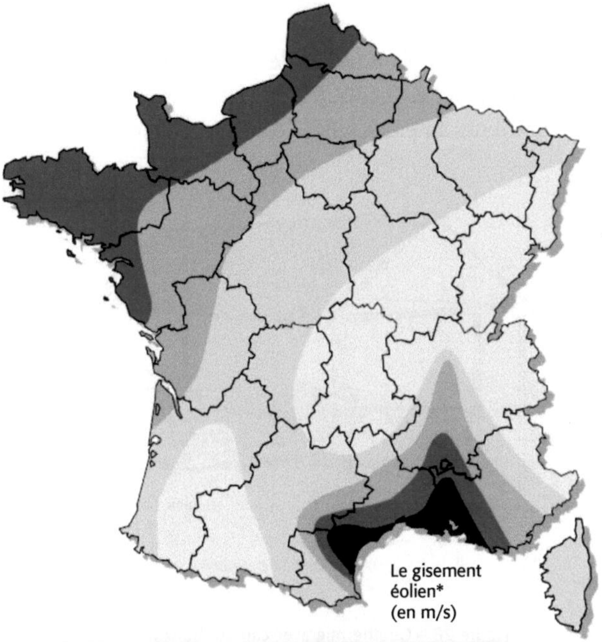

Bocage dense, bois, banlieue	Rase campagne, obstacles épars	Prairies plates, quelques buissons	Lacs, mer	Crêtes**, collines	
<3,5	<4,5	<5,0	<5,5	<7,0	Zone 1
3,5 - 4,5	4,5 - 5,5	5,0 - 6,0	5,5 - 7,0	7,0 - 8,5	Zone 2
4,5 - 5,0	5,5 - 6,5	6,0 - 7,0	7,0 - 8,0	8,5 - 10,0	Zone 3
5,0 - 6,0	6,5 - 7,5	7,0 - 8,5	8,0 - 9,0	10,0 - 11,5	Zone 4
>6,0	>7,5	>8,5	>9,0	>11,5	Zone 5

* Vitesse du vent à 50 mètres au-dessus du sol en fonction de la topographie
** Les zones montagneuses nécessitent une étude de gisement spécifique

Figure 25 – Le potentiel éolien suivant la configuration du site.

En 2015 le cadre réglementaire de la géothermie de minime importance a été simplifié, pour faciliter son développement. Elle permet de couvrir de très nombreux usages : chauffage urbain, chauffage individuel, eau chaude sanitaire, rafraîchissement, grâce à des pompes à chaleur réversibles, etc.

On distingue deux grandes familles de techniques :

- les techniques d'échange thermique avec le sol : une boucle échange avec le sol, horizontalement ou verticalement, encore appelées géothermie *statique* car l'eau de nappe n'est pas puisée ; on parle aussi d'échangeurs géothermiques *fermés* ;
- et les techniques basées sur le puisage d'eau dans l'aquifère, encore appelées échangeurs géothermiques *ouverts*.

L'eau récupérée étant dans les deux cas à moins de 30 °C, on utilise des pompes à chaleur ou des échangeurs pour transférer l'énergie vers une boucle secondaire, alimentant couramment un plancher chauffant basse température ou un autre équipement.

Il existe de très nombreuses solutions, et les technologies des pompes à chaleur évoluent rapidement.

Géothermie horizontale

Des capteurs horizontaux sont implantés dans le sol, et un fluide frigorigène y circule en boucle. La distribution du chaud est généralement assurée par un plancher chauffant basse température, et peut contribuer au préchauffage de l'eau chaude sanitaire.

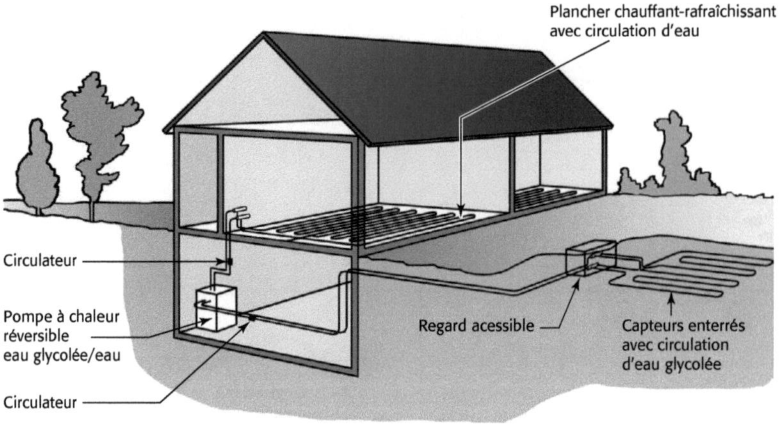

Figure 26 – Géothermie avec capteur horizontal.[1]

C'est la chaleur du sous-sol qui fait passer le fluide frigorigène de l'état liquide à l'état gazeux, dans le capteur horizontal, implanté entre 0,6 et 1,2 m de profondeur.

Une partie importante du coût provient des grandes quantités de fluide frigorigène nécessaire (on peut d'ailleurs s'interroger sur les impacts environnementaux de ces fluides).

Cette technique est maintenant bien rodée depuis longtemps en maison individuelle, généralement pas pour des immeubles.

Systèmes statiques sur puits

Ce système, encore appelé sonde géothermique, est similaire au précédent, avec un forage au lieu des capteurs horizontaux. Le forage atteint entre 50 et 300 m, avec un diamètre entre 10 et 15 cm. La température du sol est constante à ces profondeurs, ce qui évite aux pompes à chaleur de subir les variations de température jour/nuit et au cours de l'année.

Les capteurs verticaux sont constitués par une boucle d'eau glycolée insérée en U dans un tube (sonde géothermique).

En ordre de grandeur, deux sondes de 50 m de profondeur permettent de chauffer une maison de 120 m^2 de plancher.

Cette technique est maintenant rodée, en particulier aux États-Unis et Canada.

1 Source : www.programmepacte.fr, recommandation PRO RAGE PAC géothermique.

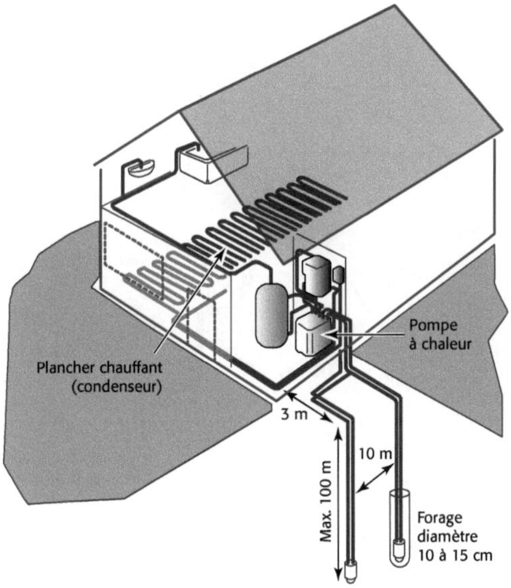

Figure 27 – Pompe à chaleur avec capteurs verticaux.

Systèmes sur eau de nappe

Dans cette technique, comme dans les suivantes, ce n'est pas avec le sol que les échanges thermiques s'effectuent mais avec l'eau d'une aquifère, c'est-à-dire d'une couche géologique contenant une nappe souterraine.

La capacité d'une aquifère à être utilisée en géothermie dépend de paramètres qui sont mesurés par des essais de débit, ou *pompages d'essai*. Les essais déterminent :

- le débit exploitable de l'aquifère (on parle de « productivité »),
- la qualité des eaux, pour identifier les risques de colmatage dans le réseau,
- la température de l'eau de forage.

Une fois validée la faisabilité, le principe consiste à réaliser un doublet composé d'un puits de puisage (ou d'alimentation) et d'un puits de réinjection (ou d'absorption) à plus de cinq mètres l'un de l'autre, disposés dans le sens de l'écoulement d'une nappe phréatique.

Dans le puits de puisage, une pompe de circulation prélève l'eau et l'envoie vers un échangeur, où elle cède ses calories avant d'être réinjectée en mêmes quantités dans le deuxième forage du doublet. Ces eaux de forage constituent le *circuit primaire*.

Le *circuit secondaire* est constitué par le fluide de la pompe à chaleur. En mode chauffage, ce fluide est réchauffé dans l'échangeur. En mode rafraîchissement, il est refroidi dans l'échangeur.

Pour un bâtiment tertiaire d'une certaine importance, ce sont généralement ces systèmes qui sont proposés, plus que les versions précédentes mieux adaptées aux maisons individuelles ; il peut être nécessaire de multiplier les doublets de forages, pour atteindre la puissance requise.

Il existe par ailleurs des variantes avec rejet des eaux de nappe dans le réseau d'eaux pluviales ou dans un cours d'eau, mais elles ne peuvent être que déconseillées du fait de leur impact environnemental, outre le refus potentiel de l'administration.

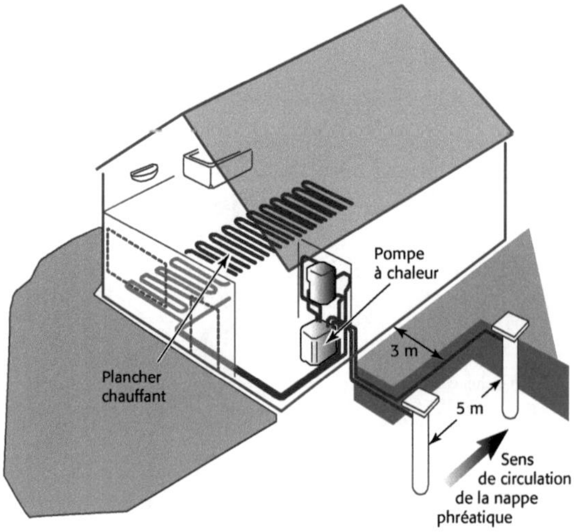

Figure 28 – Géothermie sur eau de nappe.

Les étapes de la faisabilité géothermique sur eau de nappe

Le projet géothermique passe par les étapes suivantes.

- Analyse documentaire

  L'étude commence par une phase d'analyse documentaire à faire réaliser avant l'APS : pour savoir si le site du projet présente un potentiel, les BET spécialisés commencent par consulter la banque de données du sous-sol (BSS) du BRGM, accessible sur www.infoterre.brgm.fr, afin d'identifier les forages existant dans la zone et leur débit de pompage. Ces informations donnent une indication sur le potentiel du site, mais aussi sur les forages voisins pouvant perturber l'exploitation envisagée. Ils étudient ensuite les différentes aquifères exploitables, et proposent un choix, en fonction du budget envisageable et des contraintes techniques, notamment la température de la nappe.

- Premier forage d'essai

  L'étape suivante consiste à réaliser un forage de reconnaissance avec essai de pompage, ce qui nécessite un dossier administratif préalable dans le cadre du Code de l'environnement et du Code minier.[1] Ces essais constituent un point d'arrêt pour une décision de poursuivre ou non le projet.

- Deuxième forage d'essai

  Si les résultats sont satisfaisants, on peut réaliser le second forage et un essai en boucle entre les deux forages. On a alors toutes les informations permettant de finaliser le dimensionnement des équipements ; une étude par modélisation informatique des flux des nappes peut être nécessaire (modélisation hydrodynamique et thermique par modèle maillé).

- Dossier administratif

  Reste à établir le dossier administratif de demande d'autorisation d'exploitation et à réaliser d'autres doublets de forage si un seul n'est pas suffisant.

---

1 Réglementation en cours d'évolution : vérifier l'actualité.

Zoom sur...

... les aspects administratifs de la géothermie de minime importance

Jusqu'en 2015 la réglementation applicable à la géothermie était extrêmement touffue. Il fallait jongler entre les demandes d'autorisation au titre du Code minier, les demandes d'autorisation au titre du Code de l'environnement, vérifier la proximité de captages d'eau potable, s'assurer de la compatibilité avec les schémas directeurs divers des agences de l'eau issus de la loi sur l'eau et donnant lieu à des arrêtés, vérifier la compatibilité avec le PLU, etc.

La réforme de 2015 a simplifié le régime de la géothermie de minime importance.[1]

La plupart des forages géothermiques de moins de 10 m de profondeur sont maintenant exclus du Code minier. Un régime déclaratif allégé a de plus été créé au-delà de 10 m de profondeur, jusqu'à 200 m de profondeur et 500 kW.

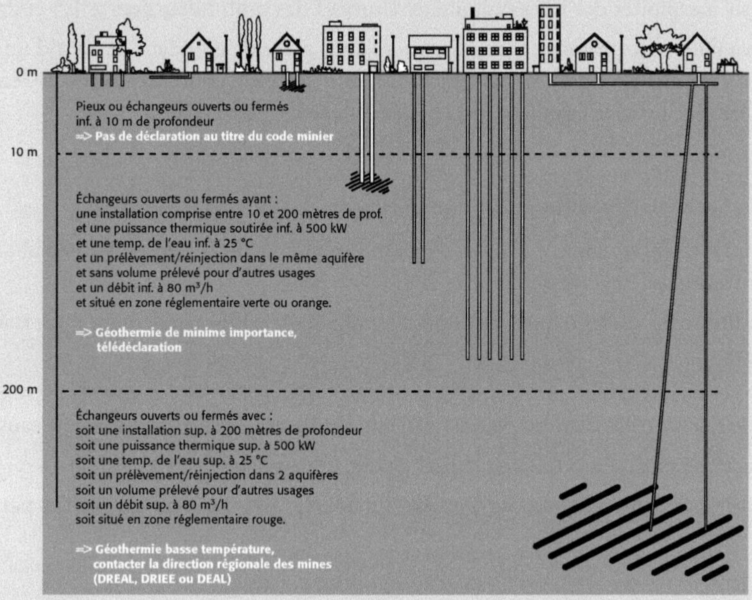

Figure 29 – Récapitulatif du régime déclaratif allégé de la géothermie de minime importance.

Les prescriptions à appliquer pour la géothermie de minime importance figurent dans deux arrêtés[2]. Une nouvelle carte réglementaire[3] distingue trois zones :

- une zone verte, sans prescriptions particulières mais avec obligation de faire appel à un foreur qualifié,
- une zone orange éligible à la géothermie de minime importance, mais avec obligation de consulter un expert géologue (attestation à fournir lors de la télédéclaration du projet),
- et une zone rouge, non éligible au régime simplifié de la géothermie de minime importance (ce qui ne veut pas dire que tout projet soit interdit).

1 Décret n° 78-498 du 28 mars 1978 modifié relatif aux titres de recherches et d'exploitation de géothermie.
2 Arrêté du 25 juin 2015 relatif aux prescriptions générales applicables aux activités géothermiques de minime importance et Arrêté du 25 juin 2015 relatif à l'agrément d'expert en matière de géothermie de minime importance.
3 Disponible sur www.geothermie-perspectives.fr/cartographie

Conseil pratique

La mission confiée au prestataire spécialisé en charge des aspects techniques doit inclure la gestion des contraintes administratives (et des délais d'instruction associés).

Le géocooling

On parle de géocooling quand on utilise la température du sol pour rafraîchir des locaux. Ce procédé peut utiliser des sondes verticales, horizontales ou un captage d'eau de nappe.

La géothermie basse énergie

Elle consiste à exploiter des nappes aquifères situées à des profondeurs entre 1,5 et 2,5 km.

Un forage à 600 m de profondeur représente déjà un ordre de grandeur de coût d'un million d'euros, réservé aux grands projets. Les utilisations les plus courantes sont les réseaux de chauffage urbain, le chauffage de serres et le chauffage de grands sites.

Quels sont les sites favorables à la géothermie ?

Les régions les plus favorables en ce qui concerne les nappes profondes sont le Bassin parisien et le Bassin aquitain.

Mais, comme on l'a vu, les nappes profondes représentent un investissement important, rarement réalisé.

C'est donc le potentiel des aquifères peu profondes qu'il serait intéressant de cartographier. Malheureusement, cette cartographie est difficile à réaliser à l'échelle nationale à cause :

- du caractère très discontinu et de la petite taille des aquifères peu profondes ;
- de l'absence de centralisation des données obtenues grâce aux sondages réalisés par chaque maître d'ouvrage.[1]

Conseil pratique

Compte tenu de ces éléments, il ne faut pas utiliser, pour analyser la pertinence d'une installation géothermique, les cartes de potentiel géothermique trouvées sur Internet et qui concernent les nappes profondes.

Chaque projet doit donc faire l'objet d'une étude particulière pour déterminer les aquifères exploitables sur le site.

Pour en savoir plus sur la géothermie

Consulter le site de référence www.geothermie-perspectives.fr conçu par le BRGM et l'Ademe, très complet.

---

1 Sur le sujet de l'inventaire des ressources, voir www.géothermie-perspectives.fr, rubrique Comment ça marche/À la découverte des gisements/Inventaire des ressources.

Zoom sur...

... Récupérer la chaleur sur les eaux usées

Des procédés innovants certainement promis à un bel avenir consistent à récupérer la chaleur des eaux usées. En effet, douche, baignoire, lave-vaisselle et lave-linge rejettent de la chaleur à l'égout, et cette chaleur fatale est habituellement perdue.

Les eaux usées serviront alors à :

- préchauffer l'eau chaude sanitaire ;
- préchauffer l'eau de chauffage ;
- préchauffer l'eau froide arrivant au robinet de la douche.

Ces procédés peuvent être utilisés à petite échelle dans l'habitat ou à grande échelle dans le cadre de travaux de VRD.

Pour en savoir plus sur la récupération de chaleur sur les eaux usées

Consulter le site de fabricants, qui sont maintenant nombreux, comme www.gaiagreen.net, www.ehtech.fr, www.zypho.eu, www.evolsys-energies.fr/ ou www.wiselement.com.

3.3.3. Concrètement, quels bâtiments ne ferait-on plus de la même manière avec les réglementations thermiques actuelles?

Même si cette démarche est forcément très simplificatrice, on peut se demander quelles sont les grandes tendances de l'influence de la réglementation thermique sur la forme et la composition des bâtiments. Et quelles sont les pratiques qui devraient normalement devenir plus rares.

Les bâtiments seront mieux isolés: cela signifie que les bâtiments intégralement vitrés seront plus rares, du fait des déperditions que cela implique. Il sera plus courant de prévoir des parties de façades non vitrées. Il s'agit bien entendu là d'une tendance, pas d'une règle absolue: il existe des bâtiments BBC intégralement vitrés.

Les bâtiments auront des façades étudiées au cas par cas en fonction de leur orientation solaire: il sera rare de prévoir un type de façade identique dans toutes les directions.

Les façades au sud, et surtout à l'ouest, seront protégées vis-à-vis du soleil; les protections solaires intérieures, qui emmagasinent la chaleur, seront évitées. On évitera les façades intégralement vitrées à l'ouest.

On sera plus attentif à regrouper ensemble les locaux non chauffés et à éviter l'alternance de locaux chauffés et non chauffés.

Un exemple typique de ce qu'on ne fera plus de la même manière est peut-être la Bibliothèque nationale de France à Paris, un bâtiment qui, en dépit de ses immenses qualités architecturales et de design, accumule les faiblesses en termes bioclimatiques:

- des façades identiques dans toutes les directions, indépendamment de l'orientation solaire;
- des façades intégralement vitrées, défavorables en termes d'isolation en hiver;
- des façades intégralement vitrées plein ouest;
- des protections solaires disposées côté intérieur.

Figure 30 – La BNF, un exemple de bâtiment à l'opposé du bioclimatique.

3.4. Bilan carbone du bâtiment

3.4.1. La méthode bilan carbone

Le bilan carbone est une méthode – parmi d'autres – d'évaluation de l'impact environnemental d'une activité humaine. Cette méthode a été créée par l'Ademe. On parle aussi de bilan GES (gaz à effet de serre).

Elle vise à évaluer la contribution d'une activité humaine au réchauffement climatique engendré par les gaz à effet de serre: CO_2 (dioxyde de carbone), mais aussi CH_4 (méthane), N_2O (protoxyde d'azote) et gaz fluorés, particulièrement nocifs pour l'atmosphère. La méthode se présente sous la forme d'un tableau Excel, accompagné d'un manuel d'utilisation.

Un bilan carbone officiel ne peut être réalisé que par un bureau d'étude spécialisé possédant une licence d'utilisation du logiciel.

Pour fixer des ordres de grandeur, une tonne équivalent carbone représente:

- 1 an de chauffage au gaz pour un trois-pièces à Paris;
- 1 aller-retour Paris-New York en avion pour une personne;
- 160 allers-retours Paris-Londres en Eurostar;
- la fabrication de 3 ordinateurs écran plat;
- 1,8 tonne de papier;
- 4 tonnes de ciment;
- 14000 km en Twingo en ville;
- 8500 km en 4×4 en ville.

Point de vigilance

Le bilan carbone n'analyse que l'impact sur le réchauffement climatique; il ne prend pas en compte les autres impacts environnementaux des activités (par exemple, nuisances pour la santé des matériaux utilisés, imperméabilisation des sols, consommations d'électricité d'origine nucléaire, etc.).

Le bilan carbone peut être envisagé à de nombreuses échelles (on parle de «scopes»), par exemple pour un immeuble de bureau :

- bilan carbone des consommations énergétique du bâtiment ;
- bilan carbone du bâtiment prenant en compte ses consommations mais aussi les déplacements domicile-travail de ses occupants ;
- bilan carbone du bâtiment incluant aussi l'énergie incorporée par les matériaux de construction ;
- on peut aussi ajouter l'énergie utilisée par l'activité du chantier, et par le fret d'approvisionnement du chantier ;
- et pour avoir une vue encore plus globale, on peut même ajouter l'impact carbone des activités du maître d'ouvrage, de ses prestataires et du maître d'œuvre.

Le bilan carbone est un exemple d'*analyse du cycle de vie monocritère* (ACV), centrée uniquement sur le critère carbone.

3.4.2. Une vue globale sur l'activité humaine

Cette démarche est très riche en enseignements, et permet à chacun d'examiner sous un nouveau jour l'impact environnemental de son activité.

Ainsi, une grande entreprise, qui était fière d'avoir construit pour son siège social un nouveau bâtiment absolument exemplaire énergétiquement, a commandé une étude bilan carbone de son activité.

Le nouveau siège social avait été implanté à l'extérieur de la ville, de telle sorte que les employés devaient venir en voiture, alors que l'ancien emplacement permettait à certains d'entre eux de venir en transports en commun ou à pied.

Le calcul détermina que la création du nouveau siège social, malgré son exemplarité énergétique, avait globalement largement dégradé le bilan carbone de l'activité de l'entreprise.

En termes de bilan carbone, mieux valait le vieux bâtiment mal isolé en centre-ville !

3.4.3. Impact relevant du maître d'ouvrage

Les décisions de l'équipe de maîtrise d'ouvrage ont un impact carbone important, notamment par le choix du site : contribue-t-il à la densification urbaine ? est-il facile d'accès en transports publics ? pour le logement, est-il proche des services de base (écoles, crèches, etc.) ? Rénovera-t-on un bâtiment existant ou le démolira-t-on pour en reconstruire un neuf ? Réutilisera-t-on les structures porteuses d'un bâtiment existant ? Le programme doit-il inclure un parking ? Comment est dimensionné ce parking ?

Le maître d'ouvrage intervient aussi dans le choix des équipements mobiliers : ordinateurs pour un ERT, équipements liés au process, qui peuvent être plus ou moins économes.

3.4.4. Vers une meilleure prise en compte des impacts carbone

L'impact carbone des projets bâtiment est encore assez peu pris en compte car il n'a pas été règlementé jusqu'à la réglementation thermique et environnementale 2020 et car il n'a pas d'impact financier *direct* pour le maître d'ouvrage.

La prise de conscience progresse néanmoins rapidement :

- la loi sur la transition énergétique de 2015 cite à plusieurs reprises l'obligation de prendre en compte les émissions de GES sur l'ensemble du cycle de vie du bâtiment ;
- la jeune association Bâtiment bas carbone (BBCA) milite pour mettre en valeur toutes les démarches contribuant à limiter l'impact carbone du bâtiment : actuellement construire 1 m^2 de bâtiment engendre un ordre de grandeur 1,5 tonnes de CO_2 émis ; l'objectif du label BBCA est de parvenir à 0,75 tonnes de CO_2 seulement par m^2 construit. Il existe trois labels BBCA : un label pour les bâtiments neufs, un label pour les projets de rénovation et un label pour les quartiers bas carbone.

Figure 31 – Label BBCA

- la nouvelle réglementation thermique et environnementale 2020 prendra en compte les impacts carbone ; l'État a lancé en 2016 une expérimentation pour des bâtiments à énergie positive et bas carbone (« E+C– »), expérimentation préfigurant la future réglementation thermique (voir à ce sujet plus haut le chapitre sur le cadre réglementaire du projet bâtiment).

Pour en savoir plus sur l'expérimentation des bâtiments à énergie positive et bas carbone

Consulter : http://www.batiment-energiecarbone.fr.

3.4.5. Quelles pistes pour réduire l'impact carbone en phase conception ?

En ce qui concerne le bilan carbone de la construction du bâtiment, matériaux et chantier, un calcul réalisé sur un bâtiment neuf a montré la répartition suivante, pour donner des ordres de grandeurs :

- fondations : 50 % des émissions de gaz à effet de serre ;
- murs et isolations : 10 % ;
- revêtements de sol : 10 % ;
- cloisons : 7 % ;
- couverture : 6 % ;
- charpente : 5 % ;
- vitrages : 5 %.

À noter que ce résultat est extrêmement dépendant du type de bâtiment.

Les choix constructifs impactent fortement le bilan carbone. Voici quelques exemples de questions qu'on peut se poser en phase conception à ce sujet, avec bien entendu un impact financier dans de nombreux cas :

- pour les petits bâtiments : des fondations par pieux en bois sont-elles possibles ?
- la structure pourrait-elle être en bois ? en bois indigène ?
- si la structure est en acier, peut-on utiliser de l'acier recyclé ?
- si la structure est en béton, peut-on utiliser des ciments bas carbone ?
- en cas de rénovation, peut-on réutiliser au maximum les structures existantes ?
- s'il est prévu des briques de terre cuite, peut-on utiliser des briques de terre crue ?

- les enduits ciments pourraient-ils être remplacés par des enduits à la chaux ?
- les menuiseries extérieures pourraient-elles être en bois ? en bois indigène ?

En matière de bilan carbone, la star des procédés constructifs est la construction paille, apparue sous sa forme moderne au Nebraska en 1886 grâce à l'invention des premières botteleuses.

Pour en savoir plus sur la construction paille

Consulter le site du Réseau français de la construction paille, http://rfcp.fr/

Consulter le site de la filière construction paille, www.constructionpaille.fr, qui présente les initiatives région par région.

3.4.6. L'impact carbone du ciment

Les bétons et mortiers de ciment ont un mauvais impact carbone, du fait de l'empreinte carbone des ciments. Cet impact carbone est en grande partie dû à l'un des constituants des ciments, le clinker, qui résulte de la cuisson à 1 450 °C d'un mélange composé d'environ 80 % de calcaire et de 20 % d'argile. C'est cette cuisson qui est énergivore.

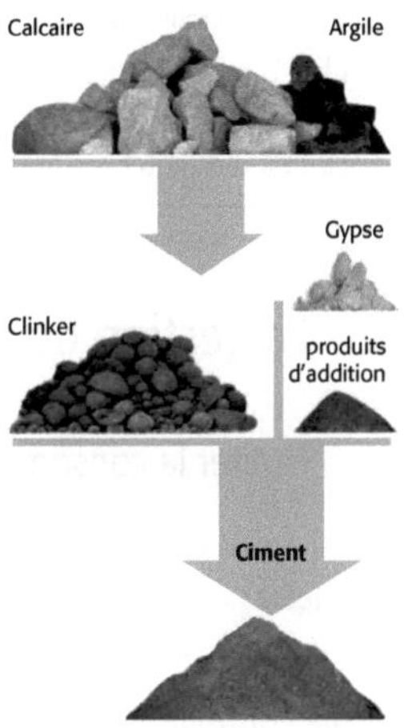

Figure 32 – Les composants du ciment.

Il existe maintenant des ciments à empreinte carbone réduite[1], qui sont basés sur le remplacement d'une partie du clinker par des sous-produits industriels (laitier provenant de la sidérurgie ou cendres volantes provenant de centrales thermiques produisant de l'électricité).

La prise en compte de l'impact carbone des laitiers est cependant sujette à controverse : certains spécialistes considèrent que les laitiers étant à 95 % vendus, il ne s'agit pas de *déchets* sidérurgiques mais de *produits* sidérurgiques ; produits dont l'énergie grise (énergie nécessaire à la fabrication) doit être prise en compte dans le bilan carbone des bétons. Pour ces spécialistes, les ciments incorporant les laitiers n'améliorent donc pas réellement le bilan carbone des bétons.

De plus, les bétons bas carbone ne sont pas toujours disponibles dans toutes les régions de France : la disponibilité locale des agrégats peut être un critère de choix pour choisir le meilleur béton en termes de bilan carbone.

De nouveaux produits sont en développement, mais on peut retenir que l'essentiel reste d'intégrer la démarche carbone dans la conception et dans le choix des structures.

Pour en savoir plus sur les bétons bas carbone

Consulter par exemple le site du cimentier Hoffmann Green : www.hgct-europe.fr, et les articles de presse sur son nouveau béton sans clinker.

---

1 Voir par exemple www.lafarge.com.

3.4.7. Réduire la bilan carbone de la phase exploitation

La réduction du bilan carbone en phase exploitation passe en particulier par :

- l'optimisation des consommations énergétiques, puisque l'énergie consommée n'est pas sans impact carbone, malgré la prédominance du nucléaire en France,
- l'intégrations d'énergies renouvelables, donc décarbonées,
- les démarches visant à favoriser l'accessibilité du bâtiment en transports publics,
- les démarches visant à favoriser les accès piétons et vélo : local vélo, douches.

Pour en savoir plus sur le bilan carbone

Consulter le site de l'association Bilan Carbone : www.associationbilancarbone.fr.

Consulter le site de l'association BBCA : www.batimentbascarbone.org.

Pour les anglophones, le *Climate Analysis Indicators Tool* (CAIT) du World Ressources Institute est une base de données sur les gaz à effet de serre (www.wri.org/project/cait). Le World Ressources Institute est un institut de recherche américain basé à Washington.

Consulter la présentation du concept d'analyse du cycle de vie (ACV) sur le site de l'Ademe.

Consulter l'ouvrage *Bilan carbone appliqué au bâtiment – Guide méthodologique*, Ademe/CSTB. Cet ouvrage instructif est disponible gratuitement en ligne sur www.ademe.fr

---

3.5. La gestion de l'eau

3.5.1. Limiter la consommation d'eau

Il existe de plus en plus d'équipements économes sur le marché, en particulier pour l'habitat et l'hôtellerie :

- réservoirs de chasse d'eau à volume réduit ;
- double commande de chasse d'eau ;
- mitigeurs thermostatiques ;
- baignoires aux formes aérodynamiques ;
- douchettes économes, à eau aérée ou pulsée ;
- aérateurs de robinets.

En amont de l'installation, il est important de savoir que la pression à laquelle l'eau est livrée au compteur par le concessionnaire est bien souvent largement trop importante. En effet, dans la zone desservie par une installation, par exemple un château d'eau en zone rurale, les concessionnaires règlent la pression pour faire en sorte que les clients situés le plus haut bénéficient d'une pression acceptable. En conséquence, tous les clients situés à une altimétrie inférieure subissent une pression de livraison beaucoup plus importante que nécessaire.

La pression augmente de 1 bar pour 10 mètres de différence d'altimétrie.

Pour pallier ce problème et limiter ainsi la consommation d'eau, il faut penser à prévoir juste après le compteur d'eau un limitateur de pression.

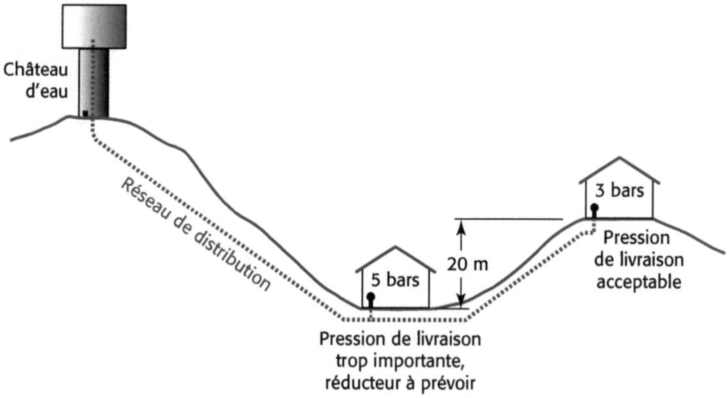

Figure 33 – Pression de livraison excessive.

Pour en savoir plus sur les équipements économes

Consulter le site de fabricants, par exemple www.eco-techniques.com, www.hansgrohe.fr, www.ecoperl.fr

3.5.2. Récupérer les eaux de pluie

Alors que la récupération des eaux pluviales est pratiquée couramment en Allemagne depuis très longtemps, elle n'était pas officiellement autorisée en France jusqu'en 2008.

Depuis 2008, un arrêté [1] autorise officiellement la récupération d'eaux pluviales en France, et donne le cadre officiel à respecter par le maître d'œuvre. Aucune démarche administrative n'est plus nécessaire.

Le principe de fonctionnement

Les eaux de pluie en provenance de la toiture sont récupérées, filtrées et stockées. Elles alimentent *via* une pompe un réseau de distribution spécifique distinct du réseau de distribution d'eau potable. L'eau récupérée est utilisée pour :

- les chasses d'eau des WC et urinoirs ;
- le nettoyage (robinet dans un local ménage par exemple) ;
- l'arrosage des plantes ;
- les machines à laver le linge – l'arrêté dit frileusement « à titre expérimental » et après filtration, on aurait pu espérer depuis 2008 être sortis de la phase expérimentale – ; l'eau de pluie étant non calcaire, elle permet de plus de réduire la quantité de détergent nécessaire.

La toiture ne doit pas être en amiante-ciment, ni végétalisée, ni accessible.

Les points de puisage doivent être repérés par une signalétique indiquant que l'eau n'est pas potable.

1 Arrêté du 21 août 2008 relatif à la récupération des eaux de pluie et à leur usage à l'intérieur et à l'extérieur des bâtiments.

En cas de pénurie d'eau de pluie, le réseau est alimenté par un secours en eau de ville. Afin d'éviter une éventuelle contamination des réseaux d'eau potable, cet apport de secours doit être séparé de l'eau récupérée par une disconnexion[1], c'est-à-dire tout simplement quelques centi-mètres d'air permettant l'absence de contact entre arrivée d'eau et réservoir.

Un exemple de système est présenté en page suivante, dans le cas d'un grand bâtiment tertiaire.

Figure 34 – Exemple d'une installation utilisant deux filtres tourbillonnaires.

Ce qu'il faut retenir

- La récupération des eaux de pluie n'est généralement pas une démarche « rentable » économiquement : il s'agit d'une démarche citoyenne, qui reste coûteuse.
- La récupération des eaux de pluie n'est pas actuellement autorisée dans les établissements de soins et les locaux d'accueil de la petite enfance.
- Des règles strictes, décrites dans l'arrêté, doivent être respectées, avec notamment une « disconnexion » entre l'apport d'eau de ville et l'eau récupérée.

Pour en savoir plus sur la récupération des eaux pluviales

Consulter l'arrêté cité ci-dessus.

Le site www.jeconomiseleau.org, destiné aux non professionnels, contient des liens externes et documents à souligner.

3.5.3. Récupérer les eaux grises

La réutilisation des eaux issues des lavabos, baignoires et douches est encore très peu pratiquée, mais fait actuellement l'objet d'études du CSTB. Elle reste encore contraignante, du fait des filtrations nécessaires.

1 Conformément à la norme NF EN 1717.

Pour en savoir plus

Pour connaître le point de vue « sécuritaire », consulter l'avis de l'agence nationale de sécurité sanitaire de l'alimentation, de l'environnement et du travail (Anses) : *Réutilisation des eaux grises pour des usages domestiques : une pratique à encadrer* d'avril 2015, sur www.anses.fr.

3.5.4. Limiter les rejets d'eaux pluviales à l'égout – la gestion alternative des eaux de pluie

Dans le cadre d'une démarche environnementale, il est intéressant de limiter les volumes d'eau d'orage déversés dans les réseaux d'assainissement publics. Cela s'avère même une obligation réglementaire dans la plupart des communes, où le PLU exige un abattement sur les eaux d'orage : un certain pourcentage des eaux d'orage doit être infiltré sur la parcelle privative avant rejet au réseau public[1]. L'objectif des collectivités locales est de limiter les besoins en réseaux d'assainissement et en bassin tampon de stockage des eaux d'orage, cathédrales souterraines très coûteuses à réaliser, surtout si les réseaux existants sont en limite de capacité. Chaque parcelle devient un lieu de microstockage des eaux de pluie permettant leur infiltration lente. Ces microstockages disséminés dans la ville allègent les réseaux publics ; c'est la remise en cause de la politique du « tout tuyau ». Dans le même esprit, les collectivités locales favorisent dans l'espace public des lieux d'infiltration des eaux : chaussées drainantes, noues paysagères, espaces verts aménagés, toujours pour écrêter les débits. On parle parfois de la « ville-éponge » ou des *techniques d'infiltration à la parcelle* (en anglais on parle de *sustainable drainage system*).

Figure 35 – Exemple de bassin de stockage des eaux d'orage (que l'on cherche à éviter).

Il faut être conscient que ces projets « sans tuyaux » nécessitent en fait une technicité d'étude élevée (bien plus que le « tout tuyau »), et une association des ingénieurs VRD à la conception très en amont.

Les enjeux sur ce sujet dépendent cependant beaucoup du cas particulier de chaque commune (système d'assainissement existant, nature du sous-sol), et telle solution pertinente dans une situation s'avérera moins pertinente dans une autre commune, car ses réseaux viennent d'être largement surdimensionnés.

1 Par exemple à Rennes, Bordeaux et Paris.

Pour caractériser l'imperméabilité des revêtements de sol, on utilise un coefficient d'imperméabilité Cimp.

Les techniques disponibles pour infiltrer ou stocker les eaux pluviales sur l'espace public ou sur la parcelle privative sont notamment :

- les toitures végétalisées, avec un résultat modeste ;
- les revêtements perméables : dalles alvéolées végétalisées, pavés filtrants, stabilisé perméable, béton drainant, résine drainante, enrobé poreux, pavés drainants, gravier-gazon ;
- les chaussées à structure réservoir : l'eau s'accumule sous la chaussée dans une structure prévue à cet effet ou dans le corps même de la chaussée, dans les interstices entre les composants ; le revêtement de surface peut être poreux ou étanche (avec des avaloirs dans ce cas) ;
- les tranchées d'infiltration : tranchée ouverte remplie de pierres, qui stocke l'eau temporairement et permet son infiltration progressive dans le sol ;
- les noues d'infiltration : fossé peu profond le long d'une voie de circulation, offrant un stockage au ruissellement, qui s'infiltre lentement dans le sol ; les noues doivent être dimensionnées par le calcul ;

Figure 36 – Exemple de zone d'infiltration.

- les puits d'infiltration : un avaloir conduit les eaux de pluie vers un puits, à dimensionner par le calcul ; cette technique peut être utilisée pour les eaux de toiture ou pour les eaux de ruissellement d'une voirie ;
- les espaces publics en contrebas prévus pour servir de bassin de rétention en cas de fort orage (place publique, terrain de sport, implantés plus bas que les espaces publics environnants) ;
- les mares tampons : les eaux de pluie sont dirigées vers une mare, dont on peut aussi trouver l'intérêt en termes paysagés. [1]

Depuis 2011, les collectivités ont la possibilité de créer une fiscalité locale incitative pour encourager l'infiltration à la parcelle. [2]

---

1 Source : *Les Cahiers techniques du bâtiment*, dossier spécial Eau.

2 Le texte figure dans le Code général des collectivités territoriales.

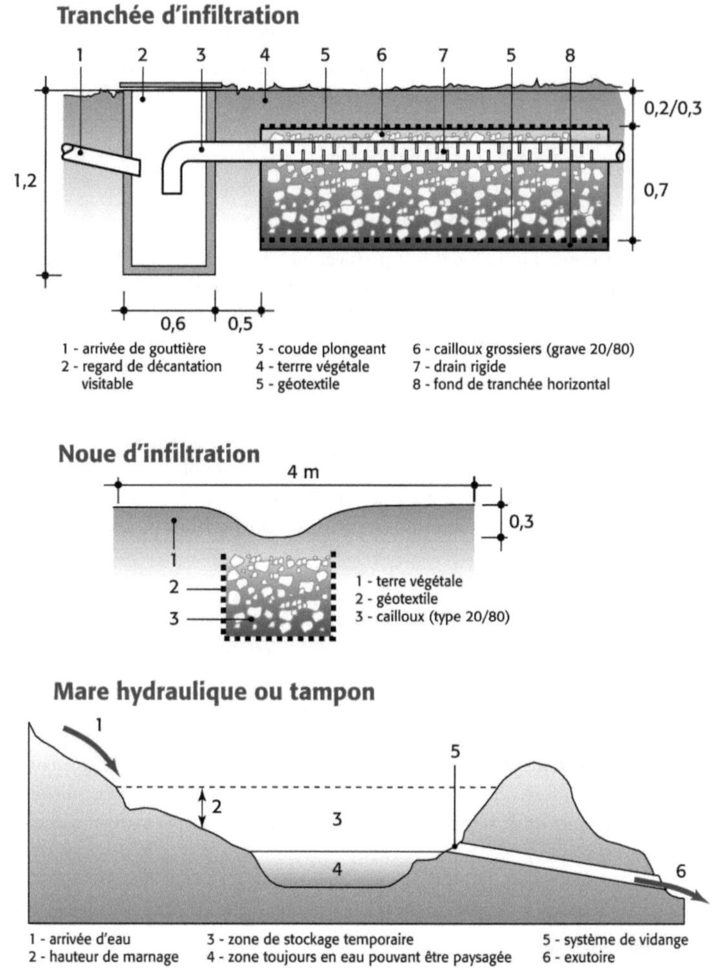

Figure 37 – Quelques techniques d'infiltration des eaux pluviales à la parcelle. (D'après *Les Cahiers techniques du bâtiment*, dossier spécial Eau, 2012.)

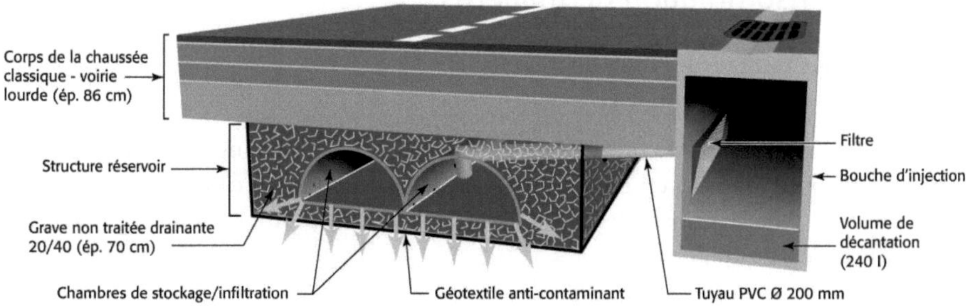

Figure 38 – Un exemple de chaussée réservoir : avenue Twickenham à Douai (d'après Adopta).

Pour en savoir plus sur les limitations des rejets d'eaux pluviales

Consulter le site de l'association pour le développement opérationnel et la promotion des techniques alternatives en matière d'eaux pluviales : http://adopta.fr/.

Zoom sur…

… la limitation de l'imperméabilisation des sols

On vient d'évoquer l'intérêt des sols perméables en matière de gestion des eaux d'orage et de prévention des inondations. Mais les sols perméables, notamment sur un parking ou une chaussée, apportent bien d'autres bénéfices :

- en termes de pollution :
  les sols perméables contribuent à limiter la pollution des nappes phréatiques et des cours d'eau ; en effet, les eaux de ruissellement accumulent des polluants avant de rejoindre le milieu naturel et entraînent les polluants dans le milieu, les eaux qui s'infiltrent directement sont donc moins polluées ; de plus, les microorganismes présents dans le sol ont la capacité de dégrader certains polluants (évidemment pas tous) au cours de leur infiltration, comme dans une station d'épuration ;
- en termes de biodiversité :
  les sols perméables, grâce à la présence d'eau dans des irrégularités du revêtement, constituent en eux-mêmes un milieu de vie pour des microorganismes végétaux et animaux ; de plus, les parkings et voiries perméables contribuent à l'effet de trame verte, c'est-à-dire qu'ils ne constituent pas un obstacle aux déplacements de la microfaune ; au contraire, une voirie traditionnelle constitue une barrière infranchissable pour certains animaux (petits mammifères, insectes rampants) du fait de la rupture des conditions hygrométriques et de température qu'elle constitue (température et sécheresse excessives) ;
- en termes de limitation des îlots de chaleur urbaine :
  les sols perméables contribuent à limiter les élévations de température, grâce à l'évapotranspiration ;
- en termes paysagers :
  les sols perméables, en particulier s'ils sont végétalisés, sont bien plus satisfaisants en termes d'insertion paysagère.

3.6. La consommation de matières

Cette thématique recouvre les problématiques : [1]

- d'utilisation de matériaux recyclés ;
- d'utilisation de produits de construction locaux et à une échelle plus importante de choix des matériaux en fonction du bilan carbone de leur fabrication et de leur achemine-ment (par exemple, l'idée d'éviter d'acheter du granit venant de l'autre bout de la planète) ; on parle d'*énergie grise* du projet ;

1 Inspiré de : http://www.biodiversité-positive.fr.

- d'utilisation de bois d'origine certifié (FSC – *Forest Stewardship Council*, ou PEFC – *Program for the Endorsement of Forest Certification*[1]) ;
- d'utilisation de matériaux à faible impact environnemental (ce thème rejoint le thème Carbone et le thème Santé) ;
- en rénovation, de réutilisation des existants, notamment la conservation des structures existantes,
- du réemploi de matériaux, sujet complexe qui fait l'objet de nombreuses initiatives récentes.

3.6.1. Les labels relatifs aux matériaux

Pour orienter le choix des matériaux, il y avait encore récemment peu de labels écologiques de premier plan en France. Avant la création du label public « Bâtiment biosourcé », un des labels les plus pertinents pour les matériaux de construction était le label privé Natureplus, issu de l'initiative de fabricants de matériaux allemands. Ce label s'est imposé à l'international de par son sérieux. Pour être certifiés Natureplus, les matériaux doivent être dépourvus d'impact sur la santé et préserver les ressources naturelles non renouvelables. Ils doivent contenir au moins 85 % de matières premières renouvelables ou pratiquement inépuisables.

Il existe aussi sur le plan international les labels suivants :

- le label finlandais M1 est extrêmement exigeant sur les valeurs attendues après 28 jours, il est très utilisé à travers le monde ;
- le label Ange bleu est un label allemand créé en 1978 ;
- le Nordic Environmental Label, ou Nordic Ecolabel, prend en compte tout le cycle de vie du produit ainsi que son impact carbone ;
- Greenguard Indoor Air Quality est un label américain centré sur la capacité des produits de construction à garantir une bonne qualité de l'air intérieur.

Voir aussi ci-dessous le paragraphe « Santé et qualité de l'air intérieur », sur l'étiquette santé des produits de construction.

Figure 39 – Principaux labels et étiquetage portant sur les matériaux.

Le label public « Bâtiment biosourcé »[2] récompense en France les bâtiments nouveaux intégrant un taux minimal de matériaux naturels (c'est-à-dire issus de la biomasse végétale ou animale). Ce label ne peut être attribué qu'à un bâtiment ayant fait l'objet d'une démarche de certification.

---

1 Ces systèmes de certification du bois sont parfois critiqués, mais, à défaut de mieux, ils conservent un intérêt certain.

2 Voir l'arrêté du 19 décembre 2012 relatif au contenu et aux conditions d'obtention du label « Bâtiment biosourcé ».

3.6.2. Les isolants biosourcés

Outre leur meilleur bilan carbone, les isolants d'origine végétale ont une meilleure efficacité en termes de gestion de la vapeur d'eau. Les parois utilisant ces isolants sont le siège de phénomènes de transfert de vapeur d'eau et de changement de phase qui améliorent la performance thermique. Des recherches sont en cours par le CSTB sur ce sujet.

Pour en savoir plus sur la consommation de matières

Pour des notions sur la problématique des consommations de matières, on peut s'inspirer des manuels BREEAM.

Pour les labels de qualité, consulter https://m1.rts.fi/en, www.natureplus.org, www.blauer-engel.de, www.nordic-ecolabel.org, et greenguard.org/en/index.aspx.

3.7. La réduction des déchets

Cette thématique recouvre notamment les pistes suivantes :

- réalisation d'un audit des matériaux avant démolition ;
- démarche de réduction des déchets sur le chantier ;
- démarche de tri des déchets de chantier ;
- utilisation d'agrégats recyclés ;
- prise en compte dans la conception du tri sélectif pour la future exploitation du bâtiment (par exemple dimensionnement correct des locaux poubelle) ;
- démarche visant à associer les futurs utilisateurs au choix des revêtements de finition (en particulier de sol), pour éviter une modification ultérieure qui engendre des déchets (BREEAM) ;
- réflexion sur la fin de vie du bâtiment et sur la recyclabilité future des matériaux utilisés ; tous ceux qui ont suivi des chantiers de démolition seront sensibles à l'importance de prendre en compte dans la conception la future déconstruction de l'ouvrage. Il n'est pas toujours facile pour une équipe projet d'accepter de penser la fin de vie future du bâtiment qu'elle est en train de construire ; aussi s'agit-il là d'un domaine où beaucoup de progrès restent à faire. Mais les enjeux sont énormes, tant en termes de bilan carbone que de réduction des déchets. En particulier, les structures béton sont très peu pratiques à déconstruire, avec un fort impact énergétique, donc carbone, ainsi qu'un impact sur les conditions de travail des démolisseurs.
- autre piste pour améliorer la recyclabilité : aux Pays-Bas, certains fabricants de moquette proposent, pour les bâtiments de bureaux, de louer la moquette au lieu de l'acheter, ceci afin de garantir le recyclage en fin de vie du revêtement de sol.

Pour en savoir plus sur la réduction des déchets

Consulter les sites de la démarche *cradle to cradle* qui promeut l'idée que toute activité devrait être pensée pour que ses déchets soient les ressources d'une autre activité, permettant ainsi une recyclabilité à l'infini : http://www.c2ccertified.org/ en anglais, ou www.epeaparis.fr/cradle-to-cradle en français.

La démarche *cradle to cradle* a été élaborée par l'architecte américain William McDonough.

3.8. Maintenance et maintien des performances à long terme

Ce thème porte sur l'importance de la simplicité de la maintenance. À résultat comparable, il vaut toujours mieux prescrire les solutions techniques les plus simples en termes de maintenance, car elles donneront les meilleurs résultats à long terme.

Tout mécanisme doit être aussi rudimentaire et robuste que possible ; c'est le principe du *low-tech*.

Quelques exemples de cette démarche :

- les meilleures protections solaires sont celles qui ne sont pas motorisées.
- éviter la « domotique » sophistiquée, particulièrement dans les petits bâtiments.
- préférer un désenfumage naturel à un désenfumage mécanique quand c'est possible.

Si l'on « se fait plaisir » avec des systèmes sophistiqués, il est probable que les performances du bâtiment en seront affectées à long terme.

De plus, les systèmes sophistiqués consomment davantage d'énergie.

Ce thème rappelle que le bâtiment doit être construit pour durer. C'est l'application à la conception du principe de *résilience* : la capacité du bâtiment à résister à long terme aux événements de toutes natures (séismes, incendies, tsunamis, augmentation du prix de l'eau potable, etc.).

Ce thème est enfin lié au principe de la flexibilité des usages à long terme : il est intéressant sur le long terme qu'un bâtiment soit adaptable aux usages futurs, pour éviter sa démolition.

Règle d'or

Maintenance et interventions ultérieures doivent être simples, avec des accès aisés aux réseaux et installations.

3.9. Santé et qualité de l'air intérieur

Ce thème porte notamment sur la ventilation correcte des locaux et sur les matériaux utilisés.

L'identification de l'impact des matériaux de construction sur la santé humaine est un thème nouveau pour la recherche scientifique, et beaucoup reste à faire dans ce domaine.

Depuis 2012, les produits de construction, les revêtements de mur ou de sol et les peintures et vernis doivent comporter l'étiquette « indiquant les caractéristiques d'émission en polluants volatils du produit une fois incorporé dans l'ouvrage ou appliqué sur une surface »[1]. Les produits arborent une classe d'émission : A+, A, B ou C selon leur niveau d'émissions.

La valeur indiquée sur l'étiquette est établie sur la base des émissions de 11 polluants, à savoir : formaldéhyde [polluant le plus couramment cité], acétaldéhyde, toluène, tétrachloroéthylène, xylène, 1,2,4-triméthylbenzène, 1,4-dichlorobenzène, éthylbenzène, 2-butoxyéthanol, styrène ainsi que sur les composés organiques volatils totaux (COVT).

---

1 Code de l'environnement, articles R221-22 à 24 et arrêté du 19 avril 2011 relatif à l'étiquetage des produits de construction ou de revêtement de mur ou de sol et des peintures et vernis sur leurs émissions de polluants volatils.

Cette liste des polluants n'étant en rien exhaustive, un produit estampillé A+ ne garantit en rien l'absence totale de risque sanitaire lors d'une exposition prolongée.

Figure 40 – L'étiquetage des émissions en polluants volatils des produits de construction et de décoration.

De plus le nouvel étiquetage des produits de construction ne porte que sur les polluants, et pas sur le bilan carbone des matériaux.

Pour ces 11 polluants, l'Anses a publié des études détaillées qui ont permis de fixer des valeurs guide de qualité de l'air intérieur (VGAI), valeurs sur lesquelles est basée l'évaluation des produits.

Les matériaux à éviter, en termes de dégagements de polluants, sont principalement :

- les peintures et vernis à base de solvants, non dotés de l'écolabel européen « Peintures et vernis d'intérieur » ou de l'écolabel européen « Peintures et vernis d'extérieur » ;
- les colles à base de solvants ;
- les menuiseries et mobiliers en produits dérivés du bois (panneaux de particules et contreplaqués), car les résines et colles qui entrent dans leur composition émettent des formaldéhydes : vérifier la composition, il existe des panneaux peu nocifs ;
- les bois traités par insecticides, fongicides et solvants, surtout s'ils sont destinés à l'intérieur ;
- les laines de verres et laines de roches : préférer les isolants biosourcés (typiquement ouate de cellulose et laine de chanvre) ;
- les revêtements PVC : préférer le vrai linoléum, composé d'huile de lin, de poudre de bois et de liège, de pigments et de poudre calcaire – attention, de nombreux revêtements PVC utilisent abusivement le terme « lino » – ;
- les réseaux de plomberie en PVC ;
- les menuiseries en PVC : préférer le bois, ou les menuiseries mixtes bois + aluminium côté extérieur, qui constituent un bon compromis entre qualités environnementales et coûts de maintenance.

Le PVC, polychlorure de vinyle, est souvent considéré comme l'un des plastiques les plus polluants. Il comporte des phtalates et des métaux lourds toxiques. En fin de vie, le PVC n'est presque jamais recyclé, et son incinération dégage de grandes quantités d'acide chlorhydrique gazeux, source de problèmes pulmonaires. Pourtant, ce matériau polluant est couramment utilisé pour de nombreux usages dans le monde du bâtiment : moquettes, « papier peint » vinyle, réseaux de plomberie, menuiseries, etc.

Pour en savoir plus sur le thème Santé et sur les dégagements polluants des matériaux

Consulter le site de l'Observatoire de la qualité de l'air intérieur, www.oqai.fr

Consulter www.inies.fr pour avoir des données sur les caractéristiques environnementales et sanitaires des matériaux de construction.

Pour des renseignements sur les produits labellisés et les prescrire, consulter www.ecolabels.fr.

Pour une vision chantier, consulter le guide Qualité de l'air intérieur de la FFB destiné aux entreprises et artisans, sur www.ffbatiment.fr.

Pour une vision plus large du sujet, consulter le Plan national santé environnement n° 3 (PNSE3), disponible sur www.sante.gouv.fr.

Pour en savoir plus sur l'ensemble des thèmes environnementaux évoqués ci-dessus

Consulter les manuels BREEAM, ainsi que les manuels HQE, sans prendre pour autant ces cadres comme des absolus.

---

4. Qualité environnementale et urbanisme

Les enjeux environnementaux ont un fort impact sur les métiers de l'urbanisme et des VRD.

De nombreux thèmes de la qualité environnementale du bâtiment sont pertinents à l'échelle du quartier. Il y a même bien des cas où la réflexion à l'échelle du bâtiment est vaine si l'aménageur et l'urbaniste n'ont pas pris en compte en amont les contraintes environnementales.

Quelques exemples non exhaustifs de l'impact environnemental des études urbaines et VRD ; autant de points sur lesquels le projet bâtiment ne peut rien sans l'aménageur et l'urbaniste :

- la densification limite la consommation d'espaces naturels ;
- la compacité du parcellaire limite les besoins en chauffage (par exemple, les maisons en bande à l'anglaise présentent moins de déperditions que des pavillons isolés) ;
- la limitation de la largeur des bâtiments permet d'assurer un accès à la lumière naturelle au cœur des bâtiments ;
- l'orientation des rues par rapport aux vents dominants impacte le confort des piétons : une orientation à 45° favorise la protection vis-à-vis des vents dominants ;
- la présence de transports publics a bien évidemment un fort impact sur le bilan carbone du quartier ;
- l'aménagement des voiries peut favoriser les déplacements à vélo et à pied, et contraindre le stationnement automobile ;
- la mixité habitat/tertiaire et la présence d'équipements publics (crèches,...) contribuent aussi à améliorer le bilan carbone en limitant les déplacements ;
- la gestion des eaux de pluie et la limitation de l'imperméabilisation des sols ont déjà été évoquées plus haut ;
- un réseau de chaleur urbain peut faciliter l'accès du plus grand nombre aux énergies renouvelables ;
- la gestion des déchets peut être optimisée en mutualisant les déchets à l'échelle d'un quartier (production de biogaz en Allemagne) ;
- la plantation d'arbres de haute tige favorise l'ombrage et peut contribuer à limiter les besoins en rafraîchissement artificiel des premiers étages des immeubles tertiaires, ainsi qu'à améliorer le confort d'été de l'habitat ;
- les plantations jouent un rôle dans la préservation de la biodiversité, leur implantation peut contribuer à assurer la continuité de la trame verte ;

- les spécialistes en microclimatologie étudient l'effet d'îlot de chaleur urbaine, phénomène complexe qui dépend de nombreux facteurs : les plantations, les caractéristiques des revêtements de voirie (notamment le facteur de réflexion ou albédo), l'orientation des rues par rapport aux vents dominants, l'ensoleillement, la présence d'eau dans le quartier (fontaines, plan d'eau,...) et les dégagements de chaleurs des bâtiments ;
- enfin, l'urbaniste peut prescrire des contraintes environnementales qui seront à appliquer par les maîtres d'œuvre de chaque lot bâti.

Pour en savoir plus sur le lien entre urbanisme et qualité environnementale

Consulter sur www.ademe.fr, rubrique Collectivités et secteur public, la démarche dite approche environnementale de l'urbanisme (AEU) ; cette démarche vise à accompagner les collectivités dans l'évaluation environnementale de leurs projets d'urbanisme.

Consulter le label HQE Aménagement, destiné à la certification environnementale des opérations d'aménagement, sur www.hqegbc.org/amenagement.

Les écoquartiers

Certains politiques et certains promoteurs ont eu tendance à qualifier d'écoquartier tout nouveau lotissement (la RT 2012 étant par ailleurs un nouveau prétexte pour cet abus de langage).

Pour éviter cette banalisation, le gouvernement a lancé en décembre 2012 un label national ÉcoQuartier. La collectivité candidate doit signer la charte nationale ÉcoQuartier, comprenant 20 engagements. Le dossier est analysé à travers trois expertises avant attribution du label.

Outre les thèmes classiques (biodiversité, efficacité énergétique des bâtiments, présence d'énergies renouvelables, gestion écologique de l'eau et des déchets), la conception des ÉcoQuartiers accorde une place importante à la mixité sociale, à la qualité de vie des habitants et à la prise en compte participative de leurs avis.

En 2019 on comptait 494 ÉcoQuartiers labélisés ou en cours de labélisation.

Malheureusement, le niveau d'exigence du label ÉcoQuartier est souvent jugé largement trop modeste par les spécialistes.

Pour en savoir plus sur les ÉcoQuartiers

Consulter le dossier de labellisation sur le site du ministère : www.ecoquartiers.logement.gouv.fr

---

5. Les systèmes de certification environnementale

5.1. Faut-il brûler les certifications environnementales ?

Les systèmes de certification environnementale proposent aux maîtres d'ouvrage un cadre formalisé pour évaluer la qualité environnementale de leur projet.

Ces systèmes sont très nombreux au niveau mondial.

L'idée que la complexité et la subtilité de la démarche d'écoconception puissent être évaluées sur une échelle quantitative, avec attribution de points, peut sembler réductrice. On est frappé par l'aspect calculatoire des référentiels de certification, où s'étalent des pages et des pages de formules mathématiques, d'abaques et de tableaux de chiffres.

L'idée qu'une moins bonne performance dans certaines thématiques puisse être « rachetée » par une meilleure efficacité sur une autre thématique peut tout autant paraître étrange, même s'il existe des valeurs minimales à respecter.

Quand on évalue énergétiquement un bâtiment dans le cadre de la réglementation thermique, on comprend bien qu'une moins bonne performance sur un thème puisse être compensée dans les calculs thermiques par une performance meilleure sur un autre thème: on compare ici des mesures visant toutes à réduire la consommation énergétique du bâtiment, donc effectivement comparables sur une même échelle quantitative. Mais comment justifier intellectuellement qu'une moins bonne performance en matière de consommation en eau puisse être compensée par une acoustique soignée ou une grande rigueur sur la qualité de l'air intérieur, comme c'est le cas dans certains référentiels? Il y a là quelque chose de troublant intellectuellement, car les systèmes de certification, en quantifiant toutes les performances, comparent des problématiques qui sont fondamentalement étrangères les unes aux autres, et qui relèvent parfois même de systèmes de valeurs distincts.

De plus, il est important que la démarche de certification ne conduise pas à des solutions standard bridant l'innovation.

Enfin, il est permis de penser que certaines prescriptions des référentiels ne relèvent qu'à la marge de préoccupations environnementales. Ainsi de la certification Habitat HQE, qui prescrit des serrures de sûreté anti-intrusion: c'est certes pertinent, mais on est loin des préoccupations *environnementales* qu'on prétend évaluer!

5.2. Alors, quel est l'intérêt des démarches de certification?

5.2.1. Construction durable et valeur des actifs immobiliers

Les démarches de certification constituent un investissement rentable pour les maîtres d'ouvrage.

La certification augmente la valeur immobilière des bâtiments, à la fois vis-à-vis de locataires potentiels et d'acheteurs potentiels; elle apporte une garantie de qualité, en particulier en termes de consommations énergétiques du bâtiment.

Ce lien entre certification et valeur immobilière est démontré sur le marché américain, où un volume important d'immeubles certifiés est chaque année vendu, loué ou revendu: les immeubles certifiés se louent un peu plus cher et se vendent un peu plus cher, en particulier du fait des charges d'exploitation plus raisonnables. Les immeubles de bureau non certifiés subissent, du fait de la concurrence, une « décote » de leur valeur immobilière. Ce phénomène a atteint la France, en parallèle de l'impact encore modeste du diagnostic de performances énergétiques.

Une autre raison pour les maîtres d'ouvrage, en particulier de bureaux, de faire certifier leurs opérations, est la concurrence qu'ils se mènent entre eux, et qui les conduit à la certification afin de rivaliser avec les opérations certifiées, de plus en plus nombreuses: pour les immeubles de bureaux de plus de 5 000 m^2 en Île-de-France, il y a aujourd'hui quatre fois plus d'opérations certifiées HQE que d'opérations non certifiées.

Par ailleurs, les immeubles certifiés anticipent les évolutions futures des réglementations, ce qui est une sécurité pour les investisseurs.

Aussi de nombreuses entreprises internationales ne se contentent-elles pas de faire certifier HQE leurs bâtiments en France : elles sont nombreuses à prévoir une triple certification HQE/BREEAM/LEED.

Pour en savoir plus sur la valeur verte de l'immobilier

Consulter le site de l'association Observatoire de l'immobilier durable, www.o-immobilierdurable.fr.

5.2.2. Une vertu pédagogique

Les démarches de certification environnementale ont de plus un intérêt pédagogique pour la maîtrise d'ouvrage, ses AMO, la maîtrise d'œuvre, les entreprises et les utilisateurs. Car, pour une poignée de professionnels à la pointe du progrès dans le domaine de la qualité environnementale du bâtiment, combien d'acteurs professionnels, notamment dans les entreprises, ignorent encore presque tout des enjeux environnementaux ? Pour cette majorité, les systèmes de certification offrent un cadre d'accompagnement formateur.

5.2.3. Un rôle fédérateur

Les démarches de certification ont aussi un rôle fédérateur pour l'équipe projet : elles offrent un cadre permettant de fédérer autour d'une démarche commune les maîtres d'ouvrage, AMO, maître d'œuvre, entreprises et utilisateurs.

5.3. Connaître les grands systèmes de certification

Les systèmes de certification ont généralement en commun les préoccupations minimales suivantes, évoquées précédemment :

- l'impact du bâtiment sur son environnement immédiat ;
- la gestion de l'énergie ;
- les gaz à effet de serre ;
- la gestion de l'eau ;
- les consommations de matières ;
- les déchets solides et les effluents liquides ;
- la facilité de maintenance ;
- la qualité de l'air intérieur ;
- la « durabilité » (critères sociétaux de développement durable).

La plupart des systèmes de certification fonctionnent de la même manière : pour chaque thème le référentiel comporte des prérequis obligatoires, puis accorde des crédits de points suivant la performance réalisée sur le thème (en anglais : *mandatory prerequisites and noncompulsory credits*).

5.3.1. BREEAM

Prononcer « bri-am » et non « brim ». Ce système de certification anglais, leader mondial en la matière, existe depuis 1990, il est donc l'un des plus anciens. Il a été créé par le BRE (Building Research Establishment), organisme de recherche britannique. Il est aujourd'hui utilisé dans 77 pays et totalisait 600 000 certifications à travers le monde fin 2018.

Le référentiel existe en version Construction neuve (*New Construction: Buildings*), en version Rénovation (*Nondomestic Refurbishment*) et en version Bâtiment en exploitation (*In-use*). Outre la version internationale, il existe des versions du référentiel adaptées aux spécificités nationales d'une dizaine de pays.

Par rapport à LEED et HQE, BREEAM a la réputation :

- d'offrir une plus grande flexibilité dans le choix des priorités ; ainsi un projet peut être certifié avec une faible performance en matière énergétique, ce qui serait impossible avec LEED et HQE,
- d'être plus prescriptif (imposition de solutions précises),
- de mieux prendre en compte la diversité des réglementations nationales (avec, pour chaque thème, des check-lists rappelant les règles à respecter dans les pays principaux sur ce thème, ce qui est très pratique pour les maîtres d'œuvre).

Le système BREEAM utilise une échelle de performance allant de « passable » à « exceptionnel » et délivre une note globale.

Présent sur tous les types de bâtiments, BREEAM est tout particulièrement utilisé sur les centres commerciaux. Ce label mène une concurrence internationale au label LEED, qui tente en vain de lui ravir la première place au niveau mondial.

Pour en savoir plus sur BREEAM

Consulter www.breeam.org

Les référentiels sont accessibles en s'inscrivant gratuitement sur le site, dans la rubrique Ressources.

Ces référentiels (en anglais) sont une mine de thèmes de réflexion.

5.3.2. LEED

Ce système de certification américain existant depuis 1998 est très bien implanté, outre aux États-Unis et au Canada, en Chine, en Inde, au Mexique et au Brésil ; il est représenté dans 167 pays à travers le monde, ce qui fait de lui le champion en termes de nombre de pays d'utilisation. Il a été fondé par l'US Green Building Council, qui est un organisme regroupant plus de 10 000 acteurs du monde professionnel ; son fonctionnement est donc basé sur le travail consensuel et transparent de comités professionnels. C'est une entreprise dynamique, dont la renommée ne cesse de croître au niveau mondial.

Outre le référentiel générique Construction neuve, une dizaine de versions du référentiel sont spécialement dédiées aux différents types de bâtiments : écoles, commerces, établissements de santé, etc. LEED ne s'applique cependant pas aux bâtiments industriels, contrairement à BREEAM et HQE. Il existe aussi une version pour les bâtiments en exploitation, ainsi que des versions nationales pour quatre pays.

LEED 2009 for New Construction and Major Renovations

Project Checklist

Project Name
Date

Sustainable Sites — Possible Points: 26

Y	?	N			
Y			Prereq 1	Construction Activity Pollution Prevention	
			Credit 1	Site Selection	1
			Credit 2	Development Density and Community Connectivity	5
			Credit 3	Brownfield Redevelopment	1
			Credit 4.1	Alternative Transportation—Public Transportation Access	6
			Credit 4.2	Alternative Transportation—Bicycle Storage and Changing Rooms	1
			Credit 4.3	Alternative Transportation—Low-Emitting and Fuel-Efficient Vehicles	3
			Credit 4.4	Alternative Transportation—Parking Capacity	2
			Credit 5.1	Site Development—Protect or Restore Habitat	1
			Credit 5.2	Site Development—Maximize Open Space	1
			Credit 6.1	Stormwater Design—Quantity Control	1
			Credit 6.2	Stormwater Design—Quality Control	1
			Credit 7.1	Heat Island Effect—Non-roof	1
			Credit 7.2	Heat Island Effect—Roof	1
			Credit 8	Light Pollution Reduction	1

Water Efficiency — Possible Points: 10

Y	?	N			
Y			Prereq 1	Water Use Reduction—20% Reduction	
			Credit 1	Water Efficient Landscaping	2 to 4
			Credit 2	Innovative Wastewater Technologies	2
			Credit 3	Water Use Reduction	2 to 4

Energy and Atmosphere — Possible Points: 35

Y	?	N			
Y			Prereq 1	Fundamental Commissioning of Building Energy Systems	
Y			Prereq 2	Minimum Energy Performance	
Y			Prereq 3	Fundamental Refrigerant Management	
			Credit 1	Optimize Energy Performance	1 to 19
			Credit 2	On-Site Renewable Energy	1 to 7
			Credit 3	Enhanced Commissioning	2
			Credit 4	Enhanced Refrigerant Management	2
			Credit 5	Measurement and Verification	3
			Credit 6	Green Power	2

Materials and Resources — Possible Points: 14

Y	?	N			
Y			Prereq 1	Storage and Collection of Recyclables	
			Credit 1.1	Building Reuse—Maintain Existing Walls, Floors, and Roof	1 to 3
			Credit 1.2	Building Reuse—Maintain 50% of Interior Non-Structural Elements	1
			Credit 2	Construction Waste Management	1 to 2
			Credit 3	Materials Reuse	1 to 2

Materials and Resources, Continued

Y	?	N			
			Credit 4	Recycled Content	1 to 2
			Credit 5	Regional Materials	1 to 2
			Credit 6	Rapidly Renewable Materials	1
			Credit 7	Certified Wood	1

Indoor Environmental Quality — Possible Points: 15

Y	?	N			
Y			Prereq 1	Minimum Indoor Air Quality Performance	
Y			Prereq 2	Environmental Tobacco Smoke (ETS) Control	
			Credit 1	Outdoor Air Delivery Monitoring	1
			Credit 2	Increased Ventilation	1
			Credit 3.1	Construction IAQ Management Plan—During Construction	1
			Credit 3.2	Construction IAQ Management Plan—Before Occupancy	1
			Credit 4.1	Low-Emitting Materials—Adhesives and Sealants	1
			Credit 4.2	Low-Emitting Materials—Paints and Coatings	1
			Credit 4.3	Low-Emitting Materials—Flooring Systems	1
			Credit 4.4	Low-Emitting Materials—Composite Wood and Agrifiber Products	1
			Credit 5	Indoor Chemical and Pollutant Source Control	1
			Credit 6.1	Controllability of Systems—Lighting	1
			Credit 6.2	Controllability of Systems—Thermal Comfort	1
			Credit 7.1	Thermal Comfort—Design	1
			Credit 7.2	Thermal Comfort—Verification	1
			Credit 8.1	Daylight and Views—Daylight	1
			Credit 8.2	Daylight and Views—Views	1

Innovation and Design Process — Possible Points: 6

Y	?	N			
			Credit 1.1	Innovation in Design: Specific Title	1
			Credit 1.2	Innovation in Design: Specific Title	1
			Credit 1.3	Innovation in Design: Specific Title	1
			Credit 1.4	Innovation in Design: Specific Title	1
			Credit 1.5	Innovation in Design: Specific Title	1
			Credit 2	LEED Accredited Professional	1

Regional Priority Credits — Possible Points: 4

Y	?	N			
			Credit 1.1	Regional Priority: Specific Credit	1
			Credit 1.2	Regional Priority: Specific Credit	1
			Credit 1.3	Regional Priority: Specific Credit	1
			Credit 1.4	Regional Priority: Specific Credit	1

Total — Possible Points: 110

Certified 40 to 49 points Silver 50 to 59 points Gold 60 to 79 points Platinum 80 to 110

Figure 41 – Check-list des thèmes LEED.

Un projet peut être, suivant le nombre total de points obtenus, toutes thématiques confondues LEED certifié, LEED argent, LEED or ou LEED platine.

Pour en savoir plus sur LEED

Consulter www.usgbc.org. Les référentiels sont en ligne mais les recherches fastidieuses vu le grand nombre de documents disponibles.

5.3.3. HQE

Lancé en 1997, HQE est le système de certification proposé par l'association française Alliance HQE-GBC France.

Les célèbres 14 cibles du référentiel HQE ont été remplacées en 2015 par un nouveau *cadre de référence du bâtiment durable de l'association HQE*, constitué de principes et d'engagements déclinés en objectifs.

Les *principes* sont assez peu concrets :

Principe 1 : une vision globale,

Principe 2 : des réponses contextuelles,

Principe 3 : une dynamique de progression,

Principe 4 : des performances affichées,

Principe 5 : une action continue.

Les *engagements* et *objectifs* remplacent les anciennes cibles HQE :

Engagement pour la qualité de vie, décliné en :

- Objectif 1 : des lieux de vie plus surs et qui favorisent la santé,
- Objectif 2 : des espaces agréables à vivre, pratiques et confortables,
- Objectif 3 : des services qui facilitent le bien vivre ensemble.

Engagement pour le respect de l'environnement, décliné en :

- Objectif 4 : utilisation raisonnée des énergies et des ressources naturelles,
- Objectif 5 : limitation des pollutions et lutte contre le changement climatique,
- Objectif 6 : prise en compte de la nature et de la biodiversité.

Engagement pour la performance économique, décliné en :

- Objectif 7 : optimisation des charges et des coûts,
- Objectif 8 : amélioration de la valeur patrimoniale, financière et d'usage,
- Objectif 9 : contribution au dynamisme et au développement des territoires.

Engagement pour le management responsable (comprendre management de projet), décliné en :

- Objectif 10 : organisation adaptée aux objectifs de qualité, de performance et de dialogue,
- Objectif 11 : pilotage pour un projet maîtrisé,
- Objectif 12 : évolution garante de l'amélioration continue.

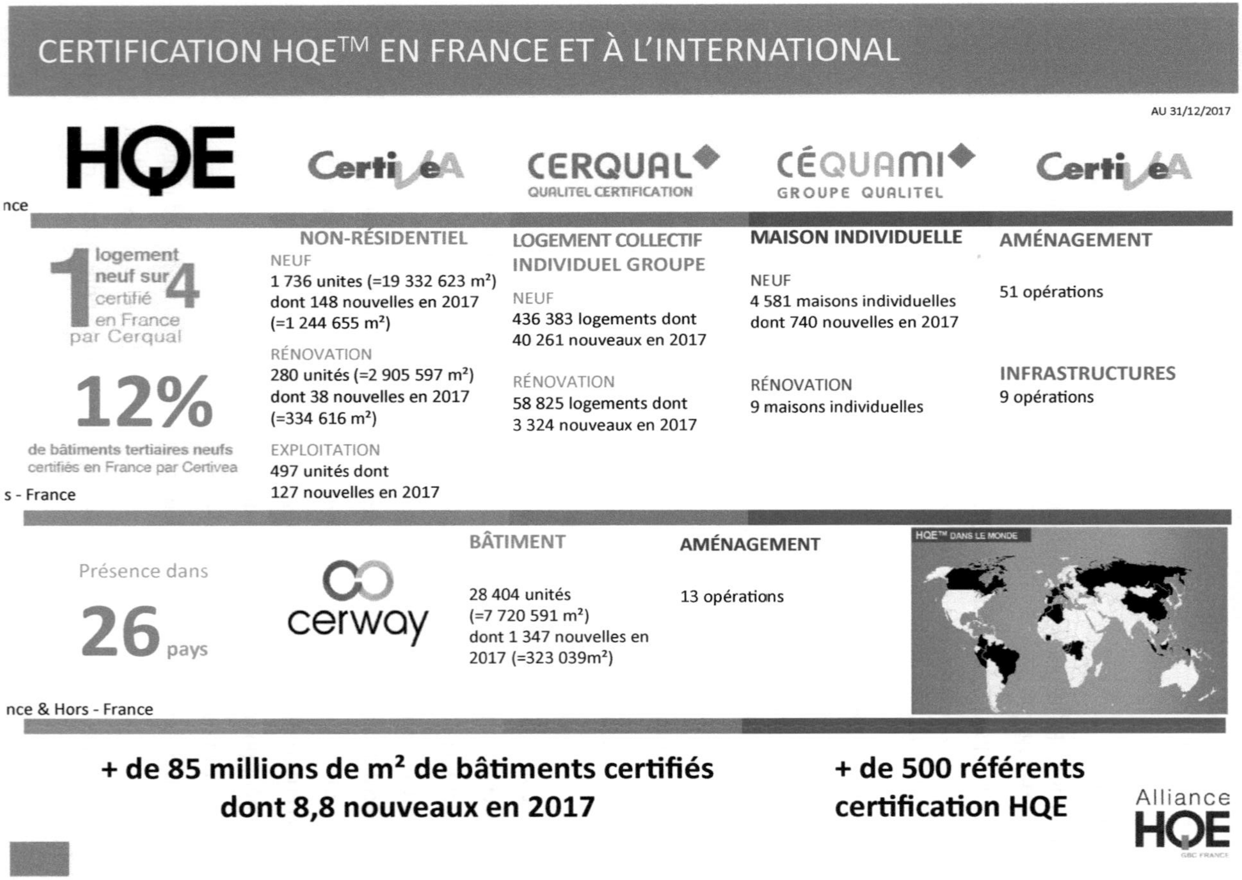

Figure 42 – Le volume des certifications HQE en 2017 (source : HQEGBC)

Sur la base de ce cadre de référence, les prescriptions à respecter sont décrites dans des normes NF :

- NF Habitat HQE ;
- NF HQE Bâtiments tertiaires neuf ou rénovation ;
- NF HQE Bâtiments tertiaires en exploitation ;
- NF HQE Equipements sportifs neuf ou rénovation.

Il existe aussi une nouvelle certification HQE Infrastructures, qui porte sur les infrastructures de transport, les ouvrages d'art, les équipements de gestion de l'eau ou de l'énergie, etc.

Les certifications sont accordées par trois organismes certificateurs :

- en France : Cerqual Qualitel et Certivea
- et à l'international : Cerway, présent dans vingt-six pays.

La certification HQE peut en outre être associée à un label extérieur au système HQE : label Haute Performance énergétique, label Bâtiment biosourcé ou label BBCA par exemple.

Très utilisé en France, notamment pour les immeubles de bureaux, le système français HQE est encore rarement utilisé à l'international, ce qui est un handicap important pour séduire les multinationales qui cherchent un outil de valorisation pour leurs bâtiments à travers le monde.

En fonction du nombre de crédits, le projet est qualifié de performant, très performant, excellent ou exceptionnel.

Par rapport aux certifications BREEAM et LEED, la certification HQE a la réputation d'être relativement plus facile à obtenir en phase chantier.

On remarque que les objectifs HQE comportent des thématiques dont on peut s'étonner naïvement qu'elles soient considérées comme des enjeux *environnementaux*, puisque HQE signifie haute qualité environnementale. C'est par exemple le cas pour :

- le confort acoustique : c'est un élément essentiel de confort pour les utilisateurs, mais quel est le rapport avec l'environnement?
- la qualité sanitaire de l'eau distribuée dans le bâtiment : est-ce un enjeu réel en France et l'application de la réglementation ne suffit-elle pas ? (cette thématique est bien entendu essentielle dans certains pays) ;
- le confort olfactif (thème spécifique à la certification HQE, non présent sous cette forme dans BREEAM et LEED) : est-on là au cœur des grands enjeux environnementaux qui nécessitent une mobilisation ?
- la signalétique du bâtiment : là encore quel rapport avec les enjeux environnementaux ?

La démarche HQE va donc au-delà du cadre des enjeux environnementaux, et utilise un peu abusivement le terme « qualité environnementale », pour désigner une démarche qui brasse beaucoup plus large (les défenseurs de la démarche HQE disent qu'elle est plus « centrée sur l'humain » que d'autres démarches, ce qui est une manière positive de dire les choses).

Pour en savoir plus sur les certifications HQE

Consulter www.assohqe.org

Les référentiels sont accessibles gratuitement, mais les documents sont très nombreux et dispersés sur plusieurs sites Internet : www.certivea.fr pour les bâtiments tertiaires, le site de l'association Qualitel, www.qualite-logement.org, pour le logement.

Pour en savoir plus sur la comparaison qualitative BREEAM / LEED / HQE

On peut consulter l'étude, nécessairement partiale, de France GBC *Les certifications environnementales internationales pour la conception et la construction des bâtiments non résidentiels*, juin 2015, sur www.behqe.com.

5.3.4. Les labels de performance énergétique Effinergie

L'association Effinergie, spécialisée dans l'habitat, a participé à la préfiguration de la RT 2012 grâce à son ancien label « BBC ».

Ses labels sont régulièrement renouvelés pour augmenter les niveaux de performance, ce qui peut être un peu déroutant pour ceux qui ne les pratiquent pas. Ces évolutions préfigurent les évolutions futures de la réglementation thermique.

L'association délivre actuellement les labels suivants :

- BBC Effinergie 2017,
- BEPOS Effinergie 2017,
- BEPOS+ Effinergie 2017,
- Effinergie Rénovation,
- Effinergie Patrimoine.

Point de vigilance

Depuis l'arrivée de la RT 2012, l'ancien label « BBC Effinergie » n'est plus délivré, puisque son niveau de performance est devenu le minimum réglementaire. Il ne faut donc plus proposer à un maître d'ouvrage un projet « labélisée BBC » mais « labélisée BBC Effinergie 2017 » !

Pour en savoir plus

Consulter le site www.effinergie.org, rubrique labels.

5.3.5. Les démarches bâtiments durables

La démarche *bâtiment durable méditerranéen* (BDM), créée en 2008, est basée sur l'évaluation des projets par une commission interprofessionnelle, sur la base d'un référentiel.

Cette démarche a inspiré le label *bâtiment durable francilien* (BDF), créé en 2016. Ce label est particulièrement intéressant pour les petites opérations à faible budget, car il est souple d'utilisation et très peu couteux. On est ici à l'opposé de la lourdeur administrative parfois reprochée à la certification HQE.

Pour en savoir plus sur la labélisation BDM

Consulter le site www.envirobatbdm.eu

Pour en savoir plus sur la labélisation BDF

Consulter le site www.ekopolis.fr.

5.3.6. L'outil d'évaluation Level(s)

La Commission européenne a mis au point un outil d'évaluation volontaire de la performance environnementale des bâtiments, l'outil Level(s). Il ne s'agit donc pas d'un référentiel de certification. [1]

L'objectif de Level(s) est d'offrir un cadre transverse à tous les pays européens pour l'évaluation de la qualité environnementale des projets de bâtiment.

5.3.7. Autres référentiels internationaux de certification environnementale

Il existe de nombreux autres référentiels, comme :

- DGNB en Allemagne [2] ;
- CASBEE au Japon ;
- Green Star en Australie ;
- NABERS en Australie aussi ;
- le *Sustainable Building Tool* (SB-TOOL) américain ;
- la certification américaine *Green Globe*, qui s'applique au monde du tourisme,
- le *Green Mark Scheme du Building du Building and Construction Autority* de Singapour,
- le EEWH taïwanais.

Certains labels sont spécifiquement centrés sur des objectifs énergétiques :

- Minergie en Suisse, avec une version adaptée pour la France [3], un label extrêmement intéressant ;
- Passivhaus en Allemagne et désormais en France également. [4]

5.4. Poids respectif des systèmes de certification

La comparaison des implantations mondiales des différents systèmes est peu documentée. Les chiffres sont à prendre avec la plus grande prudence : dans l'habitat certains systèmes accordent un label par appartement et d'autres un label par immeuble.

1 http://ec.europa.eu/environment/eussd/buildings.htm
2 www.dgnb.de
3 www.minergie.fr
4 www.passivhaus.fr

D'après un travail de recherche universitaire de 2017[1], les labels se positionneraient comme suit, en nombre total de projets certifiés dans le monde depuis la création de chaque label (ces résultats sont surprenants, vue la notoriété internationale de LEED) :

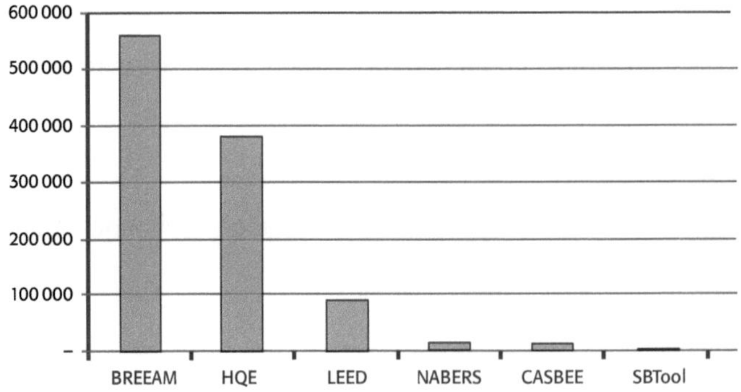

Figure 43 – Nombre total de projets certifiés dans le monde

Sur le segment des immeubles de bureaux à Paris et sur sa petite couronne, HQE représentait en 2017 70 % des certifications environnementales, contre 28 % pour BREEAM et 3 % pour LEED.

En Angleterre les certifications BREEAM sont sans surprise majoritaires, alors que l'Allemagne est dominée par les certifications DGNB.[2]

À l'international, BREEAM est majoritaire dans certains pays et LEED dans d'autres.

1 Revue *Sustainability*, "An Analysis of the Most Adopted Rating Systems for Assessing the Environmental Impact of Buildings", Elena Bernardi, Salvatore Carlucci, Cristina Cornaro and Rolf André Bohne, MDPI Basel, Suisse, juillet 2017.

2 Source : baromètre Green Soluce de la certification environnementale.

PARTIE 2

Les étapes clés du projet

Principales phases	Expressions de besoin / études préliminaires	Programme	Acquisitions de données	Conception	Marchés et réalisation	Réception	Exploitation maintenance
Intervenants							

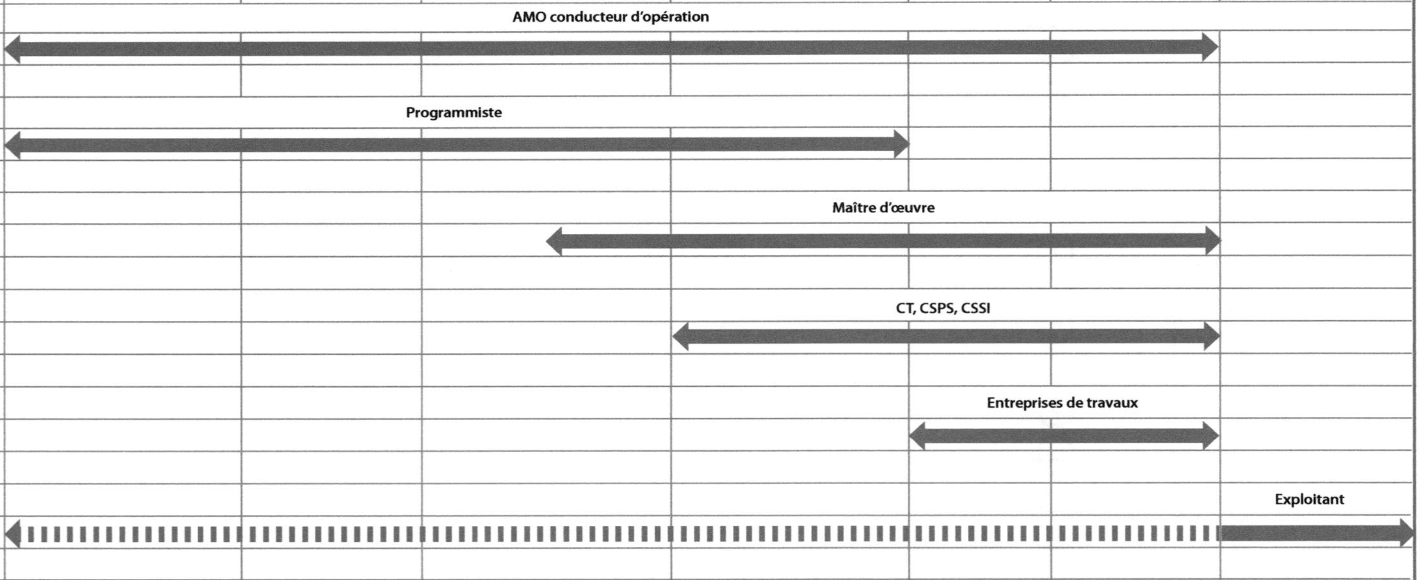

Buts et enjeux de la phase	Dimensionner grossièrement le projet et définir un budget. Envisager plusieurs grandes optionspossibles. Décider de lancer ou non le projet.	Identifier les besoins fonctionnels. Détailler les caractéristiques attendues.	Réaliser les relevés topographiques et dans l'existant les relevés de géomètre. Réaliser les diagnostics dans l'existant. Initialiser les études géotechniques.	Concevoir le projet qui répondra au programme, tout en respectant le cadre réglementaire. Constituer les DCE et identifier le coût d'objectif.	Réaliser les travaux, en sécurité, dans le respect des délais, des budgets et de la qualité.	Réceptionner les marchés de travaux. En ERP obtenir l'accord de la Commission de sécurité.	Réaliser la maintenance de l'ouvrage. Maintenir les performances énergétiques sur le long terme.
Enjeux BIM de la phase	Initialiser une maquette numérique de l'ouvrage.	Intégrer à la maquette numérique les éléments de programme.	Ajouter à la maquette programme les données acquises.	Réaliser la maquette numérique du projet.	Réaliser les maquettes numériques EXE.	Constituer la maquette numérique DOE.	Tenir à jour la maquette numérique.

Figure 44 – Présence des intervenants au cours des phases clés

Nota : les phases ci-dessus ne découlent pas d'une liste officielle (comme pour les éléments de missions de la mission de base de maîtrise d'œuvre), mais constituent une proposition de grille de lecture du déroulement d'un projet type. D'autres grilles d'analyse de ces étapes sont bien sûr possibles.

ÉTAPE 1

Identification du besoin – les études préalables

Au cours de cette phase, quelque chose qui n'est pas encore un projet, mais plutôt une idée, un besoin, un désir, une volonté, va se transformer en projet.

Cette naissance du projet nécessite le concours de compétences très diverses, en fonction notamment du type de maître d'ouvrage et du type de projet. Dans les cas les plus simples, l'AMO conducteur de projet pourra assister seul le maître d'ouvrage pendant cette étape. Mais dans bien des cas, plusieurs AMO seront nécessaires, du fait de la diversité des compétences requises.

Afin de clarifier cette étape, on propose ici un découpage inévitablement réducteur en quatre grandes familles de prestations AMO :

- les études préalables « généralistes », qui ne nécessitent pas de compétences pointues et que l'AMO conducteur d'opération peut réaliser de lui-même ;
- les études préalables juridiques, à réaliser par un AMO juridique ;
- les études préalables financières, à réaliser par un AMO financier ; et
- les études préalables architecturales et techniques, à réaliser par un AMO technique.

1. L'AMO conducteur d'opération et les études préalables

Les études préalables constituent une phase exploratoire au cours de laquelle le champ des possibles est encore très large. Elles vont permettre de resserrer progressivement le nombre d'hypothèses retenues, pour déboucher sur un projet concret.

L'étape originelle est l'identification d'un besoin ou d'une volonté exprimés par le maître d'ouvrage, puis l'identification d'un ou plusieurs sites pressentis.

1.1. Associer les acteurs

Cette étape fondatrice du projet doit recueillir l'approbation d'un nombre important d'acteurs. Un aspect essentiel des études préalables est donc la concertation avec ces acteurs en vue de recueillir leurs contributions et d'obtenir leur adhésion au projet naissant :

- collaboration étroite avec ceux qu'on peut appeler les « super-utilisateurs » : représentant des futurs utilisateurs, futurs gestionnaires, futurs exploitants, s'ils sont identifiés à ce stade, avant même toute formalisation d'un préprogramme ;
- concertation avec les acteurs publics du site : mairie, établissements publics intercommunaux, préfecture, concessionnaires réseaux ;
- concertation avec les associations de riverains, organisation de réunions publiques d'information, organisation de groupes de travail réunissant des riverains ;
- mobilisation des financeurs et recueil de leurs exigences.

1.2. De la diversité des noms des études

Les missions à réaliser à ce stade peuvent porter divers noms, outre le terme d'*étude préalable* :

L'*étude d'opportunité* vise à confirmer la pertinence du projet, notamment au regard des besoins et de l'équilibre économique de long terme.

L'*étude de faisabilité* vise à vérifier que le projet est réalisable compte tenu des contraintes diverses : contraintes techniques, juridiques, urbanistiques, etc.

Étude préliminaire est le terme utilisé par le décret d'application de la loi MOP pour désigner la première étape de la mission de maîtrise d'œuvre en matière d'infrastructures[1].

1.3. Divers contenus possibles des études préalables

Suivant les cas, la mission étude préalable peut typiquement comporter les prestations suivantes :

1.3.1. Préprogramme

La prestation peut consister à établir un préprogramme sommaire, première formalisation de l'expression de besoin, sur la base de réunions et d'entretiens avec les « super-utilisateurs ».

Ce préprogramme peut comporter plusieurs variantes en fonction de grandes options envisagées.

1.3.2. Analyse du site

La prestation peut comporter l'analyse du site pressenti :

- identification de ses atouts et faiblesses ;
- recensement des contraintes du site ;

---

1 Article R2431-24 du Code de la commande publique.

- faisabilité du projet vis-à-vis du Code de l'urbanisme, identification des volumes capables autorisés par les règles d'urbanisme ;
- impacts fonciers éventuels : acquisitions à réaliser, modifications du PLUi à envisager ;
- analyse du site sous un angle environnemental ;
- analyse comparative de plusieurs sites envisagés.

1.3.3. Analyse du contexte territorial

Cette prestation vise à identifier le contexte du projet :

- situation économique de la région et du territoire environnant ;
- perspectives d'évolutions démographiques, sociologiques, économiques, touristiques et commerciales à l'échelle de la région ou du territoire et à l'échelle de l'environnement du projet.

1.3.4. Scénario d'aménagement

Cette prestation peut consister à explorer différentes hypothèses d'implantation sur le terrain, à un niveau encore très schématique, en identifiant les impacts sur les existants et sur l'environnement immédiat, la compatibilité avec le budget prévisionnel, le planning envisageable...

1.3.5. Montage de la gouvernance du projet

La prestation de l'AMO peut comprendre une proposition de gouvernance du projet : solutions proposées pour assurer la conduite d'opération, chronogramme prévisionnel d'effectif de l'équipe de maîtrise d'ouvrage, périodicité et composition d'un comité de validation des grandes options (ou comité de pilotage).

2. L'AMO juridique et les études préalables

La prestation de l'AMO juridique peut porter sur l'étude du montage juridique le plus pertinent pour la mise en œuvre du projet :

- création d'une société dédiée en charge de la maîtrise d'ouvrage ? en charge de la maîtrise d'ouvrage et de l'exploitation future ?
- désignation d'un maître d'œuvre dans le cadre de la loi MOP et attribution de marchés de travaux ?
- montage d'un marché de conception-réalisation ?
- marché global de performance ?
- marché de partenariat ? [1]
- contrat de concession ?

1 Les marchés globaux seront à nouveau évoqués plus bas dans le chapitre relatif à la désignation du maître d'œuvre.

L'AMO juridique peut proposer plusieurs variantes, vérifier leur faisabilité juridique et identifier leurs avantages et inconvénients. La mission permet d'orienter le maître d'ouvrage vers le mode de gestion de l'ouvrage le plus approprié.

Ces études juridiques sont particulièrement lourdes si l'on s'oriente vers un marché global ou un contrat de concession. Sur un grand projet public en marché global, les honoraires d'AMO juridique peuvent rapidement se compter en centaines de milliers d'euros.

3. L'AMO financier et les études préalables

L'AMO financier assiste le maître d'ouvrage pour évaluer les enjeux économiques, financiers et fiscaux du projet.

La prestation peut consister à établir le modèle économique du projet, dans ses différentes variantes :

- cadrage préalable du calcul par l'identification d'hypothèses sur la valeur des nombreux paramètres influençant le calcul économique ;
- évaluation des coûts d'investissement (en maîtrise d'ouvrage privée on rencontre le terme anglais *CAPEX* comme *capital expenditure*) ;
- évaluation des coûts d'exploitation et de maintenance (en maîtrise d'ouvrage privée : anglais *OPEX* comme *operational expenditure*) ;
- évaluation des recettes le cas échéant ;
- chronologie de ces flux financiers ;
- modalités de recours aux subventions ;
- modalités de recours à l'emprunt, et caractéristiques financières des emprunts ;
- actualisation des flux financiers ;
- calcul du retour sur investissement des différentes variantes ; en maîtrise d'ouvrage publique on peut parler de *coût public actualisé*, en maîtrise d'ouvrage privée ou publique on peut parler de *valeur actualisée nette* (VAN) et de *taux de rendement interne*.

L'expertise en matière fiscale constitue une partie importante de la mission, pour laquelle des compétences pointues sont attendues :

- en maîtrise d'ouvrage privée, analyse de l'impact de la fiscalité immobilière sur différentes variantes de montage ;
- en maîtrise d'ouvrage publique, éligibilité du fonds de compensation de la TVA (FCTVA) le cas échéant.

La prestation de l'AMO financier peut aussi comporter un volet étude de marché, permettant d'identifier le potentiel économique du projet et d'en confirmer l'opportunité.

4. L'AMO technique et les études préalables

Afin de fiabiliser le budget travaux, des études techniques préalables peuvent être nécessaires, qui sortent de la compétence de l'AMO conducteur de projet. Un AMO technique est alors missionné.

4.1. Études préalables portant sur un point précis

Les études préalables techniques peuvent porter sur un point précis, dans le but de limiter un risque identifié et de confirmer la faisabilité d'un projet.

À titre d'exemple, on peut citer un projet de parking souterrain, dont la rentabilité financière serait satisfaisante seulement en l'absence de nappe phréatique. Une prestation d'AMO géotechnique en phase études préalables permet de confirmer ou non la décision de lancer le projet sur le site envisagé.

4.2. Études préalables globales

La complexité du projet envisagé peut conduire le maître d'ouvrage à faire réaliser, sans attendre la désignation du futur maître d'œuvre, une étude préalable portant sur la globalité du projet.

S'agissant d'une dépense qui s'ajoutera au coût de la mission du futur maître d'œuvre, une telle étude n'est pas systématique.

La mission de l'AMO technique peut consister à concevoir plusieurs familles de solutions répondant au préprogramme, et à en vérifier la faisabilité et le coût.

5. L'étude de faisabilité confiée à un architecte

Dans cette mission, qu'on peut assimiler à une prestation d'AMO, l'architecte définit la surface à construire envisageable dans le respect des documents locaux d'urbanisme et propose un projet, associé à un premier chiffrage.

Le rôle de l'architecte à cette étape est d'autant plus important que les documents d'urbanisme offrent aujourd'hui plus de souplesse à l'interprétation.

Le niveau de détail d'une telle étude préalable peut être très variable, une définition très avancée du parti architectural pouvant être demandée. Compte tenu de cette variabilité, la commande doit définir avec précision les livrables, leur niveau de détail et le nombre de variantes à prévoir.

La rémunération d'une telle étude est forfaitaire, sur la base du temps passé, indépendamment du montant des travaux.

Articulation entre AMO juridique, financier et technique

La définition du projet et du montage optimal nécessite un processus itératif prenant en compte les résultats apportés par chaque AMO.

6. L'évaluation préalable

En marchés publics, l'*évaluation préalable* est une étude qui vise à identifier le meilleur moyen de répondre au besoin identifié par l'administration. Elle compare différentes options de montage contractuel (marché MOP, conception-réalisation, concession, marché de partenariat, etc.), estime l'impact en coût complet de ces options et évalue les risques inhérents à chaque option.

L'étude ne doit pas faire l'impasse sur les risques d'évolution à terme des besoins de la personne publique, ni sur l'impact budgétaire de cette évolution.

L'évaluation préalable est réglementairement obligatoire avant tout marché de partenariat (lesquels ont remplacé les anciens contrats de partenariat), afin de démontrer que la solution retenue présente un bilan plus favorable que les autres options[1].

Elle peut aussi être réalisée lorsqu'elle est facultative.

La réalisation d'une évaluation préalable nécessite habituellement l'intervention d'un AMO juridique, d'un AMO financier et d'un AMO technique.

Il est essentiel de prévoir des clauses d'évaluation des performances du cocontractant sur le long terme.

Les marchés de partenariat nécessitent une grande vigilance afin de protéger les intérêts de la personne publique sur le long terme. Les risques sur les finances publiques sont réels. La personne publique ne peut envisager cette solution que si elle dispose des ressources et expertises nécessaires à la mise en place d'un suivi rapproché, avec des réunions périodiques de suivi des indicateurs de performances et du bilan financier.

7. Les études de faisabilité technique et financière des projets immobiliers privés

7.1. Les études de faisabilité immobilière

En promotion immobilière, l'AMO peut être amené à réaliser des études préalables visant à analyser le potentiel de sites ou d'immeubles au regard des contraintes réglementaires, puis à définir des scenarii d'utilisation, en collaboration avec le service d'*asset management*.

La mission peut comporter l'estimation des Capex et des Opex et le montage du bilan financier prévisionnel de l'opération.

7.2. La *technical due diligence*

La *due diligence* désigne en anglais l'ensemble des vérifications que doit réaliser un investisseur préalablement à une transaction pour s'assurer de la pertinence de l'opération.

1 Article L2212-1 du Code de la commande publique.

Ce concept rappelle le principe *caveat emptor* (« que l'acheteur soit vigilant ») du droit romain, selon lequel c'est à l'acheteur de se méfier, du fait qu'il ne peut se fier totalement au vendeur.

En matière immobilière, la *technical due diligence* (TDD) est un audit confié à un AMO technique préalablement à une acquisition. La mission consiste à juger de l'état réel du bien à acquérir. Il s'agit donc d'une forme de diagnostic immobilier (sans origine réglementaire).

Cette mission peut comporter en outre des propositions chiffrées de travaux de remise à niveau du bien immobilier à acquérir.

La *technical due diligence* permet de réduire le risque de l'investisseur immobilier en identifiant les défauts cachés du bien.

Un aspect important de cette mission est l'évaluation de la performance énergétique et environnementale du bâtiment, notamment au regard des évolutions réglementaires futures.

***Pour en savoir plus sur les missions de* technical due diligence**

Consulter le *Guide pour la due diligence responsable* de l'Observatoire de l'immobilier durable, sur www.o-immobilierdurable.fr.

Ce guide, issu d'un outil britannique, recense 68 critères de durabilité à utiliser dans les missions de *technical due diligence.*

Ces critères d'évaluation portent sur des sujets très divers : performance énergétique, présence d'amiante et de plomb, Esris (état des servitudes risques et d'information sur les sols), risque inondation, risque radon, présence d'une certification environnementale, état des structures, état des installations techniques, présence d'énergie renouvelable, flexibilité d'usage du plan, qualité de l'air intérieur, accessibilité, présence des DOE, utilisation du BIM, effectif autorisé par les règles de sécurité incendie, etc.

---

8. L'AMO en urbanisme commercial

Les cabinets spécialisés en assistance à maîtrise d'ouvrage en matière d'urbanisme commercial peuvent assister des maîtrises d'ouvrage publiques ou privées.

Leur prestation peut par exemple consister à :

- accompagner une collectivité locale pour la définition de sa stratégie commerciale : plan d'action pour redynamiser commercialement un centre-ville et rédaction du volet commerce du PLUi ; stratégie territoriale en matière de commerce et rédaction du volet commerce d'un SCoT ; stratégie commerciale d'un nouveau quartier pour le compte d'un aménageur ;
- réaliser, pour un maître d'ouvrage privé ou public, une étude de marché pour identifier le potentiel commercial d'un site et proposer des types de commerces grâce à une vision prospective ;
- accompagner une enseigne ou un promoteur pour l'obtention des autorisations en CDAC (commission départementale d'aménagement commercial) ou CNAC (Commission nationale d'aménagement commercial).

9. Les études d'impact environnemental

Les études d'impact exigées par le Code de l'environnement sont évoquées plus bas dans le chapitre « Urbanisme et autorisations administratives », dans le paragraphe « Procédure au titre du Code de l'environnement ».

10. L'identification de l'enveloppe financière de l'opération

Le montant de l'investissement est composé principalement :

- des frais d'acquisitions foncières ;
- des frais de maîtrise d'ouvrage ;
- des honoraires de maîtrise d'œuvre ;
- du montant prévisionnel des travaux ;
- des taxes et impôts ;
- des assurances ;
- des frais financiers ; et
- d'une provision à dimensionner en fonction des risques.

10.1. La détermination du montant prévisionnel des travaux

Afin d'évaluer le budget nécessaire aux travaux, avant même la désignation du maître d'œuvre, l'AMO conducteur de projet fait appel à une personne compétente en économie de la construction.

Selon les cas, il peut s'agir d'un prestataire missionné contractuellement, ou de l'AMO lui-même s'il en a la compétence.

Dans ce deuxième cas, la plus grande prudence est cependant de mise. C'est en effet un écueil classique que de sous-évaluer le coût des travaux qui sortent de l'ordinaire en réalisant cette évaluation sans disposer d'une expérience suffisante en économie de la construction.

Pour réaliser son estimation, l'économiste aura besoin *a minima* :

- d'un plan de l'existant ;
- d'un plan programme du projet, c'est-à-dire un plan qui permette au moins de repérer les dimensions du futur bâtiment et les surfaces précises à aménager en espaces extérieurs ;
- des informations relatives au nombre de niveaux, qui peuvent figurer sur le plan programme ou sur une coupe ou une élévation ;
- d'un programme sommaire permettant d'identifier la nature des locaux et le niveau de qualité attendu ;
- de toutes les informations disponibles en matière de risques identifiés (par exemple risques géotechniques, repérage amiante dans l'existant…).

Sur la base de ces informations, l'économiste va déterminer l'enveloppe travaux grâce à un calcul aux ratios. Contrairement à ce qu'on pourrait imaginer, les calculs aux ratios exigent une très forte expérience, pour prendre en compte dans le calcul tous les risques potentiels, sans trou de prestation mais aussi sans redondance entre les lignes du chiffrage. Cette complexité est bien entendu extrême dans le cas des projets dans l'existant.

10.2. Les frais de maîtrise d'œuvre

En maîtrise d'ouvrage publique, les frais de maîtrise d'œuvre comprennent la mission de base et les missions complémentaires (diagnostics notamment).

En maîtrise d'ouvrage privée, les frais dépendent des prestations confiées librement au maître d'œuvre.

Pour en savoir plus sur l'évaluation des frais de maîtrise d'œuvre

Consulter plus bas le chapitre relatif à la désignation du maître d'œuvre. On y trouvera notamment des fourchettes de taux de maîtrise d'œuvre par famille type de projet, et une liste des missions complémentaires hors mission de base.

10.3. L'évaluation des frais de maîtrise d'ouvrage

Les frais de maîtrise d'ouvrage sont très divers. Ils comprennent notamment les coûts des prestations suivantes :

- les coûts salariaux de l'équipe interne de maîtrise d'ouvrage (lesquels ne sont pas systématiquement imputés au projet, notamment si l'équipe a d'autres missions prépondérantes) ;
- les frais de conduite d'opération AMO ;
- les frais des AMO techniques, juridiques et financiers ;
- les frais de programmation ;
- les frais d'AMO BIM ;
- les frais d'AMO environnemental ;
- les acquisitions de données : relevés topographiques, repérage amiante et plomb, diagnostics techniques, investigations en matière de réseaux enterrés, etc. ;
- la coordination SPS ;
- la coordination SSI ;
- le contrôle technique ;
- les frais d'OPC ;
- la vérification initiale des installations électriques ;
- les frais d'huissier ;
- les frais de communication.

On a cité aussi plus haut séparément les acquisitions foncières, les taxes, impôts, assurances, frais financiers et provisions pour risques, qu'on pourrait aussi pu inclure dans les frais de maîtrise d'ouvrage.

Pour mémoire, le coût des travaux est immobilisable comptablement, ainsi que le coût des géomètres, des architectes et des conseils :

> *« Le prix d'achat (...) est majoré des coûts directement engagés pour la mise en état d'utilisation du bien. Comme sur le plan comptable doivent être pris en compte l'ensemble des coûts directement attribuables pour mettre l'actif en place et en état de fonctionner selon l'utilisation prévue par la direction. »* [1]

10.4. Dimensionner une provision pour risques

L'évaluation chiffrée des risques chantier est évidemment très complexe.

Les risques peuvent être nombreux et, par nature, ils sont imprévisibles.

On rencontre cependant de grandes familles de risques particulièrement courants :

- les risques liés à une mauvaise connaissance de l'existant (dans les projets dans l'existant, mais aussi dans le neuf) : par exemple découverte d'un ovoïde, réseaux électriques à dévoyer, etc. ;
- les risques géotechniques, principalement dus à un mauvais déroulement de la mission géotechnique : mission absente, élément de mission mal choisi, non-communication du projet au géotechnicien, non-prise en compte du projet par le géotechnicien, préconisations géotechniques mal prises en compte par la maîtrise d'œuvre ou par les entreprises, absence de prédimensionnement des ouvrages provisoires ;
- les risques réclamatoires : les entreprises peuvent réclamer en cours ou en fin de chantier ; ces risques peuvent être dus à l'entreprise elle-même (en fonction de sa propre situation financière ou de ses méthodes), au déroulement du chantier et à la difficulté de la maîtrise d'œuvre à piloter les entreprises et à répondre rapidement à leurs questions ;
- les risques liés aux procédures administratives : demandes de l'ABF mal anticipées par la maîtrise d'œuvre, exigences de la mairie pour respecter le PLU, exigences de la préfecture, etc.

On ne se hasardera pas ici à préconiser un volume de provision, celle-ci pouvant varier en fonction du projet et du maître d'ouvrage. Une provision de 5 à 10 % est cependant couramment rencontrée.

1 Source : bulletin officiel des finances publiques impôts, référence BOI-BIC-CHG-20-20-10-20190109.

11. Récapitulatif des prestations courantes de l'AMO conducteur d'opération pendant la phase d'études préalables

Au cours de cette phase d'études préalables, l'AMO conducteur d'opération peut notamment être amené à réaliser les prestations suivantes.

Procédures en application du Code de l'urbanisme

- Analyse du PLU ou PLUi.
- Demande de certificat d'urbanisme à l'administration.

Relations avec les super-utilisateurs

- Pilotage de groupes de travail avec les super-utilisateurs ; recueil de leurs souhaits.
- Formalisation de l'expression de leurs besoins dans un préprogramme.

Relations avec les acteurs publics et les riverains

- Organisation de réunions de consultation des acteurs publics.
- Organisation de la concertation publique avec les riverains.

Réalisation ou pilotage d'études

- Étude préalable.
- Étude de site.
- Étude du contexte territorial.
- Étude d'opportunité.
- Étude de faisabilité technique.
- Scenarii d'aménagement associés au préprogramme ; chiffrage de ces scenarii.
- Étude de faisabilité juridique.
- Modèle économique du projet.
- Évaluation préalable réglementaire.
- Étude de faisabilité immobilière (sous maîtrise d'ouvrage privée).
- *Technical due diligence* (sous maîtrise d'ouvrage privée).
- Évaluation des coûts d'exploitation et de maintenance.
- Analyse de risques.

Pilotage des prestataires

- Pilotage de spécialistes.
- Coordination de spécialistes.

Organisation du projet

- Formalisation d'une proposition de gouvernance du projet.
- Identification des grandes phases et propositions de calendrier d'exécution du projet.

ÉTAPE 2

Le programme

« *Pas de programme pas de projet, mauvais programme mauvais projet.* »
Michel Huet, *L'architecte maître d'œuvre*

Le besoin du maître d'ouvrage a maintenant été défini. Il s'est associé les compétences de l'AMO conducteur d'opération. Un préprogramme a été ébauché pour formaliser le besoin. Une étude de faisabilité a permis de confirmer le projet dans ses grandes lignes, et le budget associé.

Vient maintenant le moment d'établir le programme détaillé de l'opération.

1. La désignation des intervenants de la phase programme

Afin de pouvoir démarrer la phase programme, plusieurs intervenants doivent être missionnés :

- le programmiste, s'il est distinct de l'AMO conduite d'opération ;
- l'AMO BIM, dont la présence est indispensable afin qu'il rédige le volet BIM du programme ;
- l'AMO HQE, qui rédigera le volet environnemental du programme.

2. Des qualités du programme idéal

2.1. L'écueil de l'hyper-prescription

Le programme ne doit être prescriptif que s'il y a un réel intérêt à l'être. Lapalissade sans doute, mais on rencontre souvent des programmes qui imposent des caractéristiques techniques sans pertinence, au risque dans le meilleur des cas de limiter l'innovation, et dans le pire des cas d'imposer aux installations techniques des caractéristiques non optimales ou même non réglementaires (par exemple une température de rafraîchissement d'été inférieure à celle prescrite par la réglementation thermique).

Ainsi en matière de chauffage/ventilation/climatisation, spécialité qui fait l'objet d'évolutions technologiques permanentes, un programme qui imposerait une solution technique précise priverait le maître d'ouvrage des performances énergétiques des produits les plus récents.

Le programmiste ne doit pas non plus se substituer à l'architecte en dessinant un plan des locaux projetés. Il doit s'en tenir à des schémas (« patatoïdes »).

D'une manière générale, le programme doit exprimer des besoins et non des solutions ; c'est au maître d'œuvre de proposer des solutions répondant à ces besoins.

2.2. L'écueil des prescriptions d'ordre public

Il n'est pas utile que le programme rappelle l'obligation de respecter des prescriptions d'ordre public ; il semble par exemple superflu de rappeler que le Code du travail, le Code de l'habitation et de la construction et le Code de l'urbanisme devront être respectés.

Dans le même esprit, est-il indispensable dans un programme pour un projet en France métropolitaine (sauf cas particulier) de préciser qu'on exige une bonne qualité sanitaire de l'eau ?

Il est de même inutile de rappeler les performances thermiques dues au titre de la réglementation thermique française pour un projet neuf. Si l'on souhaite dépasser ces performances réglementaires minimales, il semble préférable de se baser sur un référentiel de certification environnementale et d'imposer le respect d'un niveau de performance au titre de ce référentiel. On bénéficiera ainsi d'un ensemble d'objectifs constituant un tout cohérent.

Dans certaines situations, au contraire, l'identification du cadre réglementaire à respecter n'est pas évidente. On peut penser par exemple aux projets de grosse rénovation d'un bâtiment existant, pour lesquels l'identification de la réglementation thermique à appliquer est si complexe que le CSTB et l'Ademe ont dû établir une fiche pratique d'aide [1]. Dans un tel cas, il est pertinent que le programme identifie le cadre réglementaire précis qu'il est demandé au maître d'œuvre de respecter.

---

1 *Fiche d'application RT ex : Précisions sur l'application des deux volets de la réglementation thermique des bâtiments existants*, disponible sur www.rt-batiment.fr.

2.3. L'écueil de l'hyper-normatif

Le programme n'a pas, comme on le rencontre souvent, à imposer le respect des normes en vigueur. En effet toutes les normes ne sont pas d'application obligatoire. Certaines normes sont *volontaires* et n'ont aucun caractère obligatoire. Le maître d'œuvre compétent sait normalement quelles normes sont d'application obligatoire (par exemple les normes électriques et les normes gaz).

De même, le programme n'a pas à imposer le respect des DTU. De nombreuses techniques sortent du champ des DTU et font pourtant partie des *techniques courantes* acceptées par les assureurs. Ainsi un projet contenant des murs en bottes de paille (technique de pointe en matière de conception bas carbone) n'est pas couvert par un DTU et ne pose pourtant pas de problème, car cette technique fait l'objet d'une règle professionnelle reconnue par les assureurs.

2.4. Comprendre et optimiser les fonctionnements des locaux

Un bon programmiste doit parfaitement comprendre et s'approprier, grâce à des entretiens, les modes de fonctionnement actuels des utilisateurs et les caractéristiques des locaux associés. Mais il doit être capable de remettre en question ces caractéristiques, qui peuvent être le fruit aléatoire de l'histoire, pour proposer des améliorations.

2.5. Une vision prospective

Le programmiste ne doit pas se contenter d'identifier les besoins liés aux usages actuels, il doit avoir une vision prospective, pour que le bâtiment reste fonctionnel à une échéance aussi lointaine que possible. Il doit, exercice difficile, imaginer les évolutions probables des modes de fonctionnement pour rendre le bâtiment *adaptable* sur le long terme.

On peut penser à Norman Foster, qui prévoyait toujours un accès facile aux réseaux techniques, car leur durée de vie est inférieure à celle du bâtiment ; il est donc pertinent de permettre à long terme le remplacement de tous les réseaux techniques, sans avoir à démolir des éléments significatifs du bâtiment.

2.6. Identifier les priorités du maître d'ouvrage

Au-delà des prescriptions détaillées, il est essentiel que le programme mette clairement en avant les *priorités du maître d'ouvrage*. D'un client à l'autre et d'un projet à l'autre, les priorités diffèrent du tout au tout, et l'ensemble des interve-nants, y compris l'AMO lui-même, doit être sensibilisé à ces priorités.

Si le projet consiste par exemple à rénover une église de campagne pour le compte d'une association, laquelle a mis cinq années à réunir par collecte les fonds nécessaires aux travaux, la priorité absolue sera certainement le *respect du budget*.

Si au contraire le projet consiste à rénover un grand magasin pour permettre sa réouverture à une période propice commercialement, la priorité absolue sera probablement la *tenue des délais*. Idem pour un établissement scolaire dont l'ouverture serait programmée en fonction du calendrier scolaire.

Enfin, dernier exemple, si le projet consiste à installer un musée dans un monument historique classé, sous maîtrise d'ouvrage d'un établissement public, la priorité sera généralement la *qualité des travaux*.

On perçoit, à travers ces exemples, combien il est important que le programme permette aux intervenants du projet d'identifier les priorités du client, afin qu'ils les gardent à l'esprit tout au long du déroulement du projet : dans les exemples ci-dessus, proposer au grand magasin une adaptation du projet suite à un aléa de chantier, adaptation qui améliorerait le résultat final mais allongerait les délais, serait une grave erreur d'appréciation. De même, proposer à l'association citée plus haut un surcoût permettant de mieux tenir les délais serait indéniablement inapproprié.

La connaissance des priorités du maître d'ouvrage permettra aux intervenants de cibler leurs actions.

3. Le contenu du programme

3.1. Le plan du programme

Le cœur du programme est bien entendu l'identification des locaux nécessaires, de leurs caractéristiques et de leurs relations fonctionnelles.

À titre d'exemple, le programme peut typiquement comporter (bien d'autres variantes étant possibles) :

- une présentation du site existant ;
- une présentation des objectifs et des grands principes du projet ;
- une présentation des grandes fonctions du projet ;
- un schéma général montrant les relations fonctionnelles entre locaux : les douches de la piscine doivent être un passage obligé entre les vestiaires et les bassins ;
- un tableau général des surfaces utiles par « unité fonctionnelle », sans oublier – point important – un dimensionnement *provisoire* des locaux techniques ;
- des fiches programme ou fiches espace local par local.

3.2. Quelques thèmes du programme

Le programme comporte de nombreux aspects à ne pas négliger : la liste des thèmes abordés par un programme est vaste et très variable suivant le type de bâtiment. Il est impossible d'en donner une liste exhaustive. On citera ici quelques exemples des thèmes que le programme peut couramment aborder.

3.2.1. Données relatives au site

- Les contraintes issues des documents locaux d'urbanisme

  Le programme cite le PLU, le cadastre, les règlements locaux tels que règlement de ZAC, PPRI, plan de prévention des risques industriels, règlement sanitaire départemental.

  Il peut extraire de ces documents d'urbanisme les prescriptions spécifiquement applicables au projet pour faciliter le travail du maître d'œuvre.

- Les contraintes réglementaires

  Le programme peut comporter un bref rappel de particularités inhabituelles du cadre réglementaire issu des Code de l'urbanisme, de la construction et de l'habitation, de l'environnement ou du patrimoine. Ce rappel n'a pas à être détaillé, ces dispositions étant d'ordre public. Il s'agit simplement d'attirer l'attention sur des particula-rités du projet.

3.2.2. Informations générales sur le projet

- La nature du bâtiment en termes de sécurité incendie :

  Le programme rappelle que le bâtiment sera un ERP de tel type, un IGH de tel type, un ERT, un bâtiment d'habitation de telle famille. Cette précision peut ne pas aller de soi ; ainsi les bureaux d'une grande banque peuvent être un ERT ou un ERP de type W.

- Le budget travaux de l'opération.
- Les objectifs du maître d'ouvrage en termes de planning.

3.2.3. Dans l'existant

- Données sur l'existant le cas échéant :

  Pour les projets dans l'existant, la liste des données déjà connues, en attirant l'attention sur les particularités.

3.2.4. Données relatives à l'exploitation/maintenance future

- L'effectif prévu :

  Pour les ERP, cet effectif permettra d'en identifier la catégorie.

- Les charges d'exploitation (N/m^2) zone par zone.
- Les charges détaillées des véhicules de maintenance (nacelles) zone par zone.
- Les charges détaillées des engins de secours (camion pompier).
- La gestion des livraisons :

  Quel que soit le type d'établissement, des livraisons auront lieu, en volume très variable. Les caractéristiques de ces livraisons doivent être identifiées, et les modalités futures de livraison imaginées.

- La gestion des stockages et réserves :

  Les locaux logistiques sont très souvent sous-dimensionnés au profit des locaux nobles. Le manque de locaux de stockage ou leur localisation peu pratique est source d'inefficacité dans le fonctionnement du bâtiment.

- La gestion des déchets :
  Au-delà des exigences réglementaires, une réflexion prospective sur la gestion des déchets peut être l'occasion d'innovations en termes de développement durable.
- Les exigences en termes d'alimentations électriques de remplacement :
  Afin d'assurer une continuité d'exploitation, le programme peut exiger une alimentation de remplacement en plus des alimentations électriques de sécurité.
- Les exigences en termes d'élévatique
  Un monte-charge de 6 000 kg, par exemple.

3.2.5. Exigences liées au fonctionnement futur du bâtiment

- Le programme des équipements et réseaux courants faibles, d'une importance cruciale :
  Exigences en matière de vidéoprotection, contrôle d'accès, sonorisation commerciale ou de sécurité, accès Internet, réseau informatique local, caisses, etc.
- Les GTB/GTC avec leur liste de *points* (équipements raccordés).
- Les données relatives aux équipements de process hors projet :
  Machines-outils hors projet pour la construction d'une usine, équipements médicaux hors projet pour la construction d'un hôpital, etc. ; le programme fournit toutes les caractéristiques de ces équipements de process : dimensions, consommations électriques, besoins en courants faibles, exigences en alimentation de remplacement, descentes de charges (sans oublier les charges dynamiques), etc.

3.2.6. Exigences relatives à la qualité des espaces

- Le confort acoustique, par exemple :
  Exigences en termes de performances acoustiques allant au-delà de la réglementation.

3.2.7. Exigences techniques

- Les besoins en locaux techniques :
  Cet élément de programme a un statut particulier : il est purement indicatif à ce stade, puisque seule l'étude du maître d'œuvre permettra de préciser les besoins. Cette information est cependant très intéressante pour l'architecte, car elle lui permet de prévoir dès l'esquisse la surface de locaux techniques pertinente, alors même que les bureaux d'études ne sont pas encore désignés.

Point de vigilance

Il est essentiel que tout programme précise si les surfaces totales demandées comprennent ou non les locaux techniques.

- Exigences en termes d'éclairage :
  Un musée ou un restaurant gastronomique nécessiteront, par exemple, un éclairage doté d'un excellent indice de rendu des couleurs (IRC).

- Approvisionnement en énergie :

  Souhaits du maître d'ouvrage en matière d'énergie, comme l'utilisation d'un réseau de chaleur urbain présent dans le quartier. Ces hypothèses seront confirmées par l'*étude de faisabilité des approvisionnements en énergie* (EFAPE) du maître d'œuvre [1].

3.2.8. Sécurité des biens et des personnes

- Exigences de l'assureur, allant au-delà des obligations réglementaires (par exemple, caractéristiques d'un SSI dans un ERT).

3.2.9. Circulations et accès

- Le dimensionnement des voiries :

  Le programme précise le type de véhicules devant accéder au site (autocars, etc.), afin de permettre au maître d'œuvre de vérifier les rayons de giration.
- Les accès :

  Exigences relatives aux facilités d'accès, en transports en commun, par exemple.

3.2.10. Exigences liées au déroulement du projet et au chantier

- Les contraintes éventuelles en termes de phasage de l'opération :

  Phasage pour continuité d'exploitation. Phasage pour lissage des budgets travaux. Phasage pour relogements successifs. Phasage pour interface avec projets connexes.
- Les limites d'interfaces avec des projets connexes :

  Les projets connexes présents ou futurs du même maître d'ouvrage ou d'autres maîtres d'ouvrage, leur impact et les limites d'intervention.

3.2.11. Exigences relatives à la mission de maîtrise d'œuvre

Le programme peut éventuellement inclure des prescriptions relatives à la mission du maître d'œuvre, bien que ces prescriptions aient davantage leur place dans le cahier des charges de la mission de maîtrise d'œuvre.

Le programme peut par exemple préciser, le cas échéant, que la mission du maître d'œuvre inclut la mission géotechnique, la coordination SSI, etc.

3.3. Les programmes spécialisés nécessitant des compétences particulières

Suivant la nature des projets, des éléments de programme précis peuvent être nécessaires, nécessitant l'intervention de programmistes spécialisés dans certains domaines. Le recours à

---

1 Articles R111-22 et R111-22-1 du Code de la construction et de l'habitation et arrêté du 18 décembre 2007 relatif aux études de faisabilité des approvisionnements en énergie pour les bâtiments neufs et parties nouvelles de bâtiments et pour les rénovations de certains bâtiments existants en France métropolitaine.

un spécialiste pour les programmes spécifiques est un investissement hautement rentable pour le maître d'ouvrage : la pertinence et la précision du programme permettent d'éviter des travaux supplémentaires futurs.

Quelques exemples :

- Pour un grand restaurant, il est nécessaire de disposer d'un programme technique détaillé des cuisines, à établir par un spécialiste de ces questions.
- Pour un musée, un programme muséographique détaillé est de toute évidence indispensable, qui nécessite des compétences particulières.
- Pour un parking, s'adresser à un programmiste spécialisé peut s'avérer utile, notamment pour les conseils d'optimisation qu'il fournit.

3.4. Exigences programmatiques visant à faciliter la passation en exploitation-maintenance

Après la fin des travaux, la phase de passation en exploitation-maintenance – évoquée plus bas au chapitre relatif à la livraison – est une phase sensible, au cours de laquelle les conséquences des imperfections du programme peuvent apparaître.

Certaines prescriptions incluses dans le programme peuvent faciliter cette étape de transition. On en donne ici quelques exemples, mais les bonnes pratiques sont extrêmement variables d'un type de bâtiment à l'autre.

3.4.1. Structuration et composition des DOE

La bonne structuration et composition des DOE sont essentielles pour faciliter la maintenance. Le programme peut imposer un « plan idéal » des DOE. Une proposition figure plus bas dans le chapitre consacré à la livraison.

3.4.2. Vérification initiale des installations électriques

La vérification initiale des installations électriques[1], évoquée plus longuement plus bas dans le chapitre relatif à la livraison, est une procédure de contrôle issue du Code du travail et préalable à la passation en exploitation.

Une méthode astucieuse pour faciliter la réalisation de cette procédure est d'inclure la prestation au marché en charge du lot courants forts, l'entrepreneur prenant alors en sous-traitance l'organisme agréé. Ceci permet de responsabiliser l'entreprise et d'éviter de se retrouver avec des réserves à lever alors qu'elle a déjà quitté le chantier.

Pour mettre en œuvre ce conseil pratique, on peut demander au programme que le maître d'œuvre inclue la prestation au DCE du lot courants forts.

---

1 Voir décret n° 88-1056 du 14 novembre 1988 pris pour l'exécution des dispositions du livre II du Code du travail (titre III : Hygiène, sécurité et conditions du travail) en ce qui concerne la protection des travailleurs dans les établissements qui mettent en œuvre des courants électriques (article 53), et arrêté du 10 octobre 2000 fixant la périodicité, l'objet et l'étendue des vérifications des installations électriques au titre de la protection des travailleurs ainsi que le contenu des rapports relatifs auxdites vérifications. Il existe aussi un arrêté du 26 décembre 2011 relatif aux vérifications ou processus de vérification des installations électriques ainsi qu'au contenu des rapports.

3.4.3. Organisation des essais de désenfumage

Pour les projets comportant du désenfumage mécanique, il est important que l'entreprise en charge du lot désenfumage assure l'organisation pratique des essais, en présence du bureau de contrôle.

Cette exigence peut être communiquée au maître d'œuvre, afin qu'il l'inclue au DCE, *via* le programme.

3.4.4. Maintenance pendant l'année de parfait achèvement

L'intervention d'un prestataire de maintenance sur les installations CVC plomberie pendant l'année de parfait achèvement peut être source de conflits : en cas de dysfonctionnement d'une installation, l'entrepreneur appelé en garantie peut contester l'application de la garantie en arguant d'une mauvaise maintenance. Afin d'éviter ces problèmes, il est couramment prévu d'inclure au marché la maintenance courante pendant l'année de parfait achèvement. Le programme peut exiger cette bonne pratique.

4. L'économiste en phase programme

La mission confiée au cabinet de programmation comporte souvent un premier chiffrage au ratio du budget nécessaire.

5. L'évaluation du budget maintenance

Il peut être utile que l'équipe de programmation assure l'évaluation du futur budget maintenance, afin de faciliter la préparation de l'exploitation future.

6. L'AMO HQE en phase programme

L'AMO HQE, ou AMO environnement, réalise une analyse du site et identifie les potentialités du programme en termes environnementaux.

Afin de conseiller le maître d'ouvrage en matière de certification environnementale, il peut réaliser un benchmark des pratiques des investisseurs comparables à l'international.

Suite à ce benchmark, il propose au maître d'ouvrage une ou des certifications (ou labélisations) environnementales.

Il propose des objectifs de performance, suivant la certification choisie. Par exemple certification LEED niveau Argent, certification BREEAM niveau Exceptionnel, labélisation E+C- niveau E2 et C1, etc.

Il rédige le volet environnemental du programme, en tenant compte des contraintes du site et des priorités techniques, politiques, économiques et d'usage du maître d'ouvrage et des super-utilisateurs.

7. La transmission du programme au maître d'œuvre

Il est très souhaitable que le programme, ou au moins une première version, figure dans le contrat de maîtrise d'œuvre.

Si le programme n'est pas formalisé lors de la rédaction du contrat de maîtrise d'œuvre, il faut veiller à ce qu'il soit transmis officiellement au maître d'œuvre peu après la signature de son marché.

8. Programme et marchés publics de maîtrise d'œuvre

En marchés publics de maîtrise d'œuvre privée (hors habitat social), le programme doit être établi avant la mise en concurrence des maîtres d'œuvre [1].

La loi MOP, aujourd'hui partie intégrante du Code de la commande publique, autorise le maître d'ouvrage public à «préciser» le programme au cours des phases APS et APD. Si la phase esquisse est essentielle pour vérifier la faisabilité du programme sommaire initial, le maître d'ouvrage peut profiter des études APS et APD pour *mettre au point* son programme puis le figer en fin d'APD, en parallèle de la détermination définitive des honoraires.

C'est donc seulement à partir du début du PRO que la notion de modification de programme apparaît réellement :

> «*Le maître d'ouvrage élabore le programme et fixe l'enveloppe financière prévisionnelle de l'opération avant tout commencement des études d'avant-projet par le maître d'œuvre.*
>
> *Il peut préciser le programme et l'enveloppe financière avant tout commencement des études de projet par le maître d'œuvre.*
>
> *L'élaboration du programme et la fixation de l'enveloppe financière prévisionnelle peuvent se poursuivre pendant les études d'avant-projet pour :*
>
> *1° Les opérations de réhabilitation ;*
>
> *2° Les opérations de construction neuve portant sur des ouvrages complexes, sous réserve que le maître d'ouvrage l'ait précisé dans les documents de la consultation du marché public de maîtrise d'œuvre.*
>
> *Les conséquences de l'évolution du programme et de l'enveloppe financière prévisionnelle sont prises en compte par une modification conventionnelle du marché public de maîtrise d'œuvre.* »[2]

---

1 Article L2431-1 du Code de la commande publique.

2 Articles L2421-3 à L2421-5 du Code de la commande publique.

9. L'AMO BIM en phase programme

9.1. La désignation de l'AMO BIM

L'AMO BIM participant à l'élaboration du programme, il doit être désigné en même temps que le programmiste.

9.1.1. Rédiger le cahier des charges de l'AMO BIM

Le cahier des charges de l'AMO BIM doit être particulièrement précis afin d'éviter tout malentendu s'agissant de prestations encore mal maîtrisées par certains prestataires.

On pourra préciser dans le cahier des charges :

- la description sommaire de l'opération ;
- le planning du projet ;
- la liste des prestations à la charge de l'AMO BIM :
  - dans l'existant : rédaction du cahier des charges du prestataire (généralement le géomètre) en charge de la maquette numérique de l'existant,
  - examen de la maquette numérique de l'existant,
  - identification, grâce à des entretiens, par exemple, des enjeux de la phase exploitation-maintenance propres à l'activité du maître d'ouvrage, et déduction des données qu'il est utile de faire figurer dans la maquette numérique DOE,
  - rédaction du cahier des charges BIM du projet,
  - examen et avis sur les offres des candidats à la mission de maîtrise d'œuvre,
  - examen et avis sur la convention BIM du maître d'œuvre,
  - examen et avis sur chaque rendu du maître d'œuvre phase par phase,
  - participation à la phase ACT : examen et avis sur les offres des entreprises,
  - examen et avis sur la convention BIM d'exécution,
  - vérification par sondage du respect du cahier des charges BIM par les entreprises en EXE,
  - examen des maquettes numériques DOE pour en vérifier la conformité au cahier des charges BIM,
  - assistance à l'entrée en exploitation-maintenance, vis-à-vis de l'interface entre les maquettes numériques DOE et les logiciels d'exploitation-maintenance,
  - éventuellement assistance à la formation d'intervenants ;
- la fréquence des réunions à prévoir ;
- les obligations en termes de *reporting* au maître d'ouvrage.

9.1.2. Attribuer la prestation d'AMO BIM

Le choix de l'AMO BIM ne doit pas être réalisé au moins-disant mais au mieux-disant, en prenant en compte les références des candidats et les moyens prévus.

9.2. Le cahier des charges BIM

Ce document essentiel, rédigé par l'AMO BIM, précise toutes les exigences programmatiques relatives au BIM, et en particulier les attentes relatives aux maquettes numériques DOE, aboutissement de tout le processus BIM. Le cahier des charges BIM impose la structuration des données dans la maquette de manière à faciliter l'interface avec les logiciels d'exploitation-maintenance utilisés par le maître d'ouvrage.

Le cahier des charges BIM est rédigé à la fois à l'attention du maître d'œuvre et des futures entreprises.

9.3. La charte BIM

On rencontre aussi plus rarement le terme de *charte BIM*[1] : alors que le cahier des charges BIM est propre à un projet particulier, la charte BIM (dans son acception la plus courante) est un document générique qui traduit la politique en matière de BIM d'un maître d'ouvrage professionnel sur l'ensemble de son activité.

À ce jour, tous les auteurs ne s'accordent cependant pas : le même terme peut recevoir différentes définitions.

10. Le programme sous forme de maquette numérique

De plus en plus de maîtres d'ouvrage professionnels entament la démarche BIM dès la phase programmation : le programme architectural se traduit alors par une maquette numérique, parfois désignée « LOD 000 » (*Level of Development 000*).

En termes graphiques la maquette reste à ce stade très schématique : elle se contente de décrire les grands volumes capables. La maquette programmatique facilite la visualisation par l'ensemble des intervenants de la volumétrie et de l'insertion urbaine du projet.

Les caractéristiques attendues pour chaque local (fiches programme) sont intégrées à la base de données de la maquette numérique. Cette première maquette numérique peut être exploitée par la personne en charge du chiffrage du budget, et elle limite les risques d'erreur.

La maquette programme a un autre intérêt : elle facilite la vérification ultérieure de la conformité des études de maîtrise d'œuvre au programme.

Tous les maîtres d'ouvrage n'ont pas encore entamé cette démarche prometteuse.

---

1 Plan transition numérique dans le bâtiment et MIQCP, *BIM et maquette numérique – Guide de recommandations à la maîtrise d'ouvrage*, juillet 2016.

11. Un élément de programme différé en phase conception : l'étude de sécurité publique

Pour certains projets importants d'ERP, le maître d'ouvrage a l'obligation de faire réaliser une étude sécurité publique[1]. Cette étude, réalisée par des cabinets spécialisés, analyse le projet sous l'angle de la sécurité publique, tout particulièrement antiterroriste, et émet des prescriptions à respecter par le maître d'œuvre et le maître d'ouvrage.

L'obligation concerne notamment les projets situés dans une agglomération de plus de 100 000 habitants et soit :

- créant plus de 70 000 m² de plancher ;
- créant un ERP de 1re ou 2e catégorie ;
- modifiant les accès d'un ERP de 1re ou 2e catégorie ;
- augmentant de plus de 10 % l'emprise au sol d'un ERP de 1re ou 2e catégorie.

Cette liste n'est pas exhaustive ; il existe d'autres cas, notamment pour les établissements d'enseignement du second degré et pour les projets de rénovation urbaine.

L'étude de sécurité publique, pour être pertinente, doit utiliser comme donnée d'entrée une maquette de niveau APS. Le bon moment pour la réaliser est donc entre l'APS et l'APD, ou durant l'APD.

12. Le programme, document vivant

Au cours de la vie du projet, après la remise au maître d'œuvre du programme officiel, des modifications de programme peuvent survenir, qu'elles proviennent de demandes tardives des super-utilisateurs, qu'elles fassent suite aux échanges avec le maître d'œuvre, ou qu'elles découlent de projets connexes interférents.

Limiter au minimum ces modifications de programme fait partie des tâches de l'AMO conduite d'opération : encore peu perturbantes en APS et acceptables en APD (le Code de la commande publique considérant même qu'elles sont normales à ce stade), les modifications de programme sont extrêmement perturbantes en phase PRO ; en ACT elles peuvent être intégrées à la mise au point du marché si elles ne bouleversent pas l'économie du marché ; en phase chantier, elles auront un impact financier et délai important.

---

1 Voir Code de l'urbanisme, articles R114-1 et R114-2.

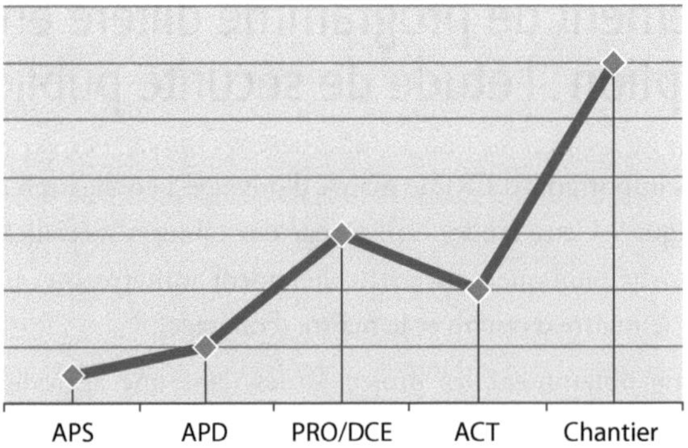

Figure 45 – Tentative de représentation symbolique de l'ampleur des perturbations coût/délai apportées par les modifications de programme à chaque étape du projet.

Dans le feu de l'action, il est courant que des maîtres d'ouvrage transmettent au fil de l'eau verbalement ou par e-mail de nouvelles exigences qui constituent des évolutions du programme. Il est préférable que ces éléments soient tracés sous la forme d'une mise à jour du programme officiel, datée et indicée.

13. Récapitulatif des prestations courantes de l'AMO conducteur d'opération pendant la phase programme

Quelles tâches principales peut réaliser l'AMO conduite d'opération durant cette phase programme ?

L'AMO pourra notamment assurer les prestations suivantes :

- réalisation du programme, si ses compétences le lui permettent ;
- réalisation du cahier des charges de la mission du programmiste (ou des programmistes spécialisés si nécessaire), organisation de la consultation, proposition d'attribution, suivi du déroulement de la prestation, relecture du rendu ;
- vérification de la cohérence des éléments de programme entre eux, notamment si issus d'intervenants distincts.

ÉTAPE 3

Les acquisitions de données

Le programme est maintenant bien défini. Le financement est acquis. Les données nécessaires à la réalisation des études vont pouvoir être réunies. Elles permettront de limiter les risques en phase chantier.

Ce chapitre a pour but de permettre de :

- connaître les principales données de base nécessaires à la conception du projet ;
- savoir pour quels types de projet elles sont nécessaires ;
- savoir comment organiser l'acquisition de ces données.

1. Acquisitions de données et gestion des risques

Les acquisitions de données ont un coût non négligeable pour le maître d'ouvrage. Elles sont néanmoins indispensables pour permettre la réalisation d'études fiables, pour limiter les travaux supplémentaires en phase chantier et pour limiter les risques de retard du chantier.

Il s'agit donc d'un *investissement* destiné à limiter les risques futurs.

2. Planifier les acquisitions de données

Les acquisitions de données peuvent nécessiter plusieurs mois. L'anticipation de leur planification est donc indispensable, pour éviter que l'absence d'une donnée ne retarde le projet.

Attention cependant : pour certaines acquisitions de données on a fortement intérêt à attendre la désignation du maître d'œuvre afin que celui-ci affine le besoin, voire pour qu'il réalise lui-même certains diagnostics. Ceci évitera de lancer de coûteuses missions dont le livrable pourrait se révéler inadapté, voire inutile.

Une analyse fine est donc nécessaire au cas par cas.

Le tableau récapitulatif en fin de chapitre pourra y contribuer.

3. Le relevé de géomètre

3.1. Risques et responsabilités liées au manque de fiabilité des plans de l'existant

La fourniture de plans fiables de l'existant au maître d'œuvre est indispensable, qu'il s'agisse d'un terrain nu ou d'un bâtiment à réaménager. Les conséquences pour un projet d'une erreur de plan peuvent être catastrophiques financièrement. Une erreur de géométrie peut remettre en cause l'accessibilité aux personnes en situation de handicap, les calculs structurels du projet, les dégagements d'évacuation incendie, etc. La surface de plancher du projet peut être directement ou indirectement impactée.

Les plans cadastraux ne peuvent en aucun cas pallier l'absence de relevé topographique d'un terrain, car ils sont bien souvent inexacts et imprécis.

Le relevé de géomètre est une donnée d'entrée que le maître d'ouvrage doit fournir au maître d'œuvre ; il n'est pas possible de demander au maître d'œuvre de prendre le géomètre en sous-traitance, car l'assurance du maître d'œuvre ne couvre pas ce type de prestation. Mais le maître d'œuvre peut établir le cahier des charges technique de la prestation du géomètre. Ceci permet de s'assurer, notamment dans l'existant, que les fichiers remis par le géomètre répondent bien aux besoins du maître d'œuvre et des futures entreprises.

3.2. Piloter la mission du géomètre

3.2.1. La consistance des relevés

En projet neuf sans démolitions, le géomètre relèvera la topographie du site avec, le cas échéant, la volumétrie des avoisinants.

Dans le cas d'un projet dans l'existant, le géomètre relèvera tout ou partie du bâtiment tous niveaux ainsi que les élévations extérieures si nécessaire.

Dans le cas de bâtiments à démolir, le curseur du niveau de détail des relevés est à apprécier et plusieurs stratégies sont envisageables. Dans le passé, le relevé des bâtiments à démolir était souvent très sommaire. Depuis la montée en puissance du réemploi et du *cradle to cradle*, on tend de plus en plus vers des relevés détaillés des existants à démolir, afin de favoriser l'identification des matériaux à réemployer et de faciliter le tri des déchets de chantier.

3.2.2. Niveau de détail attendu des relevés

Le cahier des charges doit préciser avec soin le degré de détail des relevés souhaités.

Par exemple, dans l'existant, il convient de préciser si le géomètre doit relever les radiateurs, les sens d'ouverture des portes, le profil des corniches, les chéneaux, ou pour un bâtiment historique de préciser s'il doit relever les modénatures des façades, les statues, etc. Penser aussi à demander le relevé des poutraisons apparentes et, en extérieur, des regards, plaques d'égouts et autres émergences de réseaux enterrés.

3.2.3. Les livrables du géomètre

De nos jours, les cabinets de géomètre utilisent des technologies modernes de relevés de nuages de points par scan laser 3D (entre autres techniques). Il existe maintenant des techniques de relevé des espaces extérieurs par drone.

Le fichier résultant du relevé est un fichier nuage de points.

Pour en savoir plus sur les outils des géomètres

Consulter par exemple le site d'un des fabricants les plus en pointe, Viametris, qui conçoit des appareils intégrant un système de cartographie mobile, scanner laser et traitement de la donnée : www.viametris.com.

Avant le BIM, le géomètre créait grâce à ce nuage de points des fichiers AutoCad et remettait comme livrables :

- un plan topographique des extérieurs,

et dans l'existant :

- un plan par niveau des intérieurs ;
- des élévations et coupes, dont l'emplacement avait été soigneusement choisi par le rédacteur du cahier des charges.

Avec l'arrivée du BIM, les fichiers AutoCad ne sont plus des données d'entrée intéressantes. Le livrable souhaitable est une maquette numérique de l'existant (par exemple formats Revit et IFC). La position du trait de coupe n'est plus un enjeu, puisqu'il est possible d'extraire d'une maquette numérique autant de coupes qu'on le souhaite.

3.3. Établissement de la maquette numérique de l'existant

Deux stratégies sont envisageables pour l'établissement de la maquette numérique de l'existant.

- Première solution : le géomètre livre un fichier nuage de points. À partir de ce nuage de points, on confie au maître d'œuvre la mission de réaliser la maquette numérique de l'existant (variante possible : confier la prestation à un prestataire spécialisé).
- Deuxième solution : le géomètre se charge de réaliser la maquette numérique de l'existant, qui devra alors subir une vérification détaillée par l'AMO BIM ou, s'il est désigné, par le maître d'œuvre. Dans cette seconde hypothèse, le cahier des charges, à établir par l'AMO BIM, devra imposer la structuration souhaitée de la maquette numérique.

Laquelle de ces deux méthodes s'imposera sur le long terme ? Cela n'est pas évident à ce jour.

Point de vigilance

Actuellement tous les cabinets d'experts géomètres n'ont pas la compétence de créer la maquette Revit de l'existant. Des prestataires indélicats ou insuffisamment expérimentés proposent cette prestation et livrent des maquettes mal structurées et inexploitables.

3.3.1. Vers l'automatisation des maquettes de l'existant

3.3.1.1. Le *scan-to-BIM*

Le processus qui permet de passer d'un nuage de points brut à la maquette numérique intelligente d'un bâtiment existant est complexe ; à ce jour, il n'existe pas de logiciel le réalisant automatiquement de manière satisfaisante. Il est clair que dans les prochaines années les progrès en intelligence artificielle permettront d'automatiser cette prestation dite *scan-to-BIM*. Les enjeux sont énormes et une telle automatisation révolutionnerait les projets dans l'existant.

La question est, à partir du nuage de points :

- d'identifier la *géométrie* des constituants du bâtiment : quelle est la forme de cette fenêtre ?
- d'attribuer une *catégorie d'objets* et des *propriétés* à chaque élément : cet objet est une fenêtre à deux vantaux (on ne pourra cependant pas identifier toutes les caractéristiques : fabricant, référence, etc.) ;
- d'identifier les *relations* entre les objets : cette fenêtre est connectée à ce mur sur tout son pourtour[1].

Dans le meilleur des cas, les structures et réseaux non visibles ne pourront cependant pas être modélisés automatiquement.

3.3.1.2. Le *scan-vs-BIM*

Une technologie connexe en plein développement elle aussi consiste à comparer un nuage de points scanné avec une maquette numérique BIM.

Cette technologie émergente, quand elle sera mûre, présentera plusieurs intérêts majeurs :

- caractériser l'avancement physique d'un chantier lot par lot, en comparant les ouvrages en cours de construction à la maquette numérique d'exécution : des automates sur chenilles pourront parcourir le chantier et des drones le survoler, puis transmettre directement l'avancement physique pour chaque ligne de la DPGF ;
- vérifier la cohérence de la maquette numérique DOE au bâtiment livré, et corriger si nécessaire la maquette DOE.

3.3.2. Les systèmes de coordonnées des relevés de géomètre – Vocabulaire de topographie

L'intérêt de connaître quelques notions de base en topographie est de :

- pouvoir vérifier que les cartouches des plans sont correctement renseignés, en détectant les indications fantaisistes qu'on y trouve fréquemment ;
- comprendre et maîtriser les problèmes de systèmes de coordonnées des plans et maquettes numériques ;
- détecter les confusions entre systèmes de nivellement, confusions qui peuvent avoir des conséquences graves dans un projet si elles ne sont pas identifiées rapidement.

---

1 D'après Hélène MACHER, *Du nuage de points à la maquette numérique de bâtiment : reconstruction 3D semi-automatique de bâtiments existants*, thèse soutenue devant l'Université de Strasbourg.

Exemple : on transmet au maître d'œuvre en donnée d'entrée un plan issu d'un ancien système de nivellement sans qu'il ne prenne conscience de cette particularité. Dans le cadre de ses études, il prend en compte le plan de prévention des risques d'inondation localement applicable. Ce PPRI fait référence à des cotes dans le système de nivellement moderne, IGN69. Le maître d'œuvre réalise esquisse, APS, APD et PC sans se rendre compte de la confusion. Lorsqu'il s'en aperçoit, ce peut être tout un pan du projet qui est à réadapter pour mise en conformité au PPRI.

3.3.2.1. Connaître le système RGF93 et les projections associées

La géodésie est l'étude de la forme et des dimensions de la Terre. Les points géodésiques servent d'appui pour établir les cartes et les plans. Les plans de géomètre, de même que les cartes géographiques, utilisent un système géodésique et un système de projection.

Le *système géodésique* est le repère orthonormé tridimensionnel utilisé. En France, le système géodésique officiel est le RGF93 (réseau géodésique français). Il a remplacé l'ancien système géodésique NTF (nouvelle triangulation de la France) utilisé de la fin du XIXe siècle à la fin du XXe siècle.

Des maquettes numériques sont *géoréférencées* si elles sont rattachées au même système de coordonnées, ce qui les rend aisément superposables.

Le système de projection permet de représenter sur une surface plane le relief tridimensionnel de la Terre. Il existe différents types de projections, en particulier les projections cylindriques et les projections coniques. *Lambert 93* est le système moderne de projection associé au système géodésique RGF93. Il a remplacé les anciens systèmes de projection Lambert, c'est-à-dire :

- les anciennes projections « Lambert zones » (I : Nord, II : Centre, III : Sud et IV : Corse) ; et
- une projection unique pour la France entière qui était appelée « Lambert II étendu » ou « Lambert II cartographique ».

Outre Lambert 93, il existe un autre ensemble de projections modernes dites « coniques conformes 9 zones », pouvant être associées au système géodésique RGF93. Ces projections sont couramment utilisées en bâtiment. (Voir ci-dessous le zoom sur ce sujet.)

Le nouveau système géodésique RGF93 présente un certain nombre d'avantages :

- il est directement compatible avec les observations GPS, sans calculs de conversion ;
- il permet une plus grande précision des mesures, grâce à l'exploitation des données GPS, et en évitant les sources d'imprécisions qui provenaient des conversions dans les anciens systèmes de coordonnées ;
- il est cohérent avec les systèmes géodésiques des autres pays européens (dit ETRS), ce qui facilite notamment les projets transfrontaliers ;
- il couvre toute la France, alors que l'ancien système la divisait en neuf zones, ce qui posait des problèmes de discontinuité aux frontières entre les zones.

Depuis 2009 [1], l'utilisation de ce système de coordonnées moderne RGF93 est obligatoire pour tous les échanges de données dans la « sphère publique » en France métropolitaine.

---

1 Décret n° 2000-1276 du 26 décembre 2000 portant application de l'article 89 de la loi n° 95-115 du 4 février 1995 modifiée d'orientation pour l'aménagement et le développement du territoire relatif aux conditions d'exécution et de publication des levés de plans entrepris par les services publics. Texte peu ergonomique, préférer le site Internet de l'IGN.

Il doit être utilisé par l'État, les collectivités locales et les entreprises chargées d'une mission de service public.

Par extension, tous les maîtres d'ouvrage, AMO et maîtres d'œuvre ont très fortement intérêt à travailler eux aussi dans ce nouveau système de coordonnées légal.

Il existe des formules et des logiciels de conversion permettant de transformer un ancien fichier dans le nouveau système de repérage, conversion qui doit être confiée à un géomètre.

Point de vigilance

À Paris, certains services de la Ville continuent parfois d'utiliser l'ancien système de coordonnées, malgré son caractère «illégal», car la transformation de tous les plans de l'existant est complexe. Ils aggravent ainsi le problème, en créant de nouveaux fichiers non conformes aux nouvelles règles.

Pour en savoir plus

Consulter les sites Internet de l'IGN, https://geodesie.ign.fr/ rubrique «Réseaux matérialisés/Géodésie/RGF93».

Zoom sur...

... Choisir entre les systèmes de projection Lambert 93 et projections coniques conformes 9 zones

Le décret autorise, outre l'usage de la projection Lambert 93, l'utilisation d'autres projections, dites coniques conformes 9 zones, elles aussi associées au système géodésique moderne RGF93.

Qu'est-ce que ce système de projection alternatif et à quels usages est-il destiné?

Dans les deux systèmes de projection, les objets sont localisés au même endroit, mais le système de projection officiel Lambert 93 introduit une *altération linéaire* des longueurs dans certains départements, particulièrement en Corse, dans les Pyrénées-Orientales, dans le Nord et le Pas-de-Calais. Cette altération linéaire peut atteindre dans ces départements 1 m/km, donc 10 cm sur un bâtiment de 100 m de longueur. Les systèmes de projection coniques conformes 9 zones permettent d'éviter cette altération linéaire, raison pour laquelle ils restent tolérés officiellement malgré les réticences de l'IGN, qui encourage l'utilisation de la projection Lambert 93, standard officiel.

Comment choisir entre les deux systèmes?

La projection Lambert 93 est parfaite pour les cartographes, les géographes et les travaux VRD. Pour les projets bâtiment, l'altération linéaire qu'elle entraîne est gênante dans de nombreux départements.

La décision est normalement du ressort du maître d'ouvrage, car elle impacte la cohérence de ses fichiers à long terme, surtout s'il s'agit d'un maître d'ouvrage gérant plusieurs sites.

On peut cependant retenir que le standard est Lambert 93 mais que, dans de nombreuses régions, les coniques conformes sont mieux adaptées aux projets bâtiments. Demander conseil à son géomètre et, en cas de doute, utiliser les coniques conformes.

Préciser au cahier des charges du géomètre que le cartouche devra indiquer l'altération maximale du relevé.

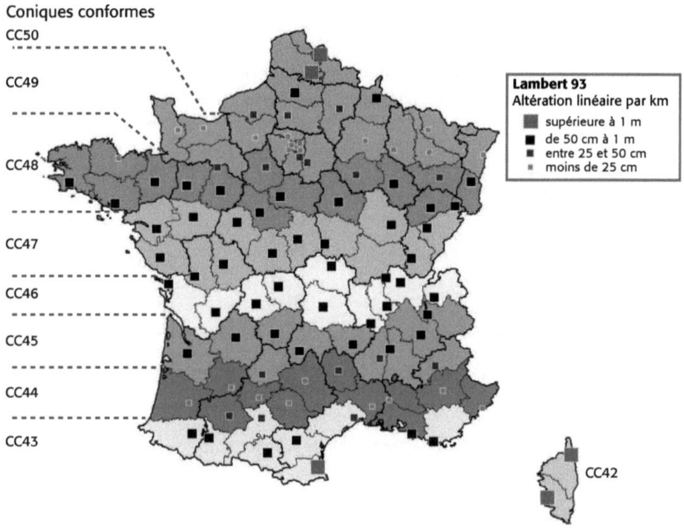

Figure 46 – L'altération linéaire en Lambert 93 aux chefs-lieux de départements (source : Certu).

Pour en savoir plus

Voir les articles sur ce sujet sur http://geodesie.ign.fr.

3.3.2.2. Les systèmes de nivellement

Les systèmes de nivellement, ou systèmes altimétriques, permettent de donner l'altimétrie d'un point du plan.

Historiquement, le niveau 0 a d'abord été, au XIXe siècle, le niveau de la Méditerranée, choisie pour ses faibles marées, dans l'anse Calvo à Marseille. Le premier nivellement général de la France a été réalisé par Paul Adrien Bourdalouë (1798-1868) de 1857 à 1864.

Le second nivellement général a été établi de 1884 à 1922 par Charles Lallemand (1857-1938), avec un zéro basé sur l'observation du marégraphe sur l'échelle du fort Saint-Jean de Marseille.

Le système de nivellement légal est actuellement le système IGN 1969 en France métropolitaine, parfois appelé NGF IGN69 (comme « nivellement général de la France »), dont le zéro est toujours basé sur le marégraphe de Marseille.

En Corse, on utilise le NGF IGN78, basé sur le marégraphe d'Ajaccio.

Attention, on pourra encore rencontrer les systèmes de nivellement antérieurs lors des consultations de plans d'archive :

- le système de nivellement *orthométrique Lallemand*, aussi appelé *nivellement Ville de Paris*, utilisé notamment sur tout le territoire français pendant la première moitié du XXe siècle, diffère d'environ 33 cm du nivellement IGN69 ;
- le système de nivellement *Bourdalouë*, utilisé à partir de 1857.

Point de vigilance

À Paris, de nombreux acteurs publics utilisent toujours le système de nivellement orthométrique Lallemand/Ville de Paris, et il est courant qu'un projet, même dans le neuf, soit traité dans ce système de nivellement.

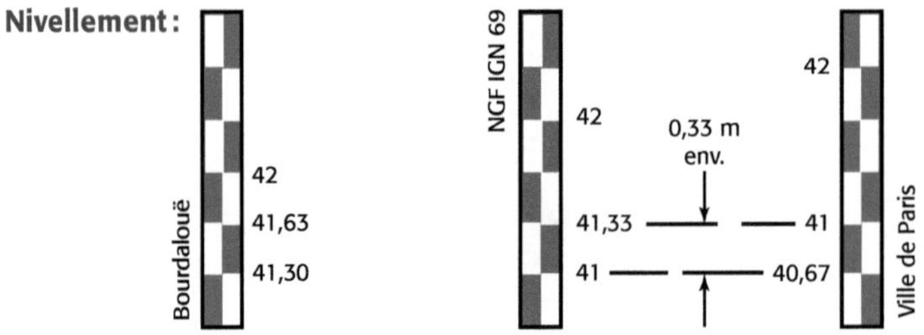

Figure 47 – Systèmes de nivellement.

Les différences à prendre en compte pour Paris pour un même point sont environ :

- système Bourdalouë : – 30 cm pour obtenir IGN69 ;
- système Ville de Paris : + 33 cm pour obtenir IGN69 ;
  + 64 cm pour obtenir Bourdalouë.

En résumé :

	Système géodésique	Système de projection	Système de nivellement
Ancien	NTF	Lambert zones et Lambert II étendu ou cartographique	Orthométrique Lallemand, aussi appelé Ville de Paris
Actuel, et légal depuis décret de 2006	RGF93	Lambert 93 ou coniques conformes	IGN69

En conclusion, six recommandations fondamentales pour éviter les erreurs :

Les règles d'or de gestion des relevés de géomètre

- Il faut normalement utiliser le nouveau système géodésique RGF93 projection Lambert 93 ou projections coniques conformes (CC), mais on peut être amené à rencontrer des fichiers existants établis dans les anciens systèmes de coordonnées.
- En altimétrie, il faut normalement utiliser le nivellement IGN69, mais à Paris on peut être amené à rencontrer des fichiers existants dans l'ancien système de nivellement.
- Conformément à la réglementation, exiger du géomètre l'utilisation du système géodésique RGF93 et du nivellement IGN69.
- Imposer à l'ensemble des intervenants (notamment maître d'œuvre et entreprises) l'utilisation du RGF93 et du nivellement IGN69.
- Vérifier la cohérence des systèmes géodésiques et de nivellement indiqués sur les cartouches des livrables reçus.
- Alerter tous les intervenants sur les particularités éventuelles des coordonnées et du nivellement de certains documents (archives notamment) pour éviter toute confusion.

Quelques exemples réellement rencontrés de cartouches mal renseignés

- « Coordonnées Lambert, nivellement NGF » : Lambert ne signifie rien en soi et on ne sait pas quel est le système de projection utilisé.
- « Coordonnées Lallemand, nivellement normal » : Lallemand est un système de nivellement et non de coordonnées, et nivellement normal ne veut rien dire.
- « RGF Lambert 93 CC49 » : Lambert 93 et conique conforme 49 sont deux systèmes de projection incompatibles, on ne peut pas être à la fois en projection Lambert 93 et conique conforme.

3.3.3. Autres missions du géomètre

Outre les relevés classiques, un géomètre peut se voir confier d'autres missions particulières, par exemple :

- état de division en volume, pour officialiser la limite entre plusieurs propriétaires ou concessionnaires ;
- bornage de terrain, pour matérialiser sur le terrain les limites cadastrales ;
- relevé des émergences de réseaux existants, avec leur direction, par ouverture des regards, tampons et chambres de tirage existants : pour chaque chambre de tirage le géomètre relève le nombre de câbles, leur type et leur direction ; on peut alors prendre des hypothèses sur le cheminement probable des câbles entre les chambres de tirage ;
- relevé de réseaux enterrés par différents procédés de détection, avec indication des classes de précision au sens de la réglementation DT/DICT ;
- contrôle de l'absence de mouvement des existants ou des avoisinants pendant le déroulement des chantiers sensibles ;
- à partir de plans d'archive papier ou PDF, modélisation dans la maquette numérique des structures porteuses non apparentes, qu'il n'a pas été possible de relever sur le terrain sans sondages destructifs.

4. Le rapport géotechnique

La mission du géotechnicien [1] est définie par la norme NF P 94-500 [2]. Le maître d'ouvrage ne doit pas juger son coût dans l'absolu, mais le comparer aux surcoûts qu'engendreraient des aléas géotechniques non maîtrisés. Les retours d'expérience et les assureurs montrent que c'est là un investissement extrêmement rentable, grâce à la diminution des risques chantier qu'il induit.

Les risques géotechniques sont notamment dus au fait que le sous-sol est à la fois un milieu non visible, donc mal connu, et un milieu extrêmement complexe, car de composition très hétérogène.

1 Les habitudes évoquées ici correspondent au monde du bâtiment, plus qu'au monde des ouvrages d'art.
2 NF P 94-500 Missions d'ingénierie géotechnique : classification et spécifications.

Les éléments de mission pouvant être confiés par le maître d'ouvrage au géotechnicien sont représentés par une nomenclature : G1, G2, G3, etc. Le livrable du géotechnicien s'appelle le *rapport de sol* ou rapport géotechnique.

En termes de contractualisation, le géotechnicien est couramment missionné par le maître d'ouvrage, faisant en quelque sorte de lui un AMO, mais la mission géotechnique peut aussi être confiée au maître d'œuvre en mission complémentaire, s'il en a les compétences.

Point de vigilance

La mission G0 n'existe plus depuis 2006 et les termes G11 et G12 n'existent plus depuis 2014. Le nom et le contenu des missions ont été modifiés pour mieux correspondre aux phases des études de maîtrise d'œuvre.

De manière synthétique, les différentes missions comprennent les prestations suivantes.

4.1. Mission G1 : études géotechniques préalables

Cette première étape comporte deux phases :

- la phase *étude de site* (ES) est principalement une *analyse documentaire du contexte géotechnique du site* permettant une première identification des risques géotechniques majeurs propres au site, qui peuvent compromettre la faisabilité même d'un projet ;
- la phase *principes généraux de construction* (PGC), cohérente avec une phase étude préliminaire ou APS du bâtiment, permet de définir le programme de sondages, et d'en appliquer les résultats au projet. L'objectif principal de la mission est de fournir les *principes de fondation envisageables*, ainsi que les *hypothèses géotechniques* à prendre, dans le cas particulier du projet.

Pour réaliser la mission PGC, il est nécessaire que le géotechnicien ait communication du projet. Un rapport de sol issu d'un autre projet à proximité, s'il peut être utile au maître d'œuvre en phase amont, ne donnera jamais les mêmes informations qu'une G1 réalisée au regard du projet.

Le rapport G1 est utilisé par le BET structure de l'équipe de maîtrise d'œuvre dès l'APS, il doit donc être réalisé avant l'APS.

Quels sont les essais et sondages les plus courants réalisés au cours des G1 ?

- Les *essais pressiométriques* Ménard, utilisés pour tous les terrains sauf rocheux, consistent à mesurer la déformation latérale de la paroi du forage, grâce à une cellule de mesure protégée par une enveloppe en caoutchouc. La cellule est gonflée avec de l'eau, ce qui entraîne une déformation radiale du terrain. Ces essais sont très courants, simples à exécuter, rapides et d'un coût modéré. En France, ce sont les essais de référence utilisés pour le calcul des fondations.
- Les *sondages carottés* consistent à extraire une carotte du terrain, pour en analyser la composition en laboratoire. Ces sondages sont très courants et complémentaires des essais pressiométriques. Les essais en laboratoire permettent de déterminer les caractéristiques physiques des matériaux, paramètres qui sont nécessaires aux calculs des fondations. Un certain délai est nécessaire pour la réalisation de ces essais en laboratoire, après les carottages et avant la rédaction du rapport final.

- Les *essais par pénétromètre*, moins courants, mais d'un usage de plus en plus fréquent, utilisent un appareil composé d'une tige métallique terminée par un cône. Le système mesure d'une part l'effort exercé par le sous-sol sur la pointe conique du pénétromètre, et d'autre part le frottement latéral exercé par le sous-sol sur le fût.
- Les *mesures piézométriques* consistent à mesurer le niveau de la nappe phréatique dans un sondage réalisé par ailleurs. Ces mesures sont réalisées périodiquement sur une longue période, typiquement sur un an, pour mesurer les variations saisonnières, les plus hautes eaux et les plus basses eaux. Le relevé des mesures est la *chronique piézométrique.* Cette prestation est elle aussi très courante. Pour certains projets une étude de *modélisation de profil de nappe phréatique* peut être nécessaire.
- Les autres *essais hydrauliques* (notamment les essais de pompage, les essais d'eau Lugeon et les essais Lefranc) sont utilisés notamment :
  - pour tester une faisabilité géothermique en mesurant les débits pompés ;
  - en données d'entrée pour les études de comportement de la nappe dans les projets comportant des sous-sols dans la nappe phréatique.
- Les *fouilles de reconnaissance* sont utilisées dans les projets dans l'existant, pour recueillir des données sur les fondations présentes. Elles consistent à creuser une fouille pour mettre au jour les fondations afin d'identifier leurs matériaux et leur géométrie. Ceci permet par exemple :
  - de déterminer la capacité des fondations existantes à subir une augmentation des charges ;
  - d'étudier l'implantation de nouvelles fondations à proximité immédiate des fondations existantes ;
  - d'étudier l'implantation d'une fosse d'ascenseur près des fondations existantes.

Pour désigner ces fouilles de reconnaissance, on utilise aussi parfois le terme de « mission G5 diagnostic technique » (voir plus bas).

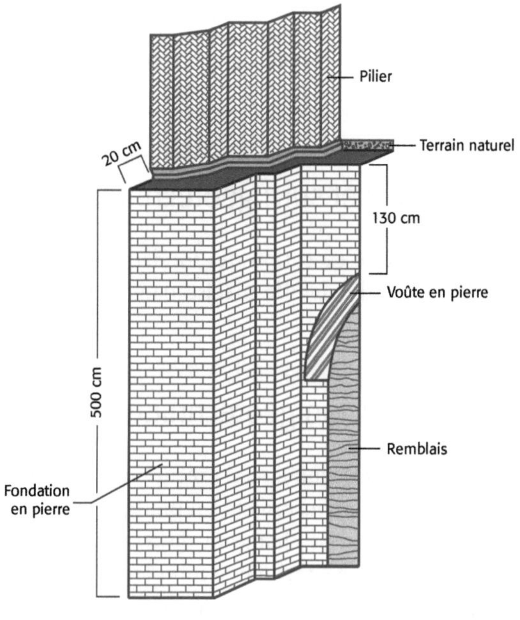

Figure 48 – Exemple de compte rendu d'une fouille de reconnaissance de fondation.

Outre les fouilles physiques, il existe aussi pour identifier les fondations existantes des méthodes plus modernes basées sur des champs électromagnétiques.

Les essais listés ci-dessus sont les plus courants. Il existe d'autres types d'essais moins utilisés.

4.2. Mission G2 : études géotechniques de conception

Elle comprend, suivant la norme NF P 94-500, trois phases :

- la phase avant-projet AVP, qui est la contribution du géotechnicien à l'AVP du maître d'œuvre. Au cours de cette phase, les principes de construction des ouvrages géotechniques sont définis (fondations, mais aussi terrassements, soutènements, pentes et talus, assises de dallage et de voirie, améliorations des sols, dispositions vis-à-vis des nappes et des avoisinants). Un premier prédimensionnement des fondations est réalisé ;
- la phase projet PRO, qui est la contribution du géotechnicien au PRO du maître d'œuvre. Elle comprend une optimisation des dimensionnements, qui permet de diminuer le coût des fondations ;
- la phase DCE/ACT, qui est la contribution du géotechnicien à la finalisation du DCE (lequel, pour mémoire, n'est pas une phase loi MOP : la norme géotechnique est donc curieusement rédigée sur ce point) et au déroulement de l'ACT. Cette prestation du géotechnicien peut être utile pour les projets très complexes, par exemple avec des variantes proposées par les entreprises.

Conseils pratiques

Il ne paraît pas opportun de réaliser une G2 après la signature d'un marché de travaux global et forfaitaire. En effet, que le géotechnicien recommande d'augmenter ou de diminuer le dimensionnement des fondations prévues au marché, dans les deux cas cela posera problème vis-à-vis du marché signé.

À l'époque des versions précédentes de la norme, il arrivait parfois pour les projets « simples » que la G2 ne soit pas réalisée. Cette omission est risquée, tout particulièrement pour les projets importants ou avec un contexte géologique complexe : la G2 est indispensable et permet normalement d'optimiser le coût des fondations.

4.3. Mission G3 : études et suivi géotechnique d'exécution

Cette mission comporte les études d'exécution des fondations. Elle relève donc de l'entreprise, et il est utile que le maître d'œuvre le précise dans le CCTP du lot en charge des fondations.

4.4. Mission G4 : supervision géotechnique d'exécution

Cette mission comprend le visa des documents d'exécution relatifs aux fondations, accompagné de visites de chantier. Pour les petits projets, en pratique, elle n'est souvent pas réalisée par le géotechnicien, le BET structure se chargeant de ces visas. Néanmoins, pour les gros projets ou les projets avec un contexte géotechnique complexe (par exemple présence d'avoisinant fragiles, zone sismique, zone argileuse), il est nécessaire de missionner le géotechnicien pour une G4.

4.5. Mission G5 : diagnostic géotechnique

Cette mission ponctuelle peut être lancée en début de phase conception, ou indépendamment de tout projet, après un sinistre dans l'existant. Elle vise à identifier l'influence d'un élément souterrain existant, typiquement une fondation existante, ou encore un mur de soutènement existant. Des fouilles de reconnaissance de fondations existantes, par exemple, peuvent être considérées comme une mission G5.

En résumé :

Les documents essentiels sont les rapports G1 et l'AVP G2, réalisés par le géotechnicien spécialement pour le projet et en tenant compte des descentes de charge du projet.

Ces rapports sont indispensables à l'ingénieur structure de l'équipe de maîtrise d'œuvre pour étudier et décrire les fondations. D'où la règle fondamentale :

> **Règle d'or du rapport de sol**
>
> Si un PRO comporte des fondations, ne jamais déclencher la phase PRO sans avoir fourni au maître d'œuvre, *a minima*, le rapport G2 AVP et, de préférence, le rapport G2 PRO.

4.6. Comparaison de la nouvelle version de la norme avec l'ancienne

De 2006 à 2014, les missions en phase conception étaient désignées par les termes G11, G12 et G2 :

- la G11 correspondait à l'étude du site, menée indépendamment du projet ;
- la G12 correspondait à l'application au projet, avec prédimensionnement de fondations ; et
- la G2 à la phase PRO.

<table>
<tr><th colspan="9">Comparatif des évolutions du contenu des missions géotechniques</th></tr>
<tr><td>Norme NF P 94-500 de 2006</td><td colspan="2">G11</td><td colspan="2">G12
compris prédimensionnement</td><td colspan="2">G2</td><td>G3</td><td>G4</td></tr>
<tr><td rowspan="2">Norme NF P 94-500 de nov. 2013</td><td colspan="3">G1</td><td colspan="3">G2</td><td>G3</td><td>G4</td></tr>
<tr><td>ES</td><td colspan="2">PGC</td><td>AVP compris prédimensionnement</td><td>PRO</td><td>DCE/ACT</td><td></td><td></td></tr>
</table>

La différence fondamentale introduite par la nouvelle norme est que l'étape (fondamentale) de prédimensionnement des fondations est passée de la phase G1 (plus précisément G12) à la phase G2 (plus précisément AVP).

Si le maître d'ouvrage se limite à commander une G1, le maître d'œuvre se trouve donc sans prédimensionnement des fondations, ce qui pose problème.

On peut se demander si l'une des motivations de cette modification de la norme n'est pas la volonté de la profession géotechnique d'encourager la réalisation de G2, rarement lancées auparavant.

4.7. Dans quels cas peut-on se passer de géotechnicien ?

À toute règle ses exceptions. Pour un pavillon sur un « bon sol » ou une véranda, on ne fait souvent pas appel à un géotechnicien, on se contente de se baser sur les règles de l'art (DTU). En cas de doute pour un cas semblant très simple, consulter le maître d'œuvre ou consulter l'annexe de la norme NF P 94-500 portant sur la géotechnique appliquée au cas des maisons individuelles.

Sur ce sujet des cas apparemment simples, on peut consulter un ouvrage très didactique : Menad Chenaf et Nicolas Ruaux, *Fondations – Conception, dimensionnement et réalisation – Maisons individuelles et bâtiments assimilés*, CSTB.

Aussi surprenant que cela puisse paraître, même pour un parking au sol constitué d'une simple voirie sans aucune fondation, les spécialistes VRD recommandent de réaliser une étude de sol, afin de vérifier la portance des couches de sol. Il peut aussi être nécessaire de confier au géotechnicien des études d'infiltration des sols.

4.8. Quelles sont les situations à risque en termes de géotechnique ?

Les projets à risque, indépendamment de la taille du projet, sont notamment :

- les projets en zone sismique (consulter www.planseisme.fr) ;
- les projets avec fondations dans la nappe phréatique ;
- les sous-sols argileux : le retrait des argiles en cas de sécheresse, et leur gonflement, sont responsables de très nombreux sinistres ; depuis 2018, l'étude géotechnique est une obligation légale[1] ;
- les zones de fontis et d'anciennes carrières de gypse (consulter http://infoterre.brgm.fr/).

Par ailleurs, l'hétérogénéité du terrain identifiée grâce aux analyses documentaires est un facteur conduisant à augmenter le nombre de sondages. Ainsi, dans une ancienne zone de remblais, on réalisera beaucoup plus de sondages qu'en pleine campagne.

Zoom sur…

… les fontis

Les fontis sont des décompressions du sous-sol, dues à la dissolution de gypse ou à d'anciennes carrières de gypse, notamment présents à Paris et en Seine-Saint-Denis. Ils peuvent comporter des cavités assez grandes pour qu'un homme puisse y entrer ! Dans les zones de fontis, il convient de réaliser avant le projet une campagne de reconnaissance avec un maillage serré au droit des futurs appuis. Les investigations sont ensuite suivies d'une campagne d'injections, réalisées avec différents types de coulis de ciment.

Une campagne de reconnaissance peut être nécessaire pour vérifier l'efficacité des injections réalisées.

1 Article L112-20 et suivants du Code de la construction et de l'habitation.

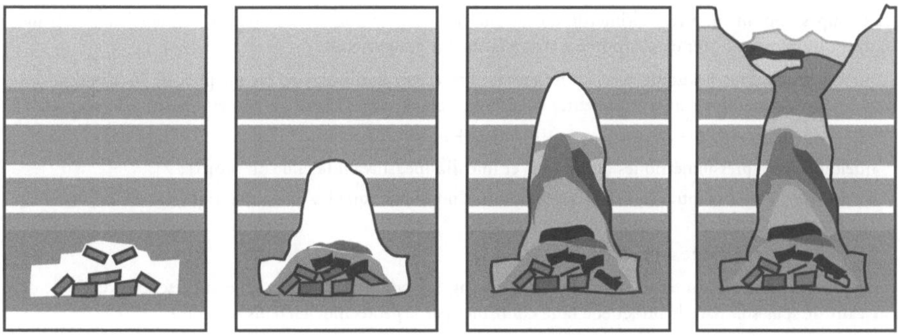

Figure 49 – Mécanisme de création des fontis.

4.9. Rédiger un cahier des charges de mission du géotechnicien

D'après la norme NF P 94-500, c'est au géotechnicien de définir le programme des investigations.

Pour consulter un géotechnicien, il faut bien cependant disposer d'un cahier des charges et d'une DPGF. La solution idéale est de faire rédiger ce cahier des charges au maître d'œuvre. L'ingénieur structure de l'équipe de maîtrise d'œuvre est en effet la personne la mieux placée pour connaître les enjeux structurels du projet, les ordres de grandeur des descentes de charge et le positionnement des porteurs. Il sera de plus l'utilisateur futur du rapport géotechnique, et nul n'est donc mieux placé pour définir le niveau de détail souhaité pour les études géotechniques.

Le programme des investigations doit cependant être validé par le géotechnicien conformément à la norme.

Néanmoins, il peut se présenter des cas où – le maître d'œuvre n'étant pas encore désigné – on souhaite lancer sans tarder la mission géotechnique dans le but de disposer du rapport géotechnique au moment opportun.

Se pose alors pour l'AMO l'épineuse question de rédiger le cahier des charges en l'absence du BET structure. On trouvera ci-dessous quelques conseils pour réaliser cet exercice, plus complexe qu'il n'y paraît.

Conseils pratiques pour le cahier des charges de la mission géotechnique

Première règle : ne jamais prévoir une G1 sans G2.

Deuxième règle : demander que le géotechnicien valide et précise dans son offre de mission le programme des sondages et essais (*in situ* et en laboratoire), ou qu'il le modifie s'il le juge inadapté. Typiquement, il faut demander que le géotechnicien valide ou corrige la profondeur des sondages.

Troisième règle : renvoyer systématiquement vers la norme NF P 94-500.

Il est utile de préciser explicitement que le géotechnicien fournira un prédimensionnement sommaire des fondations courantes du projet, car la norme évoque seulement des *« principes généraux de construction »* et une *« ébauche dimensionnelle de quelques ouvrages géotechniques types »*.

Regrouper en données d'entrée :

- plan de localisation ;
- plans et coupes projet ou maquette numérique.

Les coupes doivent montrer l'altimétrie du terrain naturel et le nombre de niveaux de plancher. Les plans doivent montrer une première hypothèse d'emplacement des porteurs.

Pour un projet dans l'existant avec un ensemble d'ouvrages localisés, fournir un plan de localisation des ouvrages structurels pressentis et présenter la nature de ces ouvrages (fosse d'ascenseur, poteaux à créer, etc.).

Typiquement, on peut demander dans le cahier des charges :

- quelques essais pressiométriques (entre trois et une dizaine, suivant la taille du projet) ;
- quelques sondages carottés (au moins deux, moins nombreux que les pressiométriques), suivis d'essais en laboratoire ;
- au moins un piézomètre avec relevés sur un an.

Une profondeur de 25 m est courante pour les sondages, à adapter en fonction de la présence éventuelle de niveaux de sous-sols dans le projet et à faire confirmer par le géotechnicien dans son offre.

Suivant la taille du projet, prévoir une G2 PRO et une G4 en tranches optionnelles ou non.

Le tableau ci-contre récapitule les missions géotechniques en bâtiment.

5. Gérer les terres polluées

Pour les projets nécessitant des excavations avec évacuation des terres, il faut se poser la question de l'éventuelle nécessité d'un *diagnostic pollution*, appelé aussi diagnostic « qualité des sols et du sous-sol ».

En effet, les terres évacuées sont considérées comme un déchet, et leur coût d'élimination est très différent suivant la nature des terres. Si les terres sont polluées, le coût d'élimination risque d'être important. Pour fixer un ordre de grandeur, un terrain de 5 000 m^2 peut nécessiter 2 M€ de gestion des terres polluées.

Grâce au diagnostic qualité des sols et du sous-sol, on sera à même de prévoir le coût pour le projet de l'élimination des terres.

Il est important d'identifier ces coûts dès l'APS, car ils peuvent être conséquents, et le volume des terres à éliminer est directement lié à la consistance même du projet : nivellement et nombre de sous-sols. La découverte tardive d'un tel surcoût peut remettre en question tout le projet et engendrer des retards importants.

Le diagnostic, à confier à un bureau d'études certifié en sites et sols pollués (tous les géotechniciens ne sont pas compétents pour ces analyses), déterminera notamment :

- les teneurs en métaux lourds ;
- les teneurs en hydrocarbures ;
- les teneurs en PCB, etc.,

et donnera des recommandations pour la *réhabilitation du site* si nécessaire. Le diagnostic consiste à prélever des terres à la tarière ou avec un engin de chantier et à les analyser en laboratoire.

Les études relatives à la pollution des terrains sont régies par la série de normes NF X 31-620 *Qualité du sol – Prestation de services relatives aux sites et sols pollués.*

Point de vigilance

Le coût d'élimination des terres est généralement évalué au mètre cube de terres foisonnées, et le volume des terres foisonnées diffère du volume mesuré sur plans (le coefficient de foisonnement dépendant du type de terres : plus faible pour du sable, plus fort pour des pierres).

Mission	Contenu	À la charge financière de qui ?	À réaliser dans quels cas ?	À quel moment réaliser cette mission ?	Données d'entrée nécessaires au géotechnicien	Objectif principal	Utilité du rendu
G1	Étude de site	MOA (sauf si confié au MOE)	Obligatoire pour tout projet avec des fondations (sauf cas simple, comme maison individuelle simple, etc.).	Idéalement avant l'APS	Plan de localisation. Plans et coupes esquisse, avec hypothèse de localisation des porteurs et altimétrie des planchers.	Identification du contexte géologique	Indispensable au BET structure pour réaliser son APS
	Principes généraux de construction					Définition du type de fondations	
G2	Avant-projet	MOA (sauf si confié au MOE)	Obligatoire puisque comprend le prédimensionnement sommaire des fondations.	Durant l'APS ou durant l'APD	Le dossier APS : plans, coupes, lot structure. Si possible : descentes de charge sur chacun des porteurs	Prédimensionnement sommaire des fondations	Les conclusions sont à intégrer par le BET structure dans son rendu.
	Projet	MOA (sauf si confié au MOE)	Pour les grands projets et pour ceux avec un contexte géologique complexe. Pour les projets de moyenne importance, pour optimiser le coût des fondations.	Durant le PRO	Les plans et coupes Structure PRO	Optimiser le coût des fondations	Les conclusions sont à intégrer par le BET structure dans son PRO.
	DCE/ACT	MOA (sauf si confié au MOE)	Pour les projets complexes avec variantes	En fin de PRO et durant l'ACT		Assister MOE et MOA en phase ACT	
G3	Études d'exécution	Entreprise en charge des fondations	Pour tout projet avec des fondations*				
G4	Visas	Théoriquement MOA, mais couramment intégré à la mission de MOE.	Pour les grands projets, ceux avec un contexte géologique complexe. Nécessite la réalisation préalable d'une G2 par le géotechnicien.				
G5	Diagnostic géotechnique	MOA	En cas de nécessité particulière, soit dans le cadre d'un projet, soit indépendamment de tout projet, par exemple suite à un sinistre	À tout moment : préalablement à un projet, en cas de sinistre, etc	Contenu précis de la problématique à résoudre	Identifié au cas par cas	

* Parfois, l'entreprise ignore la dénomination G3, mais – peu importe – ce qui compte, c'est que les études d'exécution des fondations soient faites correctement.

Dans quels cas lancer un diagnostic pollution des sols?

Si le terrain a accueilli dans le passé une installation classée (dans le jargon administratif, s'il appartient à un SIS, secteur d'information sur les sols), le Code de l'environnement[1] exige une étude de sol, dont le contenu est réglementé. Une attestation d'un bureau d'études certifié devra être jointe au dossier de permis de construire, garantissant la réalisation de cette étude des sols et sa prise en compte dans la conception du projet[2].

La présence d'un secteur d'information sur les sols est indiquée au PLU.

Plus généralement, si le site du projet est un ancien site industriel (ou militaire), il est sage de recommander un diagnostic pollution des sols. Il existe une base de données des sols pollués, la Basol[3], évidemment non exhaustive.

Sans information précise sur l'histoire du site, il faut faire une analyse de risques en fonction du site et du volume d'excavations prévues par le projet. On peut considérer qu'à partir de 1 500 m^3 la question doit se poser.

Pour en savoir plus sur les terres polluées

Consulter le site Internet du ministère: www.ecologique-solidaire.gouv.fr/sites-et-sols-pollues.

---

6. L'identification des réseaux VRD existants

Le plan des réseaux VRD existants est une donnée importante pour tout projet comportant des excavations, même peu profondes, en espaces extérieurs.

6.1. Une procédure pour sécuriser les travaux

En préalable à tout projet comportant des aménagements extérieurs, et en particulier sur le domaine public, le maître d'ouvrage a l'obligation[4] de consulter les exploitants de réseaux VRD pour connaître l'emplacement de leurs réseaux sur le site. Ces concessionnaires sont très variés: Enedis, Orange, GRDF, la mairie de la commune, le gestionnaire des réseaux de feux tricolores, les gestionnaires de réseaux locaux de chaleur, le génie militaire, etc.

On peut se demander si cette procédure est nécessaire pour les projets sur un terrain privé. La réponse est positive: même sur un terrain privé, il arrive couramment de rencontrer des réseaux VRD appartenant à des concessionnaires. Le maître d'ouvrage professionnel et ses AMO ne peuvent donc pas négliger ce risque.

La réforme de 2011[5], dite anti-endommagement, motivée par les nombreux accidents (plus de 100 000 endommagements par an, dont 4 500 sur les seuls réseaux de gaz), a institué un guichet unique sur Internet, où s'effectue la consultation des exploitants de réseaux.

---

1 Article L125-6 du Code de l'environnement.

2 Code de l'environnement, articles L556-1 à 3 et R556-1 à 3.

3 http://basol.developpement-durable.gouv.fr.

4 Articles L554-1 à L554-2, R554-1 à R554-9 et R554-19 à R554-34 du Code de l'environnement.

5 Arrêté du 23 décembre 2010 relatif aux obligations des exploitants d'ouvrages et des prestataires d'aide envers le télé-service reseaux-et-canalisations.ineris.fr.

La procédure de consultation des plans des réseaux existants a pris le nom de *déclaration de projet de travaux* (DT). De plus en plus de plans géoréférencés des réseaux existants sont disponibles en consultation sur le guichet unique.

Cette procédure de consultation des exploitants est à la charge du maître d'ouvrage, mais à partir d'une certaine complexité de projet il est préférable de la confier à un BET VRD, désigné dans la réglementation *prestataire d'aide*. Pour les projets comportant un lot VRD, il est idéal de confier cette prestation au BET VRD qui assure la maîtrise d'œuvre du lot VRD.

S'il est missionné, le BET VRD ira au-delà de la déclaration du projet de travaux (DT) sur le guichet unique ; il proposera une mission particulière présentée ci-dessous : la mission Plan de synthèse VRD des existants ou Enquête concessionnaires VRD.

Pour jouer ce rôle, le BET VRD doit être formé et disposer d'une habilitation, l'*autorisation d'intervention à proximité des réseaux* (AIPR). Il signe une convention annuelle avec le guichet unique.

6.2. La mission Plan de synthèse VRD

Cette prestation est indispensable pour les projets d'espaces publics extérieurs et consiste principalement à :

- consulter le guichet unique pour recueillir la liste des exploitants de réseaux présents sur le site ;
- rédiger et transmettre en ligne aux exploitants l'imprimé *Déclaration de projet de travaux* (DT) pour le compte du maître d'ouvrage[1] ;
- recevoir en retour les plans de réseaux géoréférencés transmis par les exploitants, qui précisent leur *classe de précision* : classe A si l'implantation est assez précisément connue, classe B en cas d'incertitude moyenne sur la position, classe C en cas d'incertitude supérieure à 1,5 m ;
- réaliser un plan de synthèse ou une maquette de synthèse (dans le repère géodésique officiel RGF93) faisant apparaître tous les réseaux existants sur le fond de plan de l'existant.

Plusieurs relances peuvent être nécessaires pour obtenir une certaine fiabilité des réponses.

Typiquement, on rencontre souvent le cas d'exploitants qui répondent qu'ils ne possèdent aucun réseau sur le site du projet, alors que le BET constate, grâce aux visites du site, que des équipements techniques leur appartenant sont pourtant clairement visibles sur le terrain.

Le résultat de cette mission est le plan de synthèse VRD de la zone, qui est le document de base de l'étude VRD du projet, et qui doit être une des pièces du dossier de consultation des entreprises. Le Code de l'environnement exige d'ailleurs que les réponses aux DT soient communiquées aux entreprises. Le plan de synthèse VRD rassemble ces réponses.

Pour désigner l'appui à apporter au maître d'ouvrage sur ces sujets, on rencontre parfois le terme *prestataire d'aide du responsable de projet pour l'application des dispositions des articles L554-1 et R554-1 du Code de l'environnement.*

---

1 Article R554-21 du Code de l'environnement.

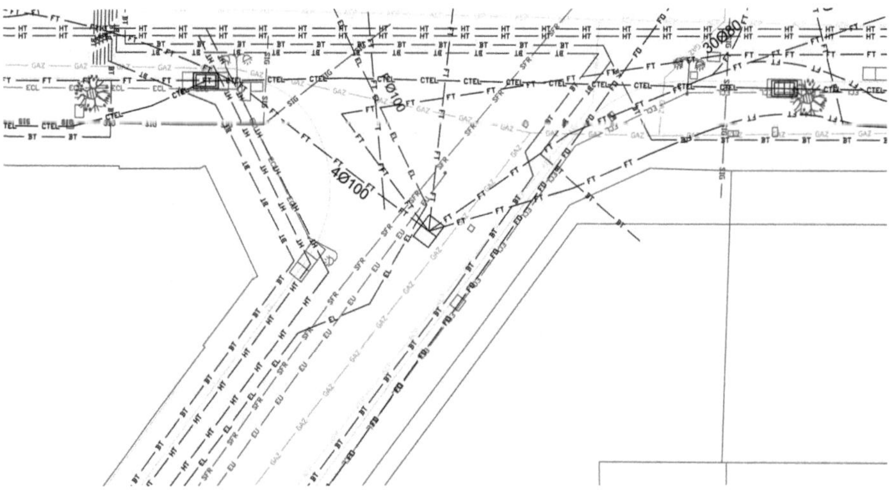

Figure 50 – Zoom extrait d'un exemple de plan de synthèse VRD, montrant des réseaux concessionnaires sur un carrefour.

6.3. Le plan de synthèse VRD fait-il partie de la mission du maître d'œuvre?

Pour les projets de bâtiments sans aménagements extérieurs significatifs, il est courant que le maître d'œuvre réalise à titre commercial la prestation de gestion des DT et de plan de synthèse VRD, sans réclamer au maître d'ouvrage d'honoraires supplémentaires. Il n'en reste pas moins que la responsabilité des DT relève de la maîtrise d'ouvrage, qui peut:

- la réaliser avec ses propres services internes;
- la confier à un prestataire d'aide (BET VRD conventionné par l'Ineris);
- la confier au maître d'œuvre.

Cette dernière solution est souvent la plus simple.

Point de vigilance: les investigations complémentaires

Une innovation importante introduite par la réforme de 2011 est l'obligation pour le maître d'ouvrage, si les réponses des exploitants comportent une classe de précision B ou C sur le positionnement des réseaux, de missionner un prestataire qualifié pour réaliser des investigations complémentaires[1] afin de localiser plus précisément les tronçons incertains.

Ces investigations complémentaires peuvent être réalisées au cours des études, ou bien faire l'objet d'un lot de travaux préliminaires inclus au(x) marché(s). Les textes prévoient des règles de répartition des coûts de ces investigations entre le maître d'ouvrage et l'exploitant du réseau.

Il existe toutefois de nombreux cas de dispense de ces investigations complémentaires, notamment en fonction de la nature des réseaux (présentant ou non des risques d'accident), de la taille du chantier et du lieu du projet.[2]

1 Article R554-23 du Code de l'environnement.
2 Idem.

Au-delà de la simple obligation réglementaire, il faut être conscient que, dans un site urbain dense, se contenter d'un plan de synthèse VRD établi sans investigations sur le terrain fait courir le risque de s'exposer à de graves surprises en chantier. On a fort intérêt à faire réaliser des investigations complémentaires consistant au minimum à faire ouvrir les tampons, regards et chambres de tirage présents sur le site.

Règle d'or des investigations complémentaires

Dans un site urbain dense, le plan de synthèse VRD doit être complété par des investigations complémentaires avec ouverture des émergences, pour éviter des surprises en chantier. Certains géomètres réalisent ce type de mission.

Pour en savoir plus sur les DT VRD et les investigations complémentaires

Consulter le *Guide d'application de la réglementation relative aux travaux à proximité des réseaux – Fascicule 1 Dispositions générales*, sur le site www.reseaux-et-canalisations.ineris.fr, rubrique « Construire sans détruire ».

7. Le diagnostic pyrotechnique

Certains sites présentent des risques pyrotechniques, rappelés par le PLU.

Le diagnostic pyrotechnique, qui vise à identifier les explosifs issus des conflits armés, peut inclure :

- une évaluation préliminaire visant à identifier un éventuel risque pyrotechnique sur le terrain ;
- une d'étude historique, visant à identifier la nature, la localisation et la concentration des explosifs ;
- une phase de détection des munitions enterrées sur le terrain grâce à des moyens géophysiques.

Une campagne de dépollution est ensuite à mener.

8. Le diagnostic archéologique

Si le site est identifié sur la *carte archéologique nationale*, le préfet de région peut ordonner l'organisation d'une campagne d'archéologie préventive.

Pour en savoir plus sur le diagnostic archéologique

Consulter le site de l'Institut national de recherches archéologiques préventives (Inrap), www.inrap.fr.

Consulter le livre V du Code du patrimoine, relatif à l'archéologie.

9. Les acquisitions de données dans l'existant

Les projets comportant des interventions sur des bâtiments existants nécessitent de nombreuses autres données.

9.1. Le repérage amiante

Pour tout projet dans un bâtiment existant construit avant 1997, tant en rénovation qu'en démolition, le maître d'ouvrage doit fournir aux intervenants en phase conception (maître d'œuvre, coordonnateur SPS), puis aux entreprises, un *repérage amiante avant travaux*[1]. Ce diagnostic, qui est un document fondamental, est souvent incomplet (voire absent dans certains projets de copropriété ou avec des maîtres d'ouvrage particuliers), et l'AMO conducteur d'opération doit être vigilant sur ce point, surtout sur les chantiers importants. En cas d'absence ou d'insuffisance de repérage, la responsabilité civile et pénale du donneur d'ordre (le maître d'ouvrage) peut être engagée pour mise en danger de la vie d'autrui. Le respect de la réglementation et de la norme sur le repérage amiante[2] permet donc de limiter cette responsabilité du donneur d'ordre.

Dans la terminologie officielle, les rapports de diagnostic amiante utilisés dans le cadre d'un projet peuvent être de deux natures :

- « repérage avant réalisation de travaux dans les immeubles bâtis » (mission Travaux) ; ou
- « repérage avant démolition d'immeuble bâti » (mission Démolition).

Point de vigilance

Seuls ces deux types de rapport sont exploitables pour le maître d'œuvre et pour les entreprises. Les rapports dits « repérage avant-vente » et « repérage en vue de compléter ou de constituer les dossiers techniques amiante et dossiers amiante parties privatives » ne conviennent pas, car ils sont moins détaillés.

9.1.1. Obligations du donneur d'ordre vis-à-vis du repérage amiante

Le donneur d'ordre doit communiquer à l'opérateur le programme détaillé des travaux (comprenant le plan de périmètre de repérage). L'opérateur établit ensuite son programme de repérage avant travaux, qu'il transmet au donneur d'ordre pour avis. Le donneur d'ordre doit vérifier la cohérence entre le programme des travaux et le programme de repérage et transmettre ses éventuelles observations à l'opérateur.

L'opérateur reste cependant seul responsable de la définition des prélèvements à réaliser.

Le repérage amiante est inclus au DCE et communiqué au coordonnateur SPS.

---

1 Arrêté du 16 juillet 2019 relatif au repérage de l'amiante avant certaines opérations réalisées dans les immeubles bâtis.

2 NF X46-020 : Repérage amiante – Repérage des matériaux et produits contenant de l'amiante dans les immeubles bâtis – Missions et méthodologie, article 4.2.

9.1.2. Conseils pour une analyse critique du diagnostic amiante

Le plus important n'est pas tant d'examiner les pages volumineuses consacrées aux résultats des analyses en laboratoires, pages difficiles à vérifier.

Ce qu'il est important de vérifier dans le rapport, ce sont les plans ou les croquis de localisation de l'amiante, et sa nature, par exemple :

- colle de carrelage ;
- colle de revêtement souple de sol ;
- flocage en plafond ;
- réseau en fibrociment ;
- cheminée en fibrociment ;
- mastic de joints de vitrages ;
- joint bitumineux entre ouvrages béton ;
- calorifugeage de réseaux ; et même, parfois
- peinture contenant de l'amiante.

Le Code de la santé publique comporte trois listes types de matériaux susceptibles d'être amiantés, dites listes A, B et C.

Si le rapport ne comporte pas de plans ou de schémas de localisation, il faut demander qu'il soit complété. En effet, même si le maître d'œuvre arrivait à s'en passer, les ouvriers sur le chantier auront besoin de plans de localisation, qui sont imposés par la norme sur le repérage amiante[1].

Les plans ou schémas de localisation doivent être limpides pour quelqu'un qui connaît les lieux. Il ne doit pas y avoir d'ambiguïté sur la localisation, qui est généralement repérée par un *a* en rouge.

Le rapport doit montrer clairement dans chaque zone impactée le type d'amiante dont il s'agit ; à la lecture, il faut qu'on comprenne si c'est le plafond, le sol, etc. qui est touché.

Le périmètre du repérage réalisé doit être cohérent avec la localisation des travaux prévus. Par exemple si le projet consiste à installer un ascenseur dans un bâtiment, le périmètre de repérage doit porter sur tous les étages dans la zone concernée.

Enfin, il faut vérifier l'exhaustivité du repérage, par rapport au périmètre projet. Même s'il n'existe qu'un local de quelques mètres carrés non diagnostiqué, l'AMO conducteur d'opération doit demander un complément pour obtenir un diagnostic exhaustif.

Exemple vécu : tout le périmètre projet d'un grand bâtiment est diagnostiqué sauf un minuscule local toilettes. Une investigation complémentaire est demandée. Le local se révèle amianté.

L'*exhaustivité* du repérage est une obligation réglementaire imposée au diagnostiqueur[2].

---

1 Idem, article D.6.2.

2 Articles 2 et 3 de l'arrêté du 12 décembre 2012 relatif aux critères d'évaluation de l'état de conservation des matériaux et produits de la liste A contenant de l'amiante et au contenu du rapport de repérage.

9.2. Le repérage plomb

Pour mémoire, le plomb est dangereux pour les jeunes enfants et les femmes enceintes.

Aussi étonnant que cela puisse paraître, l'obligation du repérage plomb avant travaux ne figure pas clairement dans la réglementation à l'heure actuelle. Elle découle des principes généraux de prévention et des recommandations des Carsat/Cramif.

Comme pour l'amiante, le rapport doit être clair et exhaustif pour les projets dans l'existant : il localise les peintures au plomb et leur état de dégradation sur un plan de repérage.

Le rapport plomb n'est nécessaire que pour les bâtiments ou partie de bâtiments antérieurs à fin 1948, date d'*interdiction de la peinture au plomb*. En pratique, il faut demeurer conscient que, si les entreprises ont normalement cessé d'utiliser de la peinture au plomb à cette date, des particuliers ont continué d'en appliquer bien longtemps après l'interdiction.

Outre les peintures au plomb, on peut rencontrer des canalisations d'eau en plomb, canalisations qui seront alors à remplacer.

Le repérage plomb doit être intégré aux pièces des marchés de travaux.

Quel sera l'impact sur le projet du repérage plomb ?

Plusieurs techniques de gestion du plomb existent, entre lesquelles il faudra choisir.

9.2.1. Pour les locaux existants conservés et rénovés

Le recouvrement des surfaces

Cette technique consiste à rendre inaccessible les peintures plombées situées sur un mur ou un cloisonnement conservé : recouvrement par peinture, recouvrement par doublage ; cette solution est peu onéreuse, mais la présence du plomb n'est pas supprimée ; des précautions particulières sont à prendre par l'entreprise pour la préparation des supports (brumisation ou aspiration, EPI). L'inconvénient du doublage, c'est qu'à long terme la présence de plomb ne sera pas détectée par les diagnostiqueurs sans sondage destructif. Ces solutions sont parfaitement réglementaires, cependant on ne peut que les déconseiller.

L'enlèvement par remplacement d'éléments

Cette technique peu onéreuse consiste à évacuer en décharge un élément comprenant du plomb : porte, fenêtre, plinthe, radiateur, etc. Cette technique génère des volumes importants de déchets.

Le retrait du plomb par décapage chimique, ou par décapage mécanique (ponçage), ou par grenaillage/sablage (par exemple pour un pont)

Ces techniques consistent à éliminer le plomb présent sur un support à conserver. C'est ce qu'on appelle le *déplombage*. Le coût des travaux est bien supérieur aux méthodes de recouvrement et d'enlèvement, car les travaux sont très contraignants pour l'entreprise, mais on obtient un résultat sans plomb. C'est la solution souhaitable pour le traitement d'un mur conservé, d'une menuiserie historique à conserver ou encore d'une structure métallique.

9.2.2. Pour les bâtiments démolis et pour les cloisonnements intérieurs démolis

Il n'existe pas actuellement d'obligation de retrait du plomb avant démolition. Le plomb se trouve donc mêlé aux déchets de démolition ; le type de décharge dépend du résultat de tests normalisés.

L'entreprise doit prendre des précautions particulières : EPI, et surtout humidification en cours de démolition.

Pour en savoir plus

Consulter le guide OPPBTP très complet et détaillé, car destiné aux entreprises, téléchargeable sur : www.preventionbtp.fr/Documentation/Explorer-par-produit/Information/Dossiers-prevention/Le-risque-plomb

---

Règle d'or des diagnostics amiante et plomb

Dans un projet de rénovation dans l'existant, ainsi que dans un projet comportant des démolitions, ne jamais lancer les études PRO du maître d'œuvre sans lui avoir transmis un repérage amiante et un repérage plomb clairs et exhaustifs sur le périmètre projet.

9.3. Diagnostics techniques et diagnostics structure

Ces diagnostics faisant partie des éléments de mission du maître d'œuvre, voir plus bas le chapitre relatif à la phase conception.

9.4. Les recherches d'archives et les analyses historiques

Pour toute intervention sur un bâtiment à caractère patrimonial, il est hautement souhaitable de réaliser une étude historique permettant d'identifier l'époque de construction initiale, les matériaux et techniques utilisés à l'époque et les modifications subies ultérieurement par le bâtiment.

Ces informations permettront au maître d'œuvre de concevoir un projet respectueux du bâti historique.

L'identification des techniques constructives peut nécessiter la réalisation de prélèvements et d'analyses en laboratoire, par exemple pour identifier la composition précise d'un enduit à la chaux, d'un stuc, la nature et les caractéristiques des pierres utilisées, la composition sidérurgique d'un ouvrage métallique, etc.

Les recherches d'archives peuvent permettre de retrouver les plans d'origine, autant pour un bâtiment à caractère patrimonial que pour un bâtiment moderne. Ces plans d'origine sont notamment utiles pour identifier les structures porteuses, qui peuvent être masquées par des habillages.

9.5. Le diagnostic des matériaux de démolition

9.5.1. Une obligation réglementaire

Pour les projets comportant des démolitions, il est parfois obligatoire[1] et souvent souhaitable de faire réaliser un diagnostic des matériaux de démolition. Ce diagnostic est obligatoire notamment pour toute démolition de plus de 1 000 m^2 de plancher.

Pour réaliser ce diagnostic, un spécialiste évalue le volume des déchets de chaque nature que généreront les travaux de démolition.

Ce diagnostic peut difficilement être réalisé avant l'APD, car il nécessite des plans de démolition précis et définitifs. Il constitue une donnée de base pour le dossier PRO du lot démolition.

En permettant aux entreprises de mieux identifier les volumes à évacuer, il permet une réduction du coût des travaux du lot démolition.

Le diagnostic des matériaux de démolition facilite de plus le réemploi des matériaux de déconstruction, dans le cadre d'une démarche *cradle to cradle.*

9.5.2. La démarche DRIM

Depuis le développement du BIM, certains maîtres d'ouvrage dont le projet comprend des démolitions font réaliser des maquettes numériques du bâtiment à déconstruire. Ces maquettes numériques comprennent toutes les informations utiles sur le bâtiment à déconstruire : localisation, nature et caractéristiques connues de tous les composants du bâtiment, dont certains pourront être recyclés et d'autres réutilisés.

La maquette numérique peut ensuite être utilisée pour étudier le phasage et la méthodologie de la déconstruction.

L'Angleterre est en pointe sur ce sujet avec le projet DRIM (*Deconstruction and Recovery Information Modeling*), qui fait l'objet de recherches universitaires.

***Pour en savoir plus sur le* deconstruction and recovery information modeling**

Pour le projet DRIM, consulter http://www.drim-toolkit.co.uk.

Pour l'arrivée en France de cette démarche, consulter https://resolving.com/Fr/news-suez-batirim.

9.6. Autres diagnostics

Divers autres diagnostics peuvent être pertinents, par exemple :

- diagnostic termites ;
- diagnostic mérule ;
- analyse du risque foudre ;
- état des risques naturels et techniques ;
- diagnostic de couverture radioélectrique de locaux ERP enterrés, dans le cadre de l'article MS 71 du règlement ERP.

---

1 Code de la construction et de l'habitation, articles R111-43 à R111-49 et arrêté du 19 décembre 2011 relatif au diagnostic portant sur la gestion des déchets issus de la démolition de catégories de bâtiments.

10. Les acquisitions de données à confier au maître d'œuvre

L'acquisition d'un certain nombre de données d'entrée est si étroitement liée aux études de maîtrise d'œuvre, qu'il est préférable de confier au maître d'œuvre le soin de les recueillir.

Pour d'autres acquisitions de données, il est souhaitable de confier au maître d'œuvre la réalisation du cahier des charges, afin de bien cibler les besoins, mais pas la production des acquisitions de données elles-mêmes; ceci parce que le maître d'œuvre ne dispose pas des assurances adéquates, par exemple.

Enfin certaines acquisitions de données peuvent être lancées par l'AMO conducteur d'opération sans attendre la désignation du maître d'œuvre, afin d'anticiper au maximum ces prestations.

Le tableau ci-dessous propose des orientations stratégiques pour choisir entre ces différents cas.

11. Tableau récapitulatif des acquisitions de données

Récapitulatif des principales acquisitions de données nécessaires à un projet bâtiment ou travaux publics (liste non exhaustive)				
Type de diagnostic	**Pour quels projets?**	**Qui peut réaliser le cahier des charges?**	**Qui peut réaliser le diagnostic?**	**À quel moment le lancer? (proposition de réponse)**
Relevé topographique	Tout projet impactant un terrain	MOE, sinon AMO	Géomètre	Avant les études de MOE, dès l'emprise projet connue
Relevé de géomètre/ maquette numérique de l'existant (*scan-to-BIM*)	Tout projet impactant un bâtiment ou un ouvrage existant	MOE, sinon AMO BIM	Géomètre ayant la compétence de réaliser la maquette numérique de l'existant	Avant les études de MOE, dès l'emprise projet connue
Repérage amiante avant travaux ou avant démolition	Tout projet impactant un bâtiment ou un ouvrage existant construit avant 1997	AMO	Opérateur de repérage amiante	Avant l'AVP du MOE pour sécuriser les estimations
Repérage plomb avant travaux ou avant démolition	Tout projet impactant un bâtiment ou un ouvrage existant construit avant 1948	AMO	Diagnostiqueur	Avant l'AVP du MOE pour sécuriser les estimations

Type de diagnostic	Pour quels projets?	Qui peut réaliser le cahier des charges?	Qui peut réaliser le diagnostic?	À quel moment le lancer? (proposition de réponse)
Diagnostic termites	Dans les communes soumises à arrêté préfectoral	AMO	Diagnostiqueur	Avant l'AVP du MOE pour sécuriser les estimations
Rapport géotechnique	Tout projet comportant des fondations ou des voiries	MOE (BET structure). Sinon AMO Technique	Géotechnicien	G1 pendant les études de faisabilité ou études amont G2 pendant l'AVP et le PRO du MOE
Diagnostic de pollution des sols	Obligatoire pour projets dans un secteur d'information sur les sols (SIS). Souhaitable si ancien site industriel ou si volumes importants d'excavations	AMO spécialisé	Bureau d'études certifié en sites et sols pollués	Dès les études amont, pour sécuriser les estimations
Plan de synthèse des réseaux VRD existants	Tout projet impactant un terrain extérieur, avec excavation, même ponctuelle	AMO	MOE (BET VRD) ou BET VRD	Dès les études amont, pour sécuriser les estimations
Diagnostic des matériaux de démolition	Obligatoire à partir de 1 000 m² de démolition de plancher; souhaitable même en deçà	AMO	BET spécialisé	Avant le début de la phase PRO
Maquette DRIM	Présentation innovante du diagnostic ci-dessus	AMO BIM	BET spécialisé ou MOE	Avant le début de la phase PRO
Diagnostic pyrotechnique	En cas de risque (voir PLU et état des risques)	AMO	BET spécialisé	Dès les études amont
Diagnostic archéologique	Zones définies à la carte archéologique nationale. Sur décision du préfet de région.	Sans objet	« Opérateur » choisi par le MOA et validé par l'État	À la demande du préfet de région, avant les travaux

12. Récapitulatif des prestations courantes de l'AMO conducteur d'opération pendant la phase d'acquisitions de données

Quelles tâches principales l'AMO conduite d'opération peut-il réaliser durant cette phase d'acquisition des données?

L'AMO pourra notamment assurer les prestations suivantes.

Identification des acquisitions de données nécessaires et stratégie d'organisation des acquisitions de données

- Analyse du site et du programme en vue de l'identification de la liste des données à recueillir; rédaction d'une note de synthèse listant les acquisitions de données nécessaires.
- Identification pour chaque diagnostic des compétences nécessaires pour réaliser le cahier des charges et pour réaliser le diagnostic lui-même; rédaction d'une note de synthèse proposant au maître d'ouvrage l'organisation générale des acquisitions de données, pour chaque diagnostic; cette note identifiera en particulier les sujets pour lesquels il est préférable d'attendre la désignation du maître d'œuvre et ceux qu'il est opportun de lancer sans attendre la présence du maître d'œuvre; la note proposera une stratégie marché pour chaque diagnostic.
- Priorisation des acquisitions de données en fonction de leur durée prévisible et de l'étape où elles seront nécessaires; réalisation d'un planning prévisionnel détaillé des acquisitions de données, comportant les étapes cahiers de charges, consultation et réalisation du diagnostic.

Pour les diagnostics à confier à un prestataire spécialisé

- Rédaction des cahiers des charges identifiés comme pouvant être rédigés par l'AMO (exemple: repérage amiante).
- Obtention des cahiers des charges dont la rédaction a été confiée au maître d'œuvre (exemple: mission géotechnique) ou à un AMO spécialisé (AMO BIM, AMO spécialisé en sols pollués...).
- Organisation ou suivi de la consultation des prestataires.
- Proposition d'attribution des marchés.
- Pilotage du déroulement de la consultation, avec compte rendu de réunions de suivi.
- Analyse de la conformité du livrable au cahier des charges; recueil des remarques du maître d'œuvre ou d'un AMO spécialisé.

Pour les diagnostics à confier au maître d'œuvre

Par exemple: mission Plan de synthèse des réseaux du prestataire d'aide VRD.

- Analyse de la proposition de mission.
- Suivi du déroulement de la prestation.
- Analyse de la conformité du livrable à la mission confiée.

ÉTAPE 4

La désignation du maître d'œuvre et des autres intervenants

Une fois la faisabilité du projet acquise et les principales données d'entrée recueillies, l'AMO conducteur d'opération entre dans la phase de lancement de l'opération proprement dit, en désignant une série d'intervenants, contributeurs de la phase conception, puis de la phase réalisation.

Ces intervenants sont principalement :

- le maître d'œuvre ;
- le bureau de contrôle, le coordonnateur SPS et le coordonnateur SSI, qu'on peut tous trois considérer comme des prestataires AMO du maître d'ouvrage.

D'autres intervenants peuvent être nécessaires en fonction de la nature du projet.

1. Durée de cette étape

Suivant l'ampleur du projet, cette étape peut couramment s'étaler sur quatre à dix mois, suivant la procédure applicable.

2. La désignation du maître d'œuvre et sa mission

Le choix de l'équipe de maîtrise d'œuvre n'est pas une décision anodine ; c'est une responsabilité importante du maître d'ouvrage, car le projet conçu par le maître d'œuvre s'inscrira dans les espaces publics urbains et ne sera pas sans impact sur le cadre de vie.

Les références et les compétences constituent bien entendu un critère de choix plus important que le seul montant des honoraires, lesquels ne représentent qu'une dizaine de pourcents du montant des travaux.

Quelle que soit la procédure retenue, le préalable est de disposer :

- d'un programme précis ;
- d'une enveloppe financière prévisionnelle validée.

Ces deux préalables sont exigés par la loi MOP [1] et sont tout aussi nécessaires pour les opérations ne relevant pas du cadre de la loi MOP.

2.1. Les différents types de maîtres d'œuvre possibles

La mission de maîtrise d'œuvre peut être attribuée suivant les cas à un architecte, à un bureau d'études ou à un groupement de cotraitants.

Les contraintes qui pèsent sur le choix du type de maître d'œuvre sont issues :

- du Code de l'urbanisme : problématique du permis de construire ;
- pour la sphère publique du Code de la commande publique.

2.1.1. Les groupements de cotraitants

Un groupement réunit les compétences nécessaires à l'équipe de maîtrise d'œuvre, sans que les bureaux d'études ne soient sous-traitants de l'architecte.

Le *mandataire* du groupement, architecte ou parfois chargé d'affaires de bureau d'études, représente le groupement vis-à-vis du maître d'ouvrage.

Le groupement peut être *solidaire* ou *conjoint* : dans un groupement solidaire, chacun des cotraitants est engagé sur la totalité du marché, alors que dans un groupement conjoint, le marché étant divisé en lots, chaque cotraitant s'engage à exécuter le ou les lots susceptibles de lui être attribués dans le marché. Les groupements de maîtrise d'œuvre sont généralement solidaires, du fait de la difficulté de diviser une mission de maîtrise d'œuvre en lots attribuables aux différents cotraitants.

On dit que les groupements de maîtrise d'œuvre sont momentanés, par opposition aux GIE (groupements d'intérêt économiques) qui ne sont pas adaptés aux missions des maîtres d'œuvre.

Si l'équipe de maître d'œuvre est représentée par un groupement, le devis doit montrer clairement un tableau de décomposition des honoraires entre cotraitants pour chacune des phases (ou éléments de mission).

Pour en savoir plus sur les groupements dans le cas des marchés publics

Consulter le Code de la commande publique [2].

Consulter le cahier des clauses administratives générales prestations intellectuelles (CCAG PI) [3].

---

1 Maintenant incluse au Code de la commande publique.

2 Article R2142-19 et suivants du Code de la commande publique.

3 Consultable dans l'arrêté du 16 septembre 2009 portant approbation du cahier des clauses administratives générales applicables aux marchés publics de prestations intellectuelles.

2.1.2. Le statut et le rôle légal de l'architecte

Depuis la loi du 3 janvier 1977 [1], l'architecte doit respecter certaines contraintes pour pouvoir exercer officiellement sa profession :

- être inscrit à l'ordre des architectes et payer sa cotisation ;
- être assuré ;
- respecter le Code de déontologie.

Un diplômé d'une école d'architecture, ou un architecte salarié, n'a pas le droit de porter le titre d'*architecte* s'il ne s'est pas inscrit à l'ordre des architectes [2], après avoir suivi une formation complémentaire obligatoire, l'*habilitation à l'exercice de la maîtrise d'œuvre en son nom propre* (HMONP).

2.1.3. Le Code de déontologie des architectes

Le Code de déontologie [3] des architectes comporte certains points qu'il est intéressant que l'AMO connaisse :

- obligation d'établir un contrat (« *une convention écrite préalable* » dit le Code) avec ses clients ;
- « *la rémunération de l'architecte peut* (...) *faire l'objet d'un forfait si les parties contractantes en conviennent : dans ce cas elle est déterminée avant le début de la mission et fixée en valeur absolue. Cette valeur ne peut plus alors être reconsidérée que d'un commun accord entre les parties lorsqu'il y a modification du programme initial ou de l'importance de la mission* » ;
- « *un architecte qui n'a pas participé à l'élaboration d'un projet ne peut en aucun cas y apposer sa signature, ni prétendre à une rémunération à ce titre ; la signature de complaisance est interdite* » ;
- interdiction de sous-traiter le « projet architectural » du dossier de permis de construire ;
- obligation d'objectivité et d'équité quand il examine une proposition d'entreprise ;
- « *l'architecte doit s'abstenir de prendre toute décision ou de donner tous ordres pouvant entraîner une dépense non prévue ou qui n'a pas été préalablement approuvée par le maître d'ouvrage* » ;
- devoir de vérifier les demandes d'acomptes et les devis, et de les transmettre au client après vérification ;
- devoir d'assister le client pour la réception des travaux.

2.1.4. Le rôle de l'architecte dans le cadre du permis de construire

Signer un permis de construire n'est pas un acte neutre pour un architecte ; il engage sa responsabilité professionnelle : l'architecte signataire doit être l'auteur du projet, projet qui doit de plus être réalisable ; des architectes ont déjà été condamnés pour avoir signé un permis de construire sans avoir pris en compte les contraintes du site.

---

1 Loi n° 77-2 du 3 janvier 1977 sur l'architecture.

2 Décret n° 80-218 du 20 mars 1980 relatif au port du titre de Titulaire du diplôme d'architecte et à l'honorariat pris pour l'application de la loi n° 77-2 du 3 janvier 1977 sur l'architecture.

3 Accessible sur Légifrance directement à la rubrique « Codes en vigueur : Code de déontologie des architectes ».

Dans les cas où le permis de construire est obligatoire [1], le recours à un architecte pour l'établissement du projet architectural du dossier de permis de construire l'est aussi [2] :

- pour toute personne physique qui ne construit pas pour elle-même ;
- pour toute personne physique qui construit pour elle-même au-delà du seuil réglementaire de 150 m^2 de plancher (sauf pour les hangars : 800 m^2 et pour les serres : 2 000 m^2) ; ce nouveau seuil de 150 m^2 a été institué par la loi CAP [3] de 2016 ;
- pour toute personne morale publique ou privée, quelle qu'elle soit.

2.1.5. Le rôle de l'architecte dans la conception des lotissements

Depuis la loi CAP (création, architecture et patrimoine) de 2016, le recours à un architecte est obligatoire pour la conception de tout lotissement à partir de 2 500 m^2. L'architecte élabore le dossier de demande de permis d'aménager [4].

2.2. La désignation du maître d'œuvre privé en marchés publics

2.2.1. Définition des marchés de maîtrise d'œuvre

En marchés publics, on parle de marché de maîtrise d'œuvre si l'objet du marché est d'apporter une *« réponse architecturale, technique et économique au programme défini par le maître d'ouvrage pour la réalisation d'une opération »* [5].

Les marchés de maîtrise d'œuvre ont pour particularité d'être conclus à prix provisoire. Il est utile d'y préciser les conditions dans lesquelles le montant définitif des honoraires sera fixé.

2.2.2. Seuils européens de procédure formalisée

La procédure à utiliser par l'acheteur public dépend des *seuils européens de procédure formalisée*. Régulièrement mis à jour, ces seuils sont consultables sur www.service-public.fr ou www.boamp.fr (bulletin officiel des annonces des marchés publics). Si le montant du besoin (missions complémentaires comprises) s'approche du seuil européen, la procédure la plus contraignante est à prendre en compte, pour éviter des risques de retards futurs.

2.2.3. Procédures de désignation du maître d'œuvre utilisées au-dessus des seuils européens de procédure formalisée

Quatre procédures peuvent être utilisées par les acheteurs publics au-dessus des seuils européens pour attribuer un marché de maîtrise d'œuvre : le concours, la procédure négociée, l'appel d'offres et le dialogue compétitif.

---

1 Les travaux soumis à permis de construire sont définis par les articles R421-1 (pour le neuf) et R421-14 (pour l'existant) du Code de l'urbanisme.
2 Code de l'urbanisme, article R431-2.
3 Loi du 7 juillet 2016 relative à la liberté de la création, à l'architecture et au patrimoine.
4 Article L441-4 du Code de l'urbanisme.
5 Article R2172-1 et L2431-1 du Code de la commande publique.

2.2.3.1. Le concours de maîtrise d'œuvre

Au-dessus des seuils européens, le concours de maîtrise d'œuvre est obligatoire pour toute mission de conception d'un *bâtiment neuf* pour un maître d'ouvrage soumis à la loi MOP.

Point de vigilance

Comme évoqué plus haut, la loi MOP étant maintenant codifiée au sein du Code de la commande publique, on ne devrait, à strictement parler, plus parler des maîtres d'ouvrage soumis à la loi MOP, mais des *maîtres d'ouvrage soumis au livre IV* — pour reprendre la terminologie du Code[1].

Le concours de maîtrise d'œuvre est un concours restreint anonyme qui fait l'objet d'une indemnité.

Le déroulement du concours est complexe et long. En voici les étapes principales[2] :

1re étape, la sélection des candidatures :

- le maître d'ouvrage publie un avis de concours, conforme au modèle européen ;
- les candidatures sont réceptionnées puis ouvertes ;
- le maître d'ouvrage demande des compléments si certains dossiers sont incomplets ;
- le maître d'ouvrage recueille les attestations des candidats retenus ;
- la liste des participants au concours est arrêtée ;
- les candidats non retenus sont informés.

2e étape, l'analyse des projets des candidats sélectionnés et la désignation d'un lauréat :

- le dossier de concours est transmis aux participants retenus, contenant les critères d'évaluation ;
- les projets des candidats sont réceptionnés et ouverts puis transmis au jury ; le jury doit comporter au moins un tiers de professionnels possédant la qualification demandée aux candidats (par exemple un tiers d'architectes dans un jury de concours d'architecture) ;
- le jury examine les projets des candidats sur la base des critères d'évaluation et en propose un classement ; un procès-verbal consigne le classement, les observations du jury et les questions qu'il souhaite poser aux candidats ;
- l'anonymat est alors levé ;
- les candidats sont auditionnés mais ne peuvent présenter aucun nouveau document ; un nouveau procès-verbal trace les échanges et apporte des précisions, mais le classement des projets ne peut pas être modifié ;
- le maître d'ouvrage choisir le lauréat sur la base de l'avis du jury ;
- un avis de résultats de concours est publié ;
- les participants reçoivent une prime.

---

1 Article L2172-1 du Code de la commande publique.
2 Article R2162-15 et suivants du Code de la commande publique.

3ᵉ étape, le marché de maîtrise d'œuvre est négocié avec le lauréat[1] :

- le maître d'ouvrage demande au lauréat de lui remettre une offre (ce point a évolué depuis la réforme des achats publics : auparavant tous les participants remettaient une offre) ;
- la réception de l'offre est une étape difficile *car on découvre les exigences parfois excessives du lauréat* ;
- une négociation a alors lieu avec le lauréat, *jusqu'à aboutir à une convergence sur un niveau de rémunération* ;
- le marché est signé ;
- un avis d'attribution est publié.

Pour en savoir plus sur les concours de maîtrise d'œuvre

Consulter *Le concours de maîtrise d'œuvre : dispositions réglementaires et modalités pratiques d'organisation*, septembre 2017, document réalisé par la MIQCP et consultable sur www.miqcp.gouv.fr.

2.2.3.2. Les cas d'exonération de concours

Le Code de la commande publique précise les nombreux cas où le concours n'est pas obligatoire[2] : « pour l'État, ses établissements publics à caractère autre qu'industriel et commercial, les collectivités locales, leurs établissements publics », les acheteurs ne sont pas tenus d'organiser un concours pour :

- les marchés publics de maîtrise d'œuvre pour des projets dans l'existant ;
- les marchés publics de maîtrise d'œuvre pour un projet urbain ou paysager ;
- les marchés publics de maîtrise d'œuvre d'ouvrages d'infrastructure ;
- les marchés publics de maîtrise d'œuvre qui ne comportent pas de conception (par exemple mission de coordination SSI, mission d'OPC, mission d'AMO) ;
- les marchés publics de maîtrise d'œuvre des bailleurs sociaux et des Crous.

Le champ d'application du concours comme procédure obligatoire est donc bien restreint.

Cette liste était déjà applicable dans l'ancien Code des marchés publics à l'exception près :

- des projets urbains ou paysagers, qui est un nouveau cas d'exclusion introduit en 2016 ; et
- des marchés des bailleurs sociaux et Crous, cas d'exclusion introduit en 2018 qui a fait couler beaucoup d'encre.

La Mission interministérielle pour la qualité des constructions publiques et l'ordre des architectes recommandent cependant d'organiser un concours dès que le projet comporte des enjeux architecturaux ou urbains. Le principal intérêt du concours pour le maître d'ouvrage est la présence d'un jury compétent qui peut l'éclairer dans ses choix.

---

1 Article R2122-6 du Code de la commande publique.
2 Article R2172-2 du Code de la commande publique.

2.2.3.3. Les marchés négociés

Lorsque l'organisation d'un concours n'est pas obligatoire (soit du fait de la nature du projet, soit du fait de la nature du maître d'ouvrage), la procédure la plus courante pour les missions de maîtrise d'œuvre est le marché négocié avec publicité préalable et mise en concurrence[1].

Les marchés négociés avec publicité préalable et mise en concurrence (marchés négociés «à deux tours») sont la règle pour les missions loi MOP (plus précisément, pour les missions des maîtres d'ouvrage *soumis au livre IV*) en dehors des cas obligeant à l'organisation d'un concours. Cette procédure est encouragée par la mission interministérielle pour la qualité des constructions publiques, car elle permet un dialogue entre candidats et maîtrise d'ouvrage.

Les marchés négociés sont aussi autorisés après qu'un appel d'offres ait été déclaré infructueux.

La négociation est réalisée en respectant le principe d'égalité de traitement des candidats.

Déroulement de la procédure concurrentielle:

- le maître d'ouvrage sélectionne des candidats;
- il organise une rencontre avec les candidats sélectionnés, pour présenter le projet et les attentes de la maîtrise d'ouvrage;
- les candidats remettent une offre, qui ne comporte pas de plans ni de projet qui constitueraient une réponse au projet;
- la négociation se déroule, avec fixation d'une date limite de réception d'offres révisées;
- le marché est attribué et un avis d'attribution est publié.

2.2.3.4. L'appel d'offres

Dans le cadre d'un appel d'offres, la personne publique choisit l'attributaire, sans négociation, sur la base de critères objectifs préalablement portés à la connaissance des candidats. Le point important est l'absence de négociation: les offres sont définitives et aucun échange ne peut avoir lieu avec les candidats.

Du fait de l'absence de dialogue, l'appel d'offres est inapproprié pour toute mission de maîtrise d'œuvre comportant de la conception, qu'elle soit architecturale ou technique. Il n'est donc cité ici que pour mémoire.

2.2.3.5. Le dialogue compétitif

Cette procédure assez rarement utilisée permet d'associer les candidats à la définition de la solution répondant le mieux au besoin du maître d'ouvrage.

Ne s'agissant pas d'un concours, cette procédure ne permet pas de demander aux candidats un plan ou un projet.

Elle est utilisée dans les projets complexes pour associer le prestataire à la mise au point du programme, par exemple si le maître d'ouvrage maîtrise mal les techniques innovantes envisageables, et souhaite dialoguer avec le prestataire pour définir la meilleure solution.

1 Article R2124-3 du Code de la commande publique.

Point de vigilance

L'organisation d'un dialogue compétitif est complexe et demande une bonne organisation de la maîtrise d'ouvrage, pour garantir la transparence et l'égalité de traitement des candidats. Elle est à réserver aux très rares cas d'impossibilité de définir le programme sans associer le maître d'œuvre.

2.2.4. Procédures de désignation du maître d'œuvre utilisées en dessous des seuils européens de procédure formalisée

En dessous des seuils européens de procédure formalisée, les marchés de maîtrise d'œuvre sont conclus suivant la *procédure adaptée* (c'est-à-dire sans contrainte de procédure, tout en respectant cependant les principes de transparence et d'égalité de traitement).

En cas d'enjeux architecturaux ou urbains, un concours, bien que n'étant jamais obligatoire, peut être pertinent.

À partir de 90 k€, un avis d'appel public à la concurrence est obligatoire.

En dessous, le maître d'ouvrage doit procéder à une « publicité suffisante ».

2.2.4.1. La procédure adaptée sans remise de prestation

Cette procédure est beaucoup plus simple à organiser qu'un concours de maîtrise d'œuvre, tout en permettant le dialogue préalable entre la maîtrise d'ouvrage et les candidats ; dialogue qui permet au maître d'ouvrage de s'assurer de la bonne compréhension des enjeux du projet.

Étapes de la procédure adaptée sans remise de prestation

- Préalable nécessaire : disposer du programme et de l'enveloppe financière prévisionnelle des travaux.
- Identifier le montant prévisionnel de la mission de maîtrise d'œuvre et vérifier qu'il ne dépasse pas les seuils européens.
- Publier, *via* le profil acheteur, un avis de marché précisant :
  - la procédure prévue, à savoir sélectionner des candidats qui seront invités à remettre une offre, puis négociation avec le candidat ayant présenté la meilleure offre ;
  - les critères de sélection des candidats, basés sur leur dossier de référence, leur expérience et leurs moyens ;
  - le délai de remise des candidatures ;
  - le nombre de candidats qui seront retenus (couramment trois candidats) ;
  - les critères d'attribution du marché.

  Si le besoin prévisionnel dépasse 90 k€, l'annonce doit être publiée par voie légale.
- Analyser les candidatures et sélectionner les candidats retenus.
- Organiser éventuellement une réunion de présentation des enjeux du projet.
- Inviter ensuite les candidats sélectionnés à remettre une offre, qui ne comportera aucun rendu (contrairement au concours).
- Analyser les offres (souvent par le biais d'une commission comportant des professionnels compétents) et les classer.
- Négocier le marché avec le candidat classé premier.
- En cas d'échec, négocier avec le candidat classé second.

Point de vigilance

Pour mémoire les offres anormalement basses doivent faire l'objet d'une demande de justification et doivent être écartées si elles ne justifient pas de manière satisfaisante la cohérence de leur niveau de prix.

2.2.4.2. Le concours de maîtrise d'œuvre

Le concours, évoqué plus haut, est une procédure possible en dessous des seuils européens, bien que non obligatoire.

2.2.4.3. L'appel d'offres

Inadapté pour des missions comportant de la conception, car il interdit tout dialogue avec le candidat, l'appel d'offres est donc utilisé pour des missions sans conception, par exemple des missions d'OPC, de coordination SSI ou d'AMO.

Point de vigilance

L'appel d'offres au moins-disant est inadapté pour une prestation intellectuelle même sans conception : il conduit au *dumping* et risque d'occasionner de graves dysfonctionnements en phase chantier.

2.2.4.4. Petites prestations de maîtrise d'œuvre

En dessous de 25 k€, le marché peut être passé sans publicité ni mise en concurrence préalable. Il doit toutefois respecter la loi sur l'architecture et les prescriptions du Code de la commande publique issues de la loi MOP, ainsi que les principes de transparence et de traçabilité des marchés publics[1].

Synthèse des procédures achats les plus courantes pour la désignation de la maîtrise d'œuvre en marchés publics	
En dessous des seuils européens de procédure formalisée :	**Au-dessus des seuils européens de procédure formalisée :**
Procédure adaptée sans remise de prestation	Concours
	Si cas d'exonération du concours : Marché négocié avec publicité préalable et mise en concurrence

Pour en savoir plus sur la désignation du maître d'œuvre en marchés publics

Consulter *Marchés publics de maîtrise d'œuvre – Mini-guide pour bien choisir l'architecte et son équipe*, document réalisé par l'ordre des architectes et consultable sur www.architectes.org.

2.2.5. La désignation du maître d'œuvre dans le cas des marchés globaux

Les partenariats public–privé (PPP), introduits en France en 2003, ont donné lieu à des problèmes largement documentés.

1 Article R2122-8 du Code de la commande publique.

Depuis la réforme des achats publics de 2015, ils ont été abandonnés au profit des différentes formes de *marchés globaux*.

Les *marchés globaux* peuvent être :

- des marchés de conception-réalisation : le marché comprend à la fois les études et les travaux ; l'utilisation des marchés de conception-réalisation par les maîtres d'ouvrage soumis à la loi MOP (*i.e.* soumis au livre IV) est très encadrée [1], quoique la loi Elan de 2018 ait étendu les cas d'utilisation possibles de cette procédure ;
- des *marchés globaux de performance* : le marché comprend les travaux (ou les études et les travaux) et l'exploitation ou la maintenance futures, avec des engagements de performance mesurables en matière de niveau d'activité, de qualité de service, d'efficacité énergétique ou encore d'incidence écologique ;
- des *marchés globaux sectoriels* : portant sur certains types de bâtiments listés, dans le domaine de la sécurité et de la défense ; ou
- des *marchés de partenariat*, nouvelle formule qui a remplacé les anciens partenariats public–privé [2].

La réforme des achats publics a introduit l'obligation, pour tous les marchés globaux comportant des prestations de conception d'un bâtiment, d'identifier l'équipe de maîtrise d'œuvre en charge de la conception et du suivi des travaux [3]. Cette obligation permet de clarifier la répartition des rôles au sein des équipes de l'attributaire du marché global ; elle devrait permettre d'améliorer la prise en compte de la qualité dans les ouvrages réalisés en marché global.

De plus, toujours dans le cas d'un marché global avec prestation de conception d'un bâtiment, la mission confiée à l'équipe de maîtrise d'œuvre est nécessairement conforme aux éléments de mission MOP : *a minima* APD, PRO, EXE, DET et AOR ; et possibilité d'ajouter des éléments de mission ESQ et APS [4].

Point de vigilance : marchés globaux et jury de concours

Le choix d'utiliser une procédure de marché global ne dispense pas les acheteurs soumis au livre IV (*i.e.* à la loi MOP) d'organiser un concours au-delà des seuils de procédure formalisée [5].

2.3. La désignation du maître d'œuvre en marchés privés

Généralement, ce que recherche en priorité le maître d'ouvrage privé chez un maître d'œuvre est la compétence, l'expertise, mais aussi la possibilité de nouer une relation de confiance et de partenariat.

Le réseau relationnel du maître d'œuvre est aussi un point essentiel :

- connaissance des élus locaux, des services techniques des collectivités locales, des services préfectoraux et des aménageurs ;

---

1 Articles L2171-2 et D2171-1 du Code de la commande publique.
2 Articles L1112-1, L2200-1 et suivants et R2200-1 et suivants du Code de la commande publique.
3 Article L2171-7 du Code de la commande publique.
4 Articles D2171-4 et suivants du Code de la commande publique.
5 Articles R2171-15 et suivants du Code de la commande publique.

- connaissance d'entreprises à même de réussir le chantier ou de remplacer un titulaire défaillant.

Les marchés privés de maîtrise d'œuvre sont traditionnellement attribués de gré à gré, mais la mise en concurrence se pratique aussi de plus en plus.

La mise en concurrence pour la désignation du maître d'œuvre peut couramment être imposée par l'aménageur au promoteur privé.

Alors que les articles du Code issus de la loi MOP imposent au maître d'ouvrage public d'attribuer au maître d'œuvre une mission globale couvrant la conception et le suivi de la réali-sation de l'ouvrage (c'est la *mission de base* de maîtrise d'œuvre), rien n'oblige le maître d'ouvrage privé à attribuer une mission complète à son maître d'œuvre.

C'est pourtant hautement souhaitable, car la présence du concepteur durant la préparation et la réalisation du chantier est un facteur clé de réussite, notamment en termes de qualité des ouvrages.

Un maître d'œuvre compétent aura aussi un rôle clé dans la maîtrise économique du chantier, en contrôlant les éventuels devis de travaux supplémentaires des entreprises.

2.4. Le contenu de la mission confiée au maître d'œuvre

2.4.1. La loi MOP et ses textes d'application : des documents de référence pour définir le contenu de la mission du maître d'œuvre sous maîtrise d'ouvrage publique

2.4.1.1. La loi MOP

La loi MOP a remplacé les textes de 1973 sur les « marchés publics d'ingénierie et d'architecture », textes qui constituaient une avancée pour l'époque mais qui comportaient des défauts importants, notamment l'autorisation d'attribuer certaines missions élément par élément, en changeant de prestataire d'une phase à l'autre.

La loi MOP et son décret d'application ont été codifiés en 2018 suite à la réforme des marchés publics : on retrouve maintenant leurs articles dans le nouveau Code de la commande publique[1]. Cette codification a été réalisée à droit constant : le contenu des prescriptions est resté presque inchangé.

2.4.1.2. Champ d'application de la loi MOP

La loi MOP et ses textes d'application ne portent pas sur la démarche d'achat de la prestation intellectuelle mais sur le déroulement de la mission de maîtrise d'œuvre sous maîtrise d'ouvrage publique.

La loi MOP définit les grands principes applicables. Le principe majeur de la loi MOP est l'obligation de confier la maîtrise d'œuvre à une *équipe unique* qui sera responsable de la cohérence d'un projet et de sa réalisation, du début à la fin de l'opération.

1 Partie 2, livre IV du Code de la commande publique partie législative et partie réglementaire ; articles L2410-1 et suivants.

C'est le principe de la *mission de base*, de l'esquisse à la réception des travaux, évolution essentielle par rapport aux textes de 1973.

La loi MOP liste les organismes auxquels elle s'applique, c'est-à-dire principalement :

- l'État et ses établissements publics ;
- les collectivités territoriales, leurs établissements publics, les syndicats mixtes intercommunaux ;
- les organismes de sécurité sociale [1].

Depuis la loi Elan de 2018 les organismes privés d'HLM et les sociétés d'économie mixte réali-sant des logements locatifs aidés par l'État sont dispensés de l'application de la loi MOP, dérogation qui a fait couler beaucoup d'encre.

Les ouvrages de bâtiment ou d'infrastructure destinés à une activité industrielle dont la conception est déterminée par le processus d'exploitation (par exemple chauffage urbain, unité de méthanisation, etc.) n'entrent pas dans le champ d'application de la loi MOP.

2.4.1.3. Loi MOP et évolutions de programme

La loi MOP comporte des prescriptions importantes relatives au programme.

Évolution du programme et du budget travaux en cours d'études

> *« Le maître d'ouvrage élabore le programme et fixe l'enveloppe financière prévisionnelle de l'opération avant tout commencement des études d'avant-projet par le maître d'œuvre.*
>
> *Il peut préciser le programme et l'enveloppe financière avant tout commencement des études de projet par le maître d'œuvre.*
>
> *L'élaboration du programme et la fixation de l'enveloppe financière prévisionnelle peuvent se poursuivre pendant les études d'avant-projet pour :*
>
> *1° Les opérations de réhabilitation ;*
>
> *2° Les opérations de construction neuve portant sur des ouvrages complexes, sous réserve que le maître d'ouvrage l'ait précisé dans les documents de la consultation du marché public de maîtrise d'œuvre.*
>
> *Les conséquences de l'évolution du programme et de l'enveloppe financière prévisionnelle sont prises en compte par une modification conventionnelle du marché public de maîtrise d'œuvre (...). »* [2]

Dans les marchés de maîtrise d'œuvre dans le cadre de la loi MOP, la rémunération de la maîtrise d'œuvre est donc fixée provisoirement au début des études, sur la base de l'enveloppe travaux initiale fixée par le maître d'ouvrage.

Le montant des honoraires de maîtrise d'œuvre est ensuite mis à jour par voie d'avenant dès que le montant prévisionnel des travaux est définitivement validé par le maître d'ouvrage, ceci à l'issue de l'APS ou de l'APD.

C'est un des rares exemples de « prix provisoire » dans les marchés publics.

---

1 Articles L2411-1 et L2430-2 du Code de la commande publique.

2 Articles L2421-3 à 2421-5 du Code de la commande publique ; voir aussi les articles R2432-6 et 7.

Pour éviter une inflation des coûts, le contrat de maîtrise d'œuvre inclut des modalités de pénalisation de la maîtrise d'œuvre :

- au moment de l'appel d'offres (reprise des études afin de respecter le budget prévisionnel) ; et
- en fin d'opération si le coût des travaux a dérivé pendant le chantier.

Évolution de programme en phase chantier

Concernant les modifications de programme survenant ultérieurement, dans un arrêt de février 2014, le Conseil d'État a précisé que si une modification de programme nécessite une prestation supplémentaire de la part du maître d'œuvre, le maître d'œuvre a droit à une rémunération complémentaire même en l'absence d'avenant ou de décision du maître d'ouvrage :

> « *Considérant que, dans l'hypothèse où une modification de programme ou de prestations a été décidée par le maître de l'ouvrage, le droit du maître d'œuvre à l'augmentation de sa rémunération est uniquement subordonné à l'existence de prestations supplémentaires de maîtrise d'œuvre utiles à l'exécution des modifications décidées par le maître de l'ouvrage ; qu'en revanche, ce droit n'est subordonné, ni à l'intervention de l'avenant qui doit normalement être signé (...), ni même, à défaut d'avenant, à celle d'une décision par laquelle le maître d'ouvrage donnerait son accord sur un nouveau montant de rémunération du maître d'œuvre.* » [1]

2.4.1.4. Loi MOP et phases de la mission de base

Le contenu essentiel de la loi MOP est l'obligation de confier au maître d'œuvre une mission globale, ce qui signifie qu'elle ne peut pas être « saucissonnée » entre plusieurs maîtres d'œuvre successifs.

La loi ne va pas au-delà de ces grands principes.

Comme on l'a vu en maîtrise d'ouvrage privée, rien n'oblige à respecter le cadre de la mission de base prescrite par la loi MOP. Mais l'enchaînement des phases défini par le décret MOP (maintenant codifié) est un cadre souhaitable, permettant une bonne progression de la conception du parti général vers les détails particuliers.

2.4.1.5. Les missions de maîtrise d'œuvre réduites au dossier permis de construire

En promotion privée, il arrive que le maître d'ouvrage limite la mission de l'architecte au seul dossier de demande de permis de construire. Cette pratique est aussi courante chez les particuliers pour les maisons individuelles.

Cette pratique, qui serait illégale en maîtrise d'ouvrage publique, est à déconseiller car elle ne favorise pas la production d'un projet de qualité.

2.4.2. Le décret Missions

Ce texte d'application de la loi MOP décrit la consistance de chaque phase d'études. Il est lui aussi maintenant codifié dans le Code de la commande publique [2].

---

1 Conseil d'État, n° 365828, lecture du lundi 10 février 2014.

2 Articles R2431-1 à R2432-7 du Code de la commande publique.

2.4.2.1. Dans le neuf

« Pour les opérations de construction neuve de bâtiment, la mission de base comporte :

1° Les études d'esquisse ;

2° Les études d'avant-projet [avant-projet sommaire puis avant-projet définitif]*;*

3° Les études de projet ;

4° L'assistance apportée au maître d'ouvrage pour la passation des marchés publics de travaux ;

5° La direction de l'exécution des marchés publics de travaux ;

6° L'assistance apportée au maître d'ouvrage lors des opérations de réception et pendant la période de garantie de parfait achèvement. »[1]

Le décret prévoit qu'il est possible de confier les études d'exécution au maître d'œuvre à la place des visas. Dans ce cas, la mission EXE fait partie de la mission de base et remplace la mission Visa.

2.4.2.2. Dans l'existant

Pour les travaux de réaménagement de bâtiments existants, le décret, maintenant codifié, considère que la mission de base ne comprend pas d'esquisse mais commence en APS. Le décret cite à juste titre les études de diagnostics comme étant la première étape d'un projet dans l'existant. Ces diagnostics ne sont pas compris dans la mission de base et ne sont pas nécessairement confiés au maître d'œuvre.

Le décret comporte aussi des articles consacrés aux projets d'infrastructure.

Pour récapituler, les éléments de mission du décret Missions sont :

En bâtiment		**En infrastructure**	
Construction neuve	**Réutilisation ou réhabilitation**	**Construction neuve**	**Réutilisation ou réhabilitation**
ESQ	DIAG (hors mission de base)	Études préliminaires	DIAG (hors mission de base)
APS		AVP	
APD			
PRO		PRO	
ACT		ACT	
Visa ou EXE		Visa ou EXE	
DET		DET	
OPC (hors mission de base)		OPC (hors mission de base)	
AOR		AOR	

À strictement parler, le décret ne précise pas quels éléments relèvent de la *mission de base* en infrastructure.

1 Article R2431-4 du Code de la commande publique.

On remarque que le DCE (dossier de consultation des entreprises), résultat des études PRO, n'est pas une phase en lui-même dans le décret Missions.

> **Zoom sur...**
>
> *... le cas des études d'exécution confiées au maître d'œuvre*
>
> Il arrive parfois que l'on souhaite confier les études d'exécution directement au maître d'œuvre, comme c'est le cas dans certains pays. Dans ce cas, la phase visa est remplacée dans la mission du maître d'œuvre par la phase EXE.
>
> Les maîtres d'œuvre y voient le moyen de maîtriser les détails d'exécution, et les collectivités locales y voient le moyen de confier des marchés de travaux à des PME réputées incapables de réaliser les études d'exécution par elles-mêmes (en vérité, ces PME pourraient tout à fait missionner un BET en sous-traitance).
>
> Aussi étonnant que cela puisse paraître, les habitudes sur ce point diffèrent d'une région à l'autre de la métropole : alors qu'à Paris le maître d'œuvre ne réalise presque jamais les EXE, il existe des régions où il est courant que le maître d'œuvre les prenne en charge.

2.4.2.3. Missions exclues de la mission de base

Les missions diagnostic, OPC, synthèse, coordination SSI sont exclues de la mission de base. Elles ne sont donc pas prises en compte dans le calcul du taux de maîtrise d'œuvre.

2.4.2.4. Sigles utilisés par l'ordre des architectes

L'ordre des architectes utilise dans ses contrats types des sigles supplémentaires :

- dans le cadre de la mission de base :
  - DPC désigne le dossier de permis de construire,
  - PCG désigne les études de projet de conception générale, c'est-à-dire le PRO,
  - l'ACT est divisé par l'ordre des architectes en deux parties :
    - le DCE, qui consiste à assembler toutes les pièces nécessaires à la consultation des entreprises en fonction de la stratégie marché retenue par le maître d'ouvrage,
    - une phase MDT, comme mise au point des marchés de travaux ; et
- en missions complémentaires :
  - REL désigne le relevé des existants,
  - DQD désigne le devis quantitatif détaillé, c'est-à-dire le cadre de décomposition permettant d'uniformiser les devis des entreprises, cadre renseigné avec les quantités sur chaque ligne.

2.4.2.5. Honoraires et coût prévisionnel des travaux dans le décret Missions

Enfin, le décret, maintenant codifié, contient des prescriptions relatives aux contrats de maîtrise d'œuvre, en particulier le lien entre honoraires et coût prévisionnel des travaux.

Lors de la signature du marché de maîtrise d'œuvre, le maître d'œuvre n'a pas encore réalisé de chiffrage des travaux, seul est connu le budget prévisionnel déterminé par le maître d'ouvrage.

Au cours des études, les estimations sont affinées, jusqu'à aboutir à un premier engagement du maître d'œuvre sur le coût prévisionnel des travaux. Cet engagement intervient en fin d'APS (engagement sur le coût prévisionnel provisoire), d'APD (engagement sur le coût prévisionnel définitif) ou de PRO, le plus courant étant la fin d'APD. Il est assorti d'un seuil de tolérance.

Après l'attribution des marchés, le maître d'œuvre souscrit un second engagement sur le coût prévisionnel du projet, avec seuil de tolérance.

Ce seuil entre en jeu dans le calcul de pénalités portant sur les honoraires des phases de réalisation, pour les dépassements dont le maître d'œuvre est responsable[1].

En conséquence, comme déjà évoqué plus haut, le montant des honoraires figurant dans l'acte d'engagement pour une mission loi MOP n'est qu'un montant provisoire. La rémunération définitive n'est fixée qu'en fin de phase APD lors de l'engagement sur le coût prévisionnel des travaux.

2.4.3. L'arrêté d'application de la loi MOP

Cet arrêté[2], remis à jour en 2019 sans grand bouleversement par rapport à la version initiale, reprend le contenu de chaque phase, en le détaillant davantage que le décret Missions (par exemple en précisant les échelles courantes des rendus). Il n'a pas été intégré au Code de la commande publique.

Une critique qui est souvent faite à l'arrêté d'application de la loi MOP est qu'il ne prend pas en compte les conséquences du BIM : quand on travaille en BIM, on ne parle plus en termes d'échelle des plans, mais en termes de LOD (*Level of Development*), non cités dans l'arrêté ; la mise à jour de 2019 n'a malheureusement pas corrigé ce point.

2.4.3.1. L'organisation et le contenu de la mission du maître d'œuvre sous maîtrise d'ouvrage privée

Le contenu de la mission confiée au maître d'œuvre est libre lorsque l'opération échappe au cadre de la loi MOP.

L'arrêté d'application de la loi MOP reste cependant le cadre de référence des étapes successives d'une mission de base de maîtrise d'œuvre.

Obtenir une bonne coordination au sein de l'équipe de maîtrise d'œuvre

En promotion privée il est courant que le maître d'ouvrage missionne séparément l'architecte, le ou les bureaux d'études et l'économiste. Cette pratique est déconseillée, car l'équipe de maîtrise d'œuvre doit collaborer très étroitement au sein d'un groupement (sauf sur de petits projets, pour lesquels le BET peut être sous-traitant de l'architecte).

De plus les compétences des architectes, BET et économistes peuvent être très variables, et le maître d'ouvrage ne peut pas définir à leur place les limites de prestations optimales compte tenu de ces compétences. De nombreuses prestations peuvent être assurées, suivant les cas, par l'architecte ou par le BET, selon leurs compétences et la nature du projet ; par exemple,

1 Article R2432-2 et suivants du Code de la commande publique.

2 Arrêté du 22 mars 2019 précisant les modalités techniques d'exécution des éléments de mission de maîtrise d'œuvre confiés par des maîtres d'ouvrage publics à des prestataires de droit privé.

les descriptifs des lots de second œuvre pourront être réalisés sur une petite opération par un architecte expérimenté et sur de plus importantes opérations par un économiste, ou encore les études des aménagements paysagers extérieurs pourront, suivant les cas, être de la compétence ou non du BET en charge du bâtiment.

Le maître d'ouvrage a donc tout intérêt à laisser l'équipe de maîtrise d'œuvre s'organiser et se répartir les limites de prestations et à passer un contrat global au groupement pluridisciplinaire.

Le mandataire de ce groupement, en charge de la coordination des équipes, est l'architecte ou un ingénieur chargé d'affaires.

Éviter l'internalisation de prestations de maîtrise d'œuvre

Il arrive aussi en promotion privée que les pièces écrites et les estimatifs soient produits par un collaborateur au sein même de l'équipe de maîtrise d'ouvrage. La répétitivité des opérations peut permettre de constituer des bases de données et des documents types réutilisables, mais ces pratiques ne peuvent cependant pas être conseillées pour les raisons suivantes :

- la mission d'économiste exige une réelle compétence, qui s'enrichit par la variété des projets traités par l'économiste avec divers commanditaires,
- la complexité réglementaire exige de plus en plus de calculs spécialisés : calculs structure, calculs thermiques, justifications environnementales, modélisations acoustiques ; il est impossible de réunir en interne à l'équipe de maîtrise d'ouvrage toutes les compétences nécessaires.

En internalisant une partie de la conception, on ne profite pas des optimisations menées par les spécialistes au sein de l'équipe de maîtrise d'œuvre, et on risque donc de surenchérir le projet.

Ainsi dans le domaine des structures béton, il arrive souvent que des promoteurs se passent de BET structure et dimensionnent eux-mêmes ces structures sur la base de projets antérieurs. Résultat, il arrive couramment qu'ils prévoient des voiles béton d'une épaisseur largement supérieure aux exigences structurelles, qui coûtent donc beaucoup plus cher, sans même parler de l'impact carbone. On a même rencontré des projets avec des voiles deux fois plus épais que nécessaire !

L'assistance à la commercialisation et à la vente

En promotion privée, le maître d'œuvre réalise généralement un élément de mission complémentaire, la *mission d'assistance à la commercialisation et à la vente.*

Cette mission comporte la réalisation du dossier de commercialisation, puis du dossier de plans de vente, plans qui pourront être annexés à l'acte de vente notarié. Le modèle BIM réalisé durant la conception du projet permet de produire des vues 3D utiles à la commercialisation.

Compte tenu de la précision requise en termes de surfaces, les plans de vente ne sont réalisés qu'après le PRO et non en avant-projet.

Les travaux modificatifs acquéreurs

Toujours en promotion privée, le maître d'œuvre doit réaliser les plans des travaux modificatifs demandés par les acquéreurs. Cette prestation peut être rendue nécessaire avant le lancement des appels d'offres, puis après l'attribution des marchés de travaux.

La participation du maître d'œuvre au suivi de chantier

Le maître d'œuvre doit être missionné pour viser les études d'exécution (Visa) et pour suivre le chantier. Courante pour les immeubles tertiaires, l'attribution au maître d'œuvre de la mission Visa est moins systématique pour les immeubles d'habitation en promotion privée, alors qu'elle est hautement souhaitable pour limiter les problèmes de chantier.

L'architecte en particulier est responsable de la conformité des travaux avec le permis de construire, qui définit le projet sur lequel il a un droit de propriété intellectuelle. On parle de mission de contrôle du projet architectural.

Tout comme en phase conception, on a intérêt à missionner un groupement de maîtrise d'œuvre, à charge du groupement de se coordonner et de définir ses limites de prestations. Missionner séparément un architecte et un directeur travaux en commande directe risque d'être moins efficace, avec des redondances et des trous de prestations entre ces intervenants.

Point de vigilance

L'architecte ne peut délivrer une déclaration d'achèvement des travaux que s'il a été missionné pour le suivi du chantier. Dans le cas contraire, la déclaration sera délivrée par le promoteur.

2.4.3.2. Rédiger le cahier des charges de la mission du maître d'œuvre

Qu'il s'agisse d'une maîtrise d'ouvrage publique ou privée, le cahier des charges de la mission du maître d'œuvre peut comporter, sous une forme ou sous une autre, les éléments et informations suivants :

- le programme de l'opération ;
- le budget prévisionnel des travaux à respecter ;
- le planning directeur de l'opération ;
- les études préalables déjà réalisées (en précisant si elles constituent un cadre à respecter ou si elles sont en parties périmées) ;
- les diagnostics et sondages déjà réalisés et la liste de ceux éventuellement en cours de réalisation ;
- les relevés de géomètre ou topographiques existants ou en cours ;
- les particularités de réglementation à respecter :
  - par exemple une contrainte ICPE à préciser,
  - il n'est pas superflu de rappeler que les études thermiques réglementaires sont incluses dans la mission de base, ce point prêtant parfois à controverse ;
- les certifications ou labélisations prévues pour le projet ;
- la liste des intervenants déjà connus ;
- les modalités souhaitées du *reporting* du maître d'œuvre au maître d'ouvrage, à savoir les phases concernées (typiquement : *reporting* uniquement en phase chantier), la périodicité souhaitée, le niveau de détail et la forme attendus ;
- le cahier des charges BIM rédigé par l'AMO BIM, précisant notamment :
  - que la mission de BIM manager en phase conception fait partie intégrante de la mission du maître d'œuvre,

- que la maîtrise d'œuvre doit remettre avec son offre une note BIM qui préfigure la convention BIM (ou protocole BIM) ;

- les éventuelles exigences relatives aux modalités d'échange de documents ;
- les missions complémentaires à inclure (voir ci-dessous).

2.4.3.3. Les missions complémentaires pouvant être confiées au maître d'œuvre

Le maître d'œuvre peut se voir confier des missions complémentaires, non comprises dans la mission de base au sens de l'arrêté d'application de la loi MOP.

Ces missions font en quelque sorte de lui un AMO.

Il s'agit notamment des missions suivantes (liste non exhaustive) :

- mission de diagnostic des existants, par exemple :
  - diagnostic sécurité incendie,
  - diagnostic courants forts,
  - diagnostic courants faibles,
  - diagnostic CVC plomberie,
  - diagnostic environnemental,
  - diagnostic structure,
  - relevé des désordres apparents,
  - diagnostic accessibilité, etc.
- mission enquête concessionnaires VRD et plan de synthèse VRD, parfois appelée « mission responsable du projet pour l'application des dispositions des articles L554-1 et R554-1 du Code de l'environnement », ou « prestataire d'aide » ;
- réalisation de la maquette numérique de l'existant, sur la base des nuages de points fournis par le géomètre et éventuellement sur la base de plans d'archive, permettant d'identifier les structures porteuses masquées par des habillages, et donc absentes des relevés de géomètre ;
- étude de faisabilité des approvisionnements en énergie [1] ;
- devis quantitatif détaillé : cette prestation vise à établir un cadre de décomposition du prix global et forfaitaire (DPGF) renseigné des quantités ligne par ligne ;
- mission d'animation de la cellule de synthèse technique et architecturale (en BIM ou hors BIM) ;
- mission de BIM management en phase conception (indispensable et pouvant difficilement être confiée à un intervenant extérieur à la maîtrise d'œuvre) ;
- étude de faisabilité en vue d'une labélisation E+C–, comportant la définition des niveaux de performance énergie et carbone et la réalisation des calculs du niveau de performance ;
- simulation thermique dynamique ;
- réalisation de documents de communication : maquette physique, film de visite virtuelle, ... (pour la commercialisation, les riverains, les financeurs, etc.) ;

---

1 Articles R111-22 et R111-22-1 du Code de la construction et de l'habitation et arrêté du 18 décembre 2007 relatif aux études de faisabilité des approvisionnements en énergie pour les bâtiments neufs et les parties nouvelles de bâtiments et pour les rénovations de certains bâtiments existants en France métropolitaine. Certains maîtres d'œuvre incluent par défaut cette mission obligatoire à leur mission de base, mais la réglementation restant floue sur ce point, mieux vaut prendre soin de préciser que la prestation est incluse.

- maîtrise d'œuvre des aménagements intérieurs et du mobilier ;
- mission signalétique ;
- mission ergonomie ;
- mission OPC ;
- mission coordination SSI ;
- pilotage de prestataires missionnés par le maître d'œuvre (géotechnicien, diagnostiqueur...) comprenant la rédaction du cahier des charges, un avis sur les offres, la réponse aux questions techniques des prestataires et la relecture de leur rendu ;
- mission de récolement BIM, consistant à réaliser la maquette numérique DOE ;
- plans de location ou de vente de logements ;
- attestation de prise en compte de la réglementation acoustique dans les bâtiments d'habitation neufs ;
- mission détermination des coûts d'exploitation-maintenance ;
- suivi énergétique après réception.

Point de vigilance

Le visa des fondations peut être réalisé par le maître d'œuvre sans appui du géotechnicien ou, au contraire, avec son appui (mission géotechnique G4). Il est utile, pour éviter tout malentendu, de préciser dans le marché de maîtrise d'œuvre si le géotechnicien apportera ou non cette assistance au visa des fondations.

2.5. Analyser le montant des honoraires du maître d'œuvre

2.5.1. Les taux de maîtrise d'œuvre

Depuis 1986, sous la pression de la Commission européenne, la publication de barèmes des taux de maîtrise d'œuvre est interdite car ils pourraient fausser la concurrence. Cette interdiction pose le problème de l'identification du juste taux de rémunération de maîtrise d'œuvre. On ose ci-dessous proposer des fourchettes, exercice évidemment extrêmement périlleux et facilement critiquable du fait des nombreuses exceptions.

Les *taux de maîtrise d'œuvre* pratiqués en France dans le bâtiment sont généralement compris entre 6 et 14 %, avec une moyenne autour de 12 %, pour des opérations sans démarche de certification environnementale ; toutefois les taux pratiqués sont extrêmement variables suivant le type de projet. Il existe aussi de fortes disparités régionales : les taux sont tirés à la baisse dans les régions connaissant plus de difficultés économiques.

Ce taux s'entend pour une *mission de base* de l'ESQ à l'AOR dans le neuf et de l'APS à l'AOR dans l'existant, sans relevés de l'existant, diagnostics, mission de synthèse des réseaux VRD, mission OPC, participation à une certification HQE.

- Dans la fourchette basse, autour de 6 à 8 %, on trouve par exemple :
  - des projets avec une assiette travaux importante, par exemple plus de 10 M€ de travaux ;
  - des opérations de grosse maintenance, de ravalement, de réfection de toiture, de mise aux normes simples sans changement d'affectation des locaux ;

   - des projets dans l'habitat collectif;
   - des projets d'aménagements extérieurs ou de VRD pour des collectivités locales, lesquels peuvent même descendre à 5 ou 6 %, là aussi dans un environnement fortement concurrentiel;
   - des projets dans des régions françaises connaissant une situation économique difficile, entraînant une plus forte concurrence.
- Dans la fourchette moyenne, autour de 10 à 12 %, on trouve typiquement des projets de quelques millions d'euros de travaux.
- Dans la fourchette haute, autour de 13 à 14 % (on cite même des cas à 15 ou 16 %), on trouve par exemple:
   - des projets d'ERP avec de fortes contraintes réglementaires et de nombreuses spécialités techniques impliquées, mais une assiette travaux relativement faible, notamment pour les projets faisant suite à un concours;
   - des projets de réaménagement d'un bâtiment existant complexe;
   - des projets en site exploité, avec phasage complexe;
   - des projets avec une faible assiette travaux;
   - des projets avec un design particulier d'aménagements intérieurs: hôtels, par exemple, ou appartements; les projets d'hôtels font traditionnellement appel à un taux de maîtrise d'œuvre complémentaire, pour prendre en compte les honoraires nécessaires à ce design.

2.5.2. Le BIM renchérit-il le taux de maîtrise d'œuvre?

Il n'y a pas actuellement de réponse définitive à cette question.

Il est indéniable que la transition vers les méthodes BIM entraîne un surcroît de travail pour les maîtres d'œuvre, de même que pour les entreprises, pendant la période actuelle de transition et d'acquisition des compétences par la profession.

On peut penser qu'une fois terminée cette phase transitoire d'apprentissage (qui peut se révéler longue), les surcoûts devraient être plus faibles.

Attention toutefois: si le maître d'ouvrage exige dans son cahier des charges BIM un niveau de renseignement de la maquette numérique qui va au-delà du niveau «standard», il est normal que cela entraîne un niveau d'honoraires plus élevé. Cela peut notamment concerner l'exigence d'intégrer à la maquette du projet en phase conception la nature du mobilier local par local.

2.5.3. Quelques cas particuliers impactant les taux de maîtrise d'œuvre

Une démarche de certification environnementale est un facteur de complexité: avant la RT 2012, on parlait généralement d'un surcoût moyen de 3 % de l'assiette travaux[1], soit trois points de taux de maîtrise d'œuvre supplémentaire (par exemple passage de 12 % à 15 %). Depuis la RT 2012, les exigences de sobriété énergétique sont maintenant «normales», et les

1 Voir plus loin chapitre sur les certifications environnementales.

certifications environnementales sont courantes pour les grosses opérations. Elles restent cependant un facteur d'augmentation du taux de maîtrise d'œuvre.

Les projets d'aménagements extérieurs et de VRD sont généralement considérés comme moins complexes que les projets de bâtiments, notamment parce qu'ils sortent du cadre de la réglementation sécurité incendie applicable aux bâtiments. Les taux qui sont pratiqués pour ces projets sont donc plus faibles.

Si la publication de barèmes est interdite, il existe cependant un célèbre Guide de rémunération[1] publié initialement en 1994 par la Mission interministérielle pour la qualité des constructions publiques (MICQP), puis réédité, guide qui n'a donc pas valeur de barème. L'intérêt de ce petit guide (il tient sur quelques dizaines de pages) est de constituer une référence officielle, résultat d'une concertation approfondie ayant associé des maîtres d'ouvrage et des professionnels de la maîtrise d'œuvre. Il peut constituer une base de référence lors de la négociation des honoraires avec un maître d'œuvre.

2.5.4. Le guide de rémunération de la MIQCP

Ce guide a été conçu pour les opérations neuves, mais ses recommandations peuvent être adaptées aux projets dans l'existant.

Ce guide propose la méthode maintenant classique du *coefficient de complexité*, permettant d'évaluer le montant des honoraires de maîtrise d'œuvre de la mission de base, en fonction :

- du type d'ouvrage ;
- des caractéristiques propres de l'opération ;
- du coût des travaux.

La méthode proposée, basée sur quatre tableaux A, B, C et D consiste à :

1. Évaluer la complexité du projet sur la base d'un tableau de référence ;
2. En déduire le *coefficient de complexité* du projet, à choisir dans une plage indicative par type d'ouvrage, entre 0,6 et 1,8 ;
3. Grâce au montant prévisionnel des travaux, identifier dans un tableau un *taux de référence* moyen de maîtrise d'œuvre pour des projets de cette ampleur ;
4. Appliquer le coefficient de complexité au taux de référence pour obtenir le *taux retenu* de maîtrise d'œuvre :

   Taux retenu = Taux de référence × Coefficient de complexité

   Forfait MOE = Assiette travaux × Taux retenu
   = Assiette travaux × Taux de référence × Coefficient de complexité

Le guide permet aussi de répartir les honoraires par élément de mission pour un projet de bâtiment, pour permettre la répartition du coût au fil de l'avancement.

---

1 *Guide à l'intention des maîtres d'ouvrage publics pour la négociation des rémunérations de maîtrise d'œuvre – Loi MOP*, édition 2011, Mission interministérielle pour la qualité des constructions publiques, disponible à l'achat sur le site Internet www.ladocumentationfrancaise.fr.

Tableau D – Répartition indicative de la rémunération pour chaque élément de mission.

Élément de mission	**Fourchette de % de rémunération de la mission de base**
Esquisse	4 à 6 %
APS	9 à 10 %
APD	17 à 18 %
PRO	19 à 21 %
ACT	7 à 8 %
Sous-total phase études	56 à 63 %
Visa	8 à 9 %
DET	24 à 28 %
AOR	5 à 7 %
Sous-total phase travaux	37 à 44 %
Total	100 %

On peut retenir de manière plus synthétique :

Conception compris ACT	60 % de la mission de base du MOE
Suivi de la réalisation	40 % de la mission de base du MOE
Total	100 %

Un tableau équivalent existe en infrastructure, avec comme principales différences qu'APS et APD sont fusionnés en AVP et que la part de la phase travaux est plus importante qu'en bâtiment.

Il existe une version numérique du guide disponible sur : www.miqcp.gouv.fr, rubrique « Simulateur d'honoraires ». Elle reste cependant assez pauvre en fonctionnalités évolutives.

Conseil pratique

La pratique du BIM nécessite plus de moyens en phases études et permet de limiter une partie des aléas de chantier, notamment ceux liés aux interfaces entre lots. En conséquence, pour les projets en BIM il est cohérent de retenir les limites hautes des fourchettes ci-dessus pour les phases études et les limites basses des fourchettes pour les phases chantier.

2.5.4.1. Exemple d'utilisation du guide de la MIQCP

Considérons un projet de petit musée sous maîtrise d'ouvrage privée, avec une assiette travaux prévisionnelle de 3 M€ HT aux conditions économiques de 2018. Le maître d'ouvrage ne fait pas de concours mais négocie avec un architecte qu'il a choisi.

- Sur la base du tableau A du guide, maître d'œuvre et maître d'ouvrage tombent d'accord sur les éléments de complexité suivants : une parcelle de forme contraignante, un soin particulier à apporter au design des vitrines, une certification HQE.
- Sur la base du tableau B du guide, le coefficient d'un projet de musée est compris entre 1 et 1,8. Après négociation, compte tenu de la liste des éléments de complexité identifiés, maître d'œuvre et maître d'ouvrage tombent d'accord sur un coefficient de complexité de 1,2.
- Compte tenu de l'assiette travaux, le tableau C du guide indique que le taux de référence pour des projets de ce montant peut se situer entre 10,05 % et 11,00 % ; une extrapolation par une règle de trois entre ces deux valeurs donne un taux de référence d'environ 10,55 %, qui s'appliquerait si le coefficient de complexité était de 1.
- Le taux de maîtrise d'œuvre retenu pour l'opération sera donc de 10,45 × 1,2 = 12,66 %.
- Le forfait de maîtrise d'œuvre sera donc de 12,66 % × 3 M€ = 379 800 € HT pour la mission de base.
- Le tableau D permet de répartir dans le contrat ces honoraires entre phases. L'architecte, qui sait que le suivi de chantier est souvent chronophage, choisit de répartir comme suit les honoraires :
  - esquisse : 5 %, APS : 10 %, APD : 17 %, PRO : 19 %, ACT : 7 %, visa : 9 %, DET : 27 % et AOR : 6 %.

Ces différents éléments (taux retenu et décomposition du forfait par phase) seront précisés au contrat.

2.5.4.2. En pratique, quelle est l'utilité du guide de rémunération ?

La méthode de calcul du guide est logique : les facteurs de complexité sont effectivement à prendre en compte dans le calcul du taux de rémunération ; la dégressivité du taux de référence est aussi logique.

Mais le problème de la méthode de calcul proposée est que la quantification de la complexité (le calcul du coefficient de complexité) reste assez subjective et dépend de l'appréciation de chacun, malgré les tentatives pour la rendre objective. Or, le coefficient de complexité a un énorme impact sur le taux de rémunération retenu puisque, avec un facteur 1,8, on peut passer par exemple d'un taux de référence de 10 % à un taux retenu de 18 %, ce qui change tout.

On est donc confronté d'une part à un taux de référence calculé très précisément et objectivement, et d'autre part à un coefficient de complexité assez librement déterminé et qui change complètement le résultat du calcul final.

La deuxième limite du guide est qu'il est muet sur les opérations de moins de 770 k€ de travaux, qui sont très courantes.

Ce qui est surtout utile dans le guide, c'est la liste des éléments de complexité, qui fournit un cadre pour la négociation avec le maître d'œuvre.

La répartition indicative entre phases est aussi utile pour répartir les honoraires.

Enfin, les taux de référence indicatifs, pour un projet de complexité moyenne de plus de 800 k€ de travaux, constituent une base intéressante à connaître pour identifier le juste taux.

2.6. Le contrat de maîtrise d'œuvre

La signature officielle du marché de maîtrise d'œuvre est une condition essentielle au démarrage de la phase conception, même pour les petites opérations.

Le contrat définit en effet toutes les modalités de déroulement de la mission du maître d'œuvre, sur lesquelles il est indispensable de se mettre d'accord pour limiter les risques de litige.

2.6.1. Documents constitutifs du marché public de maîtrise d'œuvre

Le marché passé par un maître d'ouvrage public comprend généralement [1] :

- l'acte d'engagement : c'est le document signé par le titulaire du marché public ;
- le CCAG-PI : cahier des clauses administratives générales des marchés de prestations intellectuelles, qui est un texte officiel indépendant du projet [2] et aucunement spécifique au domaine du bâtiment, puisqu'il s'applique à toute prestation intellectuelle ; aucune réglementation n'impose l'utilisation du CCAG-PI, mais il est néanmoins couramment utilisé par les acheteurs publics ;
- le CCAP : cahier des clauses administratives particulières, qui déroge au CCAG-PI ou apporte des précisions ; des dérogations sont en particulier indispensables sur un ensemble de points sur lesquels le CCAG-PI est inadapté au cas des missions de maîtrise d'œuvre.

L'acte d'engagement et le CCAP doivent être rédigés avec le plus grand soin, notamment vis-à-vis de leur conformité à l'arrêté d'application de la loi MOP.

2.6.2. Documents constitutifs du contrat privé de maîtrise d'œuvre

Le contrat de maîtrise d'œuvre pour un maître d'ouvrage privé pourra prendre des formes très diverses. Les modèles présents sur le site de l'ordre des architectes peuvent constituer une base, mais les maîtres d'ouvrage professionnels rédigent généralement leurs propres modèles.

2.7. Les avenants au contrat de maîtrise d'œuvre

Quelques exemples courants d'événements qui peuvent risquer de donner lieu à une demande d'avenant dans le cadre d'un marché de maîtrise d'œuvre :

- la préparation d'un dossier de permis de construire modificatif, si la cause n'est pas de la responsabilité du maître d'œuvre : ce dossier représente une charge importante pour l'architecte ;
- les modifications de programme survenant en cours de mission, notamment après le démarrage de l'avant-projet définitif ;
- la transmission tardive de données entrantes obligeant le maître d'œuvre à reprendre ses études, par exemple la transmission et la demande de prise en compte de relevés de géomètre alors que les plans sont terminés.

---

1 Articles R2112-2 et R2112-3 du Code de la commande publique.

2 Consultable dans l'arrêté du 16 septembre 2009 portant approbation du cahier des clauses administratives générales applicables aux marchés publics de prestations intellectuelles.

2.8. Quelques mots de propriété intellectuelle

La réglementation relative à la propriété intellectuelle figure dans le Code de la propriété intellectuelle et dans la jurisprudence associée[1].

Le Code de la propriété intellectuelle distingue :

- la *propriété industrielle* : dessins et modèles, brevets et marques, qui sont déposés à l'Inpi pour la protection en France ; et
- la *propriété artistique* : droit d'auteur.

La protection au titre de la propriété industrielle concerne peu les maîtres d'ouvrage : les dessins d'architecture relèvent du droit d'auteur et non de la propriété industrielle.

2.8.1. Les droits d'auteur

La protection au titre des droits d'auteur peut concerner de très nombreuses formes d'« œuvres de l'esprit », notamment les plans, dessins et croquis d'architecture, ainsi que les plans d'urbanisme.

Au titre des droits d'auteur, sont par exemple considérées comme des *reproductions* de l'œuvre :

- la reproduction d'un plan, d'un dessin ;
- la construction répétée d'un bâtiment sur la base de plans types ;
- la photo d'un bâtiment réalisé[2].

Ainsi, un architecte auteur d'un projet, mais qui n'aurait pas suivi sa réalisation du fait d'un différend avec le maître d'ouvrage, est considéré comme l'auteur du bâtiment et peut exiger le respect de ses intentions.

Les droits d'auteur comportent deux volets : les droits moraux et les droits patrimoniaux.

- Les *droits moraux* sont perpétuels, inaliénables et imprescriptibles. Ils sont attachés à la personne de l'auteur, puis à ses héritiers. Ces droits moraux ont deux conséquences :
  - le droit au nom et à la paternité : l'architecte a le droit d'exiger que son nom figure sur les reproductions de son œuvre architecturale (reproduction de dessin mais aussi photo du bâtiment) ;
  - le droit au respect de l'œuvre : l'auteur peut s'opposer aux altérations de son œuvre (voir plus bas l'application de ce principe général au cas de l'œuvre architecturale).
- On entend par *droits patrimoniaux* les droits d'exploitation de l'œuvre : droit de représentation et de reproduction, c'est-à-dire profits financiers que peuvent engendrer la représentation et la reproduction.

2.8.2. Droit d'auteur et originalité

Pour donner lieu à l'application de droits d'auteur, une œuvre architecturale doit témoigner d'une certaine *originalité*. Les tribunaux ont débouté les architectes qui réclamaient des droits

1 Sur la propriété intellectuelle, on peut consulter : Anne-Marie Bellanger et Amélie Blandin, *Le BIM sous l'angle du droit*, chapitre 7, Eyrolles.

2 Article L122-3 du Code de la propriété intellectuelle.

d'auteur pour une œuvre architecturale sans originalité particulière : il ne peut y avoir contrefaçon si une œuvre sans originalité est copiée.

2.8.3. Le droit au respect de l'œuvre architecturale

L'architecte a-t-il le droit d'exiger un respect de l'œuvre architecturale en interdisant la modification du bâtiment ?

Du fait de leur fonction utilitaire, les bâtiments sont nécessairement modifiés au fil des ans par leurs propriétaires. L'architecte ne peut donc pas exiger une intangibilité absolue de son œuvre. Il n'y a pas atteinte au droit de l'auteur lorsqu'un bâtiment est modifié pour répondre à de nouveaux usages[1].

Sur ce point, les tribunaux exigent cependant que le propriétaire souhaitant modifier une œuvre architecturale apporte la preuve que les modifications envisagées sont strictement indispensables pour adapter l'ouvrage à des besoins nouveaux.

3. La mission de BIM manager

La mission de BIM manager en phase conception, très imbriquée avec la mission de maîtrise d'œuvre, est généralement intégrée à la mission du maître d'œuvre. Il n'y a pas à désigner un BIM manager distinct.

L'une des missions clés du BIM manager en phase conception est de rédiger la convention BIM (ou protocole BIM) de l'équipe de maître d'œuvre.

En ce qui concerne la phase chantier, la mission de BIM management peut être confiée à l'une des entreprises, ou à un prestataire spécialisé missionné par le maître d'ouvrage.

Conseil pratique

L'hypothèse d'un BIM manager en phase conception missionné directement par le maître d'ouvrage est déconseillée. Le maître d'ouvrage missionne l'AMO BIM, qui ne doit pas être confondu avec le BIM manager de l'équipe de maîtrise d'œuvre.

---

4. Le rôle de l'AMO BIM pour la désignation du maître d'œuvre

Rédacteur en phase programme du cahier des charges BIM, l'AMO BIM peut participer au processus de désignation de l'équipe de maîtrise d'œuvre en évaluant la pertinence du projet de convention BIM (ou protocole BIM) présenté par les équipes candidates (si ce document a bien été demandé au règlement de consultation).

1 Arrêt du Conseil d'État du 11 septembre 2006, Agopyan/ville de Nantes, requête n° 265 174.

5. Le rôle de l'AMO environnement pour la désignation du maître d'œuvre

Rédacteur du volet environnemental du programme, l'AMO environnement, ou AMO HQE, peut participer au processus de désignation de l'équipe de maîtrise d'œuvre.

En phase d'analyse des candidatures, il peut donner un avis sur l'intérêt des références des équipes en matière de qualité environnementale.

En phase d'analyse des offres, il peut évaluer l'intérêt des mémoires techniques ou du projet proposé par les candidats sélectionnés.

6. La désignation du bureau de contrôle

Le rôle des bureaux de contrôle a été initialement officialisé par la loi Spinetta de 1978 (dont la plupart des dispositions ont depuis été remplacées par d'autres textes). Les maîtres d'ouvrage missionnent un bureau de contrôle soit par obligation réglementaire, soit, quand cela n'est pas obligatoire, afin de se protéger de tout risque. La mission du bureau de contrôle est aussi appelée *contrôle technique*. Les bureaux de contrôle sont agréés par le ministère en charge de la Construction.

Les principales dispositions relatives aux bureaux de contrôle figurent dans le Code de la construction [1].

6.1. Dans quel cas le maître d'ouvrage doit-il obligatoirement désigner un bureau de contrôle ?

Cette désignation est obligatoire [2] :

- pour les travaux ayant pour objet de réaliser un ERP de 1re, 2e, 3e ou 4e catégorie ;
- pour les immeubles dont le dernier niveau est situé à plus de 28 m du niveau d'accès des engins pompiers, donc les IGH mais aussi les immeubles d'habitation entre 28 et 50 m ;
- pour les projets comportant un porte-à-faux de plus de 20 m ou des poutres ou arcs de plus de 40 m de portée ;
- pour les projets comportant des reprises en sous-œuvre ou des soutènements d'ouvrages voisins sur une hauteur de plus de 5 m ;
- pour certains types de bâtiments dans certaines zones sismiques (notamment les immeubles dont le plancher bas est à plus de 8 m du sol en zones de sismicité 4 et 5, soit principalement dans les Alpes et les Pyrénées).

---

1 Code de la construction et de l'habitation, chapitre 1. Règles générales – Section 7. Contrôle technique – Articles L111-23 à L111-26, R111-29 à R111-42.

2 Code de la construction et de l'habitation, article R111-38. On pourra comparer avec l'article GE 7 du règlement ERP, qui prescrit l'obligation de présence d'un organisme agréé.

Conseil pratique

Même si le règlement ne parle que de la réalisation d'ERP neufs des quatre premières catégories, il est fortement recommandé de désigner aussi un bureau de contrôle pour les modifications d'ERP existant.

6.2. Non-cumul

Les bureaux de contrôle ne peuvent pas exercer une *« activité de conception, d'exécution ou d'expertise d'un ouvrage »*[1]. Cela implique aussi par extension qu'ils ne peuvent assurer la mission de coordonnateur SSI.

6.3. Quels types de missions peut assurer un bureau de contrôle ?

Quand la désignation d'un bureau de contrôle est obligatoire, elle porte au moins sur :

- la solidité des ouvrages : mission L ;
- la sécurité des personnes : mission S (sécurité incendie, courants forts, gaz, etc.) ;
- l'accessibilité aux personnes handicapées : mission HAND[2].

Outre ces missions obligatoires, le bureau de contrôle peut se voir confier des missions complémentaires, dont les plus courantes sont :

- mission PS relative à la sécurité en cas de séisme ;
- mission P1 relative à la solidité des éléments d'équipement non indissociablement liés (cette mission est souvent ajoutée à la mission L) ;
- mission Ph relative à l'isolation acoustique ;
- mission Th relative à l'isolation thermique et aux économies d'énergie.
- mission LE relative à la solidité des existants ;
- mission Av relative à la stabilité des avoisinants.

La liste officielle de ces missions figure dans la norme NF P 03-100[3]. Les bureaux de contrôle proposent aussi d'autres missions ne figurant pas dans la norme, par exemple l'attestation de fin de chantier ATTRT2012, obligatoirement associée à une mission Th (voir sur le contenu de cette mission le chapitre 1 sur la réglementation) ou encore l'attestation de respect de la réglementation acoustique en habitation.

---

1 Article L111-25 du Code de la construction et de l'habitation.

2 Articles R111-39 et R111-19-27 du Code de la construction et de l'habitation.

3 Norme NF P 03-100 : Critères généraux pour la contribution du contrôle technique à la prévention des aléas techniques dans le domaine de la construction.

6.4. Est-il judicieux de recourir à des missions facultatives du bureau de contrôle ?

Cette question ne fait pas l'unanimité. Certains maîtres d'ouvrage considèrent que le renforcement de la mission du bureau de contrôle limite les risques de malfaçons et contribue à la surveillance des entreprises. D'autres considèrent que les bureaux de contrôle sont parfois pointilleux à l'excès et recommandent donc de se limiter au strict nécessaire, dans l'intérêt du respect des délais du chantier, la plus-value des missions facultatives étant souvent décevante.

Conseil pratique

Il est recommandé de missionner au moins le bureau de contrôle pour les missions facultatives citées ci-dessus (si elles peuvent concerner le projet). Il est possible en cas de doute de consulter l'assureur du maître d'ouvrage.

6.5. À quel moment désigner le bureau de contrôle ?

La mission du bureau de contrôle peut utilement débuter en APS, par exemple pour un projet comportant certaines complexités, si le maître d'œuvre a besoin de faire valider ses hypothèses de travail (hypothèses de calcul de structures, hypothèses d'interprétation d'une règle de sécurité incendie).

Il est souhaitable que le maître d'œuvre puisse intégrer les remarques issues du rapport initial de contrôle technique dans son dossier PRO avant que l'appel d'offres ne soit lancé. En conséquence, l'idéal est de désigner le bureau de contrôle entre l'APD et le PRO du maître d'œuvre, afin que dès sa désignation le bureau de contrôle puisse prendre connaissance du dossier APD et produire son RICT, qui sera pris en compte par le maître d'œuvre avant la fin de son PRO.

Une désignation plus tardive fait courir des risques financiers à l'opération, puisque l'appel d'offres sera lancé sur la base d'un DCE ne répondant pas au RICT.

6.6. Rédiger le cahier des charges de la mission du bureau de contrôle

La rédaction d'un cahier des charges ne pose pas de problème particulier. Le cahier des charges pourra :

- décrire l'opération et joindre le dernier dossier rendu par le maître d'œuvre ;
- préciser le coût prévisionnel des travaux ;
- préciser le planning prévisionnel de l'opération ;
- faire référence à la norme citée ci-dessus ;
- indiquer les missions obligatoires et facultatives retenues, notamment les missions Attestations souhaitées ;
- lister les intervenants connus ou à venir ;
- préciser un nombre minimum de visites de chantier ;

- préciser les modalités de gestion des documents : préciser par exemple que le bureau de contrôle ne recevra pas de documents papier mais PDF ;
- préciser les modalités de communication des avis et rapports : préciser qu'il devra déposer ses communications sur une armoire à plans informatique, ce qui est parfois une option dans les tarifs des bureaux de contrôle ;
- préciser si le projet est en BIM : le bureau de contrôle pourra être amené à utiliser un *viewer* pour analyser les maquettes numériques, ce qui peut changer son tarif, il pourra utiliser des logiciels de contrôle automatique des maquettes numériques, en plein boom actuellement.

6.7. Quel est le rôle particulier du bureau de contrôle dans les projets d'ERP des quatre premières catégories ?

Dans les projets d'ERP des quatre premières catégories, le bureau de contrôle délivre le RVRAT, rapport de vérifications réglementaires après travaux, qui est le document faisant foi vis-à-vis de la commission de sécurité. Le cadre réglementaire de ce rapport figure aux articles GE 7 et GE 8 [1] du règlement ERP.

Point de vigilance

Le RVRAT est le fruit de l'ensemble du processus de vérification des documents d'exécution et du chantier par le bureau de contrôle tout au long de sa mission, et notamment au cours de la phase visa. Un bureau de contrôle qui n'aurait pas suivi le déroulement des études d'exécution pourrait difficilement délivrer son RVRAT ; le bureau de contrôle doit impérativement examiner les documents d'exécution au fur et à mesure de leur production.

6.8. Étapes successives de la mission du bureau de contrôle

La mission type du bureau de contrôle inclut les étapes suivantes :

- rapport initial de contrôle technique (RICT), typiquement après l'APD ;
- les avis successifs sur les documents d'exécution ;
- les avis après visites de chantier (ce n'est cependant pas une obligation légale) ;
- le rapport de fin de mission de contrôle technique (RFCT), qui synthétise les avis non levés ; et
- pour les ERP du 1er groupe, le rapport de vérifications réglementaires après travaux (RVRAT), nécessaire avant la réception.

1 Articles GE 7 et GE 8 de l'arrêté du 25 juin 1980 portant approbation des dispositions générales du Règlement de sécurité contre les risques d'incendie et de panique dans les établissements recevant du public (ERP).

6.9. Quel budget prévoir pour la mission du bureau de contrôle?

Les ratios proportionnels au budget travaux se révèlent souvent inappropriés. Une évaluation au temps à passer paraît plus appropriée. Il est donc difficile de donner des chiffres. Très grossièrement, un ordre de grandeur de 5 à 50 k€ est statistiquement courant.

7. Le contrôle extérieur ouvrage d'art

En ouvrage d'art/génie civil on rencontre des missions de *contrôle extérieur*, à ne pas confondre avec le contrôle technique bâtiment.

Cette prestation, réalisée par des bureaux d'études, peut comporter :

- la vérification des études du maître d'œuvre en phase conception ;
- la vérification des études d'exécution :
  - vérification des études d'exécution du maître d'œuvre, ou
  - vérification des études d'exécution de l'entreprise, en complément du visa du maître d'œuvre ;
- des vérifications en phase travaux sur le chantier ;
- des vérifications en phase OPR.

8. La désignation du coordonnateur SPS

8.1. Principes

La mission de coordination sécurité et protection de la santé est décrite dans le Code du travail[1]. Cette mission a été introduite en France en 1993, en transposition d'une directive européenne.

Un coordonnateur SPS doit être désigné par le maître d'ouvrage de tout chantier de bâtiment ou de génie civil dès qu'il y a cohabitation entre plusieurs entreprises dans la même « opération » limitée dans le temps et l'espace, même s'ils sont sous-traitants d'une même entreprise générale. Le but de la mission est de prévenir les risques liés à la coactivité et de faire appliquer les principes généraux de prévention.

8.2. Cas de dispense

La désignation d'un coordonnateur SPS n'est pas nécessaire :

- pour les opérations de maintenance de faible importance ;
- si le maître d'ouvrage est un particulier agissant pour son compte ou pour sa famille[2].

1 Article L4532-1 et suivants, et R4532-1 et suivants du Code du travail.
2 Article L4532-7 du Code du travail.

8.3. Qui peut assurer une mission de coordonnateur SPS ?

Le coordonnateur SPS (CSPS) désigné est une personne physique, qui doit avoir suivi une formation comportant trois *niveaux de compétence* en fonction de la taille des chantiers suivis. La formation donne lieu à un contrôle de capacité et à une actualisation tous les cinq ans. Le coordonnateur SPS est titulaire d'une attestation de compétence.

Pour cibler le niveau de compétence requis, on identifie la *catégorie* de l'opération[1] :

Catégorie d'opération	Définition	Obligations	Niveau de compétence requis du CSPS
Opérations de 1re catégorie	Chantier > 10 000 hommes × jours et nombre d'entreprises (sous-traitants inclus) > 10 s'il s'agit d'une opération de bâtiment ou > 5 s'il s'agit d'une opération de génie civil.	Contrat SPS + CISSCT + Déclaration préalable + Registre journal + PGC + PPSPS + Inspections communes + DIUO	CSPS de niveau 3
Opérations de 2e catégorie (= opérations soumises à déclaration préalable)	Effectif prévisible des travailleurs > 20 à un moment quelconque des travaux et durée > 30 jours ouvrés, ou Volume prévu des travaux > 500 hommes × jours.	Contrat SPS + Déclaration préalable + Registre journal + PGC + PPSPS + Inspections communes + DIUO	CSPS de niveau 2 ou 3
Opérations de 3e catégorie	Opérations n'entrant pas dans les cas ci-dessus	Contrat SPS + Registre journal + DIUO + si travaux à risques particuliers : PGC simplifié et PPSPS simplifié	CSPS de niveau 1, 2 ou 3

Exemple

Pour un chantier de 18 mois (hors mois d'août), pour lequel on estime que seront présentes une dizaine d'entreprises, sous-traitants compris, avec pour chacune 5 hommes en moyenne par jour, sur 20 jours ouvrés par mois, on estime que seront présents 18 × 5 × 20 = 1 800 hommes × jours.

1 Articles R4532-1 et suivants du Code du travail.

Cette opération entre dans la 2e catégorie : un coordonnateur SPS de niveau 2 ou 3 est nécessaire. Un CISSCT n'est pas nécessaire. Une déclaration préalable est nécessaire.

Le maître d'ouvrage a obligation de s'assurer du niveau de compétence du coordonnateur SPS qu'il désigne et doit pouvoir justifier de cette compétence auprès de l'inspecteur du travail[1].

8.4. Non-cumul

La personne physique assurant la mission de coordination SPS ne peut jouer le rôle de contrôleur technique de la même opération.

Conseil pratique

Rien n'interdit de désigner un coordonnateur SPS parmi les salariés du maître d'ouvrage[2]. Il est cependant recommandé d'éviter cette pratique et de retenir un coordonnateur SPS extérieur à la maîtrise d'ouvrage, afin de limiter les risques juridiques.

8.5. À quel moment désigner le coordonnateur SPS ?

La mission du coordonnateur SPS est essentiellement concentrée sur la phase chantier, toutefois il doit être présent dès la phase conception et il doit être associé au déroulement des études.

Il doit être désigné dès le début de l'APS[3].

8.6. Rédiger le cahier des charges pour missionner un coordonnateur SPS

La rédaction d'un cahier des charges de mission SPS ne présente pas de difficulté particulière (contrairement, par exemple, à une mission géotechnique ou à une mission diagnostic, qui ne peuvent s'improviser). Il suffit de décrire l'opération, en précisant notamment :

- la description de l'opération ;
- le planning du projet et la durée prévue du chantier ;
- l'estimation du volume d'hommes × jours ;
- le nombre estimé d'entreprises ;
- la catégorie de l'opération et le niveau de compétence requis ;
- les intervenants identifiés avec qui le coordonnateur SPS devra coopérer, notamment le maître d'œuvre ;
- le contenu de la mission, en faisant référence aux articles du Code du travail qui présentent le contenu de la mission SPS[4] ;

1 Article R4532-29 du Code du travail.
2 Article R4532-21 du Code du travail.
3 Article R4532-4 du Code du travail.
4 Article R4532-11 à 98 du Code du travail.

- les limites de l'autorité conférée au coordonnateur SPS : il peut être pertinent de préciser si le coordonnateur SPS a autorité pour arrêter le chantier en cas de risque, où s'il lui est demandé d'informer le maître d'ouvrage afin que celui-ci intervienne ;
- la date de début et de fin de la mission ;
- l'exigence ou non de rapports périodiques d'activité ;
- la fréquence minimale des visites sur sites et des participations aux réunions de chantier.

On pourra joindre en annexe au cahier des charges le dernier dossier rendu par le maître d'œuvre, par exemple, l'esquisse ou l'APS.

Pour en savoir plus sur la rédaction du cahier des charges du coordonnateur SPS

L'Afnor a publié un outil d'aide à la consultation et à l'évaluation des offres des coordonnateurs SPS, la norme NF P 99-600 : *Coordonnateurs SPS : bonnes pratiques de consultation et d'évaluation des offres des coordonnateurs SPS à l'attention des maîtres d'ouvrage.*

8.7. Les documents à exiger lors de la remise de l'offre

L'offre devra *a minima* comporter :

- l'attestation de compétence de la personne physique proposée ;
- l'attestation de responsabilité civile ;
- le CV de la personne proposée ou son dossier de références.

L'attribution se déroulera suivant les procédures achats propres au maître d'ouvrage.

Cette mission de prestation intellectuelle n'est pas une mission de conception, la réglementation des marchés publics autorise donc un simple appel d'offres [1]. En marchés privés, il pourra être désigné en gré à gré ou après mise en concurrence.

Le coordonnateur SPS pourra être désigné au mieux-disant. Néanmoins, par rapport à d'autres prestataires, le nombre de références est moins crucial que pour un prestataire très spécialisé, comme un BET spécialisé dans un domaine d'expertise. Un jeune coordonnateur SPS pourra très bien donner satisfaction du moment qu'il possède l'attestation de compétence requise.

8.8. Quel budget prévoir pour la mission du coordonnateur SPS ?

Les ratios proportionnels au budget travaux sont souvent inappropriés. Une évaluation au temps à passer est plus pertinente. Très grossièrement, un ordre de grandeur de 5 à 50 k€ est statistiquement courant.

Point de vigilance

La réglementation sur la coordination SPS, quasi universellement appliquée dans les projets de bâtiments et de génie civil, ne doit pas être confondue avec la réglementation sur les *travaux effectués dans un établissement*

1 Article R2172-2§4 du Code de la commande publique.

par une entreprise extérieure[1]. Cette seconde réglementation ne s'applique jamais simultanément avec la mission de coordination SPS.

Dans le cadre de cette seconde réglementation, le chef de l'entreprise utilisatrice réalise un *plan de prévention*, qui permet d'identifier les risques liés aux interférences entre l'activité de l'entreprise extérieure et l'activité de l'établissement.

Si par exemple un peintre est amené à intervenir dans une usine en exploitation, le plan de prévention listera les précautions à prendre pour éviter les risques liés à la coactivité.

9. La désignation du coordonnateur SSI

Avant de traiter du coordonnateur SSI, il est nécessaire de rappeler sommairement ce que sont les SSI, à la mise en place desquelles ce coordonnateur œuvrera.

Zoom sur...

... les SSI

L'abréviation SSI désigne les *systèmes de sécurité incendie* présents dans certains bâtiments et ne doit pas être confondue avec le domaine de la sécurité incendie, domaine bien plus large que les seuls SSI.

Rappelons la définition officielle d'un SSI : « *Le système de sécurité incendie d'un établissement est constitué de l'ensemble des matériels servant à collecter toutes les informations ou ordres liés à la seule sécurité incendie, à les traiter et à effectuer les fonctions nécessaires à la mise en sécurité de l'établissement.*

La mise en sécurité peut comporter les fonctions suivantes :

- *compartimentage ;*
- *évacuation des personnes (diffusion du signal d'évacuation, gestion des issues) ;*
- *désenfumage ;*
- *extinction automatique ;*
- *mise à l'arrêt de certaines installations techniques.* »[2]

En d'autres termes, le SSI est une installation qui détecte et signale l'incendie puis commande des organes de sécurité qui permettent d'une part d'évacuer le public (équipement d'alarme, gestion des issues de secours) et d'autre part d'éviter la propagation de l'incendie et de faciliter l'intervention (désenfumage, compartimentage, sprinklage, etc.).

Les SSI sont caractérisés par leur catégorie, de A à E, de la plus complète à la plus rudimentaire.

Un domaine très réglementé

Le domaine des SSI est étroitement encadré par un ensemble de normes, chaque type de composant du système étant régi par une norme distincte. Le règlement ERP rappelle explicitement que le respect de ces normes est obligatoire[3].

1 Article R4511-1 et suivants du Code du travail.
2 Article MS 53§1 du règlement ERP.
3 Article MS 53§2 du règlement ERP.

Les cas d'utilisation

En ERP, le règlement particulier propre à chaque type d'ERP prescrit le type (on parle de catégorie) de SSI et le type d'alarme exigible[1]. On trouvera ces prescriptions dans les articles « Moyens de secours », le SSI étant considéré dans le règlement comme l'un des moyens de secours, à côté des RIA, du sprinklage, etc. Des articles du règlement, autres que ceux relatifs aux moyens de secours, peuvent conduire à l'utilisation d'un SSI, en particulier plusieurs articles CO.

En ERT, la détection automatique n'est pas obligatoire mais hautement souhaitable à partir d'une certaine taille et peut être exigée par les assureurs du maître d'ouvrage. La plupart des bâtiments de bureaux construits actuellement en sont équipés.

Quoi qu'il en soit, un système d'alarme sonore est obligatoire à partir de 50 occupants[2], alarme qui peut être assurée par un SSI.

Quelques exemples de catégories de SSI

- Les ERP avec locaux de sommeil (hôtel, hôpital, maison de retraite...) sont équipés d'un SSI de catégorie A, qui a pour caractéristique de comporter de la détection automatique et de nécessiter un poste central de sécurité, doté de personnel compétent.
- Un centre commercial de 1re catégorie (pour mémoire la catégorie d'ERP fait référence à l'effectif du public accueilli) est un ERP de type M équipé d'un SSI de catégorie B.
- Un magasin de 2e catégorie est un ERP de type M équipé d'un SSI de catégorie C, D ou E.

9.1. La mission de coordonnateur SSI

La mission de coordonnateur SSI est définie par les normes encadrant la conception des SSI[3].

Cette mission peut être effectuée par le maître d'œuvre, mais elle est généralement confiée par le maître d'ouvrage à un BET spécialisé. Quoi qu'il en soit, cette mission ne fait pas partie de la mission de base de maîtrise d'œuvre.

Dans le neuf, la mission comprend les prestations suivantes, décrites par la norme avec ce goût des sigles qui est une particularité de ce domaine :

« Phase de conception

Établissement d'un cahier des charges fonctionnel du S.S.I. définissant :

- *la catégorie du S.S.I. ;*
- *l'organisation des zones (Z.D. et Z.S.*[4]*) ;*
- *la corrélation entre les Z.D. et les Z.S. ;*
- *le positionnement des matériels centraux et déportés éventuels ainsi que les modalités de l'exploitation de l'alarme (restreinte, générale et/ou générale sélective) ;*

1 Article MS 53§3 du règlement ERP.

2 Article R4227-34 du Code du travail.

3 Article 5.3 de la norme NF S 61-931 Systèmes de sécurité incendie (SSI) – Dispositions générales.

4 Zones de désenfumage et zones de mise en sécurité.

- *les alimentations de sécurité (A.E.S., A.P.S.[1]) et leurs conditions d'implantation;*
- *les constituants du S.S.I. en indiquant le mode de fonctionnement des D.C.T.[2] et les options de sécurité des D.A.S.[3];*
- *le principe et la nature des liaisons;*
- *la procédure de réception technique du S.S.I.*

Phase de réalisation

- *suivi de la cohérence entre les différents équipements du S.S.I.;*
- *création et mise à jour du dossier d'identité du S.S.I. tel que visé par la norme NF S 61-932;*
- *respect du cahier des charges et suivi des essais fonctionnels du S.S.I.;*
- *établissement du procès-verbal de réception technique.* »

Dans le cas d'un projet dans l'existant avec modification d'un SSI existant, la mission comprend d'après la norme les prestations suivantes:

- *« mise à jour du cahier des charges fonctionnel du S.S.I.;*
- *respect des points énoncés dans la phase de réalisation ci-dessus;*
- *mise à jour du dossier d'identité du S.S.I.* »[4]

9.2. Dans quels cas la désignation d'un coordonnateur SSI est-elle nécessaire?

En théorie, il faut un coordonnateur SSI dès que le projet comporte un SSI, mais en pratique la réponse est moins évidente, et pas universelle.

En vue de répondre à cette question, on peut proposer différents critères:

- si le SSI est de catégorie A ou B, il faut sans aucun doute un coordonnateur SSI;
- si le SSI comporte des asservissements (c'est-à-dire que le SSI commande des équipements, par exemple du désenfumage ou des portes de compartimentage), il faut un coordonnateur SSI;
- si le SSI est de catégorie C, D ou E, il faut analyser au cas par cas la complexité du projet de SSI.

En cas de doute, il faut demander son avis au maître d'œuvre sur la nécessité d'un coordonnateur SSI; en cas de doute, le maître d'œuvre va demander à son spécialiste en charge de la description du lot contenant le SSI.

Même pour une installation simple, il peut être utile qu'un coordonnateur SSI assiste le maître d'ouvrage pour clarifier la définition du SSI.

Dans le cas des ERP de 5e catégorie, l'article PE 32 indique: « *Seules l'installation, la modification ou l'extension d'un système de sécurité incendie de catégorie A, dans les établissements dont la mise en sécurité comporte au moins une fonction de mise en sécurité en supplément de la fonction évacuation, font l'objet d'une mission de coordination. (...) Si le coordonnateur SSI n'est pas requis, le document attestant de la réception technique est établi par l'entreprise intervenante.* »

1 Alimentations électriques de sécurité et alimentation pneumatiques de sécurité.
2 Dispositifs commandés terminaux.
3 Dispositifs actionnés de sécurité.
4 Article 5.3 de la norme NF S 61-931 Systèmes de sécurité incendie (SSI) – Dispositions générales.

9.3. Qu'en est-il en rénovation dans l'existant?

Pour les projets modifiant une installation SSI existante, le recours à un coordonnateur SSI est aussi nécessaire. Si l'installation est relativement récente, l'idéal est de missionner le coordonnateur SSI qui l'a conçue.

Pour les SSI d'une certaine importance (par exemple catégorie A), il est crucial d'être conscient que même une modification mineure de l'installation nécessite un coordonnateur SSI. En effet, c'est le coordonnateur SSI qui définit la programmation de la baie SSI pour l'entreprise et qui met à jour le dossier d'identité SSI. En son absence, l'établissement risque fort de se retrouver avec une installation en dysfonctionnement ou sans dossier à jour.

Règle d'or de la modification du SSI existant

Toute modification – même mineure – d'un SSI de catégorie A existant nécessite un coordonnateur SSI.

9.4. À quel moment désigner le coordonnateur SSI?

La présence du coordonnateur SSI est indispensable dès le début de l'APD. L'idéal est donc de la désigner en fin d'APS, en utilisant les renseignements issus de l'APS. Un retard de désignation peut faire peser des risques au déroulement des études.

9.5. Rédiger le cahier des charges pour désigner un coordonnateur SSI

Le cahier des charges de la mission du coordonnateur SSI s'appuiera sur l'article 5.3 de la norme NF S 61931 *Systèmes de sécurité incendie – Dispositions générales.*

Pour rédiger le cahier des charges on précisera notamment:

- le périmètre précis du projet, par exemple par référence au dossier d'étude de maîtrise d'œuvre disponible au moment de la rédaction (typiquement: le dossier APS dont on pourra extraire des plans généraux et le lot courants forts/courants faibles),
- la nature de l'établissement: type et catégorie d'ERP par exemple, ou ERT,
- les intervenants connus et à venir,
- les exigences programmatiques relatives au SSI (par exemple le choix, concerté avec l'assureur du maître d'ouvrage, d'installer un SSI allant au-delà des obligations réglementaires),
- les étapes de la mission, par exemple typiquement suivi des phases conception, réalisation, réception et parfait achèvement; ou encore diagnostic d'un SSI existant,
- les livrables attendus, typiquement: le cahier des charges fonctionnel du SSI, puis les avis sur les documents d'exécution et en fin de chantier le rapport de réception technique du SSI et le dossier d'identité du SSI),
- les délais attendus associés à chaque livrable, en particulier les délais de transmission des avis sur les documents d'exécution des entreprises,

- les modalités de transmission des avis sur les documents d'exécution : exiger que le coordonnateur SSI mette directement ses avis sur la plateforme informatique de gestion des visas,
- une hypothèse sur le nombre de déplacements sur le chantier,
- la participation aux OPR et à la visite de la commission de sécurité,
- les exigences éventuelles relatives à la démarche BIM, par exemple que le coordonnateur SSI s'équipe d'un *viewer*,
- les tranches optionnelles, si la réalisation du projet n'est pas encore totalement certaine et si l'on souhaite engager uniquement la partie conception de la mission.

9.6. L'attribution de la mission

Lors du choix du coordonnateur SSI on prend soin de vérifier la présence de références de missions similaires notamment en termes de complexité.

L'attribution se déroulera suivant les procédures achats propres au maître d'ouvrage.

Cette mission de prestation intellectuelle n'est pas une mission de conception, la réglementation des marchés publics autorise donc un simple appel d'offres [1].

9.7. Confier la coordination SSI au maître d'œuvre

Rien n'interdit de confier la mission de coordination SSI au maître d'œuvre ou au groupement de maîtrise d'œuvre, ce qui permet d'avoir une prestation clé en main.

Cette attribution au maître d'œuvre peut cependant présenter un inconvénient : après la fin du chantier, en phase exploitation, il pourra être utile de faire réintervenir le coordinateur SSI pour des missions ponctuelles, notamment en cas de modifications ultérieures du bâtiment. Si les règles d'achat l'autorisent il sera judicieux de faire appel au même coordonnateur SSI, qui connaît l'installation. Cette situation peut notamment se rencontrer pour de grands ERP amenés à subir des modifications fréquentes de leurs aménagements intérieurs. Des contrats-cadres sont même parfois pertinents si les interventions se succèdent au fil de l'eau.

Dans le cadre de la maintenance il peut aussi être utile de consulter le coordonnateur SSI.

Pour ces interventions ultérieures, il peut être préférable d'avoir un contact direct avec le coordonnateur SSI, et il est donc préférable de ne pas intégrer cette prestation à la mission de maîtrise d'œuvre.

9.8. Quel budget prévoir pour la mission du coordonnateur SSI ?

Les ratios proportionnels au budget travaux sont là encore souvent inappropriés. Une évaluation au temps à passer est plus pertinente.

1 Article R2172-2§4 du Code de la commande publique.

10. La désignation de l'OPC

10.1. Contenu de la mission OPC

La mission OPC (d'« ordonnancement pilotage coordination ») a pour objectif d'optimiser la tenue des délais sur le chantier. Elle n'intervient jamais sur les aspects techniques ou financiers.

L'OPC intervient donc sur tout ce qui touche directement ou indirectement les durées de tâches et leur chronologie :

- effectifs des entreprises ;
- chronologie des interventions des lots ;
- durée des interventions des entreprises ;
- déblocage de tout problème ralentissant le chantier ;
- phasages ;
- programmation des interventions futures, etc.

La mission OPC apparaît officiellement dans l'arrêté d'application de la loi MOP comme un élément de mission de maîtrise d'œuvre, non compris dans la mission de base du maître d'œuvre.

10.2. Un OPC sur quels projets ?

On missionne principalement des OPC sur les chantiers en corps d'état séparés ou en macro-lots. Sur les chantiers en entreprise générale, il n'y a pas d'OPC puisque la coordination entre les lots est assurée par l'entreprise générale. On entend parfois dire (par abus de langage) que l'entreprise générale est en charge de la mission OPC.

10.3. À quel moment faire débuter la prestation OPC ?

La mission OPC, qui couvre la durée du chantier, ne doit être confondue ni avec les missions AMO Planification, qui peuvent couvrir toute la durée du projet, ni avec les tâches de planification en phase études relevant de la mission de base du maître d'œuvre.

La mission OPC peut débuter :

- soit au cours de la phase PRO, ce qui lui permettra de contribuer au montage du DCE ;
- soit au plus tard au début du chantier.

10.4. Articulation de la mission OPC avec la mission de maîtrise d'œuvre

La mission OPC peut être confiée au maître d'œuvre en mission complémentaire, ou réalisée par un prestataire missionné directement par le maître d'ouvrage.

Si la mission est confiée à la maîtrise d'œuvre, il est souhaitable que le maître d'œuvre missionne un professionnel compétent, extérieur aux équipes de maîtrise d'œuvre, afin de faire bénéficier le projet d'un professionnel réellement dédié à cette mission et afin d'éviter que les prestations OPC ne soient un simple prétexte à augmenter les honoraires de maîtrise d'œuvre.

10.5. Les principales prestations à confier à l'OPC

10.5.1. En début de chantier (phase préparatoire des travaux)

- Prise de connaissance du projet.
- Analyse des besoins en installations de chantier des lots, mise en cohérence et attribution des emplacements ; vérification du plan d'installation de chantier final établi par le lot en charge des installations de chantier (le coordonnateur SPS visera aussi ce plan).
- Recueil des plannings d'exécution des entreprises.
- Analyse des plannings d'exécution et demande de modification en cas de non-conformité au marché ; mise en cohérence, ordonnancement des tâches.
- Synthèse de l'ensemble des plannings d'exécution, sous la forme d'un planning général, décliné lot par lot.

10.5.2. Tout au long du chantier

- Analyse de l'avancement des études d'exécution.
- Tournée de chantier et relevé des avancements physiques.
- Organisation et animation des réunions hebdomadaires de pilotage, ou des réunions hebdomadaires de chantier ; compte rendu et diffusion.
- Décompte des effectifs présents lot par lot et vérification de leur adéquation aux besoins.
- Relances téléphoniques des entreprises ; élaboration de plans d'actions correctives.
- Relances téléphoniques des intervenants : maître d'œuvre, bureau de contrôle, coordonnateur SPS, coordonnateur SSI, etc. si leurs prestations impactent le chemin critique.
- Mise à jour du planning général du chantier détaillé par lot.

10.5.3. En fin de chantier

- Organisation des OPR.
- Relances des entreprises pour les levées de réserves.
- Récapitulation des retards à imputer à chaque lot.

10.6. Les principaux livrables de la mission OPC

La liste ci-dessous est une proposition, à adapter au cas de chaque projet.

10.6.1. Livrables en phase PRO/DCE le cas échéant

Il est relativement rare que l'OPC soit missionné en PRO/DCE directement par le maître d'ouvrage, puisque l'appui qu'il pourrait apporter à la constitution du DCE relève principalement de la mission de maîtrise d'œuvre. Si l'OPC est désigné dès le PRO/DCE, le maître d'œuvre identifiera les livrables attendus (qui peuvent être planning général du chantier participation au cahier de phasage, participation au plan d'installation de chantier, participation au circuit de validation des documents d'exécution).

10.6.2. Livrables en phase chantier

10.6.2.1. En début de chantier (phase préparatoire du chantier)

- Planning général du chantier, constitué par assemblage et mise en cohérence de l'ensemble des plannings d'exécution de chacun des lots, comprenant lot par lot :
  - les études d'exécution,
  - les démarches et formalités diverses,
  - les commandes, fabrications et approvisionnements, et
  - les travaux.
- Annuaire des intervenants (maintenant généralement automatisé sur la plateforme PLM).

10.6.2.2. Tout au long du chantier

- Compte rendu hebdomadaire des réunions de pilotage, comprenant le rapport d'avancement des études d'exécution et des travaux.
- E-mails d'alerte pour les lots en retard.
- Préparation de minutes de courrier à la signature du directeur travaux ou du maître d'ouvrage à destination des entreprises présentant un retard.
- Tableau de suivi des effectifs des entreprises lot par lot.
- Mise à jour du planning général, avec ficelle d'avancement.

10.6.2.3. En fin de chantier

- Calendrier des opérations de réception comprenant les essais, les autocontrôles, les opérations préalables à la réception, les levées de réserves, les DOE minutes, les DOE finaux, la visite de la commission de sécurité le cas échéant, le repli des installations de chantier.
- Note d'analyse des retards des lots en vue de l'attribution de pénalités lors des DGD.

10.7. Rédiger le cahier des charges de la mission OPC

Pour rédiger le cahier des charges on veillera notamment à préciser :

- les caractéristiques de l'opération :
  - périmètre précis du projet, par exemple par référence au dossier d'étude de maîtrise d'œuvre disponible au moment de la rédaction (typiquement : le dossier APD dont on pourra extraire des plans généraux),
  - intervenants connus et à venir,
  - nombre estimé d'entreprises,
  - planning prévisionnel de l'opération,
  - coût prévisionnel des travaux ;
- les étapes de la mission, notamment soit intervention à compter de la désignation des entreprises, soit intervention dès la phase PRO/DCE ;
- les exigences programmatiques relatives aux délais, par exemple la criticité relative des jalons partiels ;
- les prestations attendues (voir proposition ci-dessus) ;
- les livrables attendus (voir proposition ci-dessus) ;
- les délais et périodicités attendus associés à chaque livrable, notamment le délai maximum de diffusion des comptes rendus de réunions de chantier ou de pilotage : deux jours est un délai idéal ;
- la fréquence minimale des déplacements sur le chantier ;
- l'éventuelle participation au CISSCT ;
- les réunions et leur périodicité (réunions de pilotage, réunions de *reporting*) ;
- les modalités de gestion des documents (plateforme PLM ?) ;
- si le projet est en BIM : l'OPC pourra être amené à utiliser un *viewer* pour analyser les maquettes numériques, ce qui peut changer son tarif ;
- les éventuelles prestations optionnelles souhaitées.

10.8. Procédure marché pour la mission OPC

La procédure achat dépendra du maître d'ouvrage concerné.

Dans le cadre des marchés publics, cette prestation ne comportant pas de conception, un appel d'offres est utilisé [1].

10.9. Coût d'objectif de la mission OPC

Le coût d'une mission OPC peut varier typiquement entre 1 % et 1,5 % du montant des travaux.

1 Article R2172-2§4 du Code de la commande publique.

11. Récapitulatif des prestations courantes de l'AMO conducteur d'opération pendant la phase de lancement de l'opération

Quelles sont les tâches principales pouvant être réalisées par l'AMO conduite d'opération durant cette phase de lancement de l'opération ?

L'AMO conduite d'opération pourra être amené à réaliser les prestations suivantes, à adapter en fonction de la nature du projet, de la nature du maître d'ouvrage, des limites de prestations avec l'acheteur et des seuils d'achat.

11.1. Sous maîtrise d'ouvrage publique

La proposition de réponse présentée ici se place dans le cas de l'assistance à un maître d'ouvrage public.

Pour la désignation du maître d'œuvre

- Aide au choix des procédures de publicité et de mise en concurrence.
- Rédaction de l'avis d'appel public à candidatures.
- Analyse des candidatures (analyse des références, vérification de la validité des assurances).
- Préparation du dossier de consultation (partie administrative et partie technique).
- Rédaction des réponses aux questions des candidats.
- Assistance aux travaux du jury ou de la commission et rédaction des procès-verbaux.
- Assistance à la négociation du marché avec le candidat retenu.
- Mise au point du marché de maîtrise d'œuvre.
- Rédaction du rapport de présentation.
- Rédaction de l'avis d'attribution et publication.

Pour la désignation des autres prestataires intellectuels

- Identification des missions nécessaires.
- Constitution des dossiers de consultation (partie administrative et partie technique).
- Aide au choix des procédures de désignation.
- Analyse des offres.
- Assistance à la commission d'appel d'offres.
- Assistance à la négociation avec les candidats.
- Mise au point des marchés.

Cette étape du projet peut aussi comprendre le montage des dossiers de demande de subvention, dont la forme dépend de la nature du projet (suivant les cas ces demandes de subvention peuvent aussi intervenir à une autre étape du projet).

11.2. Sous maîtrise d'ouvrage privée

Suivant la procédure propre à chaque maître d'ouvrage, les prestations à réaliser peuvent être diverses.

Pour la désignation du maître d'œuvre

- Préparation du dossier de consultation (partie administrative et partie technique).
- Présentation du projet aux maîtres d'œuvre consultés et demande de devis.
- Analyse des offres.
- Assistance à la négociation du marché avec le candidat retenu.
- Mise au point du marché de maîtrise d'œuvre.

Pour la désignation des autres prestataires intellectuels

- Identification des missions nécessaires.
- Constitution des dossiers de consultation (partie administrative et partie technique).
- Demandes de devis.
- Analyse des offres.
- Assistance à la négociation avec les candidats.
- Mise au point des marchés.

ÉTAPE 5

La phase conception

Le programme de l'opération est prêt. Les principales données d'entrée ont été recueillies. Le maître d'œuvre et les autres intervenants ont été désignés.

La phase conception peut maintenant commencer. Elle donnera au bâtiment son aspect extérieur qui façonnera bientôt l'espace public pour plusieurs décennies.

1. Les études de conception du maître d'œuvre et leur pilotage

1.1. Les étapes des études de conception du maître d'œuvre en mission MOP

1.1.1. Les phases dans l'arrêté MOP, suivant la nature du projet

Comme vu au chapitre précédent, l'arrêté d'application de la loi MOP définit l'enchaînement des phases qui constituent les *éléments de mission* de la mission de base du maître d'œuvre.

À l'heure du BIM l'arrêté MOP paraît bien imprécis en termes de niveau de détail exigible à chaque phase.

On se référera plutôt aux LOD américains pour identifier le niveau de développement attendu[1].

Pour mémoire les phases conception de la loi MOP sont :

- pour les bâtiments neufs l'esquisse, l'avant-projet sommaire, l'avant-projet définitif et le projet ;
- dans les bâtiments existants le diagnostic, suivi comme dans le neuf de l'avant-projet sommaire, de l'avant-projet définitif et du projet ;
- pour les infrastructures l'étude préliminaire, l'avant-projet et le projet.

1 https://bimforum.org/lod/.

Zoom sur...

... les diagnostics techniques

Pour les projets dans l'existant, des diagnostics techniques peuvent être nécessaires, qui ne font pas partie de la mission de base du maître d'œuvre, c'est-à-dire que leur rémunération n'entre pas en compte dans le calcul du taux de maîtrise d'œuvre[1] :

- diagnostic structure, portant notamment sur le fonctionnement des structures existantes, leur logique constructive ;
- diagnostic courants forts/courants faibles, comportant notamment les synoptiques de raccordement des installations ;
- diagnostic CVC plomberie, et analyse des performances thermiques des existants ;
- tracé du cheminement des réseaux aériens ;
- tracé du cheminement des réseaux enterrés, etc.

L'élément de mission des études de diagnostic (DIA en abrégé) est explicitement prévu dans l'arrêté d'application de la loi MOP, avant l'APS, pour les projets dans l'existant[2]. L'arrêté précise que cette étape permet aussi la meilleure prise en compte des attentes des habitants et usagers.

Point de vigilance

Ces diagnostics techniques ne doivent pas être confondus avec le « dossier de diagnostic technique » (au sens du Code de la construction[3]) exigible en cas de vente d'un bâtiment, et qu'on préférera appeler diagnostics réglementaires.

Les diagnostics réglementaires, bien que portant sur de nombreux points, restent superficiels et inexploitables pour les maîtres d'œuvre.

Conseil pratique

Les diagnostics techniques sont des éléments de mission complexes à réaliser, et peuvent rebuter certains maîtres d'œuvre.

Il est néanmoins fondamental que le maître d'œuvre les réalise lui-même, en s'entourant des compétences nécessaires. Un diagnostic réalisé par un tiers pour le compte du maître d'ouvrage ne renseignera généralement pas le maître d'œuvre aussi bien qu'une mission qu'il aura réalisée lui-même.

Il arrive que le maître d'œuvre, en terminant sa mission DIA, conclue qu'il est indispensable de lancer des investigations complémentaires, par exemple des sondages destructifs visant à identifier la composition des existants (sondages à confier par le maître d'ouvrage à une entreprise ou à un prestataire spécialisé).

---

1 Articles R2431-4 et R2431-5 du Code de la commande publique.
2 Annexe II §1 de l'arrêté du 22 mars 2019 précisant les modalités techniques d'exécution des éléments de mission de maîtrise d'œuvre confiés par des maîtres d'ouvrage publics à des prestataires de droit privé.
3 Article L271-4 du Code de la construction et de l'habitation.

1.1.2. Le «génie» de la progression des phases

Il a fallu des années de pratique professionnelle à l'auteur de ces lignes pour prendre conscience du caractère profondément génial de l'enchaînement des phases d'études, dont tous les professionnels n'ont pas forcément pleinement conscience.

Cet enchaînement des phases d'études, allant du plus général au plus particulier, du plus macro au plus micro, permet:

- de résoudre des questions d'une grande complexité en les dégrossissant progressivement;
- de cranter les validations du maître d'ouvrage, en construisant les étapes d'étude suivantes sur la base des validations obtenues préalablement.

1.1.3. Durée typique des phases de conception

Toutes les opérations sont bien entendu uniques. On propose ici quelques durées typiques des phases, afin de donner des ordres de grandeur, nécessairement critiquables.

L'esquisse peut durer un mois, suivi d'un mois de validation de la maîtrise d'ouvrage.

L'APS peut durer deux mois, suivi d'un mois de validation de la maîtrise d'ouvrage.

L'APD peut durer deux à quatre mois, suivi d'un mois de validation de la maîtrise d'ouvrage.

L'établissement du dossier permis de construire peut durer un mois.

Le PRO/DCE peut durer trois à quatre mois, suivi d'un mois de validation de la maîtrise d'ouvrage.

1.1.4. Les modalités du contrôle des livrables du maître d'œuvre par l'AMO conducteur de projet

L'examen et la validation des dossiers d'étude par l'AMO conducteur de projet comprend *a minima*, quelle que soit la phase d'étude concernée:

- la vérification de la conformité au programme;
- l'analyse de la clarté et lisibilité du dossier rendu;
- la vérification de la conformité des estimations au budget;
- l'analyse des évolutions de coûts d'une phase à l'autre;
- si le dossier comporte des éléments de planning, la vérification de la conformité au planning directeur du maître d'ouvrage.

Pour le projet BIM, la vérification des livrables par l'AMO conducteur d'opération comprend, outre l'examen des livrables PDF, l'examen de la maquette numérique grâce à un *viewer*.

Conseil pratique

La visualisation de la maquette dans un logiciel de production comme Revit est déconseillée, car les logiciels de visualisation permettent une navigation beaucoup plus fluide dans les maquettes, surtout dans le cas de maquettes complexes.

Si le maître d'ouvrage s'est adjoint les compétences d'AMO techniques spécialisés, les livrables du maître d'œuvre et les maquettes numériques leur sont soumis pour avis.

L'AMO conducteur d'opération soumet aussi les livrables pour avis aux super-utilisateurs, terme générique parfois utilisé pour désigner, suivant la nature du programme :

- les services utilisateurs ;
- les futurs exploitants ;
- les futurs gestionnaires immobiliers ;
- le service de commercialisation ;
- les futurs mainteneurs.

L'AMO conducteur d'opération réalise ensuite une synthèse de ses propres remarques et des remarques des autres intervenants (AMO spécialisés, super-utilisateurs), afin de communiquer au maître d'œuvre une liste exhaustive des remarques.

1.1.4.1. La vérification des livrables du maître d'œuvre en phase esquisse

La phase esquisse est le début de la mission de base dans le neuf. C'est normalement le début réel de la conception.

Quelques pistes pour vérifier les livrables du maître d'œuvre en phase esquisse :

- Les livrables couvrent-ils l'intégralité des prestations prévues à la commande passée au maître d'œuvre ?
- Les limites de prestation du chiffrage travaux sont-elles précises : y a-t-il une liste claire des prestations non comprises au chiffrage ?
- Le chiffrage comprend-il des provisions pour risque montrant une démarche d'analyse de risque ?
- Le projet est-il cohérent avec le programme en termes de surface de plancher et en termes de fonctionnalités attendues ?
- Le projet est-il cohérent avec le PLUi ?
- L'esquisse prend-elle en compte les enjeux de qualité environnementale ?
- Le projet est-il cohérent avec les grands principes de sécurité incendie propres au type de programme ?
- Les maquettes numériques sont-elles cohérentes avec le LOD 100, qui correspond approximativement à la phase esquisse (vérification à réaliser par l'AMO BIM) ?

1.1.4.2. L'avant-projet et le dépôt du PC

L'avant-projet prépare la demande de permis de construire.

Les promoteurs privés utilisent parfois le terme de « mission de conception générale ».

À cette étape le permis de construire n'est pas encore obtenu, ce qui constitue un risque majeur pour le maître d'ouvrage privé.

Outre l'importance de l'obtention de l'autorisation de construire, cette phase d'avant-projet comporte d'autres enjeux importants :

- définition du projet dans toutes ses composantes ;
- adéquation du projet au programme ;
- respect du cadre réglementaire notamment en matière de sécurité incendie, d'accessibilité handicapée, de réglementation thermique et de règles d'urbanisme ;
- prise en compte des enjeux environnementaux.

En bâtiment, l'avant-projet est composé de l'APS et l'APD.

- Concernant les plans architecte, la différence entre APS et APD est surtout une question de niveau de détail. Par ailleurs en APS il est normal que plusieurs options soient explorées, alors que l'APD ne décrit qu'une unique version des plans.
- Concernant les lots techniques :
  - l'APS est la phase où les grands principes techniques sont définis : choix des types d'équipements techniques, définition de l'architecture des réseaux et des synoptiques de raccordement,
  - alors que l'APD permet la représentation spatiale des installations et des cheminements.

La vérification des livrables AVP du maître d'œuvre

Check-list de vérification du rendu APS du maître d'œuvre

Les pistes évoquées ci-dessous, sans prétention aucune à l'exhaustivité, peuvent être utiles pour vérifier le sérieux d'un dossier APS d'un bâtiment.

- Le budget validé à l'issue de l'esquisse est-il respecté ?
- Les évolutions des estimations entre ESQ et APS sont-elles expliquées par le maître d'œuvre ?
- Le périmètre d'intervention est-il défini clairement et précisément :
  - pour les projets neufs, le plan niveau 0 permet-il d'identifier le périmètre projet ?
  - pour les projets dans l'existant, les plans tous niveaux montrent-ils le périmètre projet, lequel préfigure le périmètre du permis de construire ? Ce point est particulièrement crucial dans l'existant partiellement remanié.
- L'étude est-elle basée sur un relevé de géomètre préalablement fourni au maître d'œuvre ? Plus précisément :
  - dans le neuf le plan niveau 0 est-il basé sur un relevé topographique à jour ?
  - dans l'existant les plans de l'existant découlent-ils d'un relevé de géomètre à jour ?
- Le périmètre d'intervention du projet est-il précisément cohérent avec les limites foncières telles qu'identifiées par le géomètre ?
- Les surfaces exigées par le programme sont-elles respectées ?
- Les relations fonctionnelles entre locaux exigées par le programme (par exemple locaux devant être situés à proximités l'un de l'autre) sont-elles respectées ?
- Une notice environnementale récapitule-t-elle les orientations du projet en matière de qualité environnementale (vérification pouvant être confiée à l'AMO environnement) ?
- Le rendu APS comporte-t-il une première note sécurité incendie ?
  - En ERP cette note prépare la future notice sécurité incendie du dossier permis de construire.
  - En ERT et en habitation collective elle est très utile malgré l'absence d'obligation réglementaire.
- Le rendu APS comporte-t-il bien une notice structure (à moins que le projet ne nécessite aucun lot structure)?

Cette notice comporte-t-elle une liste d'hypothèses précisant notamment le cadre réglementaire des études structures (Eurocodes)?

- Si le rapport de sol G2-AVP était disponible préalablement au début de la phase, les fondations prévues respectent-elles les prescriptions du géotechnicien ?
- Si le rapport de sol G2-AVP n'était pas encore disponible, une provision pessimiste a-t-elle été prévue pour les fondations en attendant le rapport de sol, lequel permettra d'identifier le type de fondations nécessaires ?
- Le rendu APS comporte-t-il une première notice courants forts/courants faibles ? Un premier bilan de puissance électrique prévisionnel y figure-t-il ?
- Le rendu comporte-t-il une notice CVC ou thermique ?
- Le cadre réglementaire y est-il précisé en ce qui concerne la réglementation thermique, c'est-à-dire la notice identifie-t-elle si le projet relève de la RT 2012 ou d'une autre réglementation thermique (E+C–, RT élément par élément, RT Existant globale) ?
- La notice CVC présente-t-elle les grands principes techniques retenus ?
- Les grandes options en matière d'énergies sont-elles étayées par l'étude d'approvisionnement en énergie réglementairement obligatoire ? [1]
- Si le projet comporte des aménagements extérieurs ou des travaux sur un terrain qui n'étaient pas intégralement bâti jusqu'alors, l'étude prend-elle en compte les réseaux VRD existants révélés par les DT (déclarations de travaux[2]) et leur dévoiement si nécessaire ?

En cas de projets connexes à proximité immédiate, le projet est-il cohérent avec ces projets connexes, en situation définitive et en phase chantier (accès chantier compatibles entre eux ? localisation des installations de chantier compatibles entre eux ?)

- Les maquettes numériques sont-elles cohérentes dans leur apparence visuelle et leur niveau de renseignement des maquettes avec le LOD 200, qui correspond approximativement à la phase AVP ? (vérification à réaliser par l'AMO BIM). Le niveau LOD 200 sera atteint à l'issue de l'APD, il ne s'agit donc en APS que de commencer à s'en approcher.

  À ce stade il est trop tôt pour utiliser un *model checker*, la liste des *clashes* serait très longue.

Check-list de vérification du rendu APD du maître d'œuvre

La check-list APS figurant plus haut peut utilement être rebalayée : de nombreux points de cette liste restent d'actualité pour contrôler les livrables APD.

Les points ci-dessous, sans prétention aucune à l'exhaustivité, peuvent faciliter le contrôle d'un dossier APD bâtiment.

- Le budget validé à l'issue de l'APS est-il respecté ?
- Les éventuels écarts entre les estimations APS et les estimations APD sont-elles expliquées par le maître d'œuvre (par exemple dans la lettre d'envoi ou dans une note spécifique) ?
- Les surfaces exigées par le programme, que l'APS respectait déjà, sont-elles maintenant toujours respectées ?

---

1 Articles R111-22 et R111-22-1 du Code de la construction et de l'habitation et arrêté du 18 décembre 2007 relatif aux études de faisabilité des approvisionnements en énergie pour les bâtiments neufs et parties nouvelles de bâtiments et pour les rénovations de certains bâtiments existants en France métropolitaine.

2 Pour en savoir plus consulter www.reseaux-et-canalisations.ineris.fr.

- Les relations fonctionnelles entre locaux exigées par le programme (par exemple locaux devant être situés à proximités l'un de l'autre) sont-elles elles aussi toujours respectées ?
- La notice environnementale est-elle maintenant détaillée ? Est-elle cohérente avec les priorités découlant de la certification environnementale visée par le maître d'ouvrage (vérification pouvant être confiée à l'AMO environnement) ?
- Le rendu APD comporte-t-il une notice sécurité incendie finalisée?
  - En ERP cette notice figurera obligatoirement dossier permis de construire.
  - En ERT et en habitation collective elle est très utile malgré l'absence d'obligation réglementaire.
- Le dossier comporte-t-il des plans de sécurité incendie, aussi appelés plans de protection au feu, qui récapitulent toutes les informations relatives à la sécurité incendie (en ERP ces plans figurent aussi au dossier PC) :
  - le degré coupe-feu des portes ;
  - le nombre d'unité de passage des escaliers et dégagements ;
  - le degré coupe-feu éventuellement nécessaire sur certaines parois ;
  - les locaux à risques moyens ;
  - les locaux à risques importants ;
  - le degré de stabilité au feu des structures porteuses ;
  - le cas échéant, les flocages coupe-feu prévus en plafond ;
  - les modalités de désenfumage naturel ou mécanique, etc.
- Le rendu APD comporte-t-il bien une notice structure (à moins que le projet ne nécessite aucun lot structure)? Y trouve-t-il une note d'hypothèse ? Y trouve-t-on la description du schéma statique envisagé (lequel peut aussi être désigné par un autre terme) ? Le dossier structure comporte-t-il la ou les note(s) de calcul ?
- Le dossier comporte-t-il des plans et coupes structure issus de la maquette numérique ?
- Les études structure ont-elles été réalisées après réception du rapport G2-AVP du géotechnicien ?
  Prennent-elles bien en compte le type de fondations préconisées par le géotechnicien, et le prédimensionnement qu'il recommande ?

Point de vigilance

Il n'est pas envisageable de demander au maître d'œuvre de finaliser un APD sans avoir reçu le rapport G2-AVP du géotechnicien.

- Le rendu APD comporte-t-il une notice courants forts/courants faibles ? Un bilan de puissance électrique prévisionnel y figure-t-il ?
- Le dossier comporte-t-il des plans électricité, issus de la maquette numérique, montrant la localisation précise des équipements et des cheminements électriques (gaines techniques, chemins de câbles) ?
- Le dossier comporte-t-il des plans CVC plomberie, issus de la maquette numérique, montrant la localisation précise des équipements et des réseaux ?
- Le rendu comporte-t-il une notice CVC ou thermique ? Comporte-t-il le récapitulatif standardisé d'étude thermique réglementaire ?

- En cas de projets connexes à proximité immédiate, le projet est-il cohérent avec ces projets connexes, en termes d'accès chantier et de localisation des installations de chantier ?
- Les maquettes numériques sont-elles cohérentes dans leur apparence visuelle et leur niveau de renseignement des maquettes avec le LOD 200, qui correspond approximativement à la phase AVP (vérification à réaliser par l'AMO BIM) ?

Le dépôt du PC

Le dépôt du dossier de demande de permis de construire doit intervenir le plus en amont possible des études PRO, de manière à sécuriser l'opération et à pouvoir intégrer au PRO du maître d'œuvre les éventuelles exigences de l'administration.

Sur les grands projets les plus complexes, présentant un risque en termes de droit de l'urbanisme, le maître d'ouvrage fait auditer le dossier PC par un cabinet d'avocats spécialisés en droit de l'urbanisme préalablement au dépôt en mairie.

La période d'instruction du permis et de recours des tiers sera une période de risque pour le maître d'ouvrage privé.

Permis de construire et attestation thermique

Pour les projets soumis à la réglementation thermique RT 2012, une attestation thermique est à déposer dans le cadre du dossier de permis de construire.

Pour obtenir cette attestation, le thermicien de l'équipe de maîtrise d'œuvre réalise l'étude thermique, généralement au cours de la phase APD. Il produit ensuite, grâce à son logiciel de calcul thermique, un *récapitulatif standardisé d'étude thermique.* Il charge ce récapitulatif sur le site www.rt-batiment.fr, et il peut alors obtenir l'attestation à déposer avec le dossier de permis de construire.

Pour mémoire, à travers le récapitulatif standardisé d'étude thermique, le maître d'œuvre s'engage sur le coefficient Bbio, qui la performance bioclimatique du bâtiment.

Avec la RT 2020 l'étude thermique est complétée d'un volet environnemental portant sur l'impact carbone du projet.

Pour en savoir plus sur les calculs thermiques réglementaires et les attestations

Consulter le site du ministère www.rt-batiment.fr.

La fixation de l'enveloppe financière des travaux

En marchés publics, l'APD est la phase à l'issue de laquelle le maître d'œuvre s'engage sur le montant prévisionnel des travaux : les estimations de l'avant-projet définitif sont des estimations *définitives*, alors que les estimations de l'avant-projet sommaire étaient des estimations *provisoires* :

> *« Le marché public de maîtrise d'œuvre précise, d'une part, les modalités selon lesquelles est arrêté le coût prévi-sionnel des travaux assorti d'un seuil de tolérance, sur lesquels s'engage le maître d'œuvre et, d'autre part, les conséquences, pour celui-ci, des engagements souscrits.*
>
> *Lorsque la mission confiée au maître d'œuvre comporte l'assistance au maître d'ouvrage pour la passation des marchés publics de travaux, le marché public de maîtrise d'œuvre prévoit l'engage-*

ment de son titulaire de respecter le coût prévisionnel des travaux arrêté au plus tard avant le lancement de la procédure de passation des marchés publics de travaux. »[1]

1.1.4.3. La vérification des livrables PRO/DCE du maître d'œuvre

On pourra utilement rebalayer la check-list APD ci-dessus, qui comporte de nombreux points toujours d'actualité en PRO/DCE.

Les thématiques évoquées ici fournissent quelques pistes d'analyse, toujours sans prétention aucune à l'exhaustivité, pour aider à vérifier les livrables en phase PRO/DCE.

Vérifier le niveau de détails des plans architecte PRO/DCE

Les plans projet PRO/DCE doivent comporter des renseignements détaillés.

Ainsi :

- pour tous les cloisonnements intérieurs, les matériaux doivent être indiqués explicitement : par exemple parpaings de 15 + BA13, cloisons BA13 sur ossature métal, Siporex, etc. ;
- pour chaque local, le plan doit faire apparaître les prestations de second œuvre du local :
  - la prestation de sol (par exemple carrelage type, sol industriel coulé, peinture de sol, moquette),
  - la prestation de plafond (par exemple faux plafond acoustique en dalles 60 × 60, faux plafond BA13 non démontable, plafond brut floqué REI60, peinture sur plafond brut),
  - la ou les prestations murales (par exemple peinture finition type 1 RAL, peinture finition type, enduit à la chaux),
  - le numéro de référence de la ou des portes, sauf pour les tout petits projets,
  - le numéro de référence et le nom du local, sauf pour les tout petits projets ;
- pour l'enveloppe et la couverture, les matériaux doivent être détaillés sur une coupe de détail (par exemple au 1/20 ou au 1/10) ;
- les ascenseurs, les escaliers fixes ou mécaniques doivent être numérotés si le projet en comporte plusieurs ;
- le traitement des ponts thermiques et de l'étanchéité à l'air doit faire l'objet de carnets de détail le cas échéant ;
- pour les prestations dont l'attribution à un lot n'est pas évidente, le lot attributaire doit être explicitement cité ; par exemple « garde-corps au lot métallerie », « rampe d'accès au lot maçonnerie », « socle au lot maçonnerie » ; à noter que ces précisions ne sont pas nécessaires si chaque lot fait l'objet de plans et de carnets de plans spécifiques, montrant leurs prestations propres.

Cette liste est bien entendu indicative et non exhaustive, c'est le principe qui est important, à savoir qu'on doit trouver sur les pièces graphiques tous les renseignements dont les entreprises auront besoin.

---

1 Article R2432-2 et -3 du Code de la commande publique.

En résumé

Règle d'or du plan PRO

Sur un plan architecte niveau PRO, on doit toujours trouver le détail des matériaux des murs, façades et cloisons, ainsi que les revêtements des sols, murs et plafonds.

Grâce à cette exigence de précision, de très nombreux travaux supplémentaires peuvent être évités.

Exemples de plan insuffisamment ou suffisamment renseigné

Dans le premier exemple (figure 51), relatif à un projet dans l'existant (murs existants en noir), on constate les carences suivantes:

- les portes ne sont pas numérotées; il y a un risque concernant la cohérence avec les pièces écrites; sur le chantier, cela posera aussi problème;
- les différents locaux ne sont pas numérotés: si le projet en comporte peu, ce n'est pas gênant, mais s'il en comporte beaucoup, cela compliquera le chantier; on voit ici qu'il y a deux dégagements, ce qui prête à confusion;
- la nature des cloisons n'est pas précisée;
- les prestations de revêtements de sol ne sont pas précisées;
- les prestations murales ne sont pas précisées;
- les prestations de plafond ne figurent pas non plus;
- l'ascenseur n'a pas de numéro, or le projet en comporte plusieurs: il y a risque de confusion sur le chantier.

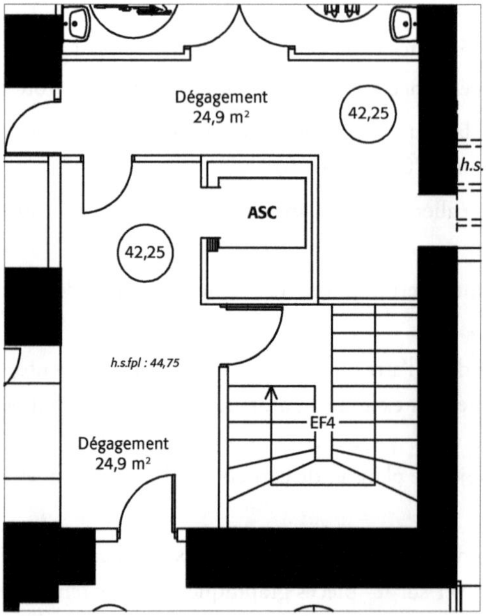

Figure 51 – Exemple d'un plan PRO insuffisamment renseigné.

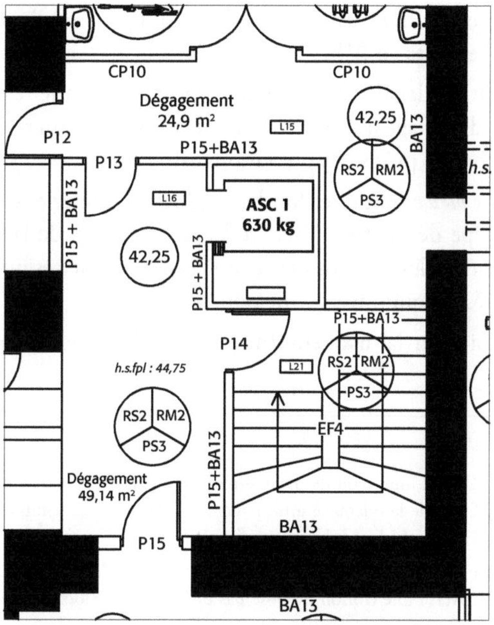

Figure 52 – Exemple d'un plan PRO relativement bien renseigné.

Dans cette deuxième version (figure 52), le plan est relativement bien renseigné :

- les portes sont numérotées ;
- les locaux sont numérotés ;
- la nature des cloisons apparaît : parpaings de 15 cm, habillées de BA13 pour certaines, carreau de plâtre de 10 cm pour d'autres ; le plan précise de plus, ce qui est très important, que les murs existants sont à habiller de BA13 ;
- le revêtement de sol est précisé par le sigle RS2, qu'on peut consulter sur une légende ;
- le traitement des murs (peinture) est précisé par le sigle RM2, consultable en légende ;
- la prestation de plafond est précisée par le sigle PS3 de même ;
- l'ascenseur est numéroté et sa capacité précisée.

Vérifications du PRO/DCE par l'AMO BIM

Quelles sont typiquement les vérifications réalisées par l'AMO BIM du maître d'ouvrage en PRO/DCE ?

- Les maquettes numériques sont-elles cohérentes dans leur apparence visuelle et leur niveau de renseignement des maquettes avec le LOD 300 américain, qui correspond approximativement à la phase PRO/DCE?
- La structuration des données est-elle conforme aux exigences du cahier des charges BIM, rédigé par l'AMO BIM ?

- Le PRO/DCE comporte-t-il une convention BIM, qui précise à l'attention des entreprises toutes les exigences relatives au BIM ?[1]
- Vérifier que la prestation de BIM management en phase chantier est attribuée à un lot (à moins que le maître d'ouvrage n'ait fait le choix de missionner un prestataire directement), avec un cahier des charges précis des prestations associées.

L'AMO BIM utilise un *viewer* pour vérifier les maquettes numériques. Il utilise, comme le BIM manager de l'équipe de maîtrise d'œuvre l'a fait au cours de la phase PRO, un outil *model checker* pour identifier les collisions entre objets des maquettes numériques (*clash detection*), par exemple un réseau qui traverse une poutre.

Cette vérification est faite sur la maquette fusionnée globale, pour vérifier les interférences entre les lots.

Conseil pratique

Lors de la détection des *clashes* il important de paramétrer raisonnablement la tolérance d'analyse (en centimètres). Un réglage trop faible de la tolérance multipliera anormalement le nombre de *clashes*, notamment entre objets destinés à être adjacents dans le bâtiment réalisé.

L'analyse doit être faite en examinant la gravité des *clashes* car tous les *clashes* n'ont pas la même gravité : un réseau de plomberie qui traverse une cloison ne pose pas de problème, alors qu'une traversée d'un poteau structurel pose problème.

Certains AMO BIM, notamment aux États-Unis, ont pris l'habitude d'exiger des maîtres d'œuvre des maquettes « zéro *clashes* ». Cette exigence fait débat, car elle est souvent considérée comme excessive par les BIM managers. Un projet PRO/DCE ne comportant qu'une centaine de *clashes* en fin de PRO, montre déjà une bonne maîtrise de la conception : il est très courant que les modèles comportent plusieurs centaines de *clashes*. Certains *clashes* restent dans l'épaisseur du trait et seront facilement réglés en EXE.

On peut retenir que les *model checkers* constituent un outil puissant de vérification des maquettes pour l'AMO BIM, mais qu'il faut éviter de tomber dans l'exigence de maquettes zéro *clashes*.

Pour en savoir plus sur les model checkers

Voir plus haut le chapitre relatif au BIM.

Points de vigilance relatifs à la composition générale du DCE

- La structure du dossier PRO/DCE est-elle cohérente avec l'allotissement marché ? Concernant la structure générale du dossier, on pourra consulter les suggestions de listes types des éléments composant un dossier DCE, figurant plus bas au chapitre relatif à la passation des marchés.
- En corps d'état séparés, le dossier comporte-t-il un cahier des clauses techniques communes (CCTC), qui précise les interfaces entre les lots et les obligations communes à tous les lots ?

---

1 Certains considèrent que si le cahier des charges BIM est assez détaillé et prescriptif, il n'est pas nécessaire d'inclure au DCE une convention BIM. Dans ce cas, ce sont les entreprises qui produiront leur convention BIM chantier en réponse au cahier des charges BIM.

- Le dossier comporte-t-il une notice sécurité incendie (en ERP : celle du dossier PC) ? Il est essentiel de l'inclure au DCE pour qu'elle devienne contractuelle.

Points de vigilance pour la vérification des pièces écrites du maître d'œuvre

- Évitez les CCTP « bavards », c'est-à-dire où les spécifications générales prennent une place démesurée, par exemple ceux recopiant sur des pages entières le texte des DTU, ou ceux citant des dispositions ayant peu d'impact concret sur la prestation et qui sont de toute manière d'ordre public.
- Vérifier que la mission d'animation (ou direction) de la cellule de synthèse est attribuée à un lot (à moins que le maître d'ouvrage n'ait fait le choix de missionner un prestataire directement). Le lot en charge de la synthèse est normalement celui en charge du BIM management, ces deux métiers se rapprochant à vitesse grand V.
- Vérifier tout simplement que la consistance des prestations à réaliser apparaît bien clairement à la lecture des pièces écrites. Même si on ne connaît rien à une technique particulière, on doit en lisant un CCTP, pouvoir identifier clairement les prestations qui sont à réaliser, et leur localisation précise. Ce conseil peut paraître naïf, mais il arrive avec certains maîtres d'œuvre peu expérimentés que les documents soient si abstraits qu'on en arrive à ne plus pouvoir identifier simplement les prestations à réaliser.

Quelques points de vigilance transverses pour la relecture du dossier PRO/DCE

Quelques pièges classiques :

- L'accord du permis de construire peut être assorti d'exigences ou de rappels, tout particulièrement en ERP ; ce sont les *attendus* du permis de construire. Après réception de ces attendus du permis de construire, demander au maître d'œuvre de confirmer qu'il les a bien pris en compte dans le PRO.
- Vérifier le cas échéant que les demandes éventuelles pouvant figurer dans le rapport initial du bureau de contrôle ont été prises en compte dans les études, ou demandez-en confirmation au maître d'œuvre. Généralement, seule une minorité des demandes du bureau de contrôle figurant dans le RICT impactent le dossier PRO ; la majorité des remarques concernent les futures études d'EXE des entreprises.
- En cas de phasage de l'opération, vérifier que les cheminements de réseaux et les localisations des équipements semblent compatibles avec le phasage. Ce point est fondamental : on ne peut espérer livrer les locaux d'une phase si les équipements centraux qui les alimentent sont livrés à une phase ultérieure.
- Vérifier pour les bâtiments neufs que les réseaux sous dallage ont bien été prévus au lot en charge des dallages (généralement le lot structure/gros œuvre). En effet, les réseaux sous dallage à l'intérieur du bâtiment ne relèvent ni du lot VRD, celui-ci ne traitant que les extérieurs, ni du lot plomberie, celui-ci s'arrêtant au niveau du sol.

Dans l'existant, la problématique est différente : les tranchées à réaliser pour un réseau doivent être affectées au lot maçonnerie ou à un autre lot. Une vigilance toute particulière est nécessaire pour s'assurer de la prise en compte de l'exhaustivité des besoins exprimés par le spécialiste plomberie : il s'agit là d'une source constante de travaux supplémentaires.

Quelques exigences communes à tous les lots, et qui peuvent figurer dans un cahier des clauses techniques communes (CCTC)

- Vérifier que le nettoyage quotidien est exigé des entreprises, ainsi que l'évacuation quotidienne des déchets du lieu de travail vers les bennes des installations de chantier.
- Vérifier que les CCTP prévoient la participation des entreprises à la cellule de synthèse; certains lots seront peu concernés, mais il est important de prévoir cette obligation de participation pour tous les lots, car on ne peut pas être certains qu'un lot ne sera jamais concerné. Si cette obligation n'est pas écrite, une entreprise particulièrement de mauvaise foi pourrait s'en prévaloir pour réclamer un supplément.

Quelques thématiques de vérifications propres à certains lots

Les thématiques ci-dessous, qui ne prétendent en rien à l'exhaustivité, peuvent intéresser plusieurs phases. Elles sont propres à une spécialité.

Quelques points de vigilance pour le pilotage et la relecture des études du lot structure

Quelques conseils de vigilance pour éviter les pièges habituels:

- Vérifier que les pièces écrites ne comportent aucune mention de règles de calcul incompatibles entre elles. Les projets sont normalement régis dorénavant par les Eurocodes (sauf quelques cas très particuliers); en conséquence, les pièces écrites ne devraient plus faire mention des anciennes règles. Sont ainsi à bannir des pièces écrites les références aux documents suivants:
  - règles de calcul DTU relatives aux structures;
  - règles BAEL 91;
  - règles CM66 pour les structures métalliques;
  - règles N 84 Action de la neige;
  - règles NV 65 Action du vent;
  - règles PS92 de construction parasismique;
  - fascicules (relatifs aux structures) du CCTG (pour les marchés publics).

Règle d'or des règles de calcul structure

On ne «panache» pas les différentes règles de calcul structure dans les pièces écrites.

- Vérifier que les hypothèses de charges d'exploitation sont cohérentes avec le programme et la fonction des locaux. Par exemple, en cas de voie engins permettant l'accès des pompiers aux espaces extérieurs du projet, si ces espaces extérieurs font partie d'un ouvrage structurel du présent lot (dalle), vérifier que la descente de charge du camion pompier a été prise en compte. Autre exemple, si le programme comporte des réserves de stockage, les charges d'exploitation peuvent être importantes. Attention aussi aux transformateurs haute tension et aux coffres-forts.
- Vérifier en APD et en PRO que les limites de prestations sont claires avec les autres lots:
  - on peut par exemple se poser la question pour des déposes dans l'existant, qui peuvent être affectées au lot structure ou à un lot déposes/démolitions;

– la couverture et la charpente peuvent être affectées au lot structure ou à un lot spécifique, suivant la nature du projet : vérifier la cohérence entre lots ;
– on peut se poser la question de l'affectation de prestations de maçonnerie, qui ont plutôt vocation à figurer au lot maçonnerie qu'au lot structure ;
– si le projet comporte des espaces extérieurs, il faut examiner en détail les limites de prestations entre lots structure et VRD, car de nombreuses possibilités de limites de prestations sont envisageables (penser par exemple à un massif de mât d'éclairage extérieur).

Quelques conseils de vigilance pour la relecture des études courants forts

Les sujets listés ici ne portent pas sur des aspects très techniques, et constituent donc des conseils de vigilance accessibles à un relecteur qui n'est pas électricien.

- Vérifier que l'étude comporte un bilan de puissance prévisionnel. En bâtiment tertiaire ce bilan devra comporter une partie « alimentations normales », si nécessaire une partie « alimentation de sécurité » et, le cas échéant, une partie « alimentations de remplacement ».
- Vérifier que ce bilan de puissance est cohérent avec les besoins exprimés par les lots CVC et élévatique, qui sont les plus gros consommateurs (hors bâtiments industriels).
- Vérifier que les cheminements principaux projetés ont été étudiés et sont compatibles avec la maquette architecte. Si la durée des études est très réduite, cette étude des chemins de câbles est parfois incomplète ; cela est sans conséquence s'il existe de nombreuses possibilités de cheminements en faux plafond à travers les locaux, mais cela est risqué si le projet comporte des zones où les cheminements sont difficiles, notamment dans l'existant historique. Le travail en BIM facilite la prise en compte de ces besoins en cheminements.
- Dans l'existant, en cas de branchement électrique à puissance surveillée ou de point de livraison haute tension, demander au maître d'œuvre de confirmer que le régime de neutre des installations projetées est compatible avec le régime de neutre des installations existantes (dès l'APS) : ce point est très important, pouvant remettre en cause une bonne partie des principes retenus.
- Vérifier que le maître d'œuvre s'est bien interrogé sur l'éventuelle nécessité réglementaire d'une AES, en fonction des contraintes réglementaires et en coordination avec la notice sécurité incendie du projet. Et si une AES est nécessaire, a-t-on vérifié s'il faut un local TGS (en ERP de 1re et 2e catégories) ?
- Vérifier en PRO que le calfeutrement des réservations après passage des réseaux est bien prévu à un lot – un grand classique des travaux supplémentaires !
- Vérifier que le synoptique de raccordement prévu pour les armoires électriques, notamment pour l'éclairage, est compatible avec les comptages exigés par la RT 2012 : pour pouvoir respecter les exigences de comptage, on ne peut pas utiliser le même circuit pour l'éclairage et les prises de courant, par exemple. Vérifier que les compteurs eux-mêmes ont bien été prévus.
- Vérifier que la gestion des commandes d'éclairage a bien été pensée et optimisée. Par exemple, dans le tertiaire, il est judicieux de prévoir une commande par détection de présence dans les couloirs et les sanitaires. Dans des bureaux, il est judicieux de multiplier les éclairages individuels, pour éviter qu'un plateau aux trois quarts vide ne soit intégralement éclairé. Suivant les zones, des horloges de commande peuvent être utiles. Cette

problématique est très souvent négligée, avec pour conséquence des appareils inutilement allumés comme on peut le constater partout : que de « negawatts » perdus !

Points de vigilance spécifiques aux projets dans l'existant

- Dans l'existant, penser aux calfeutrements après dépose : sont-ils bien affectés à un lot ?
- Dans l'existant, vérifier que les percements pour passage de réseaux sont bien prévus (à moins qu'ils n'aient été prévus à un autre lot, mais cette option est difficile à mettre en œuvre, comme pour les rebouchages, car les percements sont difficilement quantifiables – elle est donc déconseillée).
- Dans l'existant, dans la description des travaux de dépose électriques, toujours préciser que la dépose des câbles se fait *« jusqu'à son extrémité amont même si elle se trouve en dehors du périmètre projet »*. Ce point concerne en particulier les projets de réaménagement partiel d'un bâtiment existant et vise à éviter que les déposes ne soient réalisées que partiellement.

Quelques conseils de vigilance pour la relecture des études CVC plomberie

Comme en courants forts, on trouvera ici quelques conseils de vigilance à la portée d'un non-spécialiste :

- Vérifier si la notice CVC comporte bien le tableau récapitulatif des hypothèses de traitement thermique des locaux. Pour chaque local, ce tableau fixe, normalement dès l'APS, les hypothèses de traitement des locaux : chauffage, ventilation double flux, rafraîchissement, etc. Vérifier la cohérence de ces hypothèses avec la fonction des locaux telle que prévue au programme.
- En matière de centrale de traitement d'air double flux, vérifier que le maître d'œuvre a bien prescrit un modèle « avec by-pass ». Le by-pass est un système qui permet, à certaines saisons, de ventiler en échappant (en « by-passant ») à l'échangeur récupérateur de chaleur. En effet, il existe sur le marché des modèles de CTA double flux sans by-pass. Avec ces modèles, imaginons le cas de bureaux non climatisés dans lesquels il fait 25 °C une nuit d'été du fait de la charge thermique de l'éclairage et des ordinateurs, alors qu'il ne fait que 20 °C à l'extérieur. Dans ce cas, la CTA double flux sans by-pass va préchauffer l'air neuf entrant, en le réchauffant grâce à l'air extrait à 25 °C. L'air neuf entrant va donc pénétrer dans les locaux à 22 ou 23 °C, dégradant le confort des occupants.
- Vérifier si les cheminements des réseaux principaux sont déterminés avec une précision suffisante et si ces cheminements sont compatibles avec le parti architectural d'aménagement des locaux. Il peut en effet arriver – heureusement rarement, et surtout lors d'études faites dans l'urgence – qu'un BET se contente d'un cheminement théorique des réseaux sans prendre le soin de dialoguer avec l'architecte pour prendre en compte l'intégration aux locaux des réseaux. Cette situation peut, à l'extrême, aller jusqu'au cas – dont il existe des exemples réels ! – de réseaux dont on sait qu'ils doivent aller d'un local technique A à un local technique B, mais dont personne ne s'est soucié de savoir comment ils transitaient à travers les locaux, s'ils cheminaient dans une galerie technique, s'ils étaient en faux plafond, etc. Même si ce cas reste rare, une vigilance s'impose, car les conséquences d'une telle négligence sont évidemment graves pour le projet. Les maquettes numériques facilitent cette vérification.
- Vérifier la cohérence des plans et des schémas de principe.

Quelques conseils de vigilance pour la relecture des études de désenfumage

Quelques points de vigilance :

- Vérifier que tous les locaux à désenfumer ont été pris en compte soit dans ce présent lot, soit par un désenfumage naturel, en cohérence avec la notice sécurité incendie du projet.
- Vérifier que les besoins électriques ont été pris en compte par le lot courants forts, en particulier la nécessité éventuelle d'alimentations de sécurité.
- Vérifier que l'encombrement des gaines a été pris en compte dans les coupes architecte.
- Vérifier, le cas échéant, les interfaces avec le lot SSI.
- Demander au maître d'œuvre de vérifier si les locaux techniques accueillant les moteurs de désenfumage doivent ou non être dotés d'une extraction. En effet, suivant la nature du moteur, cette extraction doit ou non être prévue, ce qui est un piège courant.
- En ERP, les solutions techniques de désenfumage sont-elles un peu en limite du cadre réglementaire sur certains points, par exemple sur des points ambigus du règlement ? Dans ce cas, il faudra consulter les services instructeurs en cours d'étude, et il pourra être judicieux de formaliser la demande en présentant un dossier GE2. Le contenu du dossier GE2 dans le domaine du désenfumage figure à l'article DF 2 du règlement de sécurité sur les ERP.

1.2. Modalités de la collaboration MOE/MOA phase par phase (fréquence des réunions)

Le processus d'enchaînement des phases d'études n'est pas sans impact sur les modalités de la collaboration entre l'équipe de maîtrise d'ouvrage et la maîtrise d'œuvre : la richesse des échanges en phase esquisse doit progressivement laisser la place à un travail plus cloisonné en phase PRO, afin de permettre à l'équipe de maîtrise d'œuvre de produire les DCE sans perturbation.

Il faut en effet garder à l'esprit qu'une modification de projet en phase esquisse peut typiquement impacter un ordre de grandeur d'une dizaine de livrables seulement, alors qu'une modification en phase PRO, de par son impact sur les différents corps d'état, peut typiquement impacter un ordre de grandeur d'une ou plusieurs centaines de livrables !

1.2.1. La collaboration en phase esquisse

En phase esquisse les échanges entre maîtrise d'ouvrage et maîtrise d'œuvre doivent être riches et fréquents. Le processus peut être itératif, avec de nombreuses réunions. L'AMO conducteur d'opération peut contribuer au *brainstorming*. La maîtrise d'œuvre teste des hypothèses auprès de la maîtrise d'ouvrage. Des réunions hebdomadaires ne sont pas absurdes.

Il est important à ce stade d'éviter le syndrome de la « boîte noire », terme par lequel certains maîtres d'ouvrage désignent les études de maîtrise d'œuvre réalisées en chambre, sans aucune interaction avec le maître d'ouvrage, comme une boîte noire hermétique dont une étude sortirait à la fin du processus, étude qui s'avérerait inadaptée au besoin réel, par manque d'échanges en cours d'étude.

1.2.2. La collaboration en phase APS

En APS, les échanges sont toujours indispensables. Le parti architectural est fixé, mais plusieurs variantes sont envisagées, nécessitant des réunions de travail entre maîtrise d'œuvre et maîtrise d'ouvrage.

En maîtrise d'ouvrage publique, il est officiellement reconnu que le programme n'est pas forcément totalement arrêté à ce stade pour les projets de réhabilitation et pour les ouvrages neufs « complexes »[1] : il n'est pas anormal que le programme de ces projets connaisse des évolutions mineures en cours d'avant-projet.

Cette règle est logique :

- en réhabilitation l'existant ne cesse de présenter des surprises, qui peuvent nécessiter des adaptations du programme ;
- dans les projets neufs complexes, les éléments de programme, même définis préalablement, peuvent être amenés à évoluer en réponse aux hypothèses proposées par le maître d'œuvre.

Pour les autres projets, l'absence de modification de programme doit être la règle et l'objectif de l'équipe de maîtrise d'ouvrage.

À ce stade APS, les réunions entre maîtrise d'œuvre et maîtrise d'ouvrage doivent être fréquentes, afin d'éviter là encore l'effet « boîte noire ».

1.2.3. La collaboration en phase APD

En APD (avant-projet *définitif*), le programme doit être stabilisé. Des questions se posent nécessairement qui nécessitent des réunions de travail : la maîtrise d'œuvre peut avoir des précisions à demander sur le programme, la maîtrise d'ouvrage peut avoir besoin de vérifier qu'un point est bien pris en compte.

À ce stade, l'essentiel de l'ordre du jour des réunions ne devrait déjà plus porter sur les détails du projet, mais plutôt sur le management de projet : questions relatives aux relations aux tiers, aux relations à l'administration, à la planification du projet, aux appels d'offres futurs, au chantier futur, etc.

1.2.4. La collaboration en phase PRO/DCE

Au cours du PRO, phase qui peut couramment s'écouler sur plusieurs mois, il est essentiel que l'équipe de maîtrise d'ouvrage ne perturbe pas la production des études par des sollicitations trop fréquentes.

Les réunions entre maîtrise d'ouvrage et maîtrise d'œuvre doivent se raréfier. Les ordres du jour des réunions doivent porter sur des questions organisationnelles et non sur le projet (encore que les questions organisationnelles puissent avoir un impact sur le projet).

On dit parfois côté maîtrise d'œuvre qu'un PRO se fait « toutes écoutilles fermées ».

Face aux demandes nouvelles qui ne manqueront pas d'apparaître au cours du PRO, l'équipe de maîtrise d'ouvrage professionnelle doit mettre en place une stratégie réfléchie : certaines

---

1 Articles L2421-3 à 2421-5 du Code de la commande publique ; voir aussi les articles R2432-6 et 7.

hypothèses de modifications sont écartées, d'autres, jugées vraiment indispensables, sont regroupées pour être transmises globalement au maître d'œuvre à une date charnière.

Suivant la date d'apparition des demandes de modifications, il peut être envisagé de ne pas les prendre en compte dans les études en cours d'aboutissement, mais de les intégrer au cours de l'ACT, *via* les questions/réponses aux entreprises ou lors de la mise au point du marché.

La pratique consistant à repousser leur prise en compte à la phase chantier est à bannir, car source évidente de surcoûts.

1.3. Les études de conception en marchés publics globaux

Comme évoqué au chapitre précédent, dans le cas d'un marché public global avec prestation de conception d'un bâtiment, la mission confiée à l'équipe de maîtrise d'œuvre est nécessairement conforme aux éléments de mission MOP : *a minima* APD, PRO, EXE, DET et AOR ; et possibilité d'ajouter des éléments de mission ESQ et APS [1].

1.4. Faut-il avoir peur des innovations constructives ? Les procédures d'évaluation

Les procédés constructifs et matériaux innovants peuvent présenter un risque financier et un risque en termes de délais pour les projets. L'attente de l'accord du bureau de contrôle peut retarder le chantier. Les assureurs peuvent exclure certaines techniques du champ de couverture de leurs contrats. Les *procédures d'évaluation* des innovations, métier de base du CSTB depuis l'après-guerre, visent à rassurer sur les risques encourus.

On fait appel à ces procédures d'évaluation quand on sort du cadre des normes et des règles professionnelles, c'est-à-dire quand on sort des *techniques courantes.*

Pour aider les industriels à se repérer dans le maquis des évaluations, le CSTB a créé en 2015 un service d'assistance [2] gratuit, qui permet d'orienter le fabricant vers la bonne procédure, notamment les avis techniques.

1.4.1. Techniques courantes et non courantes : le point de vue des assureurs

Depuis la loi Spineta de 1979, l'assurance est obligatoire pour couvrir tout ce qui relève de la garantie décennale. Or, les assureurs doivent évaluer les risques pour calculer au mieux les primes d'assurance.

Pour évaluer les risques liés à l'utilisation d'un produit de construction par leurs clients, les assureurs se basent, depuis 1999, sur l'analyse de la Commission prévention produits (C2P) de l'Agence Qualité Construction (AQC). La C2P examine les règles professionnelles et tous les avis techniques. Elle analyse les sinistres qui sont portés à sa connaissance (dans le cadre du « dispositif alerte ») et en déduit les risques liés à chaque famille de produits et procédés.

Jusqu'en 1999, ce rôle de veille était joué par les *listes AFAC.*

Les assureurs considèrent comme non risquées les *techniques courantes.*

1 Article D2171-4 et suivants du Code de la commande publique.
2 Voir http://evaluation.cstb.fr.

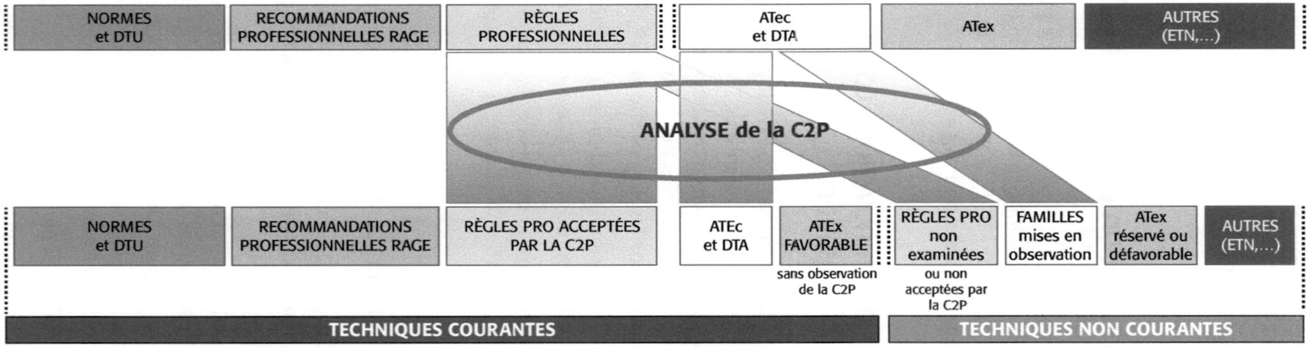

Figure 53 – Techniques courantes et non courantes suite aux analyses de la C2P (source : AQC).

Que sont ces techniques courantes au sens des assureurs ? Elles recouvrent le champ :

- des DTU ;
- des règles professionnelles acceptées par la C2P ;
- des recommandations professionnelles Rage ou Pacte ;
- des avis techniques sans observation de la C2P ;
- des ATEx avec avis favorables ; et
- des Pass innovation verts.

Tous ces produits et procédés constructifs sont considérés comme sans risque par les assureurs, et sont donc couverts par les polices d'assurance standards des constructeurs. Les avis techniques sans observation figurent sur la liste verte figurant sur le site Internet de la C2P.

Les techniques non courantes, au sens des assureurs, recouvrent notamment :

- les règles professionnelles non examinées ou non acceptées par la C2P ;
- les avis techniques dont la famille a été mise en observation par la C2P, ce qui concerne environ 2 % des avis techniques ;
- les ATEx avec avis réservé ou défavorable ; et
- tout le champ des innovations diverses n'ayant pas fait l'objet d'une procédure d'évaluation.

Un produit sous avis technique peut donc être considéré comme hors technique courante par les assureurs s'il a été impliqué dans une série de sinistres, bien que cela soit heureusement rare.

Un produit peut être en liste verte alors que sa famille est mise sous observation par la C2P, parce que son fabricant a mené des démarches qui lui ont permis de passer en liste verte.

Quand les innovations constructives sortent de ce champ, on entend souvent dire que les entreprises (fabricants et entreprises de travaux) ne peuvent pas être assurées. Ceci est inexact ; hors techniques courantes, les assureurs, informés par leurs clients, procèdent au cas par cas à une *analyse de risque*. Les sociétés d'assurance emploient des experts, qui évaluent avec leur client le risque lié au procédé constructif. Mais les coûts d'assurance étant supérieurs, on entend souvent dire qu'un procédé innovant sans avis technique ne peut pas faire l'objet d'une garantie décennale.

Pour en savoir plus sur les techniques courantes au sens des assureurs

Consulter le site de la C2P et sa liste verte de procédés constructifs.

1.4.2. Qualifications et certifications

Les systèmes de qualification et les systèmes de certification sont la garantie apportée par un organisme certificateur du respect d'un cahier des charges précis.

Ces démarches volontaires peuvent concerner un produit, du personnel qualifié, ou une entreprise.

Exemples :

- de certification d'un produit ;
- de certification de personnel qualifié : soudeurs qualifiés ;

- de qualification d'entreprise : le règlement ERP exige que les installations de sprinklage soient réalisées par des entreprises qualifiées.

Figure 54 – Exemples de certifications de produits.

Quand on impose dans un marché une qualification ou une certification, on utilise donc un outil d'aide à la contractualisation, qui ne doit pas être confondu avec les obligations réglementaires.

Il peut aussi arriver qu'une certification ou une qualification soit rendue obligatoire par un règlement. C'est par exemple le cas pour les entreprises qualifiées pour intervenir sur des installations de gaz et pour les entreprises habilitées à intervenir sur des fluides frigorigènes.

Zoom sur...

... la certification des produits de construction

Les certifications de produits sont basées sur un référentiel élaboré par un comité de marque. L'organisme de certification délivre ensuite la certification sans repasser par le comité de marque.

Quelle situation peut motiver une démarche de certification d'un produit de construction ?

La démarche de certification émane souvent de syndicats interprofessionnels. Couramment, un groupement de professionnels décide de se certifier pour se démarquer des concurrents de plus basse qualité.

Par exemple, une famille de robinets est mise en observation par l'AQC du fait de nombreux sinistres avec des robinets de mauvaise qualité fabriqués en Asie. La profession décide de se faire certifier NF pour se distinguer de ses concurrents et pour repasser en technique courante vis-à-vis des assureurs.

Autre exemple : un avis technique peut demander une certification pour démontrer la constance de la qualité d'un produit.

Toutes ces certifications sont très mal vues de la Commission européenne car présumées protectionnistes.

Quelques exemples de certifications de produits de construction : classement Upec des revêtements de sol, certification Acermi des isolants, certification Solar Keymark des chauffe-eau solaires individuels.

1.4.3. Le marquage CE des produits de construction

Le marquage CE (à ne pas confondre avec le sigle « China Export » parfois rencontré !) est une marque de conformité d'un produit de construction à une norme européenne harmonisée.

Les normes européennes harmonisées comportent une *annexe ZA*, qui définit les exigences à respecter pour le marquage CE des produits de construction.

Pour obtenir ce marquage, les produits de construction doivent répondre aux *exigences fondamentales*[1] définies par le règlement européen produits de construction (RPC). Ces exigences portent sur les thèmes suivants :

- résistance mécanique et stabilité ;
- sécurité en cas d'incendie ;
- hygiène, santé et environnement ;
- sécurité d'utilisation et accessibilité ;
- protection contre le bruit ;
- économie d'énergie et isolation thermique ;
- utilisation durable des ressources naturelles.

Ce marquage confère aux produits de construction le droit de libre circulation sur l'ensemble du territoire de la Communauté européenne.

Et en l'absence de norme harmonisée ?

Pour de nombreux produits de construction il n'existe pas de norme harmonisée. Dans ce cas, le fabricant peut demander le marquage CE de son produit en demandant une évaluation technique européenne (ETE, voir *infra*), mais cela n'est pas une obligation.

Le marquage CE ne garantit aucunement une qualité particulière des produits. C'est une *marque de conformité* à une norme européenne harmonisée, plus précisément à son annexe ZA.

Point de vigilance

L'utilisation de produits de construction marqués CE est-elle une obligation légale ?

Depuis 2013 (date où le règlement RPC est entré en application), le marquage CE est une obligation pour tous les produits de construction :

- soumis à une norme européenne harmonisée ; ou
- dont le fabricant a demandé une évaluation technique européenne.

Cela ne signifie cependant pas que tous les produits de construction utilisés sur un chantier doivent obligatoirement être marqués CE. Des produits sans marquage CE sont autorisés s'ils portent sur un procédé non soumis à une norme harmonisée européenne et si leur producteur n'a pas demandé d'évaluation technique européenne.

C'est par exemple le cas de produits de construction bénéficiant d'un avis technique en cours de validité : ils ne présentent pas de marquage CE. Autre exemple : une botte de paille est un produit de construction sans norme harmonisée, sans évaluation technique européenne et donc sans marquage CE.

Pour en savoir plus sur le rôle respectif des normes, certifications, marquage CE, labels

Consulter le site Internet du CSTB, spécialement dédié aux évaluations : http://evaluation.cstb.fr.

On y trouve tous les avis techniques, les certificats, les documents techniques d'application, les ATE (agréments techniques européens), les marquages CE, avec un moteur de recherche.

On peut aussi y trouver les anciens documents, qui ne sont plus en cours de validité, ce qui peut être utile pour une expertise.

---

1 Annexe 1 du règlement produits de construction, règlement (UE) n° 305/2011 du 9 mars 2011 – JOUE n° L88.

Pour en savoir plus sur les produits de construction couverts par le marquage CE

Consulter le site www.rpcnet.fr.

1.4.4. L'évaluation technique européenne (ETE)

Cette évaluation représente la reconnaissance de l'aptitude d'un produit destiné à recevoir le marquage CE, bien qu'il ne respecte pas une norme européenne harmonisée. Cette évaluation est basée sur un document d'évaluation européen (DEE), existant ou à bâtir préalablement.

C'est un préalable au marquage CE d'un produit de construction. Il ne prend pas en compte les aspects liés à la *mise en œuvre* du produit.

Le document de base pour le marquage CE est donc :

- soit l'annexe ZA d'une norme européenne harmonisée ;
- soit, en l'absence de norme harmonisée, le document d'évaluation européen dans le cadre d'une ETE.

Cette procédure s'adresse donc à des fabricants de produits de construction.

Pour en savoir plus sur l'évaluation technique européenne

Consulter le site en anglais de l'organisme en charge de cette procédure, l'EOTA : www.eota.eu.

1.4.5. Les avis techniques (ATec)

1.4.5.1. Rôle de l'ATec

Un avis technique est un avis formulé par un comité d'experts sur l'aptitude à l'emploi d'un produit ou système destiné à la construction. Il permet à un constructeur qui sort des « techniques traditionnelles » d'obtenir la confiance des maîtres d'œuvre, des assureurs et des bureaux de contrôle sur un produit particulier, confiance qui est nécessaire au bon déroulement des projets. L'avis technique n'est pas propre à un chantier particulier, mais à un procédé constructif.

L'avis technique permet donc aux maîtres d'œuvre, entrepreneurs et assureurs de bénéficier de l'avis d'experts impartiaux sur un produit, indépendamment d'un chantier particulier.

On parle d'un produit « sous avis technique ».

Point de vigilance

Un avis technique porte toujours sur un *domaine d'emploi* précis, revendiqué par le fabricant. On n'évalue pas un isolant *en soi* : il peut être utilisable en habillage de murs, mais pas utilisable au sol. Un enduit peut être utilisable en intérieur mais pas en extérieur.

Le marquage CE au contraire porte sur un *produit* en soi et non sur sa mise en œuvre.

1.4.5.2. Assureurs et avis techniques

L'avis technique est une démarche volontaire du fabricant, qui n'est en rien obligatoire. Mais elle permet au produit de passer en technique courante vis-à-vis des assureurs, ce qui diminue les coûts d'assurance.

On entend souvent dire que l'absence d'avis technique empêche un fabricant d'offrir une garantie décennale ; ceci est totalement faux.

Concrètement, en l'absence d'avis technique valide, le procédé est considéré comme « hors technique courante » au sens de la C2P. En conséquence, le fabricant doit se rapprocher de son assureur pour faire une analyse de risque et adapter son contrat d'assurance. Mais un produit sans avis technique peut tout à fait être couvert par une garantie décennale.

1.4.5.3. Le déroulement de la procédure d'avis technique

La procédure de l'avis technique est issue d'un arrêté [1].

Le CSTB assure la délivrance de ces avis, dont la durée de validité va de deux à sept ans. À strictement parler, les avis techniques sont délivrés par la Commission chargée de formuler les avis techniques et des documents techniques d'application (CCFAT) et pas par le CSTB. Le CSTB ne fait que gérer le déroulement pratique de la procédure, pour le compte de la CCFAT.

La CCFAT nomme des *groupes spécialisés* d'experts, qui représentent la branche professionnelle concernée par le produit. Il existe une quinzaine de groupes spécialisés.

Pour certaines familles de produits faisant l'objet de nombreuses demandes, les groupes spécialisés produisent des *cahiers de prescriptions techniques* (CPT), qui fixent les caractéristiques transverses à toute cette famille, et auxquels les avis techniques feront référence, pour les produits de cette famille.

Point de vigilance

Certains industriels présentent fièrement leur produit comme conforme à un *cahier technique du CSTB*.

Or, un cahier de prescriptions techniques n'est en aucun cas un document autoporteur ; c'est une partie intégrante d'un ensemble d'avis techniques présentant des dispositions communes. Les CPT ne sont pas des textes à utiliser seuls, mais conjointement à l'avis technique (ou l'ATEx) qui y fait référence, et qui peut les compléter ou les amender.

Un produit conforme à un cahier technique CSTB n'est donc en rien couvert par la garantie décennale, s'il n'y a pas d'avis technique auquel se référer.

Exemple concret : un vitrage feuilleté de sécurité de la société X spécialement conçu pour réaliser des dalles de plancher est conforme au cahier du CSTB n° 3448 de mars 2003 *Dalles de planchers et marches d'escalier en verre – conditions générales de conception, fabrication et mise en œuvre*. Pour autant, aucun avis technique n'existant pour ce produit, il n'entre pas dans le champ des techniques courantes au sens des assureurs. Concrètement, si ce produit est utilisé sur un chantier en présence d'un bureau de contrôle, celui-ci émettra un avis défavorable. Le maître d'œuvre doit donc prévoir une ATEx au CCTP du lot concerné, et les délais associés.

---

1 Arrêté du 21 mars 2012 relatif à la commission chargée de formuler des avis techniques et des documents techniques d'application sur des procédés, matériaux, éléments ou équipements utilisés dans la construction.

Avant de pouvoir prétendre à l'obtention d'un avis technique, le produit doit déjà pouvoir justifier de références [1] (par exemple couvertes par des ATEx, voir plus loin).

Le dossier déposé initialement par le fabricant candidat est souvent incomplet. Des essais supplémentaires sont souvent nécessaires, pour prouver les caractéristiques du produit.

Un avis technique coûte entre 12 et 35 k€, en fonction du nombre de spécialités concernées par le produit. À ceci s'ajoute le coût (important) des essais, à la charge du demandeur, qui sont nécessaires pour prouver la conformité du produit.

En termes de durée, la procédure s'étale couramment sur neuf à douze mois :

- premiers échanges entre le demandeur et le CSTB, qui se termine par une lettre de prise en considération ;
- constitution du dossier technique par le demandeur, qui débouche sur une lettre du CSTB appelée déclaration de recevabilité ;
- instruction du dossier, avec projet d'avis ;
- examen par le groupe spécialisé d'experts ;
- rédaction de l'avis et publication.

1.4.5.4. Exemples d'applications

Environ 800 avis techniques (ou documents techniques d'application, procédure similaire) sont délivrés par an.

Un produit peut être couvert par un DTU pour certains usages, et faire l'objet d'un avis technique pour un autre *domaine d'emploi*, hors DTU. Par exemple un enduit extérieur pourrait être conforme au DTU hors climat de montagne, et son fabricant souhaite démontrer grâce à un avis technique qu'il peut aussi être utilisé en montagne.

Un même produit peut aussi faire l'objet de plusieurs avis techniques, pour plusieurs domaines d'emploi différents.

Des avis techniques peuvent par exemple couvrir un nouvel isolant thermique, un panneau acoustique, un revêtement de sol, un équipement de génie climatique, etc.

1.4.5.5. Lire un avis technique

Pour certains procédés constructifs, les avis techniques font référence à des cahiers de prescriptions techniques (CPT) de la CCFAT, qui sont des documents qui évitent de répéter des prescriptions identiques dans de nombreux avis techniques. Pour bien comprendre l'avis technique, il faut alors consulter le CPT auquel il fait référence.

Un avis technique comporte :

- l'avis du groupe spécialisé, avec notamment :
  - le domaine d'emploi accepté,
  - l'appréciation du groupe spécialisé sur le produit, le composant ou le procédé,
  - éventuellement le CPT à respecter (prescriptions communes à un ensemble d'avis techniques),

1 Les industriels amers disent que pour commercialiser un produit il faut avoir un avis technique, et que pour avoir un avis technique il faut avoir préalablement commercialisé le produit…

  - la date de fin de validité ;
- un dossier technique remis par le demandeur (DTED), mis en forme par l'instructeur.

1.4.5.6. Utiliser un procédé sous avis technique

Si un fabricant n'a pas encore d'avis technique valide, mais affirme être en cours de procédure, il est prudent pour le maître d'œuvre de lui demander un courrier de la CCFAT qui atteste de la *prise en considération* de la demande d'avis technique. La prise en considération est la première étape de la procédure d'avis technique.

Que penser des procédés sous avis technique, mais dont la date de validité est dépassée ? Y a-t-il un risque à prescrire le produit ? Le plus prudent que le maître d'œuvre demande à l'industriel la preuve de l'engagement de la procédure de renouvellement de l'avis technique. On peut aussi consulter le bureau de contrôle (pour les opérations en comportant un), et lui demander de confirmer par écrit qu'il accepte ce produit.

1.4.5.7. Les documents techniques d'application

Petite particularité de vocabulaire : pour les produits faisant l'objet d'un marquage CE, l'avis technique s'appelle un *document technique d'application* (DTA), mais en pratique seul le nom change, un DTA est un avis technique.

1.4.5.8. De l'avis technique au DTU

Quand une famille de procédés constructifs a fait l'objet d'un certain nombre d'avis techniques et présente une « maturité » suffisante, elle passe en DTU. Les avis techniques sont alors supprimés.

Pour en savoir plus sur les avis techniques

Consulter le site du CSTB, rubrique Évaluation des produits, acteurs et ouvrages : http://evaluation.cstb.fr/avis-technique.

Pour les groupes spécialisés, consulter http://gs.cstb.fr/public.

1.4.6. L'appréciation technique d'expérimentation (ATEx)

1.4.6.1. Rôle de l'ATEx

L'ATEx est une procédure d'avis d'experts mise en place par le CSTB pour les produits innovants. Portant sur un champ de vérifications plus restreint que l'avis technique, elle est plus rapide à mettre en œuvre. Elle est utilisée quand les maîtres d'œuvre, les assureurs et les contrôleurs techniques manquent d'éléments pour apprécier les risques encourus par l'utilisation d'un produit innovant, pour lequel le retour d'expérience n'est pas suffisant pour obtenir un avis technique.

Cette procédure permet de sortir du cercle vicieux : il faut une liste de chantiers de référence pour obtenir un avis technique, mais il faut d'abord un avis technique pour gagner des marchés et obtenir des références de chantier !

Elle permet une utilisation expérimentale sur un ou plusieurs chantiers bien définis, et aide donc à promouvoir des produits ou composants nouveaux, en amont de l'avis technique.

1.4.6.2. Les différents types d'ATEx

Il existe trois types d'ATEx :

L'ATEx de cas a : elle est valable pour plusieurs chantiers, mais en nombre limité et sur une durée limitée ; on ne peut pas lancer un grand développement commercial avec une ATEx. Elle ne peut pas être renouvelée, il faut passer ensuite à un avis technique. Cette procédure est demandée par le fabricant.

L'ATEx de cas b : elle concerne un chantier spécifique. Elle peut être demandée par le fabricant (le plus souvent), l'entreprise de travaux, le maître d'œuvre ou le maître d'ouvrage.

L'ATEx de cas c : elle duplique une ATEx de cas b pour un chantier similaire.

1.4.6.3. L'ATEx en pratique

En termes de coût, une ATEx « monométier » coûte autour de 12 k€. Le prix est supérieur si plusieurs spécialités (au sens du CSTB) sont concernées.

La durée moyenne va de deux à trois mois, en fonction de l'expérience du demandeur.

La durée de validité est généralement de deux ans, mais variable au cas par cas.

Le CSTB délivre environ une centaine d'ATEx par an.

En termes de champs d'application, l'ATEx, comme l'avis technique, porte sur tous types de procédés constructifs ou matériaux destinés au bâtiment. Il ne porte pas sur le domaine des équipements courants forts et courants faibles, qui sont plutôt régis par le souci de la conformité aux normes émises par l'UTE (organisme de normalisation électrique). Ils ne portent pas non plus sur le domaine des travaux publics et VRD.

1.4.6.4. ATEx et avis technique

Alors que l'ATEx de cas b est propre à un chantier, l'avis technique s'applique sur le territoire national, dans son domaine d'emploi. Ainsi, un procédé de fenêtre faisant l'objet d'une ATEx de cas b pour un chantier à Paris ne nécessitera pas d'essais pour le climat de montagne, alors que le même procédé, pour obtenir un avis technique dans un domaine d'emploi plus général, nécessitera des essais pour valider sa tenue au climat de montagne.

Une ATEx de cas b est donc beaucoup plus simple à obtenir qu'un avis technique.

1.4.6.5. Le déroulement de l'ATEx

Après le dépôt de la demande d'ATEx, le demandeur reçoit la liste des justifications complémentaires attendues.

Le dossier technique établi par le demandeur est examiné par un comité d'experts.

Pour les ATEx de cas a, le CSTB désigne un rapporteur, qui peut être membre d'un bureau de contrôle ou non. Ce rapporteur travaille avec le comité d'experts.

Pour les ATEx de cas b, donc propres à un chantier particulier, le CSTB désigne généralement comme rapporteur devant le comité d'experts un membre du bureau de contrôle en charge du chantier (mais pas la personne physique en charge du chantier dans ce bureau de contrôle).

Les ATEx de cas c sont attribuées par le CSTB généralement sans rapporteur, mais en liaison avec le bureau de contrôle en charge du chantier.

Après examen du dossier, l'industriel est entendu par le comité d'experts, pour apporter certaines précisions. Les éventuelles réserves lui sont communiquées.

L'ATEx est favorable, réservée ou défavorable.

1.4.6.6. ATEx et délais du chantier

Lorsqu'il est nécessaire, l'ATEx est prescrit par le maître d'œuvre dans un CCTP, afin que l'entreprise attributaire gère la procédure d'ATEx avant la mise en œuvre du produit.

Le rôle de la procédure d'ATEx est d'inciter à l'innovation, et l'utilisation d'une ATEx dans un projet peut à juste titre être un motif de fierté pour l'équipe projet ; certains architectes considèrent même que tout bon projet devrait comporter une ATEx. Attention cependant à bien prendre en compte dans les plannings prévisionnels l'allongement de délai de la phase études d'exécution, estimé de deux à trois mois ! Par prudence, on peut même prévoir une durée supérieure dans les plannings.

1.4.6.7. Assureurs et ATEx

Une ATEx avec avis favorable du CSTB est considérée par les assureurs comme « technique courante », c'est-à-dire que le procédé constructif peut être couvert par les contrats d'assurance de base du fabricant et des entreprises de travaux, sans formalité particulière.

Une ATEx avec avis réservé ou défavorable est au contraire considérée comme « technique non courante ».

Deux exemples concrets :

Les ATEx sont tout particulièrement courantes dans le domaine des façades en verre, dès qu'elles sortent un peu de l'ordinaire.

- Pour le chantier de la Canopée des Halles, à Paris, l'entreprise en charge des façades vitrées du rez-de-chaussée a dû demander une ATEx pour son système sur mesure de serrage, servant de joint entre les verres. L'avis favorable a été obtenu en cinq mois. Deux autres ATEx ont été nécessaires sur ce chantier pour couvrir des innovations relatives à des produits verriers.
- Sur le chantier de la fondation Seydoux Pathé à Paris, une ATEx a été demandée par l'entreprise en charge de la couverture vitrée. Cette procédure a été exigée par le bureau de contrôle, car le système de vitrages isolants et bombés à double courbure n'est régi par aucun DTU. Des essais de choc et d'étanchéité ont dû être réalisés à la demande du CSTB. Une dizaine de mois ont été nécessaires pour obtenir cette ATEx complexe[1].

1.4.7. Les enquêtes de techniques nouvelles (ETN)

Cette procédure consiste, pour un industriel, à faire évaluer par un bureau de contrôle un procédé constructif nouveau, pour confirmer qu'il respecte un cahier des charges établi par le demandeur.

---

1 Sources : fiches de communication du CSTB.

Les ETN sont donc liées à un procédé dans un domaine d'emploi et non à un chantier particulier. Elles ne sont pas systématiquement rendues publiques. Elles sont parfois appelées « cahier des charges validé par le bureau de contrôle ». Leur validité est de trois ans.

Deux exemples concrets et réels :

- Un système d'étanchéité et de végétalisation pour toitures-terrasses est validé par Socotec à la demande du fabricant Graviland : le bureau de contrôle confirme que le procédé est satisfaisant dans le cadre du cahier des prescriptions de pose transmis par le fabricant, pour le domaine d'emploi spécifié. L'avis est accompagné d'une liste de remarques. Il deviendra caduc si un avis technique est obtenu par le fabricant.
- Un système de couverture en climat de montagne est validé par le bureau Alpes Contrôles à la demande du fabricant Siplast : le produit et son cahier des charges de pose reçoivent un avis favorable. Alpes Contrôles précise que le procédé est accepté pour tous les chantiers sur lesquels il interviendra en tant que bureau de contrôle, sous réserve cependant de l'existence d'un contrat d'assurance valide en responsabilité civile couvrant le procédé.

Point de vigilance

Les procédés sous ETN sont considérés par les assureurs comme technique non courante. Ils nécessitent donc une évaluation au cas par cas par l'assureur pour être pris en compte; ils ne sont pas couverts par les contrats d'assurance standards.

1.4.8. Le permis d'expérimenter

La loi Essoc[1] de 2018 a introduit le principe du *permis d'expérimenter* : les maîtres d'ouvrage ont la possibilité de déroger à la réglementation de la construction, à condition de fournir la preuve que leur projet atteint les résultats attendus.

C'est le remplacement d'une logique d'obligation de moyens par une logique d'obligation de résultats.

Des organismes compétents délivrent après vérification des *attestations d'effet équivalent*.

Les domaines dans lesquels cette démarche peut être menée sont dans un premier temps les suivants[2], mais le champ de l'expérimentation sera ensuite étendu :

- la sécurité incendie, pour les bâtiments d'habitation et les ERT, uniquement en ce qui concerne la résistance au feu et le désenfumage ;
- l'aération ;
- l'accessibilité ;
- la performance et les caractéristiques énergétiques et environnementales ;
- les caractéristiques acoustiques ;
- la protection contre les xylophages ;
- la prévention du risque sismique ou cyclonique ;
- les matériaux et leur réemploi.

---

1 Loi n° 2018-727 du 10 août 2018 pour un État au service d'une société de confiance.

2 Décret n° 2019-184 du 11 mars 2019 relatif aux conditions d'application de l'ordonnance n° 2018-937 du 30 octobre 2018 visant à faciliter la réalisation de projets de construction et à favoriser l'innovation.

Ces démarches expérimentales n'ont probablement pas vocation à devenir courantes à court terme : le permis d'expérimenter avait déjà été autorisé par la loi CAP de 2016 sous le nom de *permis de faire*, pourtant aucun projet n'avait utilisé cette possibilité au cours des années 2017 et 2018.

Dans un premier temps, il faut plutôt voir le permis d'expérimenter comme destiné à quelques pourcentages de projets chaque année sur le territoire national.

S'embarquer dans cette procédure comporte en effet des risques en termes de délai, sans commune mesure avec les risques d'une ATEx évoquée dans les pages précédentes, ATEx qui effraient déjà plus d'un maître d'ouvrage.

2. Le coordonnateur SPS en phase conception

2.1. Les champs de compétence du coordonnateur SPS en phase conception

Le coordonnateur SPS est l'interlocuteur de référence du maître d'ouvrage et du maître d'œuvre pour les mesures de prévention relatives à deux temporalités :

- mesures de prévention relatives à l'hygiène et à la sécurité *sur le futur chantier*,
- mesures de prévention relatives à la sécurité des *opérations de maintenance ultérieures* des ouvrages.

Il évalue les risques vis-à-vis de ces deux temporalités et recommande des mesures de sécurité.

Il peut par exemple vérifier la bonne prise en compte des risques par le maître d'œuvre et par le maître d'ouvrage sur des sujets comme :

- les diagnostics des matériaux dangereux présents sur le site existant : plomb, amiante, etc. ;
- les déclarations du projet de travaux auprès des exploitants de réseaux VRD, réseaux qui sont chaque année la cause d'accidents [1] ;
- en cas de chantier en site exploité, la prise en compte des risques liés aux interfaces entre le chantier et l'exploitation du site (inspection commune à faire avec le chef d'établissement).

Le coordonnateur SPS peut être consulté au cours de la phase conception sur :

- le plan d'installations de chantier : clôtures, accès au chantier, emplacements pour bennes, dimensionnement des locaux de vie des ouvriers ;
- les moyens communs à affecter à un lot : il peut par exemple recommander un monte-charge de chantier, des protections collectives, un unique échafaudage commun, équipements dont le maître d'œuvre affectera la responsabilité à un lot ;
- les risques liés aux interfaces entre les corps d'état : il pourra notamment examiner le planning prévisionnel des travaux dans le but d'éviter les superpositions de tâches de différents lots ;

---

1 On peut consulter à ce sujet : www.reseaux-et-canalisations.ineris.fr.

- la sécurité des accès de maintenance en toiture : sujet pouvant avoir un fort impact architectural ;
- les méthodologies de désamiantage et de déplombage dans l'existant ;
- l'accessibilité des équipements techniques pour la maintenance (centrales de traitement d'air, par exemple).

2.2. Les modalités d'association du coordonnateur SPS aux études

Le maître d'ouvrage doit vérifier que le coordonnateur SPS est réellement associé aux études. Cette vérification peut notamment se traduire par les actions suivantes :

- soumettre les livrables du maître d'œuvre (dossier minute avant-projet puis dossier minute PRO) pour relecture au coordonnateur SPS ;
- demander au coordonnateur SPS de réaliser une ou des réunions (suivant l'ampleur du projet) avec le maître d'œuvre au cours de l'APD ou au début du PRO, et réclamer au coordonnateur SPS les comptes rendus de ces réunions, listant ses recommandations.

Actuellement les trois quarts des coordonnateurs SPS se déclarent pas ou peu associés au déroulement des études [1].

2.3. Les livrables du coordonnateur SPS en phase conception

Au cours de la phase PRO, le coordonnateur SPS va rédiger le *plan général de coordination santé et protection de la santé* (PGC), document qui contient le cadre général précisant tous les points liés à la prévention sur le futur chantier :

- installations de chantier ;
- installations électriques de chantier ;
- protections collectives ;
- accès provisoires ;
- appareils de levage ;
- organisation du nettoyage de la base vie ;
- tri et évacuation des déchets de chantier, etc.

Point de vigilance

Le Code du travail précise que le coordonnateur SPS affecte les prestations aux différents corps d'état, ce qui est bien dommage car cela crée un risque de contradiction avec les prestations prévues par le maître d'œuvre dans son PRO, lot par lot.

Il convient de vérifier avec le plus grand soin la cohérence entre le PGC et le PRO du maître d'œuvre.

Le coordonnateur SPS initialise dès la phase conception le *dossier d'intervention ultérieure sur l'ouvrage* (DIUO), qui sera finalisé à la fin du chantier.

1 Source : *Le Livre blanc de la coordination SPS*, 2018.

Il ouvre dès la signature de son marché un *registre journal*, qu'il complétera pendant toute sa mission et qui constituera son moyen de communication avec les intervenants du chantier.

2.4. La déclaration préalable du chantier à l'inspection du travail

Pour les opérations le nécessitant (voir le tableau récapitulatif au chapitre « Lancement de l'opération »), la déclaration préalable du chantier à l'inspection du travail est à effectuer par le maître d'ouvrage avant le dépôt de la demande de permis de construire [1].

3. Le bureau de contrôle en phase conception

3.1. Les modalités d'association du bureau de contrôle aux études

Les projets ne présentant pas d'innovations constructives et restant dans le strict champ des DTU ne nécessitent pas d'associer étroitement le bureau de contrôle à la phase conception.

C'est le maître d'œuvre qui, en cas de doute sur l'acceptabilité d'une innovation constructive, sollicitera l'avis du bureau de contrôle au cours de la conception, d'où l'importance que celui-ci soit désigné avant le début du PRO.

Cet avis peut porter sur des points très simples, par exemple l'utilisation d'un isolant biosourcé protégé par un écran pare-flamme. Il s'agit alors simplement de vérifier qu'aucun obstacle n'a été oublié.

À l'opposé, de véritables réunions de travail peuvent être nécessaires entre un bureau d'études de l'équipe de maîtrise d'œuvre et un spécialiste du bureau de contrôle, pour obtenir un accord sur une démarche particulière, sur une interprétation d'un point ambigu de la réglementation, sur le champ d'application d'un avis technique, ou sur une démarche d'ATEx complexe.

L'accord du bureau de contrôle est rarement inconditionnel : le bureau de contrôle liste les justifications complémentaires qui seront nécessaires en phase d'études d'exécution.

Conseil pratique

Si le maître d'œuvre a sollicité l'accord de principe du bureau de contrôle en phase conception sur un point sensible, vérifier que cet accord est tracé par écrit, par exemple dans le RICT.

L'accord formel sera précieux en phase chantier, si le représentant du bureau de contrôle a changé entre-temps.

3.2. Le livrable du bureau de contrôle en phase conception

Dès sa désignation, le bureau de contrôle doit recevoir le dossier APD du maître d'œuvre.

Sur la base de l'analyse de ce dossier, le bureau de contrôle rédige son *rapport initial de contrôle technique* (RICT), qui est communiqué au maître d'œuvre.

1 Article R4532-3 du Code du travail.

Le maître d'œuvre fait alors le tri parmi les remarques du bureau de contrôle entre :

- les remarques, généralement nombreuses, qui relèveront des études d'exécution des entreprises ; et
- les remarques de la compétence de la maîtrise d'œuvre, à prendre en compte dans le PRO.

La désignation tardive du bureau de contrôle

Si le bureau de contrôle est désigné tardivement, il basera son RICT sur l'analyse du PRO déjà terminée, et non sur l'analyse de l'APD. Cette situation présente un risque, puisque le maître d'œuvre ne pourra alors pas prendre en compte les remarques dans le PRO.

Dans ce cas, un arbitrage pourra être nécessaire :

- soit lancer tel quel les appels d'offres, en misant sur une prise en compte de toutes les remarques par les entreprises au cours des études d'exécution (ou en phase ACT *via* les questions/réponses),
- soit retarder le lancement de l'appel d'offres pour prendre le temps de remettre à jour le PRO suite au RICT.

Un tel arbitrage, qui relève d'un choix du maître d'ouvrage, ne peut pas être pris sans associer le maître d'œuvre, qui sera seul à même d'évaluer les risques associés.

Conseil pratique

Il est essentiel que le RICT soit inclus dans le DCE, afin de s'imposer contractuellement aux entreprises.

---

4. L'AMO BIM en phase conception

Tout au long de la phase conception, l'AMO BIM s'assure que le niveau d'exigence souhaité par le maître d'ouvrage en matière de BIM est respecté. Pour ce faire :

- Au début de la phase conception (APS), il examine et valide la convention BIM de la maîtrise d'œuvre, pour vérifier qu'il respecte les exigences du cahier des charges BIM du projet. Il examine en particulier les dispositions prévues par le protocole concernant :
  - le découpage du projet en maquettes numériques (parfois appelé le plan BIM) ;
  - la structuration des données dans les maquettes numériques ;
  - les logiciels utilisés par la maîtrise d'œuvre ;
  - la plateforme de partage des maquettes ;
  - les process du travail collaboratif.
- À la fin de chacune des phases d'études, il contrôle les maquettes numériques livrées par la maîtrise d'œuvre, pour vérifier la bonne structuration des données et le niveau de développement des maquettes (LOD).
- À la fin de la phase PRO, il relit et valide le protocole BIM du DCE pour vérifier à nouveau qu'il respecte le cahier des charges BIM et qu'il impose bien aux entreprises toutes les prescriptions nécessaires. C'est ce document qui sera contractuel avec les entreprises durant tout le déroulement du chantier.

5. L'AMO environnement en phase conception

L'AMO environnement, ou AMO HQE, peut accompagner le maître d'ouvrage en phase conception par des prestations visant à garantir l'aboutissement de la démarche de certification environnementale.

Il ne se substitue pas à l'organisme certificateur.

L'AMO environnement peut notamment :

- participer à des points périodiques MOE/MOA de suivi de la démarche de certification environnementale ;
- donner son avis sur les choix techniques, architecturaux ou urbains du maître d'œuvre en ce qui concerne leur pertinence en matière environnementale ;
- assurer la relecture des livrables du maître d'œuvre à chaque phase d'études, pour s'assurer de leur cohérence avec les objectifs environnementaux du projet définis au programme environnemental ;
- en cas de suppression entre deux phases d'études de prestations contribuant à la qualité environnementale, alerter le maître d'ouvrage et le conseiller sur la décision à prendre ;
- réaliser des audits blancs pour préparer les équipes aux audits de certification.

Enfin, l'AMO environnement peut aussi proposer des missions d'expertise, en particulier des prestations de simulations CFD (*Computational Fluid Dynamics*) visant à vérifier le niveau de confort d'un espace :

- simulations thermiques dynamiques, qui permettent une analyse plus fine que le simple calcul thermique réglementaire ;
- simulations aérauliques (par exemple pour les espaces extérieurs au pied d'un IGH).

Si le maître d'œuvre a la compétence de proposer ces missions, l'AMO peut cependant risquer d'être en concurrence avec lui sur ce point.

6. Le coordonnateur SSI en phase conception

6.1. Le rôle du coordonnateur SSI en phase conception

Le coordonnateur SSI identifie les besoins du projet en matière de SSI :

- Pour un ERP, il se base sur le *type* et la *catégorie* d'ERP du projet pour identifier les articles du règlement ERP[1] applicables. De ces articles il déduit la *catégorie de SSI* et le *type d'alarme* adaptés au projet. Exemple : une maison de retraite est un ERP de type J ; les articles J36 et J37 du règlement ERP renseignent le coordonnateur SSI sur les caractéristiques du SSI réglementairement exigible.
- Pour un ERT, il n'y a pas d'exigences d'origine réglementaire, le coordonnateur SSI se base donc sur les souhaits du maître d'ouvrage définis au programme.

1 Consultable sur www.sitesecurite.com.

Il définit ensuite toutes les caractéristiques du SSI :

- sur la base des plans projet APS, le *zoning* de l'installation SSI, c'est-à-dire (le cas échéant) :
  - les zones de détection (ZD),
  - les zones de désenfumage (ZF),
  - les zones de compartimentage (ZC),
  - les zones d'alarme (ZA) ;
- les dispositifs actionnés de sécurité (DAS), par exemple les portes à fermeture automatique ;
- la nature des liaisons câblées à prévoir entre les équipements du SSI ;
- les scenarii de mise en sécurité, par exemple : en cas de détection de feu dans une zone, déclenchement du désenfumage et compartimentage par fermeture des portes.

6.2. Le rendu du coordonnateur SSI en phase conception

Le coordonnateur SSI formalise la conception du SSI dans un document fondamental, le *cahier des charges fonctionnel du SSI.*

Ce document fournit toutes les informations nécessaires à la conception technique du SSI, c'est-à-dire essentiellement :

- la présentation détaillée des fonctions du SSI ;
- la présentation détaillée des zones (ZD, ZF, ZC et ZA) du SSI.

Le coordonnateur SSI émet son cahier des charges en début d'APD et le remet ensuite à jour en fonction des évolutions du projet en cours d'APD, de PRO et si nécessaire ultérieurement.

Ce document est nécessaire comme donnée entrante APD pour le maître d'œuvre.

6.3. Quelle est l'importance du cahier des charges SSI ?

La cohérence de ce document avec le détail du projet est fondamentale pour le bon déroulement des travaux. Un cahier des charges imprécis ou incohérent pose de graves problèmes sur le chantier et conduit à des dysfonctionnements du SSI.

Malgré le caractère rébarbatif du document, il est important que ce document soit relu attentivement par l'architecte ou par un autre membre de l'équipe de maîtrise d'œuvre connaissant bien le détail du projet, pour en vérifier le contenu. L'important n'est pas de vérifier les aspects purement techniques, mais de vérifier la désignation des locaux et la cohérence avec la notice de sécurité incendie du projet.

Règle d'or du cahier des charges fonctionnel du CSSI

Si un projet comporte un SSI de catégorie A ou B, ne jamais lancer la phase PRO sans avoir remis au maître d'œuvre le cahier des charges fonctionnel du coordonnateur SSI.

7. Le géotechnicien en phase conception

Le géotechnicien, qui a déjà réalisé en phase acquisition de données sa mission G1, réalise maintenant sa mission G2, qui affine les préconisations de la G1.

Pour réaliser sa mission G2, il aura besoin de se voir communiquer le dossier AVP du maître d'œuvre, afin de bien identifier les descentes de charge du bâtiment, qu'il prendra en compte dans le prédimensionnement des fondations.

8. Anticiper les relations avec les concessionnaires réseaux

Au cours des études de conception, le maître d'œuvre identifiera des besoins en raccordements VRD du projet : raccordement Enedis, gaz, fibres optiques, eau potable, réseaux de chaleur ou de froid urbain, etc.

Il peut s'agir de besoins sans alternative possible (par exemple le raccordement au réseau Enedis), ou de propositions du maître d'œuvre avec des variantes possibles (par exemple proposition de se raccorder à un réseau de chaleur urbain).

L'étude de faisabilité réglementaire des approvisionnements en énergie contribue aussi à l'identification des besoins en raccordements.

Ces raccordements nécessitent un délai important : délai administratif de contractualisation, puis délai des travaux de raccordement, qui peuvent être d'ampleur très variable.

Le raccordement à un réseau de chaleur urbain peut nécessiter des travaux VRD importants pour créer une antenne du réseau jusqu'au bâtiment à raccorder.

Du fait de ces délais, les démarches auprès des concessionnaires VRD doivent être lancées le plus en amont possible et, dans le cas de travaux de raccordements importants, les démarches doivent commencer pendant la phase conception.

9. Récapitulatif des prestations courantes de l'AMO conducteur d'opération pendant la phase conception

Au cours de cette phase conception, l'AMO conducteur d'opération peut notamment être amené à réaliser les prestations suivantes.

Planification

- Mise au point et tenue à jour du planning général de l'opération et de plannings détaillés sur un périmètre particulier.

Pilotage du déroulement des études du maître d'œuvre

- Organisation de réunions mensuelles ou bimensuelles MOE/MOA de suivi de la mission ; compte rendu, suivi des actions.
- Relecture des livrables de la maîtrise d'œuvre et listes de remarques.
- Recueil des remarques des AMO spécialisés (AMO BIM, AMO HQE, etc.) et des super-utilisateurs (exploitants, service commercial, gestionnaire immobilier, etc.).
- Synthèse de l'ensemble des remarques et diffusion au maître d'œuvre pour prise en compte.
- Gestion des paiements du maître d'œuvre.

Procédures en application du Code de l'urbanisme et du Code de la construction et de l'habitation

- Rédaction d'une note sur l'identification du cadre réglementaire du projet vis-à-vis des autorisations administratives ; analyse du PLU ou PLUi et liste des impacts sur le projet.
- Demande de certificat d'urbanisme à l'administration.
- Consultation de l'administration pour clarifier un point du PLU ou PLUi.
- Organisation de réunions de présentation du projet en mairie/lobbying.
- Assemblage des pièces nécessaires au dépôt du PC, en particulier les pièces non produites par l'architecte.
- Audit juridique d'un dossier permis de construire ou pilotage d'un cabinet d'avocats spécialisé.
- Analyse des délais prévisionnels d'instruction de l'autorisation administrative, et prise en compte dans le planning du projet.
- Analyse des attendus joints au permis de construire.
- Assemblage des éventuelles pièces manquantes demandées par l'administration.

Procédures en application du Code de l'environnement

- Préparation d'une note sur le cadre réglementaire au titre du droit de l'environnement.
- Organisation de la phase amont informelle d'échange avec l'administration.
- Le cas échéant : préparation du formulaire de demande d'examen au cas par cas.
- Ou pilotage de la procédure de certificat de projet.
- Préparation du cahier des charges de l'étude d'impact, demande de cadrage préalable, puis pilotage de la mission de l'AMO spécialisé en charge de l'étude d'impact.

Relations aux concessionnaires réseaux

- Gestion des demandes de raccordements aux concessionnaires réseaux.
- Préparation des décisions du maître d'ouvrage en cas de variantes possibles entre plusieurs énergies ou plusieurs concessionnaires.
- Intégrations de délais de raccordements à la planification du projet.

Gestion des déclarations de travaux (réglementation « construire sans détruire »)

- Réalisation des deuxièmes déclarations de travaux (DT) à réaliser en fin du PRO/DCE, suite aux premières réalisées en phase acquisition des données ; ces deuxièmes DT sont rendues nécessaires par la durée de validité limitée des déclarations de travaux.

Relations avec les futurs utilisateurs

- Présentation du projet aux super-utilisateurs (exploitants, service commercial, gestionnaire immobilier, etc.) à la fin de l'esquisse et de l'avant-projet.
- Recueil de leurs remarques, analyse de leur pertinence et proposition de décision au maître d'ouvrage sur les remarques à retenir.
- Analyse des demandes de modifications de programme des super-utilisateurs, identification de l'impact coût/délai, proposition de décision au maître d'ouvrage, puis diffusion au maître d'œuvre pour prise en compte.

Communication et relations aux riverains

- Réalisation de documents de communication.
- Organisation d'une phase de concertation avec les riverains et associations : réunions publiques, groupes de travail, comités de quartiers, etc.

Pilotage des prestataires

- Relecture des rendus des prestataires (coordonnateur SPS, coordonnateur SSI, bureau de contrôle, AMO spécialisés, etc.) et listes de remarques.
- Vérification de la réalisation exhaustive des tâches attendues des prestataires.
- Gestion des paiements.

Reporting aux financeurs, à l'autorité de tutelle ou à la direction

- Rédaction d'un rapport périodique d'avancement du projet.
- Préparation d'un dossier justificatif en cas de dépassement budgétaire nécessitant la validation d'un financeur.

Réglementation Code du travail

- Le cas échéant déclaration préalable du chantier à l'inspection du travail, avant la demande de permis de construire.

Gestion budgétaire

- Tenue à jour du suivi budgétaire (dépenses engagées, dépenses réglées, provisions).

Gouvernance du projet

- Tenue à jour d'un tableau de bord de pilotage.
- Analyse de risques.
- Organisation de comités de pilotage.

ÉTAPE 6

La passation des marchés de travaux

Les études sont maintenant terminées ; le projet est décrit dans une ou plusieurs maquettes numériques détaillées, traduites en prestations dans les CCTP.

Les appels d'offres vont pouvoir être lancés, avec à la clé l'enjeu de conclure des marchés au prix optimal, avec des entreprises dotées de solides références.

1. Durée de cette phase

Cette phase achat, de la fin des études à l'attribution des marchés, peut s'écouler couramment sur quatre à cinq mois pour un petit projet. Pour un grand projet public soumis aux procédures formalisées, la durée totale peut s'allonger jusqu'à un an.

2. La constitution du dossier d'appel d'offres

Le dossier d'appel d'offres complet, tel qu'il sera communiqué aux entreprises comprend :

- les clauses administratives ;
- le dossier PRO du maître d'œuvre ;
- un ensemble de données d'entrée qu'il est essentiel de rendre contractuelles avec les futures entreprises, issues des acquisitions de données ou produites par les intervenants du projet.

Il est accompagné du règlement de consultation.

2.1. Les clauses administratives du marché

Elles encadreront la future relation contractuelle avec les entreprises. Elles jouent donc un rôle essentiel dans le déroulement normal du chantier et plus encore en cas de litige.

Ces clauses se présentent généralement sous la forme :

- de clauses administratives générales ; et
- de clauses administratives particulières, qui viennent déroger aux clauses générales ou les compléter.

2.1.1. Les clauses administratives générales

En marchés publics, ces clauses administratives générales sont représentées par le CCAG Travaux[1].

En marchés privés, plusieurs possibilités s'offrent aux maîtres d'ouvrage :

- la norme volontaire NF P 03-001 est un cahier des clauses administratives générales type, que les maîtres d'ouvrage peuvent utiliser s'ils le souhaitent ;
- les maîtres d'ouvrage professionnels réalisant couramment des achats de travaux disposent de leur propre document Conditions d'achat, qui est en quelque sorte leur CCAG ;
- enfin les maîtres d'ouvrage ne réalisant qu'occasionnellement des travaux peuvent aussi faire le choix de se contenter d'un CCAP, sans faire référence à un cahier de clauses générales.

Clauses administratives d'un marché de travaux				
	Marchés publics	**Marchés privés : 3 possibilités**		
Cadre général applicable au marché	CCAG Travaux	NF P 03-001	ou conditions générales d'achat du MOA	ou néant
Clauses particulières du marché	CCAP du marché listant les dérogations ou compléments au CCAG Travaux	CCAP du marché listant les dérogations ou compléments à la NF P 03-001	CCAP du marché listant les dérogations ou compléments aux conditions générales d'achat	CCAP du marché listant intégralement les clauses à appliquer

2.1.2. Les clauses administratives particulières (CCAP)

On trouvera ci-dessous quelques exemples de sujets abordés dans le CCAP, qu'il soit public ou privé :

- identité des parties ;
- ordre de préséance des documents constituant le marché (essentiel) ;

1 Consultable dans l'arrêté du 8 septembre 2009 portant approbation du cahier des clauses administratives générales applicables aux marchés publics de travaux.

- langue employée pour la réalisation du marché ;
- modalité de rémunération des travaux supplémentaires ;
- délais contractuels (délais partiels, jalons, délai global) ;
- pénalités de retard, notamment celles attachées aux jalons partiels ;
- dépenses communes de chantier (compte prorata) ;
- variation économique des prix (actualisation des prix, révision des prix) ;
- facturations et délais de paiement ;
- fournitures commandées directement par le client ;
- confidentialité ;
- propriété intellectuelle.

Point de vigilance

Il est préférable d'éviter les CCAP « bavards ». Inutile de citer les clauses qui sont d'ordre public, par exemple les garanties découlant du Code civil, l'application du cadre réglementaire de la construction, ou les procédures de réception classiques.

Attention aussi aux risques de contradictions entre le CCAP et certaines clauses figurant dans les spécifications générales des CCTP du maître d'œuvre ou au PGC du coordonnateur SPS.

La maîtrise d'œuvre doit être associée à la rédaction du CCAP, en particulier pour les jalons et délais partiels qui doivent être cohérents avec le phasage prévu dans le PRO, et pour les pénalités de retard. Le maître d'œuvre peut par exemple proposer qu'un jalon avec pénalités de retard soit prévu pour une livraison partielle particulièrement critique vis-à-vis du phasage du chantier.

2.2. Le DCE du maître d'œuvre

Le dossier rendu par le maître d'œuvre à l'issue du PRO, dossier qu'on peut appeler DCE, est le résultat de l'ensemble de la phase conception. Il traduit le projet sous la forme de *descriptions des ouvrages* à réaliser, corps d'état par corps d'état.

Après le rendu du dossier PRO par le maître d'œuvre, l'AMO conducteur d'opération va procéder à sa relecture et à sa validation.

Si l'esquisse, l'APS et l'APD ont bien fait l'objet d'une relecture et d'une validation, la validation du PRO ne devrait pas poser de problème, puisque le dossier PRO n'est que la traduction en « description des ouvrages » (ou en prestations) du projet déjà bien défini en APD ; c'est là tout l'intérêt de l'enchaînement des phases d'études, qui va du plus général au plus détaillé en s'appuyant sur les validations des phases précédentes.

Après la prise en compte des remarques de l'équipe de maîtrise d'ouvrage, le cartouche des dossiers est parfois modifié, « PRO » étant remplacé par « DCE » ou « Marché » sur la page de garde du dossier. Cette pratique n'est toutefois pas une obligation, et un appel d'offres peut tout à fait être lancé sur la base d'un dossier portant la mention « PRO » sur le cartouche.

On entend souvent parler, pour désigner cette période de constitution du DCE, de la *phase DCE*. Il faut garder à l'esprit qu'il s'agit là d'un abus de langage, puisque, depuis la loi MOP, « DCE » n'est plus une *phase* de la mission de maîtrise d'œuvre, c'est seulement le nom du dossier qui part en appel d'offres après la phase PRO (toutefois les contrats type de l'ordre des architectes considèrent que la phase ACT est composée d'une étape DCE et d'une étape Mise au point des marchés, qu'on évoquera plus bas).

Cas des notes de calcul

Au cours de ses études, la maîtrise d'œuvre a produit un certain nombre de notes de calcul (note de calcul structure et note de calcul thermique). Ces documents ne doivent pas être inclus au DCE et ne doivent pas être communiqués aux entreprises. En effet, l'obligation faite aux entreprises de refaire les calculs dans le cadre de leurs études d'exécution joue un rôle essentiel de boucle de rattrapage. En communiquant ces documents aux entreprises, on pourrait gagner quelques jours, mais on fait sauter cette boucle de rattrapage, ce qui représente une prise de risque importante, qui n'en vaut pas la chandelle.

2.3. Les documents annexes à contractualiser

Outre les clauses administratives et le PRO/DCE du maître d'œuvre, il est important d'inclure au dossier d'appel d'offres un certain nombre de documents qu'il est nécessaire de rendre contractuels avec les entreprises.

En omettant de rendre contractuel l'un de ces documents, on s'expose à ce que l'entreprise, lorsqu'elle en aura communication, considère qu'une rémunération supplémentaire doit découler de cet élément nouveau.

Un maître d'œuvre sérieux aura normalement déjà inclus à son dossier PRO/DCE toutes les données d'entrée dont il a connaissance; l'AMO conducteur d'opération doit vérifier cette liste afin d'éviter qu'un document important n'ait été oublié, ainsi que pour éviter des redondances.

Ces documents à rendre contractuels sont, par exemple (liste à adapter à la nature du projet):

- relevés de géomètre, relevés topographiques, ou maquette numérique des existants produite par le géomètre;
- diagnostics techniques le cas échéant;
- repérage amiante et plomb le cas échéant;
- cahier des charges BIM de l'AMO BIM;
- RICT du bureau de contrôle;
- PGC du coordonnateur SPS;
- cahier des charges fonctionnel du coordonnateur SSI;
- rapport de sol G2 du géotechnicien;
- rapport pollution des sols le cas échéant;
- maquette de synthèse des réseaux VRD du site suite aux déclarations de travaux (DT) adressées aux concessionnaires;
- permis de construire et ses attendus, etc.

Point de vigilance sur le RICT

Il est normal que le RICT comporte à ce stade de nombreuses remarques et réserves qui relèvent des futures études d'exécution des entreprises: le bureau de contrôle les a citées pour mémoire, afin que les entreprises les prennent en compte en temps utile.

Il faut cependant veiller à ce que certaines réserves du RICT ne relèvent pas plutôt (en termes de niveau de détail) du dossier PRO du maître d'œuvre.

Il n'est pas forcément aisé pour l'AMO conducteur d'opération d'identifier quelles réserves relèvent des futures études d'exécution et quelles réserves auraient normalement dû être levées par le maître d'œuvre. Un dialogue à ce sujet peut être nécessaire avec le maître d'œuvre, afin de s'assurer que toutes les remarques du RICT relevant de la phase PRO ont bien été prises en compte.

Point de vigilance sur les diagnostics

La nécessité d'inclure des diagnostics au DCE ne concerne pas que les projets dans l'existant. Un projet dans le neuf peut nécessiter des diagnostics en cas de démolitions préalables de bâtiments ou d'édicules : repérage amiante et plomb, audit des matériaux de démolition, etc.

2.4. Quelques exemples de listes de pièces d'un DCE

Le contenu du DCE varie beaucoup d'un projet à l'autre, notamment en fonction de l'allotissement marché.

Les listes types proposées ci-dessous sont orientées vers une présentation par corps d'état séparés. Cette présentation semble plus représentative puisque :

- la nouvelle réglementation des achats publics définit les corps d'état séparés comme l'allotissement naturel par défaut pour tous les marchés publics ;
- même dans le cas des entreprises générales, le titulaire du marché va sous-traiter lot par lot ; le découpage du DCE par corps d'état facilitera cette sous-traitance et limitera les risques d'erreurs, qui pourraient apparaître si l'entreprise générale doit elle-même identifier les documents utiles à chaque lot.

2.4.1. Exemple de contenu d'un DCE pour un projet de bâtiment neuf sans démolition d'existants

	Pièces du DCE	Document produit par	MOE/MOA	Commentaire
Pièces écrites communes	CCAP	Acheteur	MOA	
	Cahier des charges BIM	AMO BIM	MOA	
	Convention BIM	BIM Manager de la phase conception	MOE	
	Notice architecturale	Architecte	MOE	Issu du dossier PC
	Notice accessibilité	Architecte	MOE	Issu du dossier PC
	Notice de sécurité incendie	Spécialiste sécurité incendie	MOE	Issu du dossier PC Obligatoire en ERP, hautement souhaitable en ERT et habitation collective
	Notice chantier propre		MOE	Peut être intégré au CCTC cité plus bas
	Notice environnementale	Spécialiste environnement	MOE	

	Pièces du DCE	Document produit par	MOE/MOA	Commentaire
Pièces écrites communes (suite)	Notice RT2012	Thermicien	MOE	Pièce commune car elle peut impacter de nombreux lots et pas seulement le lot CVC
	Cahier des clauses techniques communes	Économiste	MOE	Ou cahier des limites de prestations entre lots
	Délivrance et attendus du permis de construire	Administration	MOA	
	Rapport initial du bureau de contrôle (RICT)	Bureau de contrôle	MOA	S'il y a un bureau de contrôle
	Cahier des charges fonctionnel SSI	CSSI	MOA	S'il y a un CSSI Peut concerner plusieurs lots.
	PGC	CSPS	MOA	
	Étude de sécurité publique	AMO spécialisé	MOA	Si obligatoire
Pièces graphiques communes	Plan masse de l'existant	Architecte	MOE	
	Plans et coupes de l'existant	Architecte	MOE	
	Plan masse projet/image d'insertion urbaine	Architecte	MOE	
	Plans et coupes projet	Architecte	MOE	
	Carnets de détail	Architecte	MOE	
	Plan d'installation de chantier	Architecte	MOE	
	Planning prévisionnel	Architecte ou planificateur	MOE	
	Cahier de phasage	Architecte	MOE	
Pièces particulières au lot A	Pièces graphiques Lot A	Architecte ou BET	MOE	Plans, schémas, synoptiques
	Pièces écrites Lot A	Économiste ou BET	MOE	CCTP et annexes (par exemple avis techniques utilisés)
	DPGF Lot A	Économiste ou BET	MOE	
Pièces particulières au lot B	Pièces graphiques Lot B	Architecte ou BET	MOE	
	Pièces écrites Lot B	Économiste ou BET	MOE	
	DPGF lot B	Économiste ou BET	MOE	
	Etc. lot par lot			
Données d'entrée	Plan topographique	Géomètre	MOA	
	Maquette numérique de synthèse des réseaux VRD existants et recueil des échanges avec les concessionnaires	BET VRD	MOA mais généralement confié à MOE	
	Rapport géotechnique G2	Géotechnicien	MOA	
	Rapport pollution des sols	BET spécialisé	MOA	

2.4.2. Exemple de contenu d'un DCE pour un projet de réaménagement d'un bâtiment existant

	Pièces du DCE	Document produit par	MOE/MOA	Commentaire
Pièces écrites communes	CCAP	Acheteur	MOA	
	Cahier des charges BIM	AMO BIM	MOA	
	Notice architecturale	Architecte	MOE	Issu du dossier PC
	Notice accessibilité	Architecte	MOE	Issu du dossier PC
	Notice de sécurité incendie	Spécialiste sécurité incendie	MOE	Issu du dossier PC Obligatoire en ERP, hautement souhaitable en ERT et habitation collective
	Notice chantier propre		MOE	Peut être intégré au CCTC cité plus bas
	Notice environnementale	Spécialiste environnement	MOE	
	Notice RT2012	Thermicien	MOE	Pièce commune car elle peut impacter de nombreux lots et pas seulement le lot CVC
	Cahier des clauses techniques communes	Économiste	MOE	Ou cahier des limites de prestations
	Délivrance et attendus du permis de construire	Administration	MOA	
	Rapport initial du bureau de contrôle (RICT)	Bureau de contrôle	MOA	S'il y a un bureau de contrôle
	Cahier des charges fonctionnel SSI	CSSI	MOA	S'il y a un CSSI Peut concerner plusieurs lots.
	PGC	CSPS	MOA	
	Étude de sécurité publique	AMO spécialisé	MOA	Si obligatoire
Pièces graphiques communes	Plan masse de l'existant	Architecte	MOE	
	Plans et coupes de l'existant	Architecte	MOE	
	Plan masse projet/image d'insertion urbaine	Architecte	MOE	
	Plans et coupes projet	Architecte	MOE	
	Carnets de détail	Architecte	MOE	
	Plan d'installation de chantier	Architecte	MOE	
	Planning prévisionnel	Architecte ou planificateur	MOE	
	Cahier de phasage	Architecte	MOE	
Pièces particulières au lot A	Pièces graphiques Lot A	Architecte ou BET	MOE	Plans, schémas, synoptiques
	Pièces écrites Lot A	Économiste ou BET	MOE	CCTP et annexes (par exemple avis techniques utilisés)
	DPGF Lot A	Économiste ou BET	MOE	

	Pièces du DCE	Document produit par	MOE/MOA	Commentaire
Pièces particulières au lot B	Pièces graphiques Lot B	Architecte ou BET	MOE	
	Pièces écrites Lot B	Économiste ou BET	MOE	
	DPGF lot B	Économiste ou BET	MOE	
	Etc. lot par lot			
Données d'entrée	Dossier de plans et coupes de géomètre	Géomètre	MOA	
	Maquette numérique de synthèse des réseaux VRD existants et recueil des échanges avec les concessionnaires	BET VRD	MOA mais généralement confié à MOE	
	Diagnostics techniques fluides de l'existant	BET	MOA mais souvent confié à MOE	
	Diagnostic structure de l'existant	BET	MOA mais souvent confié à MOE	
	Rapport géotechnique G2	Géotechnicien	MOA	
	Autres diagnostics divers	BET	MOA	
	Repérage amiante	Diagnostiqueur	MOA	
	Repérage plomb	Diagnostiqueur	MOA	
	Audit des matériaux de démolition	BET spécialisé	MOA	Si obligatoire

2.4.3. Exemple de contenu d'un DCE pour un projet de travaux publics/aménagements extérieurs

	Pièces du DCE	Document produit par	MOE/MOA	Commentaire
Pièces écrites communes	CCAP	Acheteur	MOA	
	Cahier des charges BIM	AMO BIM	MOA	
	Notice paysagère	Architecte/Paysagiste	MOE	Issu du dossier PC
	Notice accessibilité	Architecte/Paysagiste	MOE	Issu du dossier PC
	Notice chantier propre		MOE	Peut être intégré au CCTC cité plus bas
	Notice environnementale	Spécialiste environnement	MOE	
	Cahier des clauses techniques communes	Économiste	MOE	Ou cahier des limites de prestations entre lots
	PGC	CSPS	MOA	

Pièces graphiques communes	Plan masse de l'existant	Architecte/Paysagiste	MOE	
	Plans et coupes de l'existant	Architecte/Paysagiste	MOE	
	Plan masse projet/image d'insertion paysagère	Architecte/Paysagiste	MOE	
	Plans et coupes projet	Architecte/Paysagiste	MOE	
	Carnets de détail	Architecte/Paysagiste	MOE	
	Plan d'installation de chantier	Architecte/Paysagiste	MOE	
	Planning prévisionnel	Architecte/Paysagiste ou planificateur	MOE	
	Cahier de phasage	Architecte/Paysagiste	MOE	
Pièces particulières au lot A	Pièces graphiques Lot A	Architecte/Paysagiste ou BET	MOE	Plans, schémas, synoptiques
	Pièces écrites Lot A	Économiste ou BET	MOE	CCTP et annexes (par exemple avis techniques utilisés)
	DPGF Lot A	Économiste ou BET	MOE	
Pièces particulières au lot B	Pièces graphiques Lot B	Architecte/Paysagiste ou BET	MOE	
	Pièces écrites Lot B	Économiste ou BET	MOE	
	DPGF lot B	Économiste ou BET	MOE	
	Etc. lot par lot			
Données d'entrée	Dossier de plans topographiques	Géomètre	MOA	
	Plan de synthèse des réseaux VRD existants et recueil des échanges avec les concessionnaires	BET VRD	MOA mais généralement confié à MOE	
	Rapport géotechnique G2	Géotechnicien	MOA	
	Rapport pollution des sols	BET spécialisé	MOA	
	Repérage amiante et HAP	Diagnostiqueur	MOA	

2.5. Fichiers sources à joindre – statut juridique de la maquette numérique

Le dossier d'appel d'offres comporte les fichiers sources informatiques, qui permettent aux entreprises de réaliser des métrés pour établir leur offre.

Pour les projets qui ne sont pas en BIM ces fichiers seront *a minima*:

- les fichiers sources des plans de géomètre;
- les fichiers sources informatiques des pièces graphiques du maître d'œuvre.

Pour les projets en BIM, on transmet :

- les fichiers sources des relevés de géomètre,
- la ou les maquette(s) numérique(s) de l'existant (fichier source et export IFC),
- la ou les maquette(s) numérique(s) projet (fichier source et export IFC).

Aucune règle n'interdit la transmission de la maquette numérique de conception aux entreprises. Il est cependant utile de prendre la précaution de rappeler dans le règlement de consultation que la maquette numérique transmise est régie par les règles de propriété intellectuelle et que son auteur est le maître d'œuvre.

Objets paramétriques dans les maquettes numériques

Par ailleurs, en marchés publics, afin d'éviter tout favoritisme, les objets paramétriques de la maquette numérique (fenêtres, équipements techniques, etc.) doivent de préférence être génériques et ne pas mentionner le nom du fabricant.

Si des objets paramétriques issus d'un fabricant sont présents, le maître d'œuvre doit préciser au CCTP « ou équivalent », comme cela se pratiquait déjà avant le BIM quand un produit précis d'un fabricant était cité dans un CCTP.

3. La stratégie marché – L'allotissement marché

La *stratégie marché* est la manière dont la maîtrise d'ouvrage entend organiser les appels d'offres afin d'optimiser les achats de travaux.

L'*allotissement marché*, c'est-à-dire la définition du périmètre de chaque futur marché, est un aspect important de la stratégie marché.

Les grandes options qui s'offrent à l'acheteur pour attribuer des marchés de travaux sont :

- les marchés par corps d'état séparés : un marché par corps d'état ;
- l'entreprise générale : un seul marché ;
- les macrolots : plusieurs marchés (typiquement trois à cinq), réunissant chacun quelques corps d'état.

La stratégie marché n'est pas sans impact sur la forme des rendus du maître d'œuvre. En effet, alors que le dossier APS du maître d'œuvre n'est pas *alloti*, c'est-à-dire n'est pas découpé par corps d'état, les dossiers APD et PRO/DCE sont allotis ; il faut comprendre par là que les pièces écrites du dossier (textes et chiffrages) sont décomposées par lot. Le dossier APD étant alloti, le maître d'œuvre a besoin de connaître la stratégie marché avant le début de l'APD.

Le terme de *lot* désigne ici soit un corps d'état (lot plâtrerie), soit un regroupement de quelques corps d'état (lot peinture sols souples, lot génie civil fondations charpente métallique).

Le Code de la commande publique impose aux maîtres d'ouvrage soumis à la loi MOP (ou plutôt *soumis au livre IV*) de définir la stratégie marché avant le début des études PRO[1].

1 Article R2432-1 du Code de la commande publique.

Stratégies marché		
	Avantages	**Inconvénients**
Corps d'état séparés	Meilleur contrôle du choix des entreprises : présélection possible par le maître d'ouvrage. Le maître d'œuvre pilote directement les entreprises, d'où une meilleure qualité des travaux. Coût inférieur (on parle souvent d'un écart de 7 %), hors travaux supplémentaires.	Travaux supplémentaires plus nombreux du fait des limites de prestations entre lots, surtout dans l'existant et surtout si maître d'œuvre peu expérimenté. Nécessité d'un OPC. Risque sur la tenue des délais. Gestion administrative plus lourde (consultations).
Entreprise générale	Travaux supplémentaires moins nombreux grâce aux interfaces moindres. Le maître d'ouvrage peut normalement se dispenser d'un OPC. Meilleure tenue des délais. Gestion du chantier plus simple : un seul interlocuteur côté entreprise. Gestion administrative moins lourde (un seul appel d'offres).	Risque de désignation d'entreprises peu qualifiées par l'entrepreneur général, les délais serrés limitant les possibilités de refus par le maître d'ouvrage. Risque de moins bonne qualité des travaux. Les instructions du maître d'œuvre sont parfois déformées par le mandataire lors de leur transmission aux sous-traitants. Coût supérieur du marché.

L'entreprise générale est particulièrement courante en Angleterre : c'est le *general contractor*.

Actuellement en France, la grande majorité des opérations sont réalisées en marchés par corps d'état séparés.

Depuis la réforme de la commande publique (2016), la solution de référence est la consultation en corps d'état séparés, dans le but de favoriser l'accès des PME à la commande publique ; l'acheteur public qui décide de ne pas allotir doit motiver son choix [1].

En commande privée, la stratégie marché est libre. Un promoteur peut par exemple avoir établi une relation de confiance avec quelques entreprises, qu'il missionne en gré à gré pour tous ses projets.

4. La sélection des candidatures et les systèmes de qualification professionnelle

Lors de la sélection des entreprises consultées, on vérifie les capacités des candidats :

- moyens de l'entreprise, en termes de main-d'œuvre et de matériel ;
- références de réalisations comparables, en termes de taille de l'opération et en termes de technicité ;
- capacité financière de l'entreprise, sur la base de son chiffre d'affaires ;
- validité des attestations d'assurance de l'entreprise ;
- en marchés publics : absence de motif d'exclusion.

1 Article R2113-2 du Code de la commande publique.

Afin de faciliter la vérification des compétences techniques de l'entreprise, le maître d'ouvrage a la possibilité d'imposer aux candidats de posséder une qualification professionnelle, ou des références équivalentes. Il est utile de consulter le maître d'œuvre sur les qualifications souhaitées pour chaque lot.

4.1. Qualibat

C'est le référentiel le plus classique, couvrant presque tous les métiers du bâtiment. 68 000 entreprises possèdent un ou plusieurs Qualibat (sur un total d'environ 400 000 entreprises du bâtiment en France) [1].

4.2. Qualifelec

Cette association professionnelle certifie les entreprises d'électricité. En 2018, 6 500 entreprises étaient certifiées.

4.3. Qualipaysage

Pour les entreprises d'espaces verts.

4.4. IP

Dans le domaine des VRD, on utilise souvent le système d'identification professionnelle, proposé par la Fédération nationale des travaux publics (consulter la nomenclature de l'identification professionnelle sur www.fntp.fr). La nomenclature comprend 260 IP, en fonction du type de travaux.

4.5. Reconnu garant de l'environnement (RGE)

La mention RGE s'adresse aux professionnels spécialisés dans les travaux d'efficacité énergétique en rénovation et dans l'installation d'équipements d'énergies renouvelables. Seuls les travaux réalisés par des entreprises et artisans RGE sont éligibles à certaines aides publiques pour les particuliers.

56 000 entreprises du bâtiment étaient certifiées RGE en 2019, nombre en forte baisse, suite à la radiation de milliers d'entreprises ne répondant pas aux exigences.

---

1 Sources : Qualibat et FFB.

5. Les appels d'offres et leur cadre réglementaire

La liberté d'action des différents types de maîtres d'ouvrage est très différente. Les entreprises vont être consultées sous des formalismes très divers. Le DCE sera accompagné d'un *règlement de consultation*, qui définira les conditions de la consultation.

5.1. Les marchés publics

Les règles d'attribution des marchés publics respectent les trois grands principes fondamentaux, destinés à garantir la bonne utilisation des deniers publics :

- de *liberté d'accès* des opérateurs économiques à la commande publique, d'où découle la nécessité des publicités préalables ;
- d'*égalité de traitement* des candidats ; et
- de *transparence des procédures*, d'où découle la nécessité des règlements de consultation et des avis d'attribution.

Comme évoqué plus haut, les règles d'achat public distinguent deux types de maîtres d'ouvrage :

- les *pouvoirs adjudicateurs*, qui sont en résumé les personnes morales de droit public (État et ses établissements publics administratifs, collectivités locales), mais aussi depuis la réforme des achats publics les organismes privés subventionnés sur fonds publics à plus de 50 % [1] ; et
- les *entités adjudicatrices*, qui sont en résumé des entreprises publiques en charge d'activités de réseau ainsi que divers établissements de la sphère publique, y compris des organismes de droit privé comme les sociétés publiques locales. Consulter la liste précise des cas dans l'ordonnance [2].

Cette distinction est issue du droit européen.

5.1.1. La réforme de 2015 des achats publics

Jusqu'en 2015, les achats publics étaient régis par :

- le Code des marchés publics pour les maîtres d'ouvrage publics (pouvoirs adjudicateurs) ;
- une ordonnance de 2005 pour de nombreux organismes de la sphère publique non soumis au Code des marchés publics (entités adjudicatrices).

La réforme de la commande publique de 2015 a créé un cadre unique pour les marchés publics, les délégations de service public, les concessions et les partenariats public-privé.

Le texte de référence pour les marchés publics est maintenant le nouveau *Code de la commande publique*, qui codifie l'ordonnance du 23 juillet 2015 et son décret d'application.

1 Article L2100-2 du Code de la commande publique.
2 Article L1211-1 et L1212-1 du Code de la commande publique. La distinction entre ces deux notions est assez complexe en détail.

Évolution du cadre réglementaire des achats publics en 2016		
	Pouvoirs adjudicateurs (État, etc.)	**Entités adjudicatrices (opérateurs de réseau, etc.)**
Jusqu'en 2015	Code des marchés publics (abrogé)	Ordonnance de 2005 (abrogée)
À partir de 2016	Ordonnance du 23 juillet 2015 + décret du 25 mars 2016	
À partir de 2019	Nouveau Code de la commande publique	

5.1.1.1. Continuité dans l'encadrement des achats publics

Concrètement, les achats de travaux par les maîtres d'ouvrage publics (l'État, ses établissements publics administratifs et les collectivités locales) sont toujours rigoureusement encadrés, comme dans l'ancien Code des marchés publics. Il n'y a pas eu de bouleversement des procédures.

Davantage de liberté dans les procédures d'achat est comme auparavant laissée aux entités adjudicatrices qu'aux pouvoirs adjudicateurs. En particulier, même au-dessus des seuils européens de procédure formalisée, les entités adjudicatrices peuvent librement utiliser la procédure négociée avec publicité préalable, alors que les pouvoirs adjudicateurs ne peuvent négocier leurs marchés que dans un nombre limité de cas. Le code dit : « *L'entité adjudicatrice peut passer librement ses marchés selon la procédure avec négociation* ». [1]

5.1.1.2. Contenu de la réforme de 2015

Les principales évolutions amenées par la réforme de 2015 de l'achat public ont eu pour objectifs :

- de se mettre en conformité avec trois directives européennes de 2014 [2] ;
- de favoriser l'accès des PME à la commande publique : pour retenir une candidature, l'exigence de chiffre d'affaires ne peut plus dépasser deux fois la valeur estimée du marché ; l'allotissement en corps d'état séparés devient la règle pour les marchés publics ;
- de réunir dans un même texte les prescriptions figurant auparavant dans le Code des marchés publics et dans l'ordonnance de 2005 ;
- de simplifier la réglementation en allégeant le corpus réglementaire : l'ordonnance rassemble dix-sept textes antérieurs ;
- de favoriser la dématérialisation des appels d'offres ;
- de permettre la prise en compte de clauses environnementales ou sociales dans les appels d'offres pour favoriser les entreprises relevant de l'« économie sociale et solidaire » ;
- d'éviter que ne soient retenues des offres anormalement basses [3] : l'acheteur devra obligatoirement demander des précisions et justifications aux soumissionnaires anormalement bas ;

1 Article R.2124-4 du Code de la commande publique.
2 Directives 2014/23/UE, 2014/24/UE et 2014/25/UE du Parlement européen et du Conseil du 26 février 2014.
3 Article L2152-5 et suivants du Code de la commande publique.

- de soumettre aux règles d'achat public les acheteurs privés si leur projet bénéficie d'une subvention publique de plus de 50 %, ce qui a considérablement augmenté le nombre de projets concernés [1] ;
- d'autoriser l'acheteur public à interdire la sous-traitance de certains éléments essentiels du marché (l'ancien Code des marchés publics n'interdisait que la sous-traitance totale du marché).

5.1.2. Quelques nouveautés

5.1.2.1. Nouvelle définition des « marchés publics »

Sont désormais qualifiés de marchés publics non seulement les marchés passés par les pouvoirs adjudicateurs mais aussi ceux passés par les entités adjudicatrices [2]. Il s'agit là d'un bouleversement important.

Certains marchés publics sont donc des contrats administratifs et d'autres sont des contrats de droit privé.

5.1.2.2. Le document unique de marché européen (DUME)

Le DUME est une déclaration sur l'honneur des candidats à une consultation, sur un modèle harmonisé créé par la Commission européenne. Il se présente sous la forme d'un format .xml.

Il concerne à la fois les pouvoirs adjudicateurs et les entités adjudicatrices, donc l'ensemble des marchés publics, dans toute l'Union européenne.

Le service DUME est un service en ligne qui permet aux candidats d'attester qu'ils ne sont pas concernés par une interdiction de soumissionner dans le cadre des marchés publics. Grâce à ce service les entreprises ne transmettent qu'une seule fois les documents à un acheteur, au lieu de les joindre à chaque dossier de candidature comme c'était le cas dans le passé.

Les acheteurs ont obligation d'accepter les DUME à compter du 1er avril 2018, quel que soit le type de marché public et son montant.

5.1.2.3. La dématérialisation des marchés publics

Depuis le 1er octobre 2018, tous les marchés publics de plus de 25 k€ sont obligatoirement gérés en ligne.

On appelle *profil acheteur* la plateforme en ligne qui permet aux acheteurs publics de communiquer les documents de la consultation aux entreprises et de réceptionner les documents transmis par les candidats.

Les administrations de l'État utilisent la *Plateforme des achats de l'État* (PLACE). Les autres acheteurs doivent choisir une plateforme répondant aux fonctionnalités minimales imposées par la réglementation [3].

---

1 Article L2100-2 du Code de la commande publique.

2 Articles L1110-1 et L1111-1 du Code de la commande publique.

3 Arrêté du 14 avril 2017 relatif aux fonctionnalités et exigences minimales des profils d'acheteurs.

Pour en savoir plus sur la dématérialisation des marchés publics

Consulter le *Guide « très pratique » de la dématérialisation des marchés publics pour les acheteurs au 1er octobre 2018*, sur www.economie.gouv.fr/daj/commande-publique.

Zoom sur...

... la signature électronique des documents

Pour signer électroniquement un document, un opérateur doit disposer :

- d'un certificat de signature électronique (clé format USB ou carte à puce) acheté à un prestataire qualifié, et conforme au règlement européen eIDAS[1] : ce certificat est comparable à une carte d'identité numérique,
- d'un outil de signature qui permet d'apposer la signature électronique.

5.1.2.4. Utilisation de l'acte d'engagement

En marchés publics, l'acte d'engagement est le document par lequel l'attributaire du marché s'engage à réaliser les travaux aux prix du marché. Il devait autrefois être remis avec chaque offre. Dorénavant, il n'est à remplir que par l'attributaire du marché, une fois l'attribution décidée.

5.1.3. Les procédures d'achat utilisées par les acheteurs publics

Les marchés publics sont soumis à des règles de procédure et à des règles de publicité.

Le tableau ci-dessous rappelle les différentes procédures en marchés publics :

Procédures d'achats publics		
	Pouvoirs adjudicateurs (État, etc.)	**Entités adjudicatrices (EPIC, etc.)**
Procédures formalisées	Appel d'offres	Appel d'offres
	Procédure concurrentielle avec négociation	Procédure négociée avec mise en concurrence préalable
	Dialogue compétitif	Dialogue compétitif
Procédures adaptées (marché à procédure adaptée – MAPA)	Achat inférieur au seuil européen de procédure formalisée	
	Marchés publics négociés sans publicité ni mise en concurrence préalable : – urgence impérieuse ; – appel d'offres infructueux ; – concours ; – ... (liste non exhaustive).	

Le seuil européen des procédures formalisées pour les marchés de travaux est publié dans un avis consultable sur Légifrance[2]. Il est revu tous les deux ans.

1 Règlement « eIDAS » n° 910/2014 du 23 juillet 2014.

2 Début 2019, le seuil européen des procédures formalisées pour les marchés de travaux était fixé à 5 548 000 €.

Par ailleurs, il existe des formulaires utilisés en marchés publics pour les différentes étapes de la passation des marchés [1].

Pour en savoir plus sur les procédures d'attribution des marchés publics

Consulter le Code de la commande publique et le site de Bercy :
www.economie.gouv.fr/daj/commande-publique

5.1.4. La publicité des achats publics

Afin de permettre un libre accès des opérateurs économiques aux marchés publics, les acheteurs sont soumis à des règles strictes de publicité préalable.

La publicité consiste à publier un *avis d'appel public à la concurrence*, avis qui va donner lieu à des candidatures.

	État, collectivités et leurs établissements publics autres qu'industriels et commerciaux	**Autres acheteurs publics**
Marché < 25 k€	Aucune publicité	
25 k€ < Marché < 90 k€	L'acheteur choisit librement les modalités de publicité	
90 k€ < Marché < seuil européen des procédures formalisées	Obligation de publicité réglementée	
Marché > seuil européen des procédures formalisées	Obligation de publicité dans le BOAMP et au JOUE	Obligation de publicité au JOUE

5.1.5. Méthode de calcul des seuils

Pour respecter les seuils en matière de procédure et de publicité, l'acheteur public considère le montant total des travaux de l'opération, tous lots confondus et tous ouvrages confondus, ainsi que la valeur des prestations intellectuelles nécessaires à la réalisation du projet. C'est ce montant global de l'opération qui est pris en compte.

5.1.6. Choix de l'offre économiquement la plus avantageuse

En marchés publics de travaux, la procédure d'attribution au *mieux-disant* est dorénavant la procédure d'appel d'offres par défaut ; la désignation au *moins-disant* ne peut être envisagée que si le coût global de l'ouvrage est pris en compte dans l'analyse des offres. Le Code de la commande publique parle d'*offre économiquement la plus avantageuse* [2].

1 Formulaires disponibles sur www.economie.gouv.fr/daj/formulaires-marches-publics.
2 Article R2152-7 du Code de la commande publique.

Zoom sur...

... le référé précontractuel

Le référé précontractuel est une procédure d'origine européenne, qui permet à un opérateur économique de porter en urgence devant le juge un litige relatif à la passation d'un marché public, avant que ce marché ne soit signé.

Cette procédure permet à une entreprise de faire appel au juge en cas de manquement présumé d'un maître d'ouvrage public à ses obligations de publicité ou de mise en concurrence :

> *« Le président du tribunal administratif (...) peut être saisi en cas de manquement aux obligations de publicité et de mise en concurrence auxquelles est soumise la passation par les pouvoirs adjudicateurs de contrats administratifs (...). Le juge est saisi avant la conclusion du contrat.*
>
> *Le juge peut ordonner à l'auteur du manquement de se conformer à ses obligations et suspendre l'exécution de toute décision qui se rapporte à la passation du contrat, sauf s'il estime, en considération de l'ensemble des intérêts susceptibles d'être lésés et notamment de l'intérêt public, que les conséquences négatives de ces mesures pourraient l'emporter sur leurs avantages.*
>
> *Il peut, en outre, annuler les décisions qui se rapportent à la passation du contrat et supprimer les clauses ou pres-criptions destinées à figurer dans le contrat et qui méconnaissent lesdites obligations. »* [1]

5.2. Les marchés privés

Les maîtres d'ouvrage privés sont totalement libres de réaliser leurs achats à leur guise. Ceci signifie en particulier qu'ils peuvent négocier un marché avec une entreprise en se dispensant d'appel d'offres.

Certaines sociétés peuvent définir leurs propres règles déontologiques internes en matière d'achats, et s'imposer des mises en concurrence. S'il lance une consultation, le maître d'ouvrage privé est tenu de respecter les règles qu'il a lui-même définies dans le règlement de consultation.

6. La prestation du maître d'œuvre pour la passation des marchés

La mission du maître d'œuvre pendant cette phase de passation des marchés correspond, dans l'arrêté d'application de la loi MOP, à la phase ACT (assistance à la passation des contrats de travaux) de la mission de base du maître d'œuvre [2].

Au cours de cette phase, le maître d'œuvre veille à exercer son *devoir de conseil* sur la capacité des entreprises à réaliser les travaux. Il doit signaler à la maîtrise d'ouvrage toute présomption

1 Articles L551-1 et 2 du Code de justice administrative.

2 Arrêté du 21 décembre 1993 précisant les modalités techniques d'exécution des éléments de mission de maîtrise d'œuvre confiés par des maîtres d'ouvrage publics à des prestataires de droit privé.

d'inadéquation entre les compétences d'une entreprise et les travaux qu'on envisage de lui confier.

6.1. Le contenu de l'élément de mission ACT

La mission ACT consiste essentiellement à :

- préparer, s'il y a lieu, la sélection des candidats et analyser les candidatures obtenues ;
- préparer la consultation des entreprises ;
- analyser les offres des entreprises, et s'il y a lieu les variantes à ces offres, procéder à la vérification de la conformité des réponses au DCE, analyser les méthodes ou solutions techniques proposées et établir un rapport d'analyse comparative proposant les offres susceptibles d'être retenues, conformément aux critères de jugement des offres précisées dans le règlement de la consultation ; la partie financière de l'analyse comporte une comparaison des offres entre elles et avec le coût prévisionnel des travaux ;
- préparer les mises au point nécessaires pour permettre la passation du ou des contrats de travaux par le maître de l'ouvrage.

6.2. L'analyse des offres

Dans un premier temps la maîtrise d'œuvre analyse les offres transmises par l'acheteur (ou par la maîtrise d'ouvrage en l'absence d'acheteur) et rédige des fiches questions.

Cette analyse consiste essentiellement à identifier :

- toutes les éventuelles contradictions avec le DCE ;
- les prix anormalement bas ;
- les prix anormalement hauts.

6.3. La rédaction des fiches questions

Suite à cette analyse, la maîtrise d'œuvre rédige les questions permettant de clarifier l'offre, par exemple :

- votre prix xxx semble bas, pouvez-vous le vérifier et confirmer qu'il respecte le DCE ?
- votre prix xxx semble élevé, pouvez-vous le vérifier et nous en fournir un sous-détail ?
- vous n'avez pas indiqué de prix pour la prestation xxx, pouvez-vous nous confirmer qu'elle est incluse dans vos prix ?

La rédaction des fiches questions est aussi l'occasion d'insister sur des points cruciaux auprès de toutes les entreprises, (indépendamment du contenu de leur offre), par exemple :

- pouvez-vous nous confirmer que votre offre inclut bien un nettoyage quotidien de chantier comme demandé article xxx du CCTC ?
- pouvez-vous nous confirmer que vous vous engagez à réaliser l'intégralité des études d'exécution dans le délai partiel prévu à cet effet au CCAP, soit deux mois ?
- pouvez-vous préciser quelle organisation vous mettrez en place pour vous assurer que vos sous-traitants et leurs propres sous-traitants respectent le cahier des charges BIM ?

6.4. Le rapport d'ACT

Une fois les réponses des entreprises recueillies, la maîtrise d'œuvre rédige son rapport d'analyse, dit rapport d'ACT, qui synthétise :

- la comparaison des offres techniques ;
- la comparaison des prix ;
- la proposition d'attribution des notes au regard des critères retenus dans le règlement de consultation ;
- la proposition d'attribution.

Le niveau de formalisme est évidemment très variable suivant le cadre réglementaire de la consultation.

7. La mise au point du marché

7.1. La mise à jour des pièces techniques

Une fois l'attribution décidée, une *mise au point* est souvent nécessaire, afin que le marché signé soit exempt de toute imprécision.

Diverses causes peuvent nécessiter une mise au point des pièces contractuelles avant signature :

- une variante proposée par une entreprise a été retenue en cours d'ACT (le règlement de consultation l'autorisait), qui nécessite une correction du DCE,
- une coquille a été détectée dans le DCE en cours d'ACT, qu'il est utile de corriger,
- les questions posées par les entreprises en cours d'appel d'offres ont mis en lumière une imprécision du DCE, qu'il est utile de corriger,
- une modification de programme doit être prise en compte dans le DCE,
- la DPGF de l'attributaire nécessite une mise à jour suite à une modification citée ci-dessus.

La mise au point du marché ne doit pas fausser la concurrence : une modification substantielle des pièces du DCE pourrait faire l'objet d'un litige avec une entreprise non retenue ; aussi les modifications doivent-elles rester mineures.

Pour autant, la mise au point du marché est une phase absolument essentielle, qui permet au chantier de commencer sur la base d'un marché cohérent et à jour. Attribuer le marché avec des maquettes numériques ou des pièces écrites qui ne sont pas à jour exposerait à des risques de réclamation lors de la transmission aux entreprises des nouvelles pièces à jour.

Règle d'or de la mise au point du marché

Il ne faut en aucun cas signer le marché avec des pièces techniques qui ne sont pas à jour.

7.2. La finalisation des pièces administratives

La rédaction du marché prend en compte des éléments nouveaux issus de l'appel d'offres notamment :

- l'identité de l'attributaire ;
- le prix du marché et sa décomposition ;
- les échanges questions/réponses avec l'attributaire, qu'il est utile d'inclure au marché.

7.3. La notification et l'avis d'attribution

En marchés publics, l'attribution est suivie d'une notification du marché à l'attributaire puis d'un avis d'attribution [1].

Les candidats non retenus sont ensuite informés.

8. Notions de base sur les marchés de travaux

8.1. Marché global et forfaitaire/marché à prix unitaires

Un marché peut être passé :

- à prix global et forfaitaire ; ou
- à prix unitaires (aussi appelé à bordereau de prix unitaires ou au métré) [2].

À prix global et forfaitaire, la rémunération est fixée globalement ; les quantités figurant à la DPGF ne sont qu'indicatives et servent à la préparation des projets de décompte mensuel. Si les quantités sont inexactes, l'entreprise est un peu gagnante ou un peu perdante, suivant les postes, mais cela ne change pas le prix payé.

Dans les marchés à prix unitaires, au contraire, ce sont les prix unitaires qui sont contractuels, et l'entreprise est rémunérée en fonction des quantités réellement mises en œuvre sur le chantier. Ceci exige un suivi beaucoup plus lourd. Pour cette raison, les marchés à prix unitaires sont rares en bâtiment ; ils sont plutôt utilisés en travaux publics.

On peut être amené à utiliser des marchés à prix unitaires dans le domaine du bâtiment pour des opérations comportant un degré important d'incertitude, comme les dévoiements ou curages de câbles dans l'existant.

L'avantage des marchés à prix unitaires, notamment en marchés publics, est qu'ils tolèrent des dépassements supérieurs aux dépassements acceptables en marchés à prix global et forfaitaire [3]. Ils sont donc pertinents quand il y a de grosses incertitudes sur les quantités à mettre en œuvre.

1 Article R2183-1 du Code de la commande publique.

2 Pour les marchés privés, article 2 de la norme volontaire NF P 03-001.

3 Article 15.3 du CCAG travaux consultable dans l'arrêté du 8 septembre 2009 portant approbation du cahier des clauses administratives générales applicables aux marchés publics de travaux.

En effet, si la masse des travaux est augmentée par ordre de service et avenants de plus de 5 % en marché forfaitaire, le titulaire a droit à une indemnisation du préjudice subi, alors qu'en marché à prix unitaires, il n'a droit à indemnité que pour un dépassement de plus de 25 % de la masse des travaux.

De même, en cas de diminution de la masse des travaux, du fait de la suppression de certaines prestations initialement prévues, le titulaire a droit à indemnisation si la masse des travaux diminue de plus de 5 % en marché forfaitaire, alors qu'en marché à prix unitaire il ne peut prétendre à indemnisation que si la diminution de la masse des travaux dépasse 20 % du montant contractuel.

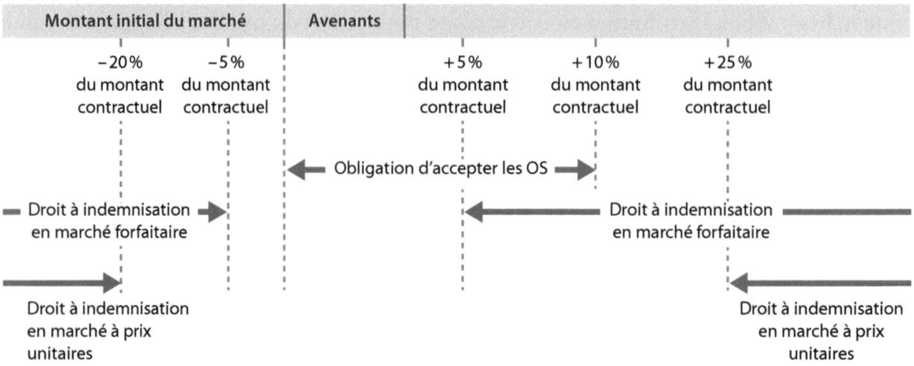

Figure 55 – Évolutions possibles de la masse des travaux

Point de vigilance : les moins-values sur les chantiers en marché forfaitaire

Dans un marché forfaitaire, si une prestation bien identifiée est globalement annulée, il est envisageable de la supprimer (par ordre de service à émettre par le maître d'œuvre), en associant une moins-value à cette suppression conformément à la DPGF.

Mais si une prestation est réalisée par l'entreprise en mettant en œuvre des quantités inférieures aux quantités prévues au marché, il n'est pas possible de notifier une moins-value. Puisque le marché est forfaitaire, les quantités de la DPGF ne sont qu'indicatives.

8.2. Les groupements d'entreprises

L'entreprise attributaire d'un marché peut se présenter sous la forme d'un groupement.

Contrairement aux GIE (groupements d'intérêt économique), les groupements d'entreprises sont momentanés : les entreprises se regroupent uniquement pour la réalisation du marché.

Le mandataire commun est l'unique interlocuteur du maître d'ouvrage ; les cotraitants n'ont pas de contact direct avec le maître d'ouvrage. Mais chaque cotraitant a cependant un lien contractuel avec le maître d'ouvrage, constitué par le marché signé.

Les cotraitants sont normalement liés par une convention de groupement.

Les groupements peuvent être conjoints ou solidaires. Le Code de la commande publique définit ces termes[1], aussi utilisés en marchés privés :

- Dans un *groupement conjoint* chacun des cotraitants est responsable uniquement du lot qui lui est attribué. Il ne porte aucune responsabilité sur la réalisation des autres lots. Dans ce cas, il est nécessaire de préciser au marché que le mandataire du groupement est responsable solidairement de l'ensemble du marché.
- Dans un *groupement solidaire* chacun des cotraitants est responsable devant le maître d'ouvrage de la réalisation de la totalité du marché, quels qu'en soient les corps d'état, et peut être amené à pallier la défaillance d'un autre cotraitant. La solidarité est financière : le cotraitant n'aura pas obligation de réaliser lui-même des prestations pour lesquelles il n'est pas forcément compétent ; il pourra les sous-traiter.

La cotraitance permet aux entreprises d'obtenir des références sur des marchés importants, qu'elles n'auraient pas pu assurer seules.

En marchés privés, on rencontre aussi les termes similaires de *joint-venture* ou de *consortium*.

8.3. Les pièces constitutives du marché

8.3.1. Marchés publics

Le CCAP précise généralement que les pièces du marché sont disposées dans l'ordre contractuel, de la plus prioritaire à la moins prioritaire. Ceci signifie qu'en cas de contradiction entre les pièces leur ordre dans la liste des pièces est primordial. D'où l'importance du soin apporté à la liste des pièces du marché. À défaut de mention au CCAP, un ordre de prévalence type figure au CCAG.

Le marché est généralement constitué[2] :

- de l'acte d'engagement, signé par le titulaire ; l'acte d'engagement ne fait maintenant plus partie des offres remises par les entreprises, il ne concerne que l'attributaire et n'est ajouté qu'au moment de la signature du marché ;
- du CCAP, cahier des clauses administratives particulières, préparé par l'acheteur, qui précise toutes les spécifications administratives propres au marché ;
- du « CCTP et ses annexes » : il faut comprendre le DCE préparé par le maître d'œuvre, avec ses pièces écrites et graphiques ;
- du CCAG Travaux ;
- dans le cas des travaux d'ouvrage d'art, de génie civil et de VRD, on rencontre en outre des fascicules du CCTG éventuellement applicables[3] ;
- de la DPGF.

---

1 Article R2142-2 du Code de la commande publique.

2 Article 4 du CCAG Travaux (arrêté du 8 septembre 2009 portant approbation du cahier des clauses administratives générales applicables aux marchés publics de travaux).

3 La liste des fascicules approuvés figure dans l'arrêté du 30 mai 2012 relatif à la composition du cahier des clauses techniques générales applicables aux marchés publics de travaux de génie civil.

L'utilisation du CCAG Travaux n'est pas imposée aux acheteurs publics par la réglementation, mais celui-ci est cependant universellement utilisé ; le CCAP précise les éventuelles dérogations au CCAG.

8.3.2. Marchés privés

Le marché est généralement constitué :

- d'une commande, ou lettre de commande, sur laquelle figurent les signatures des parties ;
- d'un cahier des clauses administratives particulières, sous ce nom ou sous un autre nom ;
- du DCE préparé par le maître d'œuvre ;
- de la DPGF.

Comme évoqué plus haut, le maître d'ouvrage privé peut aussi utiliser s'il le souhaite le CCAG type constitué par la norme volontaire NF P 03-001 [1], et le modifier par un CCAP de son cru, ou encore rédiger ses propres conditions générales d'achat.

On dit qu'en marchés privés « *le contrat fait la loi des parties* ».

9. Récapitulatif des prestations courantes de l'AMO conducteur d'opération pendant la phase de passation des marchés

9.1. En marchés publics

Quelles sont les tâches principales qui seront à réaliser par l'AMO conduite d'opération durant cette phase de passation des marchés ?

Dans cette phase d'attribution des marchés, le périmètre d'action de l'AMO conduite d'opération dépendra tout particulièrement du type de procédure achat et du rôle dévolu au service achat du maître d'ouvrage.

L'AMO pourra notamment assurer les prestations suivantes :

- rédaction de l'avis d'appel public à la concurrence (AAPC), le cas échéant ;
- rédaction du règlement de consultation, avec l'acheteur le cas échéant ;
- rédaction du CCAP, avec l'acheteur le cas échéant ;
- recueil et assemblage de tous les éléments à intégrer au DCE, à charge des différents intervenants ; relecture, analyse et vérification ; vérification de la cohérence entre les documents issus de différents intervenants ;
- assistance au maître d'ouvrage lors de l'ouverture des offres ;
- analyse et contrôle du rapport d'ACT du maître d'œuvre ;
- vérification de la validité de l'assurance des entreprises pressenties ;

1 NF P 03-001 : Marchés privés – Cahiers types – Cahier des clauses administratives générales applicables aux travaux de bâtiment faisant l'objet de marchés privés. Il existe aussi une version destinée aux travaux de génie civil.

- rédaction du rapport de présentation (ou rapport de procédure) du marché le cas échéant (suivant la procédure du maître d'ouvrage) ;
- mise au point du marché, avec l'attributaire, pour garantir que les pièces sont à jour et que toute ambiguïté est levée ; constitution du dossier marché définitif pour signature du maître d'ouvrage ;
- suivi de procédures propre à chaque maître d'ouvrage (par exemple, le cas échéant, contrôle de légalité par le préfet pour les marchés des collectivités territoriales, etc.) ;
- rédaction de l'avis d'attribution.

Des prestations classiques de management de projet pourront aussi être nécessaires en fonction de la vie du projet durant cette phase :

- organisation des réunions périodiques MOE/MOA, compte rendu et suivi ;
- tenue à jour du planning général de l'opération ;
- suivi budgétaire ;
- analyse des demandes de modifications de programme des super-utilisateurs, identification de l'impact coût/délai, proposition de décision au maître d'ouvrage.

9.2. En marchés privés

En marchés privés les tâches pouvant être réalisées par l'AMO sur cette phase seront similaires, mais allégées de toutes les procédures inutiles dans ce cas.

Le déroulement et les tâches dépendront fortement de la stratégie achat choisie par le maître d'ouvrage (gré à gré ou appel d'offres) ainsi que de ses process internes.

Pour en savoir plus sur les marchés privés de travaux

On pourra consulter : Gérald Pinchera, *Passation et gestion des marchés privés de travaux*, Eyrolles, 2017.

ÉTAPE 7

La phase réalisation

Les appels d'offres sont terminés. Les marchés ont été mis au point puis notifiés aux entreprises. Le permis de construire a été obtenu et le délai de recours des tiers est passé. Le chantier peut maintenant enfin commencer.

Avec l'entrée en phase réalisation, le maître d'ouvrage et ses AMO vont être confrontés aux entreprises, dans un contexte de fortes contraintes financières.

Le bon déroulement du chantier découlera directement de la qualité de l'ensemble des étapes préparatoires menées jusqu'alors : programme, acquisition de données, conception...

L'AMO conduite d'opération aura un rôle essentiel à jouer dans la préparation des prises de décision du maître d'ouvrage, face aux multiples aléas qui ne manqueront pas d'apparaître sur le chantier.

1. Les assurances du maître d'ouvrage en phase chantier

Les contrats d'assurance comprennent de nombreuses garanties facultatives. Seules les garanties essentielles sont citées ici.

1.1. Les assurances du maître d'ouvrage ou de son mandataire

1.1.1. L'assurance dommage-ouvrage

Avant la déclaration d'ouverture du chantier, le maître d'ouvrage doit contracter pour son compte et pour les propriétaires successifs de l'ouvrage une assurance *dommage-ouvrage*[1]. L'État et les personnes morales de droit public sont toutefois dispensés de cette obligation.

1 Article L111-30 du Code la construction et de l'habitation.

Conseil pratique

Si l'assurance dommage-ouvrage n'est pas encore officiellement contractée à la date de déclaration d'ouverture de chantier, l'assureur peut transmettre une *note de couverture* à validité limitée dans le temps, qui couvre le maître d'ouvrage jusqu'à la signature du contrat d'assurance définitif.

L'assurance dommage-ouvrage prend effet après la fin de l'année de parfait achèvement et couvre toute la période de garantie décennale.

Elle peut toutefois aussi intervenir dans les cas suivants :

- avant la réception des travaux, lorsqu'un marché est résilié pour inexécution,
- après la réception, après mise en demeure restée infructueuse lorsque l'entrepreneur n'a pas exécuté ses obligations [1].

Cette assurance est obligatoire pour les maîtres d'ouvrage privés (à quelques exceptions près), mais le défaut d'assurance n'étant pas sanctionné pour les maîtres d'ouvrage non professionnels, de très nombreux particuliers négligent par économie d'en contracter une : en termes de coût, on parle de 1 à 5 % du montant des travaux, ce qui est évidemment important.

Le risque pris par les maîtres d'ouvrage privés en ne contractant pas d'assurance dommage-ouvrage est cependant conséquent : en cas de revente du bien durant la période décennale, le vendeur sera responsable devant l'acheteur de tout vice de construction qui apparaîtrait. Le défaut d'assurance peut aussi être utilisé par l'acheteur pour réclamer une baisse de prix.

Au contraire, si le maître d'ouvrage a pris une assurance dommage-ouvrage, elle sera transmise au moment de la vente du bien à l'acheteur, et restera valable pendant toute la période décennale.

Les maîtres d'ouvrage publics n'ont pas l'obligation de contracter cette assurance [2].

1.1.2. L'assurance en responsabilité civile du maître d'ouvrage

Cette assurance facultative couvre les dommages causés au tiers. Elle peut par exemple couvrir la responsabilité du maître d'ouvrage dans le cadre de troubles anormaux du voisinage.

1.1.3. L'assurance tous risques chantier

Le maître d'ouvrage peut souscrire s'il le souhaite une assurance facultative *tous risques chantier*, pour la durée du chantier. Elle couvre par exemple un incendie, une explosion ou un dégât des eaux sur le chantier, si ces événements sont cités au contrat.

1.2. Les assurances des constructeurs

Pour mémoire les *constructeurs* au sens du Code civil sont les entreprises, les promoteurs immobiliers, les architectes, les BET et les bureaux de contrôle.

---

1 Idem.
2 Article L111-30 du Code de la construction et de l'habitation.

1.2.1. L'assurance de responsabilité civile générale avant réception ou RC professionnelle

Cette assurance couvre les dommages causés par les constructeurs aux tiers, y compris le maître d'ouvrage, pendant la durée du chantier.

Bien que n'étant pas légalement obligatoire, il est indispensable de l'exiger.

En marchés publics, le CCAG Travaux l'exige[1], en marchés privés la norme volontaire NF P 03-001 l'exige (ce qui ne signifie cependant pas que tous les marchés privés l'exigent, puisque tous ne retiennent pas cette norme)[2].

Seul l'assuré est en mesure de déclencher la garantie; le tiers victime ne peut la déclencher.

Cette assurance peut par exemple couvrir une erreur d'implantation.

1.2.2. L'assurance en responsabilité décennale

Les entrepreneurs doivent avoir souscrit leur assurance en responsabilité décennale avant la date d'ouverture du chantier et pour l'exercice des activités objet du marché de travaux.

Les sous-traitants doivent aussi être assurés, qu'il s'agisse de bureaux d'études sous-traitants d'un architecte ou d'entreprises sous-traitantes, bien qu'il ne s'agisse pas là à strictement parler d'une obligation légale.

1.2.3. Périmètre technique de l'obligation d'assurance en responsabilité décennale

L'obligation légale d'assurance en responsabilité décennale ne porte pas sur les travaux d'infrastructure ou de VRD ni sur leurs éléments d'équipement, sauf si l'ouvrage ou l'élément d'équipement est accessoire à un ouvrage soumis à obligation d'assurance.

L'obligation d'assurance ne porte pas non plus sur les ouvrages existants, sauf ceux qui *« totalement incorporés dans l'ouvrage neuf en deviennent techniquement indivisibles »*[3].

L'obligation légale d'assurance ne porte que sur la garantie décennale, pas sur les garanties biennales et de parfait achèvement.

1.2.4. Le contrat collectif de responsabilité décennale

La loi Spinetta exige que chaque constructeur soit assuré en garantie décennale pour le *montant total* des réparations du projet, quelle que soit la part du constructeur dans l'opération.

Quand le montant des travaux est supérieur aux seuils prévus par leur contrat d'assurance, les constructeurs doivent souscrire individuellement des garanties complémentaires.

Il en résulte une redondance des capacités d'assurance, qui renchérit le coût de la construction.

Afin de remédier à cette situation depuis 2008 les maîtres d'ouvrage ont la faculté de recourir à un *contrat collectif de responsabilité décennale*. Souscrit au moment des appels d'offres, ce

---

1 Article 9 du CCAG Travaux, consultable dans l'arrêté du 8 septembre 2009 portant approbation du cahier des clauses administratives générales applicables aux marchés publics de travaux.

2 Article 23-1 de la norme NF P 03-001Marchés privés – Cahiers types cahier des clauses administratives générales applicable aux travaux de bâtiment faisant l'objet de marchés privés.

3 Article L111-32-1 du Code de la construction et de l'habitation.

contrat facultatif couvre l'ensemble des intervenants, en complément de leur contrat individuel, pour leur éviter la souscription de garanties complémentaires.

Il est souvent considéré comme pertinent économiquement pour les chantiers à partir de 15 M€ HT.

1.2.5. Cas des architectes

La loi sur l'architecture oblige les architectes à s'assurer pour l'ensemble de leurs responsabilités professionnelles [1].

1.2.6. Le risque de requalification du contrat d'AMO en constructeur

Les AMO ne sont normalement pas des constructeurs.

Ils peuvent cependant risquer d'être assimilés à des constructeurs dans certains cas, comme dans l'arrêt suivant du Conseil d'État :

La commune de Rennes-les-Bains avait missionné un AMO, un MOE et des entreprises pour rénover un établissement thermal. Cet établissement a dû être fermé suite à la présence de bactéries. La commune a appelé AMO, MOE et entreprise en garantie décennale. Dans ce projet, le contrat d'AMO était rédigé d'une telle manière que les prérogatives confiées par la commune à l'AMO pouvaient être assimilées à une participation aux éléments de mission de maîtrise d'œuvre DET et AOR. Du fait de cette rédaction, le Conseil d'État a assimilé l'AMO à un constructeur et l'a rendu coresponsable de la décennale [2].

Suivant la nature de sa mission, l'AMO peut donc être assimilé à un constructeur, et donc responsable de la garantie décennale, d'où l'importance des mots utilisés pour décrire la mission AMO dans le contrat.

Pour en savoir plus sur les assurances en phase chantier

Consulter le Code de la construction et de l'habitation. Consulter le CCAG Travaux.

Consulter les sites Internet d'assureurs.

---

2. La phase préparatoire au chantier

De l'attribution des marchés au début réel des travaux s'écoule une phase préparatoire, souvent évaluée à deux mois, durant laquelle les entreprises organisent leurs futures activités.

1 Article 16 de la loi n° 77-2 du 3 janvier 1977 sur l'architecture.

2 Conseil d'État, 7e - 2e chambres réunies, 09/03/2018, 406205.

2.1. La déclaration d'ouverture du chantier

Pour tous les chantiers faisant l'objet d'un permis de construire ou d'un permis d'aménager, le maître d'ouvrage doit procéder à une déclaration de l'ouverture du chantier (DOC) en application du Code de l'urbanisme, pour informer la mairie du début des travaux[1].

Cette démarche s'effectue en ligne.

2.2. Le panneau de chantier

L'autorisation d'urbanisme (permis de construire, permis d'aménager...) prend la forme d'un arrêté notifié au bénéficiaire.

Dès réception de la notification, un panneau doit être installé sur site[2], et y rester pendant toute la durée des travaux. L'installation du panneau informe les personnes qui souhaiteraient contester l'autorisation d'urbanisme.

Le nom de l'architecte doit figurer sur le panneau de chantier[3].

2.3. La réunion de lancement du chantier

La première réunion avec les entreprises est particulièrement importante. C'est au maître d'œuvre de la piloter, mais il est souhaitable que le maître d'ouvrage soit présent, afin de dire quelques mots sur ses attentes particulières.

L'ordre du jour de la réunion de lancement peut par exemple comporter les points suivants :

- présentation des intervenants du projet ;
- intervention du maître d'ouvrage, rappelant les enjeux et ses objectifs prioritaires ;
- présentation du projet par le maître d'œuvre (les conducteurs de travaux présents ne connaissent pas forcément le projet) ;
- déclaration de nouveaux sous-traitants à prendre en compte, et prévisions de futurs sous-traitants ;
- point sur les installations de chantier, notamment sur les besoins en espaces de stockage ; ce sujet peut être piloté par l'OPC ;
- rappel sur la gestion des travaux supplémentaires ;
- programmation des inspections communes avec le coordonnateur SPS ;
- rappel sur l'importance des études d'exécution ; rappel sur l'interdiction de réaliser des travaux sans visa ;
- circuit des visas ;
- planification des études d'exécution ;
- enjeux particuliers (par certification, labellisation, étanchéité à l'air) ;
- programmation des réunions de chantier.

---

1 Article R424-16 du Code de l'urbanisme.

2 Article 424-15 et suivants du Code de l'urbanisme.

3 Article L650-3 du Code du patrimoine (le fait que cette précision figure au Code du patrimoine et non au Code de l'urbanisme est une de ces bizarreries dont l'administration a le secret).

La réunion de lancement est donc l'occasion pour l'AMO conducteur d'opération de vérifier que le maître d'œuvre n'omet pas de faire un rappel très ferme sur la gestion des (éventuels) travaux supplémentaires : quelle que soit la taille du chantier, il est indispensable de rappeler clairement aux entreprises que les travaux supplémentaires ne doivent être réalisés qu'après accord délivré par ordre de service ; on n'insistera jamais assez sur ce point.

Règle d'or de la réunion de lancement du chantier

En réunion de lancement, vérifier que le maître d'œuvre rappelle aux entreprises que *« les travaux supplémentaires réalisés sans ordre de service ne seront pas payés »*.

2.4. Démarches des entreprises pendant la phase préparatoire

De nouveaux sous-traitants sont présentés, qui n'étaient pas identifiés lors de la remise des offres. Le plan d'installation de chantier, qui est souvent à la charge du lot gros œuvre, est établi. Les entreprises font leurs démarches de demande d'autorisation d'occupation temporaire du domaine public, ainsi que leurs démarches d'installation de grue le cas échéant. Les inspections communes avec le coordonnateur SPS sont organisées et les PPSPS produits par les entreprises. Les DICT (présentées ci-dessous) sont lancées par les entreprises devant intervenir sur un terrain extérieur. Les opérations de marquage-piquetage sont réalisées et font l'objet d'un procès-verbal. Le lot désamiantage dépose le cas échéant son plan de retrait.

2.5. La procédure de DICT

La *déclaration de projet de travaux* (DT) réalisée par le maître d'ouvrage en phase conception trouve son pendant en phase chantier dans les DICT, *déclarations d'intention de commencement de travaux*, que toute entreprise de travaux publics a l'obligation de transmettre aux exploitants de réseaux avant le début de ses travaux. Grâce à la DICT, l'entreprise indique aux exploitants de réseaux son intention de commencer des travaux et leur demande communication des réseaux qu'ils possèdent dans la zone. Cette obligation incombe aussi aux sous-traitants.

La DICT est en quelque sorte la boucle de rattrapage de la déclaration du projet de travaux.

Pour en savoir plus sur les DICT

Consulter le guichet unique créé par l'Ineris sur ce sujet suite à la réforme de 2011, www.reseaux-et-canalisations.gouv.fr ; le site comporte des brochures explicatives claires sur le sujet.

Consulter sur ce même site le *Guide d'application de la réglementation anti-endommagement*, composé de trois fascicules détaillés, clairs et concrets :

- un fascicule 1 consacré aux procédures ;
- un fascicule 2 consacré aux dispositions techniques, richement illustré et extrêmement utile, notamment pour identifier la nature d'un réseau ;
- un fascicule 3 relatif aux formulaires et documents pratiques.

2.6. Le référé préventif

Le référé préventif est une procédure qui permet de garder trace de l'état des ouvrages avoisinants avant le démarrage des travaux, dans le but de se prémunir d'éventuelles réclamations des propriétaires d'ouvrages périphériques.

Ce rapport, réalisé par un expert judiciaire désigné par le juge des référés, a une valeur bien plus forte devant un tribunal qu'un simple constat d'huissier.

Si un référé préventif a été réalisé avant la signature des marchés, on a tout intérêt à l'inclure au DCE pour le rendre contractuel avec les entreprises.

3. Le déroulement du chantier

3.1. L'enchaînement des lots

Sur un chantier de construction neuve, les lots s'ordonnancent, de manière très simpliste, comme suit :

- installations de chantier ;
- démolitions, terrassement (le cas échéant) ;
- fondations ;
- structure/gros œuvre ;
- clos et couvert ; puis
- cloisonnement ; et
- lots techniques (locaux techniques et réseaux) ; puis
- second œuvre : menuiseries, peintures et en dernier revêtements de sol.

Dans l'existant, les lots s'enchaînent de manière très simpliste comme suit :

- désamiantage et déplombage le cas échéant ;
- déposes ;
- modifications structurelles ;
- lots techniques (locaux techniques et réseaux) ; puis
- second œuvre : menuiseries, peintures puis en dernier revêtements de sol.

3.2. La réunion de chantier

3.2.1. En l'absence d'un OPC

Si la réunion de lancement a bien cadré les entreprises, l'ordre du jour des réunions de chantier suivantes découle naturellement de l'avancement du chantier et des questions posées par les intervenants.

La réunion de chantier commence généralement par une visite de chantier en présence de toutes les entreprises.

En salle, les grandes lignes de la réunion de chantier comportent les thèmes suivants :

- questions relatives aux installations de chantier ;
- questions relatives à la sécurité sur le chantier, animées par le coordonnateur SPS ;
- questions relatives à la gestion des marchés : devis en attente d'OS, sous-traitants, factures, etc. ;
- avancement des études d'exécution et visas ;
- avancement de chacun des lots ;
- questions techniques des entreprises ; prescriptions architecturales et techniques suite à la tournée de chantier ;
- prévisions d'activité : l'attention est attirée sur les lots devant intervenir dans les semaines suivantes.

3.2.2. En présence d'un OPC

Sur les chantiers avec un OPC désigné (en particulier les chantiers en corps d'état séparés), deux types d'organisation des réunions hebdomadaires se rencontrent :

- Première solution : une réunion de chantier unique, pilotée conjointement par l'OPC et le maître d'œuvre ; l'OPC y aborde tous les sujets de son ressort (avancement des études d'exécution, avancement des travaux, points de blocage, prévisions d'activité) et le maître d'œuvre les siens (points architecturaux, points techniques, sujets liés à la gestion financière des marchés de travaux) ; le compte rendu comporte une partie pilotage et une partie rédigée par le maître d'œuvre ; il est généralement diffusé par l'OPC.
- Deuxième solution, plus largement répandue, mais moins efficace : l'OPC organise sa réunion de pilotage, aussi appelée réunion de coordination, et en diffuse le compte rendu ; le maître d'œuvre organise séparément sa réunion de chantier, parfois appelée réunion de direction générale, et en diffuse séparément le compte rendu ; on se trouve alors avec deux comptes rendus, un compte rendu de réunion de pilotage et un compte rendu de réunion de chantier.

Conseil pratique

Il est plus efficace qu'OPC et maître d'œuvre pilotent ensemble une unique réunion de chantier, plutôt que deux réunions distinctes.

3.3. L'organisation des visas

3.3.1. De l'importance des études d'exécution

La qualité des études d'exécution des entreprises est fondamentale pour le bon déroulement d'un chantier.

Les études d'exécution permettent la bonne mise au point des détails entreprise, c'est leur fonction de base.

Les études d'exécution préparent le chantier et limitent donc les aléas au cours des travaux. Par exemple, dans l'existant, par la prise de cotes sur le terrain, l'entreprise fiabilise l'identification de la prestation à réaliser.

Les études d'exécution permettent de «se mettre d'accord» avec le maître d'œuvre : par exemple, mieux vaut pour l'entreprise essuyer un refus sur une fiche technique de lavabo plutôt que de démonter un lavabo déjà posé.

Les études d'exécution préparent le DOE : si elles sont précises et complètes, le DOE sera satisfaisant. Si elles sont largement incomplètes ou absentes, le DOE sera à leur image.

En ERP, en présence d'un bureau de contrôle, les études d'exécution permettent au bureau de contrôle de valider les détails et produits et d'exprimer ses exigences tout au long du déroulement des visas ; en l'absence d'études d'exécution, les exigences du bureau de contrôle arriveront une fois la prestation réalisée sur le terrain, avec risque de démontage. De plus, il est très difficile d'obtenir les procès-verbaux de réaction au feu et les certificats de conformité après les travaux ; c'est au moment où l'entreprise passe commande à ses fournisseurs qu'elle a besoin de savoir quels documents attend le bureau de contrôle.

Les études d'exécution ont un rôle en matière de sécurité dans des domaines comme les courants forts, la structure, le désenfumage, en fournissant la garantie du respect des règles.

Les plans d'exécution permettent le travail de la cellule de synthèse (voir plus bas) ou du BIM manager, travail qui limite les problèmes de mise en œuvre sur le chantier.

Enfin, les études d'exécution, une fois validées par le visa, constituent le support de travail des ouvriers des entreprises sur le terrain. C'est ce qui autorise le maître d'œuvre à dire à l'entrepreneur récalcitrant : *« Ce n'est pas pour la maîtrise d'œuvre que vous devez faire vos études d'exécution, c'est pour vos salariés ! »*

3.3.2. Le déroulement des visas

Sur chaque document d'exécution (plan d'exécution, fiche technique, note de calcul, procédure), le maître d'œuvre (ou le membre de l'équipe de maîtrise d'œuvre qui a conçu le lot) donne un avis – le visa.

Cet avis peut prendre trois formes, généralement formulées «Visé sans observation», «Visé avec observations» ou «À resoumettre» (aussi appelé «Refusé», formule moins diplomatique ; d'autres dénominations existent).

Dans les deux derniers cas (visé avec observations et à resoumettre), l'entreprise doit réémettre son document.

Les documents visés, avec ou sans observations, autorisent l'entreprise à réaliser la prestation sur le terrain et à commander ses fournitures. L'entreprise passe ses documents validés en statut «BPE» (bon pour exécution).

En présence d'un document à resoumettre, l'entreprise ne doit pas commencer la prestation. Si elle le fait, le maître d'œuvre peut théoriquement (sous réserve que les règles du jeu soient claires dès le début) faire démonter aux frais de l'entreprise les réalisations qui ne lui donnent pas satisfaction.

En pratique, il est difficile de faire démonter quelque chose du fait de la pression des délais, d'où l'importance d'obtenir de l'entreprise qu'elle attende les visas avant de réaliser la prestation.

3.3.3. L'armoire à plans avec fonctions de gestion

Conseil pratique

La meilleure solution pour organiser le bon déroulement des visas est la mise en place d'une armoire à plans informatique avec fonctions de gestion spécialement dédiées.

Les armoires à plans spécialement prévues pour les visas intègrent des fonctions de gestion :

- filtre de recherche de document d'exécution, avec possibilité de tri (par marché, par sous-traitant, par type de document, par statut, par date, etc.) ;
- visualisation des fichiers PDF des documents d'exécution ;
- architecte et BET entrent leurs observations directement dans un cadre prévu à cet effet et attribuent un statut au document ;
- des fonctions hiérarchisées sont possibles ; typiquement, le mandataire de l'équipe de maîtrise d'œuvre peut relire, compléter le cas échéant et valider les observations des BET, lesquelles ne seront visibles de l'entreprise qu'après cette validation ; cette fonction est particulièrement utile si un BET vient assez rarement sur le chantier et risque donc de faire une observation inappropriée par méconnaissance d'une adaptation décidée en réunion de chantier ;
- le bureau de contrôle, le coordonnateur SPS et le coordonnateur SSI peuvent eux aussi, et doivent, rentrer leurs observations sur les documents d'exécution directement dans l'armoire à plans ; ce point est à préciser dans leur marché et peut modifier à la marge leurs honoraires ;
- les indices précédents des documents d'exécution sont archivés automatiquement, mais restent consultables ;
- en fin de chantier, entreprise et maître d'œuvre reçoivent un archivage informatique complet.

Un circuit parallèle de distribution des plans papier peut être demandé dans les marchés.

Le principal intérêt de ce système est d'offrir une traçabilité totale du déroulement des visas. On n'est plus confronté à des entreprises qui affirment avoir envoyé un document jamais reçu, ni à une entreprise qui affirme n'avoir jamais reçu une observation, ce qui constitue un gain d'efficacité très important.

Tout est tracé, et à tout moment on peut savoir quels documents restent à viser par chacun des intervenants ou reste à réémettre.

Pour en savoir plus sur les armoires à plans informatiques

Consulter le site d'un fournisseur d'armoires à plans. Ce domaine est très concurrentiel et les fournisseurs changent régulièrement de nom. Wapp6, un des leaders français, est devenu Oracle Aconex (www.oracle.com/fr/industries/construction-engineering/aconex-products.html).

Conseil pratique : quel intervenant fait procéder à la création de l'armoire à plans ?

Plusieurs solutions sont possibles. Cela peut être le maître d'ouvrage, le maître d'œuvre, ou l'une des entreprises, si l'on a pris soin de le prévoir à son marché en détaillant bien les fonctionnalités attendues, pour éviter que l'entreprise ne mette en place un simple serveur partagé.

3.4. Le compte prorata

Sur certains chantiers avec plusieurs entreprises (même en groupement), il est mis en place un *compte prorata*.

Un gestionnaire de compte prorata prend en charge les dépenses communes interentreprises d'intérêt commun, et refacture ses dépenses aux entreprises, sous la surveillance d'un comité de contrôle représentant les entreprises.

Le gestionnaire du compte prorata peut par exemple être l'une des entreprises.

Les dépenses autorisées sont strictement encadrées par une *convention de compte prorata*, document signé par les entreprises et qui régit le fonctionnement du système.

Les dépenses communes prises en charge par le compte prorata peuvent être par exemple :

- la gestion de bennes communes ;
- le nettoyage et la petite maintenance de la base vie ;
- les consommations d'eau et d'électricité du chantier ;
- des dépenses de gardiennage communes, etc.

Réservé aux gros chantiers s'étalant sur une longue durée, le compte prorata est traditionnellement l'objet de nombreux conflits entre les entreprises :

- temporisation à la signature de la convention ;
- retards chroniques de paiement des entreprises ;
- contestation des comptes ;
- contestation de la prise en charge par le compte de certaines dépenses, etc.

Pour en savoir plus sur les comptes prorata

Consulter la norme volontaire NF P 03-001 : Marchés privés – Cahiers types – CCAG applicable aux travaux bâtiment faisant l'objet de marchés privés, qui propose une organisation de compte prorata.

Attention, il s'agit d'une norme volontaire, qui propose une solution parmi de nombreuses autres. Ce modèle est à adapter suivant la nature de chaque projet.

---

4. L'organisation du chantier et ses intervenants

4.1. La maîtrise d'ouvrage et l'AMO conducteur d'opération en phase chantier

Les tâches de l'équipe de maîtrise d'ouvrage en phase chantier sont extrêmement diverses, et variables d'une maîtrise d'ouvrage à l'autre.

On peut dégager les grandes familles suivantes.

4.1.1. Gestion des financements

Cette problématique est très diverse suivant la nature de la maîtrise d'ouvrage. La gestion du financement des travaux nécessite une planification des charges futures et une tenue à jour de cette planification.

Des recherches de financements complémentaires peuvent être nécessaires en cas de dérive du projet, recherches qui peuvent nécessiter des dossiers de justification suivant les procédures propres au maître d'ouvrage.

4.1.2. *Reporting* aux financeurs, à l'autorité de tutelle ou à la direction

Suivant la nature du maître d'ouvrage, des tâches de *reporting* peuvent être nécessaires, pour tenir informés de l'avancement du chantier les financeurs, ou l'autorité de tutelle, ou la direction de l'organisme de maîtrise d'ouvrage le cas échéant.

4.1.3. Arbitrages face aux aléas

En phase chantier de nombreux aléas ne manquent pas de survenir (plus encore dans l'existant que dans le neuf). Le maître d'œuvre exerce alors son devoir de conseil et propose une solution au maître d'ouvrage, qui doit l'instruire et décider de la suite donnée.

L'accord du maître d'ouvrage sur des travaux supplémentaires doit être tracé par écrit, typiquement sur une fiche de travaux modificatifs (quel que soit le nom que l'on donne au formalisme retenu).

4.1.4. Arbitrage face aux demandes des futurs utilisateurs

Suivant la nature du projet, les futurs utilisateurs peuvent être plus ou moins impliqués dans le projet :

- exploitants d'un ERP existant en cours de réaménagement ou d'extension ;
- futurs exploitants d'un ERP en cours de construction ;
- acquéreurs de logements vendus en état futur d'achèvement ;
- occupants relogés dans le cadre d'opérations de relogements nécessités par le projet.

Ces futurs utilisateurs ont normalement été associés aux études et leur avis a été pris en compte. Il est cependant courant qu'en cours de chantier ils expriment des souhaits de modifications du contenu des prestations.

Là encore les situations sont très diverses d'une maîtrise d'ouvrage à l'autre :

- dans certaines organisations, la maîtrise d'ouvrage a justement pour rôle de filtrer ces demandes, qui peuvent être extrêmement envahissantes, en vue de garantir la tenue des délais et du budget ;
- au contraire, dans d'autres organisations, la maîtrise d'ouvrage se doit de prendre en compte intégralement les demandes des futurs utilisateurs.

4.1.5. Gestion des relations aux concessionnaires réseaux

La maîtrise d'ouvrage est l'interlocuteur des concessionnaires réseaux: Enedis, GRDF, réseau de chaleur urbain, etc., pour le raccordement du bâtiment aux réseaux VRD.

La présence de photovoltaïque nécessite des démarches auprès d'Enedis à anticiper.

La maîtrise d'œuvre peut assurer une assistance technique à ce sujet.

4.1.6. Gestion des riverains et communication extérieure

La maîtrise d'ouvrage peut être amenée à gérer l'information des riverains, en particulier au sujet des nuisances du chantier.

Dans certains cas de tensions, un spécialiste doit être missionné pour mesurer les niveaux sonores des nuisances chantier.

Une communication peut être nécessaire sur des supports divers, par exemple pour assurer la renommée du futur bâtiment.

4.1.7. Gestion des entreprises

Le maître d'œuvre est l'interlocuteur des entreprises et doit décharger la maîtrise d'ouvrage de ces tâches.

Il existe cependant des situations où la maîtrise d'ouvrage reste en interface avec les entreprises:

- la présence de la maîtrise d'ouvrage est nécessaire à la réunion de lancement des travaux;
- une présence périodique de l'AMO conducteur d'opération en réunion de chantier permet de s'assurer du bon déroulement du processus; la périodicité de présence est à adapter en fonction du niveau de confiance dans l'équipe de maîtrise d'œuvre; une présence systématique n'est généralement pas nécessaire, sauf problématique particulière: rupture de confiance envers la maîtrise d'œuvre ou fortes tensions entre maîtrise d'œuvre et entreprises;
- en cas de réclamation importante d'une entreprise en cours de chantier, des réunions de négociation sont nécessaires, associant l'acheteur le cas échéant;
- en cas de difficultés avec une entreprise, qu'il s'agisse de la tenue des délais ou de la qualité des prestations, une intervention de l'équipe de maître d'ouvrage peut être nécessaire, sous la forme d'une réunion d'alerte ou d'un courrier recommandé à l'entreprise; mais il peut être préférable de laisser dans un premier temps le maître d'œuvre intervenir seul, puis d'intervenir dans un second temps en cas de persistance du problème.

Quoi qu'il en soit, l'AMO conducteur d'opération ne doit jamais perdre de vue que l'interlocuteur naturel des entreprises est le maître d'œuvre. Tout contact avec les entreprises doit être fait en conservant ce contexte à l'esprit. Se substituer au maître d'œuvre dans la relation aux entreprises exposerait le chantier à de graves dysfonctionnements en décrédibilisant le maître d'œuvre. Une prudence sur ce point est d'autant plus de mise que certaines entreprises peuvent avoir pour stratégie de tenter volontairement de décrédibiliser le maître d'œuvre auprès du maître d'ouvrage.

Zoom sur...

... l'immixtion fautive du maître d'ouvrage

La jurisprudence sanctionne *l'immixtion fautive du maître d'ouvrage*, qui peut conduire les tribunaux à limiter l'indemnisation du maître d'ouvrage en exonérant les constructeurs de leurs responsabilités au titre des garanties légales du Code civil.

Pour qu'il y ait immixtion fautive du maître d'ouvrage, il faut cependant, d'après la jurisprudence, que trois conditions soient réunies :

- il doit y avoir acte ou comportement fautif du maître d'ouvrage ayant conduit au dommage ;
- le maître d'ouvrage doit être notoirement compétent en matière de construction ;
- le maître d'ouvrage doit avoir agi volontairement, en pleine connaissance de réserves formulées explicitement par les constructeurs.

L'immixtion du maître d'ouvrage peut concerner une intervention en phase conception ou en phase chantier.

Voici un exemple concret de jurisprudence à ce sujet :

> *« la S. C. I., maître de l'ouvrage, a assuré la maîtrise d'œuvre en dirigeant sous son autorité toutes les entreprises sans mettre à leur disposition les plans ou documents techniques nécessaires à leur mission et, par suite, sans leur permettre de conserver la moindre liberté dans l'exécution des tâches non précisément déterminées qu'elle leur a confiées, [elle a], volontairement, par souci d'économie, donné à celles-ci des instructions contraires au permis de construire et plus généralement aux règles de l'art et fait des choix totalement inadaptés, lesquels sont la cause directe et exclusive des dommages constatés ; c'est donc à juste titre que les premiers juges ont retenu que cette immixtion fautive par la mise en œuvre de choix constructifs décidés par elle seule, en fonction de ses seuls impératifs économiques, sans souci, ni de la qualité, ni de la conformité des ouvrages, était la cause exclusive des désordres et qu'ils en ont déduit qu'elle constituait une cause étrangère qui exonère totalement les entreprises de leur responsabilité à l'égard du maître de l'ouvrage par application de l'article 1792 dernier alinéa du Code civil. »*[1]

Les constructeurs, au sens du Code civil, ont cependant la charge de la preuve de l'immixtion fautive du maître d'ouvrage.

L'immixtion fautive du maître d'ouvrage ne concerne pas seulement des cas où le maître d'ouvrage vient perturber le bon déroulement du chantier en modifiant les choix techniques prévus au projet et en dérogeant aux règles de l'art par souci d'économie ; elle peut aussi couvrir des cas de demandes incessantes de modifications de la part du maître d'ouvrage, ou encore – de manière moins intuitive – des cas de refus de travaux supplémentaires indispensables au bon déroulement du chantier.

1 Cour de cassation, civile, Chambre civile 3, 16 juin 2016, 14-27.222.

4.2. Le rôle du maître d'œuvre en phase chantier

4.2.1. Les éléments de mission du maître d'œuvre en phase chantier

Suivant le vocabulaire de l'arrêté d'application de la loi MOP[1], les prestations du maître d'œuvre en phase chantier sont couvertes par les éléments de mission DET (direction de l'exécution des travaux) et Visa (visa des plans d'exécution).

L'élément de mission Visa a pour objet:

- d'assurer au maître de l'ouvrage que les documents établis par l'entrepreneur respectent les dispositions du projet établi par le maître d'œuvre.

L'élément de mission DET a pour objet de:

- s'assurer que l'exécution des travaux est conforme aux prescriptions des contrats de travaux et des documents d'exécution validés;
- délivrer tous ordres de service nécessaires à l'exécution du ou des contrats de travaux, organiser et diriger les réunions de chantier;
- informer systématiquement le maître de l'ouvrage sur l'état d'avancement et de prévision des travaux et dépenses, avec indication des évolutions notables;
- vérifier les projets de décomptes mensuels ou les demandes d'avances présentés par le ou les entrepreneurs, établir les états d'acomptes, vérifier le projet de décompte final établi par l'entrepreneur, établir le décompte général;
- donner un avis au maître de l'ouvrage sur les réserves éventuellement formulées par l'entrepreneur en cours d'exécution des travaux et sur le décompte général, assister le maître de l'ouvrage en cas de litige sur l'exécution ou le règlement des travaux, ainsi qu'instruire les mémoires de réclamation de la ou des entreprises.

Cette présentation synthétique du rôle du maître d'œuvre en phase chantier est tout aussi bien applicable en dehors du cadre de la loi MOP (maintenant codifiée au sein du Code de la commande publique), sauf à ce que le maître d'œuvre n'ait été missionné que sur une mission partielle, comme c'est souvent le cas en marchés privés, notamment en promotion immobilière.

En phase chantier comme en phase conception, le maître d'œuvre a un *devoir de conseil* vis-à-vis du maître d'ouvrage. Ce devoir de conseil s'étend même aux prestations que le maître d'ouvrage pilote en direct sans passer par le maître d'œuvre, par exemple les relevés de géomètre.

Point de vigilance: le maître d'œuvre est-il tenu à une surveillance permanente?

En matière de contrôle de l'exécution des travaux, le maître d'œuvre est tenu à une obligation de moyen, mais il n'est pas tenu à une présence permanente sur site, comme le rappelle la jurisprudence:

Dans le cadre de la construction d'un ensemble de 92 maisons, un maître d'ouvrage avait attaqué ses architectes et son entrepreneur suite à des défauts de mise en peinture, la Cour de cassation a limité la responsabilité *« des architectes, qui n'étaient tenus que d'une obligation de moyens dans l'accomplissement de leur mission de surveillance du chantier, n'étant pas astreints à une présence permanente sur celui-ci »*[2].

---

1 Arrêté du 22 mars 2019 précisant les modalités techniques d'exécution des éléments de mission de maîtrise d'œuvre confiés par des maîtres d'ouvrage publics à des prestataires de droit privé.

2 Cour de Cassation, Chambre civile 3, du 14 décembre 2004, 03-17.946, disponible sur Légifrance.

4.2.2. Le rôle de l'architecte en phase chantier

L'architecte signataire du permis de construire ne peut pas être écarté de la phase chantier ; la mission qui lui est confiée, tant en maîtrise d'ouvrage publique que privée, doit *a minima* lui permettre de vérifier sur le chantier la conformité des travaux au permis de construire :

> *« si l'architecte n'assure pas la direction des travaux, le maître d'ouvrage doit le mettre en mesure dans des conditions fixées par le contrat, de s'assurer que les documents d'exécution et les ouvrages en cours de réalisation respectent les dispositions du projet architectural élaboré par ses soins. Si ces dispositions ne sont pas respectées, l'architecte en avertit le maître d'ouvrage. »* [1]

4.2.2.1. Le cas des études d'exécution confiées au maître d'œuvre

Il arrive parfois, comme déjà évoqué plus haut, que les études d'exécution soient confiées directement au maître d'œuvre. La phase visa est alors remplacée par la phase EXE.

L'entreprise reste en charge des plans d'atelier ou plans de fabrication.

4.2.2.2. Contrôler le bon déroulement de la mission du maître d'œuvre en phase chantier

La mission du maître d'œuvre est complexe et la diversité des projets est infinie.

Quelques critères d'analyse peuvent cependant être proposés pour servir de base au contrôle du bon déroulement de la mission du maître d'œuvre en phase chantier.

4.2.2.3. *Reporting*

Quelle qu'en soit la forme, le maître d'œuvre doit tenir périodiquement informé le maître d'ouvrage de l'avancement des travaux. Sur les grands projets, une périodicité et une forme de *reporting* sont définies.

Le *reporting* doit notamment comprendre le suivi du montant des marchés.

4.2.2.4. Visa

Le volume de documents d'exécution présentant un retard de visa (par rapport à la durée maximum de visa convenue) est un indicateur important. L'OPC peut si nécessaire être consulté sur la criticité des documents d'exécution en attente de visa.

4.2.2.5. Compte rendu des réunions de chantier

La diffusion dans les deux, trois ou quatre jours qui suivent la réunion de chantier du compte rendu est un critère essentiel.

4.2.2.6. Réponses aux courriers recommandés des entreprises

Chaque courrier recommandé d'une entreprise doit faire l'objet d'une réponse écrite du maître d'œuvre, sauf si la maîtrise d'ouvrage a indiqué qu'elle prenait en charge la rédaction et l'envoi du courrier de réponse.

L'exhaustivité et le délai des réponses sont des critères d'analyse.

---

1 Article 3 de la loi du 3 janvier 1977 sur l'architecture.

4.2.2.7. Analyse des travaux supplémentaires

Pour chaque devis de travaux supplémentaires, la présence d'une analyse économique du maître d'œuvre est un élément important. Cette analyse peut prendre la forme d'un tableau à deux colonnes : une colonne prix entreprise et une colonne prix maîtrise d'œuvre.

4.3. Les entreprises

L'entreprise générale se rencontre beaucoup plus rarement en France que les entreprises désignées en corps d'état séparés.

Comme vu au chapitre précédent, on peut rencontrer le cas d'entreprises en groupement.

En corps d'état séparés, au moins une dizaine d'entreprises sont nécessaires à la réalisation d'un bâtiment ; moins si l'on a opté pour les macrolots (mais il y aura alors des sous-traitants), couramment davantage : il n'est pas rare d'arriver à une trentaine d'entreprises, sous-traitants compris.

Quelles sont les différentes fonctions de l'entreprise rencontrées ?

- le chef d'entreprise peut être rencontré en phase ACT, puis en cas de graves difficultés d'exécution ;
- le service commercial, avec ses métreurs ou ingénieurs étude de prix, se rencontre en phase ACT, avant la signature du marché ;
- le conducteur de travaux est l'interlocuteur du maître d'œuvre pour l'exécution du marché, notamment pour la gestion des travaux supplémentaires ; il est aussi l'interlocuteur de la maîtrise d'ouvrage, des fournisseurs et des sous-traitants ;
- dans certaines entreprises, un chargé d'affaires assure ce rôle de pilotage de l'affaire et d'interlocuteur de l'équipe projet, de l'appel d'offres à la réception des travaux ;
- le bureau d'études d'exécution, qu'il soit sous-traitant ou interne (on rencontre aussi le terme de bureau des méthodes) produit les études d'exécution ; il se déplace sur le site pour les réunions d'études avec le maître d'œuvre ; au sein du bureau d'études, un coordinateur BIM est l'interlocuteur de référence du BIM manager du projet, lequel coordonne les maquettes des différents lots ;
- le chef de chantier, homme de terrain, dirige les ouvriers sur le chantier ; sa compétence technique est bien entendu au cœur du dispositif ; l'encadrement des équipes nécessite aussi de solides qualités humaines ;
- sur les gros chantiers on trouve en outre des chefs d'équipe responsables d'un petit groupe d'ouvriers ;
- les sous-traitants ;
- le référent santé sécurité, présent dans toute entreprise, a un rôle d'animation auprès des équipes ;
- le service gestion/facturation peut être un interlocuteur si nécessaire.

D'autres métiers de l'entreprise ne sont pas en contact avec le chantier, par exemple le chef d'atelier, qui assure la préfabrication d'éléments à livrer sur le chantier.

Pour mémoire, la carte d'identification des salariés du BTP est obligatoire pour tout le personnel d'entreprise intervenant sur le chantier, y compris intérimaires, sauf pour les stagiaires, livreurs, chauffeurs, métreurs et services support[1].

Conseil pratique

S'il est identifié qu'une entreprise emploie du personnel sans carte d'identification, mettre en demeure l'entreprise par lettre recommandée de régulariser sa situation. En cas d'absence de mise en conformité, informer l'inspecteur du travail.

4.4. L'OPC

L'OPC, qu'il soit missionné directement par le maître d'ouvrage ou par l'intermédiaire du maître d'œuvre, a pour mission d'assurer un pilotage rapproché des délais sur le chantier.

4.4.1. La mission de l'OPC et ses limites de prestation

L'OPC intervient durant la phase chantier ; en phase conception, on ne devrait normalement pas parler d'OPC mais de planificateur.

Le cœur de son métier est d'obtenir la tenue des délais.

Il intervient donc sur tout ce qui touche directement ou qui impacte indirectement la durée des tâches et leur chronologie :

- effectifs des entreprises ;
- chronologie des interventions des lots ;
- durée des interventions des entreprises ;
- avancements physiques des tâches ;
- déblocage de tout problème ralentissant le chantier ;
- phasages ;
- programmation des interventions futures, etc.

La plus-value essentielle apportée par un bon OPC est sa connaissance des enchaînements chronologiques des tâches ou ordonnancement des tâches.

Par exemple, il est judicieux de réaliser les finitions en plafond avant les finitions des revêtements de sol pour ne pas endommager ces derniers.

En revanche, l'OPC ne doit pas intervenir sur les sujets qui relèvent du maître d'œuvre :

- il ne doit pas s'immiscer dans la gestion des marchés : il n'est typiquement pas de sa compétence d'ordonner la réalisation d'une prestation supplémentaire, ni même de demander un devis ;
- il ne doit pas prendre de décisions architecturales ou techniques.

Seul le maître d'œuvre est habilité à gérer ces questions pour le compte du maître d'ouvrage.

1 Article R8291-1 du Code du travail.

Ce point est important, car il peut arriver, sous la pression des délais, qu'un OPC sorte du périmètre de ses missions.

4.4.2. L'OPC et la connaissance des lots techniques

Si l'OPC ne doit pas prendre de décision technique, il doit cependant connaître les lots techniques pour gérer leur impact sur les délais.

Pour choisir un bon OPC, il faut vérifier tout particulièrement sa connaissance des lots techniques, ce par quoi pèchent de nombreux OPC.

En effet, si les lots plâtrerie ou menuiserie sont en retard, cela se remarque assez facilement. L'OPC pourra donc relancer en temps utile l'entreprise.

Mais une particularité des lots techniques, c'est que leur avancement réel n'est pas facilement visible si l'on n'est pas spécialiste.

Pour connaître la réalité de l'avancement, il faut monter sur les toitures pour voir si les groupes froid sont raccordés, il faut descendre dans les galeries techniques pour voir quels câbles sont posés, il faut entrer dans le poste haute tension pour voir si cellules et équipements annexes sont raccordés, il faut savoir reconnaître une UTL de GTB.

Et comment identifier les câbles posés pour vérifier l'avancement ? Encore faut-il savoir distinguer un bus SSI et un câble 3G2,5... Ce n'est pas à la portée de tout OPC.

De plus, un OPC qui connaît mal les lots techniques risque de ne pas savoir quels sont les points essentiels qui conditionnent l'avancement réel.

Trois exemples *vécus* sur un grand projet phasé, avec des livraisons successives :

- Une zone à livrer paraît très avancée : sols, murs et plafonds terminés, éclairage posé, menuiseries posées. Quelque temps avant la livraison de la zone, on découvre que le tableau divisionnaire n'est pas arrivé, parce que le maître d'œuvre n'ayant pas visé le schéma de l'armoire, l'entreprise – disciplinée – ne l'a pas lancée en fabrication. La livraison ne peut avoir lieu.
- Une zone à livrer est desservie en ventilation par une CTA implantée dans une zone appartenant à une phase ultérieure ; le local CTA doit être construit prioritairement, le phasage est à modifier.
- Dernier exemple : le chef d'équipe plomberie garantit à l'OPC qu'il a intégralement terminé la pose des sanitaires d'une zone. Une visite au niveau inférieur permet de s'apercevoir que, si les sanitaires sont effectivement posés, ils ne sont pas raccordés !

Ces exemples rappellent que l'avancement réel ne se limite pas à ce qui est visible dans les locaux.

Règle d'or des compétences techniques de l'OPC

Un bon OPC doit être compétent en techniques. Il doit prendre connaissance des DCE des lots techniques pour maîtriser l'impact de ces lots sur le déroulement des travaux.

4.4.3. Les méthodes de l'OPC

Pour parvenir à son objectif, à savoir la maîtrise des délais du chantier, l'OPC met en œuvre un ensemble de méthodes, qui sont à adapter en fonction de la taille du chantier.

4.4.3.1. Les plannings d'exécution

En début de chantier, l'OPC demande aux entreprises de produire leur planning « études et travaux ».

Il réalise une analyse de ces plannings pour vérifier :

- la crédibilité de la durée des tâches ;
- la cohérence des plannings entre eux ;
- la cohérence des plannings avec les délais contractuels d'exécution.

L'OPC réalise une synthèse des plannings des entreprises, c'est-à-dire qu'il fusionne leurs plannings pour réaliser un planning global dans lequel la durée de chaque tâche élémentaire est issue des données des entreprises. Ce planning est donc plus fiable et plus détaillé qu'un planning de niveau PRO réalisé en l'absence des entreprises.

Il diffuse ce planning général aux entreprises et leur demande de bien vouloir le signer, ce qui n'est pas toujours aisé[1].

Ce document signé devient le planning de référence, affiché dans la salle de réunion.

4.4.3.2. Suivi rapproché des tâches critiques

L'OPC identifie dans son planning le *chemin critique*, c'est-à-dire l'enchaînement des *tâches critiques*. Une tâche est sur le chemin critique si tout retard qu'elle subit se répercute nécessairement sur la date de livraison finale. Il s'agit donc des tâches sans marge en termes de délais.

4.4.3.3. Le décompte des effectifs

Cette méthode consiste à comptabiliser les effectifs de chaque entreprise présente sur le chantier.

Ce décompte est réalisé soit directement sur le terrain en interrogeant les chefs de chantier et en vérifiant leurs dires, soit par téléphone, dans ce cas en vérifiant ensuite l'information sur le terrain.

Pour les gros chantiers avec un OPC dédié, ce décompte est normalement réalisé tous les jours ; pour les chantiers de taille inférieure, cette périodicité de contrôle peut être adaptée, en fonction de la criticité des délais. En tout état de cause, le décompte est au moins hebdomadaire.

4.4.3.4. Les relances téléphoniques

La méthode de base de l'OPC, c'est tout simplement la relance des entrepreneurs par téléphone. Cette relance est réalisée après analyse des besoins du chantier (quel corps d'état sera nécessaire à quelle date pour quelle tâche), et en fonction des résultats du décompte des effectifs.

1 En marchés publics, on peut consulter à ce sujet l'article 28.2.3 du CCAG Travaux.

La relance consiste, par exemple :

- à demander à un entrepreneur d'intervenir sur le chantier ;
- à demander à un entrepreneur d'augmenter ses effectifs ;
- à demander à un entrepreneur d'apporter à ses équipes un élément manquant : approvisionnement en matériaux, agent spécialisé, etc.

4.4.4. Contrôler le bon déroulement de la mission de l'OPC en phase chantier

En cours de chantier, les points suivants doivent être vérifiés par l'AMO conducteur d'opération :

- Le délai de diffusion du compte rendu de la réunion de chantier ou de la réunion de pilotage (suivant l'organisation retenue) doit être acceptable. Un délai de deux jours est satisfaisant, un délai de trois jours commence à être problématique.
- La clarté des comptes rendus de réunion de chantier ou de pilotage, qui doivent faire apparaître les points non résolus des comptes rendus précédents.
- La fréquence des présences sur site, et sa cohérence avec les moyens prévus au contrat.
- La bonne diffusion d'éléments de *reporting*, suivant le contrat : l'OPC tient-il au courant la maîtrise d'ouvrage de l'avancement des travaux et des difficultés rencontrées ?

4.4.5. Quelques points cruciaux pour la tenue des délais

Les causes de retard possibles sur un chantier sont très diverses. On peut tenter d'identifier des familles de causes récurrentes.

- Retard suite à appel d'offres infructueux pour un lot.
- Retards dus aux autorisations administratives : problèmes pour les implantations de grues, pour les installations de bases vie, etc.
- Retard de désignation d'un sous-traitant.
- Retard de lancement des études d'exécution, qui peut être lié au retard de désignation d'un bureau d'études sous-traitant.
- Retard dû à la coactivité : le planning contractuel ne prenait pas en compte le fait que deux tâches ne pouvaient être faites simultanément.
- Retard dû aux intempéries.
- Présence de réseaux existants dont le dévoiement n'a pas été prévu aux marchés, ou dont le dévoiement s'avère plus complexe que prévu ; il peut s'agir de réseaux VRD ou dans l'existant de réseaux internes au bâtiment.
- Retards dus au sous-sol : découverte de fontis non détectés lors des études géotechniques en phase amont par exemple.
- Retards dus aux riverains : plaintes des riverains sur les nuisances sonores, sur les accès des poids lourds au chantier, etc.
- Retard suite à attente d'un concessionnaire réseau (Enedis par exemple).
- Retard dû à des exigences du bureau de contrôle avec deux situations typiques :
  - soit l'avis bloquant est détecté et retarde le chantier jusqu'à sa résolution,

– soit, pire encore, entreprise, OPC et maître d'œuvre, par manque de suivi des avis du bureau de contrôle, ne détectent pas l'avis bloquant, et les travaux se poursuivent, aboutissant à un blocage « en décalé » à la fin du chantier, au moment du rapport final du bureau de contrôle ; ce second cas, heureusement rare, est très grave.

4.5. L'OPC urbain

Dans le cadre des opérations d'aménagement urbain, par exemple dans le cadre d'une ZAC, l'aménageur se fait parfois assister d'un *OPC urbain*.

La mission de l'OPC urbain consiste à piloter le déroulement des étapes successives de l'opération et à coordonner les intervenants. Il organise des réunions de coordination dont il rédige les comptes rendus, il relance les acteurs et tient à jour la planification de l'opération.

De nombreuses prestations peuvent s'ajouter, par exemple la mise en cohérence des plans d'installation de chantier des constructeurs de chaque lot.

4.6. L'OPC B ou pilote B

Dans le cadre de la construction d'un centre commercial, on appelle *OPC B* ou *pilote B* la personne en charge du pilotage des aménagements intérieurs des preneurs (le chantier dans le chantier : le chantier des boutiques). Il suit les procédures administratives préalables aux travaux des boutiques, il coordonne les travaux des boutiques avec ceux du centre commercial jusqu'aux visites de la commission de sécurité, avec pour objectif l'ouverture du centre commercial avec 100 % des boutiques ouvertes au public.

Le terme d'OPC B vient du fait qu'on a l'habitude d'appeler *chantier A* le chantier du centre commercial et *chantier B* l'aménagement intérieur des coques par les preneurs.

4.7. La mission de planification générale en phase chantier

Comment piloter les délais, comment anticiper les dérives de délais de l'opération ?

On a vu comment l'OPC peut contribuer à la tenue des délais du chantier.

Mais dans bien des cas l'OPC ne suffit pas à assurer un pilotage global des délais, et l'opération nécessite une véritable prestation d'AMO planification générale en phase chantier.

Dans quels cas une telle AMO planification peut-elle être nécessaire ?

- le projet peut ne pas comporter d'OPC (cas des projets en entreprise générale), auquel cas il faudra bien que quelqu'un au sein de l'équipe de conduite d'opération suive les délais ;
- le projet peut comporter plusieurs sous-opérations dotées chacun d'un OPC distinct, d'où la nécessité d'un assemblage des plannings de chacune des sous-opérations ;
- le projet peut comporter des opérations connexes non suivies par l'OPC en charge des travaux, mais cruciales pour la tenue des délais globaux du projet : relogements préliminaires, autorisations administratives particulières, acquisition d'équipements, opérations tiroir, etc. ;
- enfin le projet peut tout simplement, par son ampleur et sa complexité, nécessiter une mission dédiée de pilotage des délais en plus de la prestation OPC.

4.8. Le bureau de contrôle en phase chantier

4.8.1. Les prestations du bureau de contrôle en phase chantier

Au cours du chantier, le bureau de contrôle, s'il existe, intervient sous deux formes :

- il émet un avis sur chaque document d'exécution produit par les entreprises ;
- il rédige des avis après visites de chantier.

Il est très important de vérifier que la mission du bureau de contrôle se déroule correctement tout au long du chantier, c'est-à-dire à la fois qu'il n'accumule pas de retard dans l'examen des documents d'exécution et que les entreprises de leur côté n'accumulent pas de retard dans la prise en compte de ses avis et dans les éléments de réponse qu'elles doivent lui apporter, comme évoqué plus haut. Certains avis du bureau de contrôle peuvent aussi nécessiter une réponse du maître d'œuvre et non des entreprises.

Si un retard s'accumule, il deviendra de plus en plus difficile de dénouer les problèmes et d'obtenir un rapport final sans observation, obligatoire en particulier dans les chantiers d'ERP du premier groupe (catégories 1 à 4 d'ERP).

Le cadre réglementaire général figure aux articles GE 7 et GE 8 [1] du règlement ERP.

4.8.2. Contrôler le bon déroulement de la mission du bureau de contrôle

En cours de chantier, les points suivants doivent être vérifiés par l'AMO conducteur d'opération :

- la présence du bureau de contrôle est souhaitable à la réunion de lancement du chantier, afin d'être identifié par les entreprises (sa présence systématique aux réunions de chantier n'est pas nécessaire) ;
- le bureau de contrôle doit être présent lors des réunions d'études organisées par le maître d'œuvre sur les sujets complexes (le maître d'œuvre est juge de la nécessité de sa présence ; il pourra s'agir notamment des réunions d'étude destinées à lever des avis défavorables du bureau de contrôle) ;
- le bureau de contrôle doit réaliser régulièrement des visites de chantier ; une périodicité mensuelle semble un minimum, deux visites par mois seraient préférables ;
- le bureau de contrôle doit émettre ses avis sur les documents d'exécution dans le délai prévu à son marché, qui est généralement le délai prévu pour les visas du maître d'œuvre ; aucun retard ne doit s'accumuler sur les documents à viser.

Conseil pratique

Demander au bureau de contrôle de diffuser au moins mensuellement une synthèse récapitulative de l'ensemble de ses avis non levés.

---

1 Articles GE 7 et GE 8 de l'arrêté du 25 juin 1980 portant approbation des dispositions générales du règlement de sécurité contre les risques d'incendie et de panique dans les établissements recevant du public (ERP).

4.8.3. Contrôler la bonne prise en compte des avis du bureau de contrôle

Pour vérifier la bonne prise en compte des avis du bureau de contrôle, il suffit de prendre connaissance de la synthèse récapitulative de ses avis, et de vérifier le délai écoulé entre l'apparition d'une réserve et sa levée.

Une réserve figurant dans la synthèse récapitulative pendant plus d'un mois est un signe de blocage, dont les causes peuvent être multiples : manque de compétence de l'entreprise, déficit de moyens d'étude de l'entreprise, incompréhension.

Ces signes doivent alerter l'AMO conducteur d'opération, et peuvent nécessiter d'en parler au maître d'œuvre, pour décider ensemble d'une éventuelle action à mener vis-à-vis de l'entreprise.

4.9. Le coordonnateur SPS en phase chantier

Consulter plus bas le paragraphe consacré à la sécurité sur le chantier.

4.10. Le coordonnateur SSI en phase chantier

Contrôler le bon déroulement de la mission du coordonnateur SSI en phase chantier

En phase chantier, le coordonnateur SSI va s'assurer du bon déroulement de l'installation du système de sécurité incendie. Il ne se substitue pas au maître d'œuvre travaux mais apporte une expertise, permettant de garantir le fonctionnement futur de l'installation. Ceci nécessitera un suivi du lot en charge du SSI, mais pas seulement, puisque d'autres lots peuvent être en charge d'équipements en interface avec le SSI.

C'est le cas par exemple d'un lot menuiserie qui peut comporter des portes DAS (dispositifs actionnés de sécurité – c'est-à-dire des portes coupe-feu commandées à la fermeture par le SSI en cas d'incendie), ou encore d'un lot désenfumage, dont les moteurs de désenfumage sont commandés par le SSI.

Le coordonnateur SSI organise si nécessaire une réunion d'étude associant l'entreprise en charge du SSI et les entreprises en charge d'équipements commandés par le SSI.

Le coordonnateur SSI vise l'ensemble des documents d'exécution propres au SSI, ou connexes[1]. Il vérifie en particulier la compatibilité des équipements entre eux.

Il s'assure de la production par l'entreprise de l'ensemble des documents et certificats nécessaires.

Le maître d'œuvre veille à ce que les prescriptions du coordonnateur SSI soient prises en compte par les entreprises.

1 Conformément à l'article 5.3 de la norme NF S 61-931 Systèmes de sécurité incendie (SSI) – Dispositions générales.

4.11. L'AMO environnement en phase chantier

L'AMO environnement, ou AMO HQE, participe le cas échéant à la phase chantier en assurant des prestations visant à garantir l'aboutissement de la certification environnementale du projet :

- en collaboration avec le maître d'œuvre, réunion initiale de sensibilisation des entreprises au respect des exigences de la charte chantier propre ou chantier vert ou chantier à faibles nuisances ;
- participation aux réunions d'information des riverains dans le cadre d'une démarche chantier à faibles nuisances ;
- suivi des nuisances, notamment mesures des nuisances sonores ;
- avis sur les variantes proposées par les entreprises, en termes d'impact sur le processus de certification ;
- visites de chantier avec compte rendu listant les écarts, permettant de s'assurer que les prescriptions environnementales sont respectées sur le chantier ;
- vérification de la bonne collecte des fiches de données environnementales des matériaux et des bordereaux de suivi de chantier (la collecte de ces documents est parfois confiée à l'entreprise en charge du lot installations de chantier) ;
- vérification du tri des déchets de chantier ;
- rédaction d'un bilan de chantier permettant au maître d'ouvrage de justifier du bon déroulement du chantier en matière de qualité environnementale et des actions réalisées ;
- organisation et préparation des visites de l'organisme certificateur.

Point de vigilance

L'AMO environnement ne doit pas être confondu avec l'organisme certificateur.

5. La gestion des marchés de travaux

En marchés publics, le document de base fondamental à connaître est le CCAG Travaux[1]. Même pour un AMO conducteur d'opération travaillant en marchés privés, la connaissance de ce texte est très instructive, bien que non applicable.

5.1. La gestion des décomptes mensuels des entreprises

5.1.1. En marchés publics

Les *projets de décomptes mensuels* des entreprises doivent être validés ou rectifiés par le maître d'œuvre avant transmission au maître d'ouvrage pour règlement. Les projets de décompte

1 Arrêté du 8 septembre 2009 portant approbation du cahier des clauses administratives générales applicables aux marchés publics de travaux.

acceptés ou rectifiés deviennent alors les *décomptes mensuels*. Ces décomptes n'ont pas de caractère définitif et ne lient pas les parties.

Sur la base du décompte mensuel, le maître d'œuvre détermine le montant à régler au titulaire, dit *état d'acompte mensuel*. Cet état prend en compte :

- la différence entre le décompte mensuel et le décompte mensuel précédent ;
- la TVA ;
- les pénalités le cas échéant ;
- l'actualisation ou la révision des prix le cas échéant ;
- le montant de l'avance le cas échéant ;
- la retenue de garantie si elle n'a pas été remplacée par une autre garantie.

Dans les sept jours à compter de la réception du projet de décompte, le maître d'œuvre doit notifier l'état d'acompte mensuel à l'entreprise par ordre de service, et proposer au maître d'ouvrage de régler la somme qu'il admet.

Pour les marchés publics, toute cette procédure est détaillée au CCAG Travaux [1].

5.1.2. En marchés privés

La norme volontaire NF P 03-001 CCAG Travaux des marchés privés de bâtiment [2] décrit le process comme suit. Pour mémoire, cette norme n'a aucun caractère obligatoire, et de nombreux marchés privés n'y font pas référence.

Les entreprises transmettent avant la fin de chaque mois leur *situation* au maître d'œuvre, en y faisant figurer l'impact :

- des travaux exécutés ;
- des études d'exécution réalisées ;
- des approvisionnements ;
- des installations de chantier ;
- des remboursements d'avances ;
- de la retenue de garantie ; et
- de la formule de variation des prix.

Le maître d'œuvre vérifie les situations et transmet sous dix jours la demande de paiement au maître d'ouvrage.

Conformément à la loi, la durée de paiement prévue par la norme volontaire est de 30 jours, durée comprenant la vérification des situations par le maître d'œuvre.

En cas d'impayé, la norme volontaire prévoit la possibilité pour l'entrepreneur de suspendre ses travaux après mise en demeure restée infructueuse.

1 Article 13 du CCAG Travaux.

2 Norme NF P 03-001 : Marchés privés – Cahiers types – CCAG applicable aux travaux bâtiment faisant l'objet de marchés privés.

Point de vigilance

Les délais de paiement des entreprises par les maîtres d'ouvrage publics[1] et privés[2] sont très réglementés, afin de protéger les PME. Tout retard de paiement entraîne l'application automatique d'intérêts moratoires.

Il est donc essentiel de respecter les délais de paiement prévus aux marchés.

Le délai de paiement est composé :

- du délai de vérification par le maître d'œuvre ;
- du délai de mandatement par le maître d'ouvrage ;
- du délai d'intervention du comptable public, qui aboutit à la mise en paiement.

5.2. Les avances

Les avances de paiement permettent aux entreprises de régler leurs approvisionnements et fabrications.

5.2.1. En marchés publics

Le régime des avances est réglementé par le Code de la commande publique[3].

5.2.2. En marchés privés

La norme volontaire NF P 03-001 prévoit une avance de 10 % du montant du marché. Chaque marché privé peut fixer librement une avance.

5.3. Les garanties de paiement des sous-traitants

5.3.1. Quelles prestations relèvent de la sous-traitance ?

La sous-traitance ne doit pas être confondue avec :

- la cotraitance : situation d'entreprises en groupement, le maître d'ouvrage est lié contractuellement avec l'ensemble des membres du groupement ;
- la cession de contrat : situation dans laquelle les obligations d'un contrat sont transférées à un nouveau titulaire ;
- le tâcheronnage, défini par un travail de pose sans fourniture de la matière ;
- la fourniture : les fournisseurs de matériaux et équipements ne sont pas des sous-traitants ;
- la location : les loueurs de matériels ne sont pas non plus des sous-traitants.

1 Article R2192-10 du Code de la commande publique.
2 Article L441-10 du Code du commerce.
3 Article R2193-3 et suivants du Code de la commande publique.

Les sous-traitants de deuxième rang et plus, dits *sous-traitants indirects*, sont eux aussi concerné par la loi de 1975[1] : leur commanditaire est considéré comme entrepreneur principal sous-traitant une prestation[2].

5.3.2. Les grands principes de la loi de 1975 sur la sous-traitance

Depuis la loi du 31 décembre 1975 les entreprises sous-traitantes bénéficient de plusieurs dispositions garantissant le paiement des prestations réalisées. Pour améliorer l'efficacité de ces dispositions, le législateur a mis à la charge du maître d'ouvrage des obligations de contrôle.

C'est une série de faillites de grandes entreprises au début des années 1970, faillites entraînant le non-paiement de nombreux sous-traitants, qui a été à l'origine de la loi sur la sous-traitance, dont le but était de garantir le paiement des sous-traitants en cas de faillite des entreprises titulaires des marchés et de lutter contre la sous-traitance occulte.

Pour les marchés publics, la loi sur la sous-traitance a été codifiée au sein du Code de la commande publique. Pour les marchés privés, la loi reste applicable comme auparavant.

Le principe de la loi repose sur l'obligation de l'entreprise titulaire du marché de *déclarer* au MOA ses sous-traitants en faisant :

- accepter le sous-traitant par le MOA ;
- agréer ses conditions de paiement.

La déclaration du sous-traitant peut avoir lieu au moment de la mise au point du marché principale, ou au cours de l'exécution du marché.

L'obligation de déclaration incombe à l'entrepreneur titulaire du marché, et non au sous-traitant.

5.3.3. Les garanties des sous-traitants en marchés publics

En marchés publics, la loi prévoit que les sous-traitants déclarés sont obligatoirement soumis au paiement direct.

On parle en marchés publics d'*acte spécial de sous-traitance* pour désigner le document signé par l'entrepreneur et la PRM qui officialise la sous-traitance.

Les sous-traitants de second ordre en marchés publics

L'obligation de paiement direct ne s'étend toutefois pas aux sous-traitants de deuxième rang et plus, dits sous-traitants indirects : ceux-ci doivent recevoir de leur commanditaire une caution personnelle et solidaire ou une délégation de paiement[1], comme des sous-traitants de marchés privés. Le sous-traitant indirect ne peut commencer ses travaux avant que le repré-

---

1 Loi n° 75-1334 du 31 décembre 1975 relative à la sous-traitance.

2 Article 2 de la loi n° 75-1334 du 31 décembre 1975 relative à la sous-traitance.

1 Article L2193-14 du Code de la commande publique.

sentant du pouvoir adjudicateur n'ait accusé réception au titulaire d'une copie de la caution bancaire[1].

On peut retenir que, depuis la loi Murcef de 2001, le régime des sous-traitants des marchés privés s'applique aux sous-traitants indirects d'un marché public.

5.3.4. Les garanties des sous-traitants en marchés privés

En marchés privés, le dispositif est différent.

Afin d'éviter que le titulaire disparaisse après s'être fait payer, la loi prévoit l'obligation pour le titulaire de délivrer à son sous-traitant une *caution personnelle et solidaire* d'un établissement qualifié, correspondant au montant sous-traité.

Cette caution peut être remplacée par une *délégation de paiement*, acte par lequel le titulaire délègue au maître d'ouvrage le paiement du sous-traitant; le sous-traitant dispose alors de deux débiteurs, le titulaire du marché et le maître d'ouvrage; ce cas se rencontre toutefois très rarement.

En l'absence de délégation de paiement, la loi a ajouté un autre garde-fou: le titulaire du marché doit prouver au maître d'ouvrage qu'il a bien délivré une caution personnelle et solidaire au sous-traitant. Et si le maître d'ouvrage n'a pas la preuve de cette délivrance de caution, il engage sa responsabilité propre et pourra être condamné au paiement intégral au sous-traitant de la prestation réalisée.

Déclenchement du dispositif de protection en marchés privés en cas de non-paiement

En cas de non-paiement par l'entrepreneur principal, le sous-traitant doit lui adresser une mise en demeure de le régler sous trente jours et en communiquer une copie au maître d'ouvrage. En cas de défaut de paiement par l'entrepreneur principal, le sous-traitant pourra alors se retourner vers le maître d'ouvrage, c'est l'*action directe*.

À la réception de la copie de la mise en demeure, le maître d'ouvrage doit bloquer les fonds correspondant à la créance et ne pas les verser à l'entrepreneur principal; sans quoi le maître d'ouvrage s'exposerait à l'obligation de payer deux fois la prestation.

Principales obligations relatives aux sous-traitants		
	Marchés publics	**Marchés privés**
Déroulement normal du marché	– Déclaration du sous-traitant obligatoire – Paiement direct obligatoire	– Déclaration du sous-traitant obligatoire – Fourniture d'une caution personnelle et solidaire par l'entreprise titulaire (ou plus rarement délégation de paiement)
Défaillance du titulaire du marché		Possibilité d'*action directe* du sous-traitant envers le MOA, après mise en demeure du titulaire par le sous-traitant

1 Article 3.6.2.4 du CCAG Travaux, issu de l'arrêté du 8 septembre 2009 portant approbation du cahier des clauses administratives générales applicables aux marchés publics de travaux.

5.3.5. Quelles sont les obligations légales du maître d'ouvrage en matière de sous-traitance ?

- S'il a connaissance de la présence sur le chantier d'un sous-traitant non déclaré, le maître d'ouvrage doit mettre l'entrepreneur principal ou le sous-traitant en demeure de s'acquitter de ses obligations.
- En marchés privés, le maître d'ouvrage doit exiger de l'entrepreneur principal qu'il justifie avoir fourni la caution au sous-traitant.
- Tant en marchés publics que privés, le maître d'ouvrage doit détenir la preuve que tous les sous-traitants de second rang et plus bénéficient d'une garantie de paiement (caution bancaire ou délégation de paiement).

À défaut, le MOA peut être obligé d'indemniser un sous-traitant alors qu'il a déjà réglé l'entrepreneur principal.

Pour mémoire, tout sous-traitant doit par ailleurs avoir réalisé une inspection commune avec le coordonnateur SPS préalablement à son intervention et doit avoir fourni un PPSPS.

5.3.6. Le paiement des sous-traitants

5.3.6.1. En marchés publics

Tous les sous-traitants directs sont normalement déclarés au paiement direct.

Ils adressent leurs demandes de paiement :

- au titulaire du marché, qui dispose de quinze jours pour donner son accord ou motiver son refus au sous-traitant et au maître d'œuvre ou au maître d'ouvrage ;
- ainsi qu'au maître d'œuvre.

L'entrepreneur principal doit être informé des paiements effectués au sous-traitant.

5.3.6.2. En marchés privés

Les obligations applicables aux entreprises principales concernent aussi les sous-traitants[1] :

- le paiement des sous-traitants fait obligatoirement l'objet d'acomptes mensuels ;
- le délai de paiement des acomptes, qui englobe le délai de vérification par le maître d'œuvre, ne peut dépasser le délai prévu par le Code du commerce ;
- le sous-traitant peut suspendre l'exécution des travaux en cas d'impayé, après mise en demeure restée infructueuse.

5.3.6.3. Sous-traitance et TVA

Depuis 2014, tout contrat de sous-traitance de travaux de construction est conclu hors taxe, et la TVA est « autoliquidée » par l'entrepreneur principal.

Cette obligation ne s'applique pas aux prestations réalisées hors du chantier (études, fabrication en atelier…).

1 Article L111-3-1 du Code de la construction et de l'habitation.

5.4. Les attachements

Prendre en attachement, c'est formaliser par écrit un état de fait, ou l'exécution de travaux, qui ne pourrait plus être vérifié ultérieurement. Le but est de garder trace d'une information qui sera ensuite invérifiable.

On peut par exemple prendre en attachement la dimension d'un bloc de béton découvert et que l'entreprise a dû démolir, un manquement aux règles de sécurité, l'absence d'une entreprise retardant le chantier...

L'attachement est daté et signé, généralement par le maître d'œuvre, soit de sa propre initiative, soit à la demande de l'entrepreneur.

La prise en attachement n'engage pas les parties sur d'éventuelles conséquences financières, c'est une simple constatation des faits.

En marchés publics, le CCAG Travaux utilise le terme de *constat.*

5.5. Les ordres de service (OS)

Les ordres de service constituent le moyen de communication officiel entre maître d'œuvre et entreprises dans le cadre de la réalisation du marché.

Ils sont numérotés dans une série continue, pour chaque marché.

L'entrepreneur, à réception, doit signer l'OS, y apporter ses éventuelles réserves (financières ou techniques) et le retourner au maître d'œuvre. S'il renvoie l'OS sans réserve ou s'il ne le renvoie pas dans le délai exigible, il ne pourra ultérieurement (lors du décompte final) se prévaloir d'aucune demande financière relative au contenu de l'OS [1].

5.6. Gérer les travaux supplémentaires

On rencontre aussi parfois le terme d'*incidence financière* (IF).

5.6.1. Les grandes familles de travaux supplémentaires

Les travaux supplémentaires peuvent avoir des causes extrêmement diverses. On peut cependant identifier quelques grandes familles de causes couramment rencontrées :

- modifications de programme ;
- exigences du bureau de contrôle ;
- interfaces entre lots ;
- découvertes dans l'existant ;
- erreurs ou lacunes de conception.

---

1 Article 3.8 du CCAG Travaux, qu'on trouvera dans l'arrêté du 8 septembre 2009 portant approbation du cahier des clauses administratives générales applicables aux marchés publics de travaux / Article 11 de la norme NF P 03-001 : Marchés privés – Cahiers types – CCAG applicable aux travaux bâtiment faisant l'objet de marchés privés.

5.6.2. Les travaux supplémentaires en marchés publics

Les travaux supplémentaires doivent faire l'objet d'une analyse par le maître d'œuvre, qui sollicite ensuite l'accord formel du maître d'ouvrage.

En pratique :

L'entreprise établit un devis de travaux supplémentaires.

Le maître d'œuvre l'analyse :

- Sur le fond, il vérifie que la prestation est effectivement nécessaire et non comprise au marché. On peut par exemple rencontrer des cas où un devis pour une prestation ne présentant pas un caractère de nécessité a été demandé par l'OPC, OPC qui a cru bien faire alors qu'il n'entre aucunement dans ses prérogatives de demander des devis. Autre exemple, l'entreprise a pu considérer une prestation comme non comprise par méconnaissance du marché.
- S'il juge que la prestation fait déjà partie du marché, il le signifie par courrier recommandé à l'entreprise. En effet, le devis refusé a des chances de faire l'objet d'une future réclamation, et le courrier de réponse prépare l'analyse de la réclamation.
- S'il juge que la prestation est effectivement non comprise au marché, le maître d'œuvre analyse le devis. L'analyse du maître d'œuvre se présente généralement sous la forme d'un tableau avec une colonne « Prix entreprise » et une colonne « Prix maîtrise d'œuvre ».
- Le maître d'œuvre sollicite l'accord formel du maître d'ouvrage sur le montant des travaux supplémentaires, *via* une fiche de travaux modificatifs (quel qu'en soit le nom).
- Après accord écrit du maître d'ouvrage, il notifie les travaux supplémentaires et leur prix provisoire à l'entreprise par ordre de service [1].

5.6.2.1. Que signifie ordre de service « à prix provisoire » ?

On pense parfois que le prix provisoire est le prix de l'entreprise, que le maître d'œuvre n'a pas eu le temps d'analyser. Il s'agit là d'un contresens.

Le prix notifié est provisoire parce que l'entreprise a trente jours, à réception de l'ordre de service, pour émettre des réserves, c'est-à-dire pour refuser le prix notifié par la maîtrise d'œuvre.

Il est aussi provisoire parce que le maître d'ouvrage n'a pas encore signé d'avenant, ni liquidé le marché.

5.6.2.2. Quel est l'intérêt de ces prix provisoires ?

Le concept du prix provisoire est extrêmement utile : il permet de ne pas bloquer l'avancement du chantier, même si l'administration et l'entrepreneur ne sont pas en accord sur les prix. Il est utilisé pour le règlement des acomptes mensuels, même en l'absence d'avenant, tant que le montant du marché n'est pas atteint.

Il faut savoir qu'en marchés publics l'entreprise a l'*obligation* d'appliquer les OS, même si elle a des réserves sur leur contenu, et ce jusqu'à 10 % d'augmentation du marché [2].

---

1 Article 14 du CCAG Travaux.

2 Article 15.2.1 du CCAG Travaux.

5.6.3. Les travaux supplémentaires en marchés privés

En marchés privés, une négociation a généralement lieu pour parvenir à un accord sur le montant des travaux supplémentaires entre maître d'ouvrage et entreprise, avec l'expertise du maître d'œuvre.

L'OS notifiant conjointement la réalisation des travaux supplémentaires et leur prix est ensuite lancé.

C'est une différence importante entre marchés publics et marchés privés.

5.6.4. Les dysfonctionnements liés à la gestion des travaux supplémentaires

Il est courant sur les chantiers de voir des entreprises qui commencent, et parfois terminent, la réalisation de travaux supplémentaires sans avoir encore reçu l'ordre de service notifiant l'accord sur leur réalisation.

Cette pratique est à éviter, car elle provoque couramment des différends ultérieurs avec les entreprises. Les travaux supplémentaires doivent être précédés d'un ordre de service, tant sur les petits chantiers que sur les grands.

Quelques exemples de cas de figure de travaux supplémentaires réalisés sans OS ou avant OS :

5.6.5. Le « malentendu » sur le caractère supplémentaire de la prestation

L'entreprise a évoqué la nécessité de réaliser la prestation. Dans l'esprit de l'entrepreneur, il était bien clair qu'il s'agissait d'un supplément, mais il n'a pas osé le dire explicitement, ou il n'a tout simplement pas pensé à le dire. Pour le maître d'ouvrage, il était évident que la prestation proposée faisait partie du prix global et forfaitaire.

Résultat : différends entre entreprise et maître d'ouvrage au moment des facturations.

Cette situation se rencontre notamment avec les particuliers, non-professionnels de l'immobilier, et avec de petites entreprises.

5.6.6. Le manque de rigueur dans la formalisation des OS

Autre cas courant, le maître d'œuvre néglige la formalisation des travaux supplémentaires. Il reçoit les devis, éventuellement il les discute avec l'entreprise, mais il ne lance pas les ordres de service. Retracer le bilan des suppléments sera ensuite très complexe.

5.6.7. L'anticipation du lancement des prestations sous la pression des délais

C'est un cas courant : analyser le devis et solliciter l'accord du maître d'ouvrage prend du temps ; sous la pression des délais serrés du chantier, l'entreprise engage les travaux supplémentaires, soit de sa propre initiative, soit sur instruction verbale du maître d'œuvre ou de l'OPC, avant d'avoir reçu l'OS lui notifiant les travaux supplémentaires.

Cette pratique, pour banale qu'elle soit, doit être évitée. Il ne faut pas se tromper d'urgence : l'urgence, c'est bien de délivrer l'OS, ce n'est pas de commencer la prestation sans OS.

5.6.8. L'absence de sollicitation du maître d'ouvrage

Un dernier cas, un peu différent, se rencontre : le maître d'œuvre analyse les devis et lance bien les ordres de service. Mais il le fait sans solliciter préalablement l'accord formel du maître d'ouvrage.

Cette situation, heureusement rare, est très grave.

Rappelons le Code de déontologie des architectes: *« L'architecte doit s'abstenir de prendre toute décision ou de donner tous ordres pouvant entraîner une dépense non prévue ou qui n'a pas été préalablement approuvée par le maître d'ouvrage. »* [1]

Le Code civil comporte même un article datant de l'époque napoléonienne et non modifié depuis, qui rappelle cette obligation:

> *« Lorsqu'un architecte ou un entrepreneur s'est chargé de la construction à forfait d'un bâtiment, d'après un plan arrêté et convenu avec le propriétaire du sol, il ne peut demander aucune augmentation de prix, ni sous le prétexte de l'augmentation de la main-d'œuvre ou des matériaux, ni sous celui de changements ou d'augmentations faits sur ce plan, si ces changements ou augmentations n'ont pas été autorisés par écrit, et le prix convenu avec le propriétaire. »* [2]

5.6.9. Qui doit signer les ordres de service?

L'ambiguïté de l'ordre de service est qu'il engage le maître d'ouvrage (notamment en cas de travaux supplémentaires), mais qu'il est signé par le maître d'œuvre.

5.6.9.1. En marchés publics

Le CCAG Travaux précise que *« l'ordre de service est la décision du maître d'œuvre qui précise les modalités d'exécution de tout ou partie des prestations qui constituent l'objet du marché »* [3]. C'est donc le maître d'œuvre qui signe les ordres de service.

Il existe des formulaires utilisés comme modèles d'ordres de service en marchés publics [4].

5.6.9.2. En marchés privés

Le contrat type de l'ordre des architectes précise que le maître d'ouvrage signe l'OS de démarrage du chantier, et sous-entend donc que le maître d'œuvre signe les autres.

La norme (volontaire) NF P 03-001 [5] indique que les OS sont émis par le maître d'œuvre mais que le maître d'ouvrage contresigne les OS avec impact financier ou impact sur les délais.

Conseil pratique sur la formalisation des validations des travaux supplémentaires

En pratique, deux solutions sont possibles, valables tant en marchés publics que privés.

Dans tous les cas, les ordres de service sont normalement rédigés et signés par le maître d'œuvre. Mais si l'OS a un impact financier ou un impact sur les délais contractuels, une formalisation préalable de l'accord du maître d'ouvrage est indispensable.

---

1 Consultable sur Légifrance directement à la rubrique « Codes: Code de déontologie des architectes ».

2 Article 1793 du Code civil.

3 Article 2 du CCAG Travaux.

4 Formulaires disponibles sur www.economie.gouv.fr, rubrique « DAJ/commande publique ».

5 NF P 03-001: Marchés privés – Cahiers types – Cahier des clauses administratives générales (CCAG) applicable aux travaux de bâtiment faisant l'objet de marchés privés (indice de classement: P 03-001).

Sur les petits chantiers, avec une proximité relationnelle entre maître d'ouvrage et maître d'œuvre, l'OS peut être simplement contresigné par le maître d'ouvrage : le maître d'ouvrage est bien au courant des causes des travaux supplémentaires qu'il a validés et il n'est pas nécessaire d'alourdir le formalisme.

Sur les gros chantiers, qui concernent l'AMO conducteur d'opération, il est indispensable que le maître d'œuvre fournisse une traçabilité de la cause et de la justification des travaux supplémentaires. Ces informations étant confidentielles vis-à-vis de l'entreprise (par exemple si une responsabilité MOE est indéniable), elles doivent figurer sur un document distinct, document qui sert habituellement de support à l'accord écrit préalable du maître d'ouvrage, et pouvant être appelée fiche de travaux modificatifs (différents noms peuvent exister pour une telle fiche).

Avant le début du chantier, il est donc fondamental de se mettre d'accord avec le maître d'œuvre sur le circuit de validation des travaux supplémentaires. Cette organisation doit être formalisée, par exemple sous la forme d'un *processus de validation des travaux supplémentaires* définissant la fiche de travaux modificatifs.

Le mandat donné par le maître d'ouvrage au maître d'œuvre, l'autorisant à signer les ordres de service pour son compte, doit être formalisé : en début de chantier, le maître d'ouvrage désigne par écrit la personne physique de l'équipe de maîtrise d'œuvre qui émettra les ordres de service et prendra les attachements.

Règle d'or de la gestion des OS

Le maître d'œuvre doit recueillir l'accord formel du maître d'ouvrage avant de signer un OS avec impact financier ou impactant les délais contractuels.

Une procédure de validation des travaux supplémentaires doit être formalisée avec le maître d'œuvre préalablement au début du chantier.

L'entreprise doit être informée du nom du représentant de la maîtrise d'œuvre autorisé à signer les ordres de service.

Pour en savoir plus sur la gestion des marchés de travaux

Consulter le CCAG Travaux[1].

Consulter la norme volontaire NF P 03-001[2] en gardant à l'esprit qu'elle ne constitue en rien une obligation, mais une démarche volontaire.

5.7. Les pénalités de retard

Les pénalités de retard constituent un sujet sensible dans la relation aux entreprises.

Elles peuvent être appliquées, en application des clauses administratives du marché, de manière provisoire sur les décomptes mensuels, ou de manière définitive dans le cadre du décompte final.

Les pénalités prévues peuvent porter sur un jalon partiel du planning, par exemple la fin d'une phase de travaux, ou porter sur un sujet particulier : retard des études d'exécution par exemple.

---

1 Consultable dans l'arrêté du 8 septembre 2009 portant approbation du cahier des clauses administratives générales applicables aux marchés publics de travaux.

2 NF P 03-001 : Marchés privés – Cahiers types – Cahier des clauses administratives générales (CCAG) applicable aux travaux de bâtiment faisant l'objet de marchés privés (indice de classement : P 03-001).

L'application des pénalités de retard n'est pas une obligation du maître d'ouvrage : si le maître d'ouvrage juge que, compte tenu de la situation contractuelle, le déclenchement de pénalités serait contre-productif, il peut décider de ne pas en appliquer.

Cette liberté d'action du maître d'ouvrage est assez évidente en marchés privés. En marchés publics, elle découle de la jurisprudence du Conseil d'État :

> *« Considérant qu'il est toujours loisible aux parties de s'accorder, même sans formaliser cet accord par un avenant, pour déroger aux stipulations du contrat initial, y compris en ce qui concerne les pénalités de retard ; que la cour administrative d'appel de Paris n'a donc pas commis d'erreur de droit en jugeant, par une appréciation souveraine exempte de dénaturation, qu'en ayant accordé à la société Sicra des reports successifs de délais jusqu'au 28 février 2007, la commune devait être réputée avoir renoncé à lui infliger des pénalités de retard. »* [1]

Conseil pratique

En cas de retard manifeste d'une entreprise et d'insuffisance des actions mises en œuvre pour le rattraper, il est préférable d'imputer des pénalités de retard provisoires rapidement, sans attendre la fin des travaux.

Cette pression favorise le rattrapage des retards.

L'usage des pénalités doit cependant rester mesuré, surtout auprès des PME.

Les retards constatés doivent être clairement de l'entière responsabilité de l'entreprise et ne doivent pas découler de l'interférence d'un autre lot.

5.8. La retenue de garantie

Le maître d'ouvrage peut prélever sur les décomptes mensuels versés aux entreprises une *retenue de garantie*, d'une valeur de 5 % maximum (3 % pour les PME), afin de couvrir les réserves accompagnant la réception [2].

L'entreprise peut demander la suppression de cette retenue de garantie, en fournissant à la place une caution bancaire (*caution personnelle et solidaire*). Dans le cadre des marchés publics, la retenue de garantie peut aussi être remplacée par une *garantie à première demande*.

Point de vigilance

Le maître d'ouvrage ne peut pratiquer une retenue de garantie que s'il l'a prévue au CCAP. Il faut veiller à préciser qu'elle s'appliquera aussi aux travaux supplémentaires.

5.9. Gérer les courriers recommandés en chantier

La gestion des courriers recommandés reçus des entreprises et envoyés aux entreprises demande une certaine expérience.

Suivant la nature du sujet, le courrier peut relever du maître d'œuvre ou du maître d'ouvrage. Une bonne coordination est nécessaire avec le maître d'œuvre pour éviter toute incohérence.

---

1 Conseil d'État, 7e et 2e sous-sections réunies, 17/03/2010, 308676, consultable sur Légifrance.

2 En marchés publics, voir les articles R2191-32 à R2191-35 du Code de la commande publique ; en marchés privés, voir la loi n° 71-584 du 16 juillet 1971 tendant à réglementer les retenues de garantie en matière de marchés de travaux définis par l'article 1779-3° du Code civil.

Conseil pratique

Il est préférable que le maître d'ouvrage n'envoie pas un courrier recommandé à une entreprise sans en avoir préalablement parlé avec son maître d'œuvre.

5.9.1. Typologie des entreprises

L'attitude de l'équipe maître d'ouvrage/maître d'œuvre doit tout d'abord s'adapter au type d'entreprise auquel on a affaire.

S'agit-il :

- d'une petite entreprise habituée à travailler en confiance avec ses clients et ne possédant qu'un faible personnel administratif ?
- d'une entreprise de taille moyenne, capable de prendre la plume pour formaliser un point de blocage ? ou
- d'un grand groupe du BTP doté d'un service juridique à l'affût du potentiel réclamatoire de chaque événement de chantier ?

Voilà résumées de manière très simplificatrice les trois grandes familles d'entreprises, en ce qui concerne leur rapport aux courriers recommandés, bien d'autres types existant bien sûr.

5.9.2. S'adapter à la typologie de l'entreprise

Il convient d'adapter son comportement à l'entreprise à laquelle on a affaire.

- Les petites entreprises ne feront généralement pas de courrier recommandé, et il faut être conscient que, si on leur envoie un recommandé, l'entrepreneur pourra parfois être choqué, comme par la rupture d'un « contrat moral » tacite de confiance réciproque. Face aux petites entreprises, il ne faut prendre la plume qu'en présence de manquements répétés ou de mauvaise foi flagrante. Dans bien des cas, un courrier recommandé envoyé à une petite entreprise peut produire un fort impact, là où une entreprise plus grande n'y aurait pas prêté attention.
- Les entreprises de taille moyenne sans culture réclamatoire adressent généralement des recommandés pour formaliser un point de blocage, quand elles ont l'impression de ne pas être écoutées en réunion de chantier. Par exemple pour formaliser que leur avancement est bloqué en l'attente d'une décision du maître d'œuvre, du maître d'ouvrage, ou en l'attente d'un autre lot. Ces courriers doivent être pris au sérieux, et une réponse doit être apportée, généralement par le maître d'œuvre.
- Les grands groupes de BTP à la tradition réclamatoire adressent un courrier au maître d'œuvre et au maître d'ouvrage dès qu'un fait peut apporter un élément à la réclamation. Il faut être conscient qu'avec ces entreprises tout document transmis à l'entreprise après la signature du marché peut être une pierre dans l'édifice de la réclamation. Par exemple :
  - le maître d'œuvre demande un devis pour une prestation supplémentaire : voilà un argument pour justifier un renforcement de l'équipe administrative !
  - le maître d'œuvre transmet un croquis de détail : voilà qui justifie un allongement de délai – et donc de coûts de chantier – puisqu'une nouvelle donnée entrante est transmise durant le chantier !

– le maître d'œuvre croit bien faire en transmettant une donnée sur l'existant utile à l'entreprise : voilà aussi qui justifie un délai et un surcoût, puisqu'une donnée entrante est transmise beaucoup trop tardivement !

Règle d'or

Sur les chantiers importants, éviter de transmettre des données aux entreprises ; toute transmission de donnée est susceptible d'alimenter la réclamation.

5.9.3. Construire une stratégie de veille antiréclamatoire

Dans certains grands groupes, le chargé d'affaires de l'entreprise travaille en tandem avec un juriste ou un *contract manager*, qui analyse chaque document entrant pour l'exploiter pour la réclamation.

Face à une telle situation, il est important que l'équipe projet s'organise pour être en mesure de répondre au fur et à mesure aux courriers recommandés. Alors que les courriers sincères d'une entreprise de taille moyenne appellent une réponse pertinente, qui apporte les éléments permettant de débloquer le chantier, les courriers purement réclamatoires d'un grand groupe appellent une réponse d'une tout autre nature. Le but du courrier de réponse doit être de formaliser des arguments qui permettront ultérieurement d'apporter une réponse à la réclamation.

En rédigeant le courrier de réponse, il faut se demander : quels arguments peut-on formaliser, qui réduiront la portée de la future réclamation sur le sujet précis objet du courrier reçu ? C'est une manière totalement différente de répondre aux courriers. À l'extrême, rien n'interdit dans les réponses de faire preuve d'une certaine mauvaise foi comme l'entreprise, en insistant sur les manquements de l'entreprise, et pourquoi pas sur l'important préjudice financier qu'ils entraînent pour le maître d'ouvrage !

Dans le courrier de réponse, il peut aussi être utile d'identifier un nombre de jours de retard qu'on considère comme imputables à l'entreprise à la date du courrier. En effet, plus le chantier sera avancé, et plus il sera difficile d'identifier clairement quels retards sont imputables à l'entreprise et quels retards ne sont pas de son ressort (ceci est encore plus vrai sur un chantier en corps d'état séparés). À la fin du chantier, lors de l'analyse de la réclamation, les courriers réalisés en cours de chantier permettront d'étayer l'affectation à l'entreprise de pénalités de retard, pénalités qui peuvent compenser la réclamation.

Quoi qu'il en soit, quel que soit le type d'entreprise, la réponse ne doit pas tarder, sous peine de voir s'accumuler les courriers.

Règle d'or des courriers d'entreprises

L'AMO conducteur d'opération doit veiller à ce que tout courrier d'entreprise fasse l'objet d'une réponse écrite de la maîtrise d'œuvre ou de la maîtrise d'ouvrage dans les trois ou quatre jours après sa réception.

Outre cette veille destinée à anticiper la réponse au dossier de réclamation, il faut veiller à ce que les devis de travaux supplémentaires soient bien traités rapidement et équitablement tout au long du chantier.

Si l'on parvient, ce qui n'est pas toujours facile, à obtenir un consensus avec l'entreprise sur leur montant, la réclamation sera normalement évitée ou diminuée.

S'obstiner à refuser systématiquement tous les devis ne fait que reporter le problème, et l'analyse sera plus difficile en fin de chantier qu'à chaud. Les devis doivent donc faire l'objet d'une analyse objective pour identifier si oui ou non la prestation était incluse au marché.

5.9.4. Aller vers le contentieux

Qu'il s'agisse de traiter une réclamation ou de traiter un litige relatif à la qualité des travaux, il peut être nécessaire d'aller jusqu'au contentieux devant les tribunaux.

Un expert auprès des tribunaux sera généralement désigné dans un premier temps.

Conseil pratique

Si le maître d'ouvrage, assisté de son maître d'œuvre, doit se présenter devant l'expert, ou *a fortiori* devant un juge, un dossier devra être préparé.

Pour constituer ce dossier, il est conseillé de numéroter les pièces justificatives par ordre chronologique et de les accompagner d'un mémoire explicatif renvoyant aux pièces justificatives numérotées.

6. Le pilotage du budget en phase travaux

6.1. Le suivi de coût final estimé de chaque marché

6.1.1. La fiche de suivi du marché

Le suivi du montant des marchés est la brique de base du suivi financier du projet.

Aussi est-il essentiel d'exiger du maître d'œuvre un suivi rigoureux du montant des marchés.

La forme à donner à ce suivi peut être très diverse. Un outil de suivi particulièrement rudimentaire et qui a fait ses preuves est présenté ici.

Pour chaque marché de travaux, le maître d'œuvre crée au début du chantier une fiche de suivi, sur laquelle figure le montant du marché. Au cours du chantier, il ajoute sur cette fiche au fil de l'eau :

- chaque ordre de service avec prix ;
- les avenants ;
- des provisions pour risques s'il identifie des risques sur un point particulier du marché.

Cette fiche permet de connaître en permanence d'une part le montant contractuel et d'autre part le coût prévisionnel final, ainsi que le pourcentage d'augmentation du marché.

6.1.2. Exemple de fiche de suivi d'un marché

Marché Dubroux – Lot sols durs	**Montants**
Marché de base	1 345 000,00 €
Ordres de service sans avenant OS n° 3 : Suppression local gardien OS n° 5 : Ajout local Ouest	 - 1 432,00 € + 3 565,00 €
Avenants Néant	
Total engagé	**1 347 133,00 €**
% par rapport marché de base	*+ 0,16 %*
Provisions Provision pour devis en attente chape complémentaire Provision pour risque réclamatoire	 + 1 500,00 € + 10 000,00 €
Coût final prévisionnel	**1 358 633,00 €**
% par rapport marché de base	*+ 1,01 %*

Si un avenant n° 1 est passé à l'entreprise, intégrant les OS n° 3 et 5, la fiche de suivi intègre cet avenant :

Marché Dubroux – Lot sols durs	**Montants**
Marché de base	1 345 000,00 €
Ordres de service sans avenant Néant	
Avenants Avenant n° 1	 + 2 133,00 €
Total engagé	**1 347 133,00 €**
% par rapport marché de base	*+ 0,16 %*
Provisions Provision pour devis en attente chape complémentaire Provision pour risque réclamatoire	 + 1 500,00 € + 10 000,00 €
Coût final prévisionnel	**1 358 633,00 €**
% par rapport marché de base	*+ 1,01 %*

La tenue d'une telle fiche est-elle due par le maître d'œuvre ? On est un peu en limite du périmètre de la mission de base du maître d'œuvre, toutefois, l'arrêté d'application de la loi MOP[1] inclut dans les missions de la phase DET : « *informer systématiquement le maître de l'ouvrage sur l'état d'avancement et de prévision des travaux et dépenses, avec indication des évolutions notables* », on peut donc considérer que c'est un service exigible du maître d'œuvre.

Quoi qu'il en soit, si c'est le maître d'œuvre qui assure le suivi, une étroite collaboration est nécessaire car c'est à l'AMO conducteur d'opération de proposer au maître d'ouvrage la validation des provisions pour risques, marché par marché.

6.2. Le suivi du coût final global

Les fiches de suivi des marchés (quels que soient la forme et le nom qu'on leur donne) sont la brique élémentaire qui permet le suivi global des dépenses du projet.

L'AMO conducteur d'opération tient à jour un suivi du coût final estimé (CFE) du projet, constitué de la somme :

- des dépenses déjà engagées (marchés signés et leurs avenants) ;
- des dépenses restant à engager (marchés restant à passer notamment) ;
- de provisions pour risques.

6.3. La planification financière

La planification des fonds nécessite une connaissance fine des charges futures, mois par mois. L'AMO conducteur d'opération tient donc à jour un tableau prévisionnel des besoins de financement, qui découle du planning de chaque lot.

7. Le projet BIM en phase chantier

7.1. Le cadre contractuel du BIM en phase chantier

Les marchés signés avec les entreprises comprennent le cahier des charges BIM, document rédigé par l'AMO BIM et qui liste les exigences du maître d'ouvrage en matière de BIM à l'attention des entreprises.

La convention BIM établie par le maître d'œuvre apporte des prescriptions complémentaires.

7.2. Les maquettes numériques d'exécution

Les entreprises réalisent leurs études d'exécution sous forme de maquettes numériques BIM, dites en « LOD 400 » (de l'anglais *Level of Development* ; le LOD 400 est le niveau de

1 Arrêté du 22 mars 2019 précisant les modalités techniques d'exécution des éléments de mission de maîtrise d'œuvre confiés par des maîtres d'ouvrage publics à des prestataires de droit privé.

développement propre aux études d'exécution, suivant la terminologie de l'American Institute of Architects[1]).

Elles peuvent partir de la maquette numérique de conception du maître d'œuvre et enrichir son niveau de détail. Elles peuvent aussi, bien plus souvent, repartir de zéro en créant leur propre maquette numérique d'exécution, afin d'en maîtriser parfaitement le contenu.

En phase conception, le projet était couramment découpé en plusieurs maquettes numériques afin de limiter la taille des fichiers : découpage par zone géographique ou par métier.

En phase études d'exécution, les entreprises réalisent souvent une maquette numérique par corps d'état.

En enjeu fort de la phase chantier en matière de BIM est la qualité de ces maquettes numériques d'exécution, qui formeront à la fin du chantier les maquettes BIM DOE. De la qualité des maquettes d'exécution découlera la qualité des maquettes DOE, et la possibilité pour la maîtrise d'ouvrage d'utiliser le BIM en phase exploitation-maintenance.

7.3. Le rôle de l'AMO BIM en phase chantier

Dans le cadre de sa mission Visa, le maître d'œuvre vérifie la conformité des documents d'exécution des entreprises au marché.

Afin d'assurer une bonne traçabilité des documents visés, dans le cadre d'un processus qui engage des responsabilités de part et d'autre, le visa du maître d'œuvre ne porte généralement pas sur une maquette numérique globale, foisonnante d'informations diverses, mais sur un ensemble, issu de la maquette, de documents d'exécution PDF, images figées référencées par leur cartouche indicé.

Il est possible que dans quelques années le visa du maître d'œuvre porte directement sur une maquette numérique, mais peu d'équipes ont un degré de maturité BIM qui permette de prendre un tel risque actuellement.

Le visa portant sur des documents PDF, rien n'oblige donc le maître d'œuvre, sauf prestation expressément incluse à sa mission, à vérifier la qualité des structurations de données des maquettes numériques.

De plus le BIM manager, qui pourrait contribuer à cette vérification, appartient généralement à l'une des entreprises.

Il est donc nécessaire qu'un intervenant soit spécifiquement en charge du contrôle de la qualité des maquettes numériques d'exploitation, pour le compte du maître d'ouvrage.

C'est le rôle de l'AMO BIM, qui vérifie en phase chantier la conformité des maquettes numériques au cahier des charges BIM, à la fois en termes de structuration des données et de niveau de développement de la maquette.

Point de vigilance

La prestation de l'AMO BIM n'est pas décrite par un texte officiel. Une grande diversité de prestations peut être réalisée par les AMO BIM, en fonction de leur contrat.

---

1 https://bimforum.org/lod/.

7.4. La cellule de synthèse et le projet BIM

7.4.1. Son rôle et son importance

La mission de synthèse a pour but d'assurer la cohérence spatiale des réseaux définis sur les plans d'exécution, ainsi que leur cohérence avec le gros œuvre et le second œuvre. Elle intervient au cours des études d'exécution. Cette mission existait bien avant l'apparition du BIM.

Cette mission est souvent mal connue, alors qu'elle est cruciale pour le bon déroulement du chantier. Cette méconnaissance peut avoir de graves conséquences, en termes de retards et de conflits. Il est donc indispensable d'en bien comprendre les enjeux.

On distingue parfois :

- la *synthèse technique* (portant sur les réseaux et équipements techniques) ; et
- la *synthèse architecturale* (portant sur la mise en cohérence des lots de second œuvre entre eux et avec la structure).

Cette distinction est notamment opérée si l'on souhaite faire réaliser la prestation par deux personnes différentes, un spécialiste des réseaux fluides en charge de la synthèse technique et un architecte en charge de la synthèse architecturale.

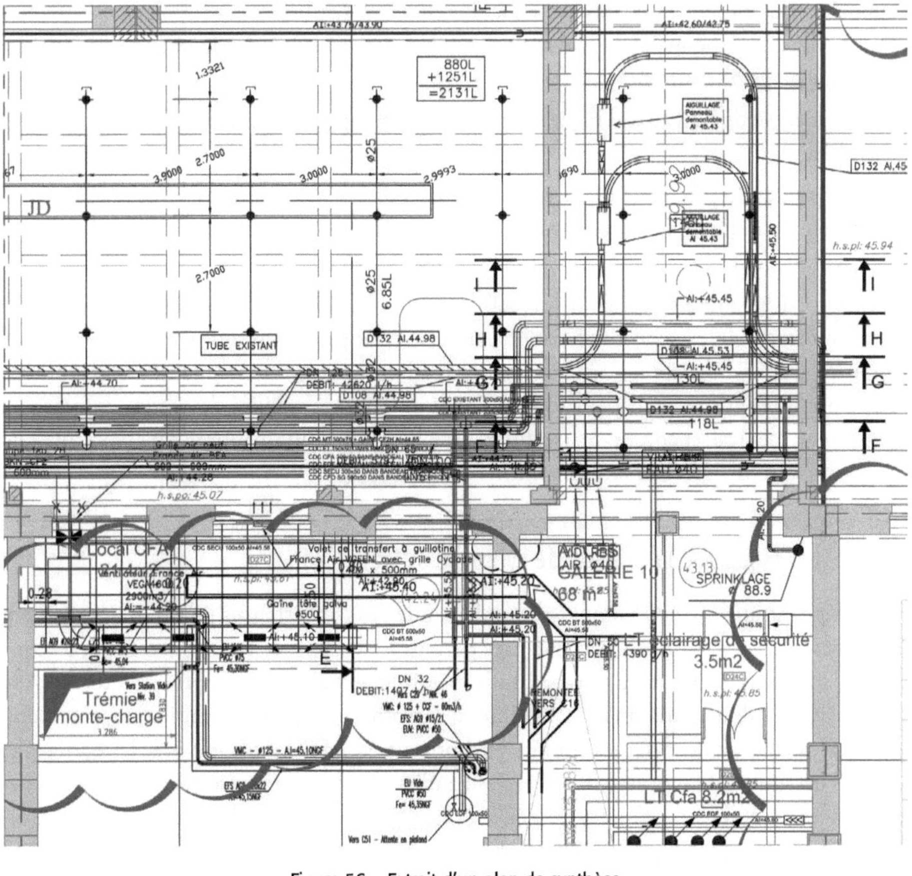

Figure 56 – Extrait d'un plan de synthèse.

La mission de synthèse est réalisée par la *cellule de synthèse*, qui regroupe :

- un animateur de la cellule de synthèse (ou pilote ou directeur de synthèse) ; et
- les responsables des études d'exécution de chaque lot, en particulier les lots techniques et le gros œuvre ou la structure.

Le travail de synthèse en phase chantier a normalement été précédé en phase conception par une *présynthèse* (ou synthèse de conception) : au cours des études PRO, le maître d'œuvre a veillé en amont à anticiper et éviter les principaux problèmes de synthèse. Cette présynthèse est grandement facilitée par le travail en BIM, qui permet de détecter facilement en trois dimensions les incompatibilités entre les ouvrages.

7.4.2. Dans quel cas faut-il une cellule de synthèse ?

La cellule de synthèse est nécessaire en présence de plusieurs entreprises, dès qu'il y a des réseaux dans le bâtiment, qui risquent d'entrer en « collision » les uns avec les autres.

Quelques exemples :

- un ravalement n'a pas besoin de synthèse ;
- une maison individuelle non plus ;
- pour un chantier en entreprise générale, la cellule de synthèse est généralement interne à l'entreprise, mais le maître d'œuvre doit préciser dans le PRO que la mission de synthèse est à la charge de l'entreprise ;
- un immeuble de bureaux, d'habitation, un ERP en lots séparés nécessitent une cellule de synthèse.

Pour des projets dont l'ampleur des réseaux ne nécessite pas de cellule de synthèse, le travail de synthèse est réduit à de simples mises au point en réunion de chantier : les études d'EXE sont adaptées pour résoudre les problèmes rencontrés.

L'exemple extrême de projets pour lesquels la mission de synthèse a à l'opposé une importance fondamentale est constitué par les projets d'établissements hospitaliers : ces projets comportent de très nombreux réseaux, ce qui rend cruciale la bonne qualité de la synthèse. Une mauvaise synthèse peut par exemple conduire à l'impossibilité de mettre en place un équipement médical encombrant (scanner, etc.), du fait d'une hauteur sous faux plafond insuffisante (exemple réellement survenu).

7.4.3. Les enjeux de la mission de synthèse

La synthèse est une mission complexe, qui demande des compétences pointues. L'animateur de synthèse doit connaître les particularités de tous les corps d'état et leurs contraintes : par exemple il doit connaître les rayons de courbure minimaux d'une fibre optique et d'un réseau pneumatique, il doit connaître les possibilités d'« aplatir » une gaine de ventilation, etc. Il doit aussi être capable de négocier les conflits qui apparaissent inévitablement avec les entreprises au cours des études de synthèse. En effet, les conflits spatiaux entre réseaux (incompatibilités entre tracés de différents réseaux) ne peuvent être résolus que par des adaptations d'études d'exécution, adaptations qui induisent souvent un surcoût de travaux pour un entrepreneur.

Le pouvoir de conviction et la compétence de l'animateur de la cellule de synthèse sont donc essentiels pour la réussite du chantier.

7.4.4. BIM et cellule de synthèse

Que devient la cellule de synthèse à l'ère du BIM ? Il n'existe pas actuellement de réponse unique et définitive à cette question.

Indéniablement, le métier de BIM manager et le métier d'animateur de la cellule de synthèse présentent de fortes similitudes ; en particulier ils ont en commun de ne pas modifier eux-mêmes les études d'exécution, qui restent de la responsabilité des entreprises.

1re réponse possible à cette question : on peut considérer que l'animateur de la cellule de synthèse s'est transformé, à l'ère du BIM, en BIM manager.

2e réponse possible : on peut aussi considérer qu'animateur de la cellule de synthèse et BIM manager forment une équipe ; le premier disposant d'une forte expérience terrain des réseaux fluides et le second étant très compétent dans le maniement des outils informatiques BIM.

Que les deux rôles soient fusionnés ou restent distincts, il est indéniable que ces métiers se rapprochent à vitesse grand V.

7.4.5. Attribuer la mission de synthèse et le BIM management en phase chantier

La décision de l'attribution de la mission de synthèse et du BIM management en phase chantier peut faire l'objet d'un dialogue avec le maître d'œuvre en phase PRO/DCE.

Ces deux missions ne font pas partie de la mission de base de maîtrise d'œuvre. Elles ne font pas partie non plus des études d'exécution des entreprises. Ce sont des missions d'AMO.

Plusieurs solutions sont typiquement utilisées pour affecter ces missions :

- missions confiées directement par la maîtrise d'ouvrage à un BET spécialisé : c'est une bonne solution, à condition que seuls des BET expérimentés en synthèse et en BIM management soient consultés ; cette solution est parfois retenue pour les chantiers en corps d'état séparé ;
- missions complémentaires confiées au maître d'œuvre : cette solution n'est acceptable que s'il en a la compétence ; beaucoup de maîtres d'œuvre n'ont pas cette compétence ; si l'équipe de maîtrise d'œuvre comprend un bureau d'études important, cette solution est envisageable ;
- missions confiées à l'une des entreprises, généralement le lot gros œuvre ou le lot CVC, en le prévoyant dès la phase PRO ; la mission de synthèse et la mission de BIM management en phase chantier font alors l'objet d'un cahier des charges précis que le maître d'œuvre inclut au DCE ; l'entreprise sous-traite souvent cette prestation à un prestataire spécialisé. Cette solution a l'avantage de garantir que ces missions seront bien attribuées à temps, ce qui est un gros avantage. Autre avantage de cette solution : pour les petits projets pour lesquels on s'interroge sur la nécessité éventuelle d'une mission de synthèse, en incluant cette mission à un lot on en garantit la réalisation, le surcoût étant faible puisque l'entreprise, consciente de la modestie de la mission, la chiffre à un faible coût. Mais cette solution ne garantira pas la compétence de l'animateur de synthèse et du BIM manager, contrairement à une commande directe à un BET spécialisé rigoureusement sélectionné.

Conseil pratique

On peut proposer deux recommandations pour l'attribution de la mission de synthèse et du BIM management en phase chantier :

1. Attribuer mission de synthèse et mission de BIM management au même prestataire, pour profiter des synergies entre ces métiers.
2. Afin de limiter les responsabilités de la maîtrise d'ouvrage, préférer attribuer ces prestations à l'une des entreprises (l'entreprise principale) sur la base d'un cahier des charges précis.

8. Hygiène, sécurité et prévention sur le chantier

Le secteur du bâtiment et des travaux publics concentre seulement 9 % des salariés du régime général, mais il représente à lui seul environ 18 % des accidents avec arrêt de travail et près de 30 % des décès. La sécurité sur le chantier est donc un sujet essentiel, dont l'AMO conducteur d'opération ne peut pas se désintéresser.

On trouvera une mine d'informations sur le site Internet de l'INRS, rubrique « Bâtiments et Travaux publics », avec en particulier des aide-mémoire et guides gratuitement téléchargeables.

De nombreux guides sont aussi consultables sur le site de l'IRIS-ST, association dédiée à la sécurité au travail des artisans du BTP [1].

8.1. Le coordonnateur SPS sur le chantier

La mission du coordonnateur SPS en phase chantier est essentiellement de veiller à la bonne application des mesures de sécurité sur le chantier, notamment vis-à-vis des risques découlant des interventions simultanées (la *coactivité*) ou successives de plusieurs entreprises.

Au début du chantier et à l'arrivée de nouvelles entreprises (notamment sous-traitants), le coordonnateur SPS réalise une *inspection commune* [2] avec l'entrepreneur afin de lister :

- les risques que pourraient subir ses salariés ;
- les risques qu'ils pourraient engendrer pour les autres intervenants.

Lors de cette inspection, le coordonnateur SPS rappelle les prescriptions de sécurité propres au chantier. L'entrepreneur transmet au coordonnateur SPS son PPSPS (plan particulier de sécurité et de protection de la santé) pour validation.

La loi prévoit une période de préparation d'un mois pour réaliser ces démarches à compter de la signature du marché. L'intention du législateur était d'interdire les débuts de chantiers précipités, sans période de préparation.

Pour les projets en site exploité, le coordonnateur SPS réalise de plus une inspection commune avec l'exploitant, afin de prendre en compte les interférences entre l'exploitation du site et le déroulement du chantier [3].

---

1 www.iris-st.org. Attention sur certains sujets les règles auxquelles sont soumis les artisans sont moins strictes que celles destinées aux autres entreprises.

2 Article R4532-13 du Code du travail.

3 Article R4532-14 du Code du travail.

Durant le chantier, le coordonnateur SPS tient à jour un *registre journal*, à la disposition de l'inspecteur du travail. Ce registre journal est l'outil de communication du coordonnateur SPS avec les intervenants du chantier : il y consigne ses remarques et recommandations, qu'il présente aux intervenants concernés (entreprises, sous-traitants), lesquels notent leurs éléments de réponse et contresignent le registre.

Il mène des actions de prévention vis-à-vis des ouvriers et rappelle les principes de sécurité. Il anticipe les situations potentiellement à risque, par exemple en évitant les superpositions de tâches entre entreprises.

Les visites de chantier par le coordonnateur SPS sont très utiles s'il est compétent, et elles permettent normalement d'améliorer le niveau de sécurité du chantier.

8.1.1. La responsabilité du maître d'ouvrage en matière de sécurité

La présence du coordonnateur SPS, professionnel de la sécurité, ne modifie ni la nature ni l'étendue des responsabilités du maître d'ouvrage en matière de sécurité et de protection de la santé sur le chantier. Le maître d'ouvrage reste pleinement responsable [1].

Les obligations du maître d'ouvrage en matière de sécurité en phase chantier

Outre l'application des principes généraux de prévention, obligation qui reste relativement abstraite, le maître d'ouvrage a notamment pour obligations en phase chantier (liste non exhaustive) :

- d'organiser une concertation avec les autres maîtres d'ouvrage d'opérations se déroulant sur le même site afin de limiter les risques interférents [2] ;
- d'adresser à l'inspection du travail la déclaration préalable exigible si le volume d'activité prévisionnel dépasse 500 hommes × jours (opérations dites de 1re et 2e catégories) [3] ;
- d'inclure au projet la réalisation préalable des voiries d'accès au chantier [4] ;
- d'organiser pratiquement la collaboration entre le coordonnateur SPS, le maître d'œuvre et les entreprises.

Cette dernière obligation peut consister à vérifier que le coordonnateur vient régulièrement en réunion de chantier et que ses prescriptions sont bien prises en compte ; elle consiste aussi à informer le coordonnateur SPS de l'arrivée de toute nouvelle entreprise sur le chantier, afin de lui permettre de réaliser l'inspection préalable. Suite à un accident grave du travail, la Cour de cassation a condamné un maître d'ouvrage pour avoir négligé d'informer le coordonnateur SPS de la présence d'un travailleur indépendant (dit M. X). L'arrêt rappelle

> *« qu'en ne mentionnant pas dans la liste fournie audit coordonnateur (...) le nom de Monsieur X..., le maître d'ouvrage n'a pas donné au coordonnateur les moyens d'assurer sa mission, et notamment de procéder à une inspection commune préalable à l'intervention du demandeur ; qu'une telle inspection aurait pu permettre au coordonnateur d'attirer l'attention de Monsieur X... sur les voies de déplacement à emprunter sur le chantier, sur les risques particuliers à éviter et sur les modalités de mise en marche des éclairages ; que par conséquent, la*

---

1 Article L4532-6 du Code du travail.
2 Article L4531-3 du Code du travail.
3 Articles L4532-1 et R4532-2 du Code du travail.
4 Article R4533-1 du Code du travail.

SARL MARTINE [MOA] a manqué à son obligation de sécurité envers Monsieur X..., travailleur indépendant, intervenant sur son chantier en vertu du contrat d'entreprise souscrit entre eux»[1].

De plus les obligations ci-dessous incombant elles aussi au maître d'ouvrage ont normalement déjà été prises en compte préalablement au début du chantier:

- désigner un coordonnateur SPS compétent, doté des moyens et de l'autorité nécessaires;
- respecter la réglementation relative aux DT en vue de la protection des réseaux VRD existants[2], avec notamment l'obligation du marquage-piquetage préalable au chantier, opération à inclure aux marchés, qui fait l'objet d'un *procès-verbal de marquage-piquetage*;
- faire réaliser et communiquer aux entreprises les diagnostics plomb et amiante;
- prévoir au DCE un plan d'installations de chantier, qui propose aux entreprises une solution pour l'installation sur le site des installations de chantier (bungalows et aires de stockage).

8.1.2. La responsabilité du SPS en cas d'accident

8.1.2.1. Responsabilité dans le cadre du Code du travail

En cas d'accident sur le chantier, la responsabilité pénale du coordonnateur SPS ne peut pas être engagée pour non-respect sur le chantier des règles de sécurité exigées par le Code du travail.

La Cour de cassation a précisé ce principe en 2005: un salarié d'une entreprise sous-traitante avait fait une chute mortelle depuis une plateforme qui n'était pas totalement installée. Dans un premier temps le coordonnateur SPS avait été condamné pour homicide involontaire en infraction au Code du travail, au motif que le niveau de sécurité du chantier était très mauvais, et que le coordonnateur SPS aurait dû prendre des mesures afin de garantir la sécurité des personnes. La Cour de cassation a cassé ce jugement, en rappelant que le Code du travail ne prévoit aucune sanction pénale à l'égard de la personne investie de la mission de coordination SPS:

«les textes visés à la prévention, s'ils déterminent des obligations à l'égard du coordonnateur chargé de la sécurité de l'ouvrage, ne qualifient aucune sanction pénale et n'édictent aucune peine à l'égard du salarié investi de cette mission.»[3]

8.1.2.2. Responsabilité dans le cadre du Code pénal

Le coordonnateur SPS n'échappe cependant pas à toute sanction. Sa responsabilité pénale peut être engagée dans le cadre du Code pénal s'il a commis des manquements dans le cadre de sa mission, et s'il est déterminé que ces manquements sont à l'origine d'un accident du travail. La Cour de cassation a ainsi parlé dans un cas de ce type d'une *«faute caractérisée exposant autrui à un risque d'une particulière gravité [que le coordonnateur SPS] ne pouvait ignorer»*[4].

1 Cour de cassation, civile, Chambre civile 3, 17 juin 2015, 14-13.350.
2 Articles L554-1 et R554-1 du Code de l'environnement et www.reseaux-et-canalisations.ineris.fr/.
3 Voir l'arrêt de la Chambre criminelle de la Cour de cassation du 1er septembre 2005, numéro de pourvoi 03-87949.
4 Voir l'arrêt de la Chambre criminelle de la Cour de cassation du 9 juin 2009, numéro de pourvoi 08-82847.

Par ailleurs, le coordonnateur SPS n'est pas un constructeur au sens du Code civil. Il n'est pas tenu par les garanties de parfait achèvement, biennale et décennale du Code civil.

8.1.2.3. Contrôler le bon déroulement de la mission du coordonnateur SPS en phase chantier

Le contrôle par l'AMO conducteur d'opération de la mission du coordonnateur SPS peut consister à :

- prendre connaissance périodiquement du registre journal ;
- vérifier la fréquence des visites sur le chantier du coordonnateur SPS ;
- vérifier la fréquence des présences en réunion de chantier du coordonnateur SPS ;
- vérifier le cas échéant la bonne organisation du Collège interentreprises de sécurité, de santé et des conditions de travail.

8.2. Le CISSCT

Si le chantier doit comporter un total de plus de 10 000 hommes × jours (on parle de chantier de catégorie 1), le coordonnateur SPS met en place un CISSCT (collège interentreprises de sécurité, de santé et des conditions de travail), réunion au moins trimestrielle de représentants des ouvriers et des entrepreneurs. Le coordonnateur SPS préside le CISSCT.

La présence des entreprises au CISSCT est obligatoire (à quelques cas d'exonération près).

On y aborde des sujets pratiques relatifs à l'hygiène et à la sécurité sur le chantier, et les représentants des ouvriers peuvent y exprimer leurs demandes, notamment relatives aux locaux de vie. C'est l'occasion de régler les différends entre les entreprises qui cohabitent dans des locaux de vie communs.

Si le PGC, le PPSPS et le DIUO sont parfois critiqués comme des exigences technocratiques qui n'apportent pas grand-chose, le CISSCT au contraire est généralement extrêmement utile, en contraignant les chefs d'entreprise à résoudre les problèmes pratiques auxquels sont confrontés les ouvriers sur le terrain.

8.3. Les organismes de contrôle en matière de sécurité

8.3.1. Les Carsat (ex-Cram)

« Caisses d'assurance retraite et de la santé au travail » est le nouveau nom des caisses régionales d'assurance maladie [1].

Aussi étonnant que cela puisse paraître, les Carsat possèdent un service de contrôle de la sécurité des chantiers doté de pouvoirs importants. L'objectif des caisses d'assurance maladie est de mener une politique de prévention auprès des entreprises de travaux afin de réduire les trop nombreux accidents du travail sur les chantiers. Les contrôleurs de sécurité et les ingénieurs-conseils sont formés au contrôle des détails de la sécurité sur le chantier, comme un coordonnateur SPS, et sont généralement très compétents.

1 En Île-de-France, le terme de Cramif a été conservé.

S'il constate des manquements à la sécurité sur le chantier, le contrôleur de sécurité de la Carsat a le pouvoir, après injonction auprès d'une entreprise, d'augmenter le montant des cotisations sociales de cette entreprise, ce qui peut représenter des sommes considérables. Autant dire qu'il s'agit d'une arme extrêmement puissante face aux entreprises. Comparées à cette arme, les menaces d'un inspecteur du travail sont négligeables pour une entreprise.

Concrètement, après un contrôle non satisfaisant, la caisse adresse à l'entreprise par lettre recommandée une injonction, qui précise :

- le risque auquel sont exposés les salariés ;
- les mesures à prendre par l'employeur et les possibilités techniques de réalisation ;
- le délai de mise en conformité accordé ; et
- avise l'employeur qu'au terme de ce délai, si la situation n'est pas satisfaisante, il s'expose (pour l'ensemble de son activité sur le territoire de la Carsat) à une cotisation supplémentaire, dont le taux est indiqué et peut aller de 25 % à 200 % de la cotisation normale[1] !

Le contrôleur de la Carsat a donc pouvoir sur les entreprises, dont il est la « bête noire », et non sur les maîtres d'ouvrage et maîtres d'œuvre. Il peut en outre faire appel à l'inspecteur du travail.

En pratique, les contrôles portent sur les gros chantiers et tout particulièrement sur les « majors » du BTP, ce qui est d'ailleurs pertinent puisque le risque d'accident croît avec les effectifs sur le chantier.

Pour en savoir plus sur les pouvoirs des Carsat

Consulter les sites Internet des différentes Carsat et les articles du Code de la sécurité sociale.

8.3.2. L'inspection du travail

Comme dans tout lieu de travail, l'inspecteur du travail peut réaliser des visites de chantier, pour s'assurer du respect du droit du travail dans tous ses aspects : hygiène, sécurité, fonctionnement des instances de représentation du personnel, durée du travail. S'il constate des manquements à l'organisation du travail sur le chantier, il adresse des observations écrites à l'entreprise employeur, mais aussi au maître d'ouvrage.

Il peut aller jusqu'à dresser des procès-verbaux et arrêter le chantier.

Contrairement aux inspecteurs de la Carsat, les inspecteurs du travail sont généralement peu spécialisés et donc pas forcément pointus en bâtiment. C'est donc l'organisation du travail et les locaux de vie des ouvriers qui retiennent leur attention davantage que l'application des règles de sécurité sur le chantier.

Pour en savoir plus sur la sécurité sur le chantier

Consulter le site www.inrs.fr, rubrique « Bâtiment et Travaux publics » et télécharger les guides et aide-mémoire, pour la plupart clairs et didactiques.

On peut aussi trouver des informations sur le site de l'OPPBTP, www.oppbtp.fr, organisme de prévention de la branche BTP et sur le site www.preventionbtp.fr.

---

1 Voir les articles L422-3 et L242-7 du Code de la sécurité sociale.

8.4. Le nettoyage du chantier et l'élimination des déchets

Le nettoyage quotidien du chantier par les entreprises est un élément essentiel du bon déroulement du chantier, plus essentiel qu'il ne peut paraître au premier abord.

En effet :

- la propreté du chantier est indispensable à la réalisation d'un travail de qualité par les différents corps d'état ;
- le nettoyage au jour le jour permet d'identifier le corps d'état à l'origine des déchets ; plus le temps passe et plus il est difficile d'identifier le producteur de certains déchets, mélangés les uns aux autres ;
- la propreté du chantier a un impact sur la sécurité : des déchets peuvent provoquer des chutes ;
- enfin, le nettoyage quotidien est tout simplement la manifestation du respect de chaque entreprise pour les autres intervenants du chantier.

Le maître d'œuvre a normalement prévu au marché l'obligation pour chaque entreprise d'effectuer un nettoyage et une mise en benne quotidiens ; ce nettoyage n'est donc pas du ressort du compte prorata.

Quant aux bennes permettant le tri sélectif des déchets, elles sont couramment gérées par une entreprise pour l'ensemble des entreprises présentes sur site, *via* le compte prorata ou indépendamment du compte prorata.

En cas de mauvaise volonté manifeste des entreprises en matière de nettoyage du chantier, des rappels très fermes sont nécessaires ; le coordonnateur SPS peut être un bon relais sur ce sujet. S'ils ne suffisent pas, il peut être nécessaire, à titre exceptionnel, de mettre en place un service de nettoyage aux frais du compte prorata ; cette mesure n'est à envisager qu'en dernière extrémité, car elle présente le risque d'augmenter encore la négligence des entreprises.

Quant au nettoyage périodique des bases vie, il est généralement à la charge d'un lot installations de chantier, et peut être ou non rémunéré au compte prorata. Il fait partie des attributions du coordonnateur de relever les problèmes liés à ce nettoyage.

Pour en savoir plus sur la gestion des déchets sur le chantier

Consulter le site www.dechets-chantier.ffbatiment.fr, principalement destiné aux entreprises.

---

9. Défaillance d'une entreprise et abandon de chantier

La tendance visant à retenir des entreprises moins-disantes n'est pas sans influence sur le risque de défaillance : les entreprises en difficulté ont tendance à casser les prix pour remporter des marchés.

9.1. Les signes avant-coureurs

La défaillance d'une entreprise peut être précédée de signes avant-coureurs, comme l'absence de l'encadrement en réunion de chantier, les difficultés à joindre l'entreprise, l'insuffisance des effectifs, les demandes de paiement disproportionnées par rapport à l'avancement réel, les retards d'approvisionnement.

9.2. Faire face à l'abandon de chantier

9.2.1. Les relances

Face au phénomène d'abandon de chantier, qui diffère d'un simple arrêt temporaire de chantier, l'OPC tente dans un premier temps de contacter l'entreprise pour lui demander de s'expliquer sur son absence et de réaliser les prestations attendues. Les défaillances doivent être consignées dans le compte rendu de chantier.

Un premier constat contradictoire de défaillance doit être réalisé.

Un rendez-vous entre maître d'œuvre, OPC et direction de l'entreprise peut permettre d'en savoir plus sur la nature et l'ampleur des difficultés de l'entreprise.

9.2.2. Les mises en demeure

Le maître d'œuvre met ensuite en demeure l'entreprise, par courrier recommandé, de reprendre les travaux[1].

En l'absence de reprise, le maître d'ouvrage doit réaliser à son tour une mise en demeure de reprendre les travaux sous peine de résiliation du marché, avec réalisation des prestations manquantes par une autre entreprise aux frais de l'entreprise défaillante.

Des informations sur la situation financière de l'entreprise sont à rechercher sur www.infogreffe.fr. Si l'entreprise est en redressement judiciaire le destinataire des courriers est l'administrateur judiciaire, dont les coordonnées sont disponibles auprès du tribunal de commerce. Dans ce cas, c'est l'administrateur judiciaire qui décidera s'il poursuit ou non les travaux.

9.2.3. La déclaration à l'assurance

Il est conseillé de déclarer la défaillance de l'entreprise à l'assureur dommage-ouvrage.

9.2.4. La résiliation du marché

En cas d'absence de reprise des travaux, le maître d'ouvrage émet ensuite un courrier recommandé de résiliation du marché pour inexécution fautive, avec convocation à un constat contradictoire[2].

---

1 En marchés publics, suivant l'article 48 du CCAG Travaux, consultable dans l'arrêté du 8 septembre 2009 portant approbation du cahier des clauses administratives générales applicables aux marchés publics de travaux ; en marchés privés soumis à la norme volontaire NF P 03-001 (et seulement pour ces marchés-ci), suivant l'article 22 de la norme NF P 03-001 – Cahier des clauses administratives générales applicable aux travaux de bâtiment faisant l'objet de marchés privés.

2 En application de l'article 1222 du Code civil.

9.2.5. Le constat contradictoire

Le constat contradictoire, en présence du maître d'ouvrage, du maître d'œuvre, de l'entrepreneur ou l'administrateur judiciaire et d'un huissier de justice, permet de conserver trace de l'état d'avancement réel des travaux abandonnés, ainsi que des éventuelles malfaçons. Il doit être réalisé de manière extrêmement détaillée, poste par poste. Un reportage photo-graphique accompagne le constat d'huissier. L'absence de l'entrepreneur dûment convoqué ne s'oppose pas à la réalisation du constat.

Conseil pratique

Ce constat permet de prononcer la réception des travaux inachevés, point de départ des garanties décennale, biennale et de parfait achèvement. Cette mise en œuvre des garanties peut être très utile, si des vices apparaissent ultérieurement sur des ouvrages réalisés.

9.3. L'attribution des travaux abandonnés et le décompte de liquidation

9.3.1. Attribuer le marché de substitution

Sans attendre la résiliation du marché, un marché de substitution doit être passé à une nouvelle entreprise. Afin de procéder rapidement à une mise en concurrence, l'AMO conducteur d'opération demande au maître d'œuvre de réaliser un dossier de consultation, basé sur une adaptation du marché résilié.

Pour gagner du temps, le marché de remplacement peut parfois être passé par avenant à une entreprise présente sur le site ; avec toutefois le risque en marchés publics de qualification en modification substantielle du marché.

9.3.2. Le décompte de liquidation

Dès connaissance des devis des nouvelles entreprises, le maître d'œuvre réalise un *décompte de liquidation* (on rencontre aussi le terme de *compte de résiliation*), qui prend en compte :

- au débit du titulaire :
  - les avances et acomptes versés par le maître d'ouvrage à ce jour,
  - les pénalités éventuelles,
  - le coût des travaux de reprises des malfaçons, supplément de dépenses imputable au titulaire défaillant ; et
- au crédit du titulaire :
  - la valeur associée à l'avancement réel des travaux.

Ce décompte de liquidation identifie la situation de créancier ou de débiteur du maître d'ouvrage envers l'entrepreneur ; il est notifié par le maître d'ouvrage à l'entrepreneur ou à son mandataire judiciaire.

La prestation de la nouvelle entreprise est lancée par ordre de service (signé par le maître d'ouvrage s'agissant d'un OS de lancement).

En marchés publics, si le marché a été résilié « aux frais et risques du titulaire », le marché de substitution doit être transmis pour information au titulaire défaillant.

9.3.3. Provisionner l'impact des surcoûts

Des surcoûts découleront nécessairement de cette situation, surcoûts qui nécessitent la constitution de provisions financières. Même si la reprise de malfaçons peut être imputée à l'entreprise défaillante, des surcoûts indirects peuvent apparaître :

- demandes d'indemnisation d'autres entreprises retardées par le lot défaillant ;
- allongement des délais de prestataires (coordonnateur SPS, maître d'œuvre, etc.) ;
- manque à gagner lié au retard de mise en service de l'ouvrage.

Pour en savoir plus sur les défaillances d'entreprises

En marchés publics, consulter le CCAG Travaux, et notamment son article 48.

En marchés privés, consulter la norme volontaire NF P 01-003 pour les marchés s'y référant, et notamment son article 22.

---

10. Récapitulatif des prestations courantes de l'AMO conducteur d'opération pendant la phase réalisation

Quelles sont les principales tâches pouvant être réalisées par l'AMO conduite d'opération durant cette phase chantier ?

L'AMO pourra notamment assurer les prestations suivantes. La présente liste est nécessairement très réductrice par rapport à la grande variété des situations réelles.

Conduite générale du projet en phase chantier

- Organisation d'une réunion de préparation de la réunion de lancement du chantier ; cette réunion de préparation pourra associer maître d'ouvrage et maître d'œuvre ; rédaction et diffusion du compte rendu.
- Vérification de la bonne prise en compte des avis du BC par les entreprises et le maître d'œuvre afin d'aboutir à un rapport final sans réserves.
- Vérification du bon déroulement du chantier sur la base :
  - du *reporting* périodique du maître d'œuvre ;
  - de présences en réunion de chantier,

  et information du maître d'ouvrage sur l'avancement et les problèmes rencontrés, quant aux délais, aux coûts et à la qualité ; propositions de décisions et d'actions.
- Participation régulière aux réunions de chantier, pour vérifier que les intérêts du maître d'ouvrage sont bien défendus : périodicité de présence à adapter, pouvant aller de la

présence systématique à l'absence systématique, suivant le niveau de confiance accordé au maître d'œuvre.

- Organisation d'une réunion mensuelle de suivi de projet (ou revue de projet, ou réunion MOE/MOA) associant maître d'ouvrage, maître d'œuvre, OPC, et si nécessaire pour un sujet précis le coordonnateur SPS ; rédaction et diffusion du compte rendu ; suivi des actions.

Pilotage des prestataires

- Animation des intervenants (maître d'œuvre, OPC, bureau de contrôle, coordonnateur SPS, coordonnateur SSI, représentant du futur exploitant le cas échéant) pour s'assurer d'une bonne coordination et d'une bonne circulation des informations, notamment vis-à-vis des modifications de programme et des autres évolutions de projet.
- Vérification du bon déroulement de la mission du bureau de contrôle (délais de délivrance des avis, fréquence des visites de chantier).
- Vérification de la cohérence des plannings OPC avec les objectifs du maître d'ouvrage (en particulier le planning de synthèse mis au point par l'OPC pendant la période de préparation des travaux).

Gestion des financements

- Suivi budgétaire (dépenses engagées, dépenses réglées, provisions, reste à engager), en utilisant, pour la part Travaux, le *reporting* du maître d'œuvre ;
- Gestion des paiements des entreprises et des prestataires : vérification des factures et mise à la signature du maître d'ouvrage ;
- Création et mise à jour périodique d'un échéancier des besoins financiers.

Reporting aux financeurs, à l'autorité de tutelle ou à la direction

- Rédaction d'un rapport périodique.
- Préparation d'un dossier justificatif en cas de dépassement budgétaire nécessitant une validation d'un financeur.

Arbitrages face aux aléas

- Instruction des fiches modificatives de travaux (quel qu'en soit le nom) émises par le maître d'œuvre et proposition de décision au maître d'ouvrage.
- En cas de dérive des délais, élaboration de solutions de repli (mesures accélératrices, réorganisation de phasage, etc.) avec l'OPC et le maître d'œuvre et présentation à la validation du maître d'ouvrage.

Arbitrage face aux demandes des super-utilisateurs

- Information des futurs utilisateurs (qu'il s'agisse d'un exploitant futur, d'un service en charge de la commercialisation, etc.) sur l'avancement du chantier.
- Analyse des demandes des futurs utilisateurs, en termes d'impact coût et délai, et proposition de décision au maître d'ouvrage.

Gestion des relations aux concessionnaires réseaux

- Relations avec les concessionnaires réseaux afin d'anticiper et de programmer leurs interventions au bon moment ; prise en compte des délais liés à leurs interventions.
- Comparaison des offres le cas échéant et proposition de choix au maître d'ouvrage.

Gestion des riverains et communication extérieure

- Préparation de documents de communication en vue de comités de site, de réunion en mairie, de réunions avec des associations.
- Préparation de documents de communication à l'attention des riverains.
- Réponses aux questions écrites des riverains.
- Communication sur les réseaux sociaux autour du projet.

Gestion des entreprises

- Instruction des demandes d'agrément des sous-traitants.
- Assistance au maître d'ouvrage en cas de litiges avec des entreprises ; propositions de solutions.
- Assistance au maître d'ouvrage en cas de défaillance d'entreprise ; montage du marché de remplacement.

Gouvernance du projet

- Tenue à jour d'un tableau de bord de pilotage.
- Analyse de risques.
- Organisation de comités de pilotage.
- Rédaction de notes d'alerte au maître d'ouvrage, en vue de tracer les alertes lancées par l'AMO.

ÉTAPE 8

La livraison du chantier

Le chantier s'est déroulé au cours de nombreux mois. Les aléas ont été gérés. Le chantier approche maintenant de sa fin.

L'achèvement du chantier est un moment de forte satisfaction pour les équipes projets, l'aboutissement de nombreux mois d'efforts, mais c'est aussi une période de stress intense, pour obtenir le respect des échéances.

Alors que l'achèvement du chantier tire les équipes vers d'autres opérations, une grande rigueur est nécessaire pour obtenir à la fois des entreprises et des intervenants les derniers efforts qui garantiront à la fois la qualité des finitions et l'exhaustivité des documents attendus par les futurs utilisateurs.

1. L'achèvement du chantier et le rôle des intervenants

1.1. Le nettoyage de fin de chantier

Chaque entreprise doit réaliser le nettoyage de ses zones de travail. Après ces interventions, le lot peinture est généralement en charge d'une prestation de nettoyage de fin de chantier, qui n'est pas superflue.

1.2. Les autocontrôles et essais

Préalablement aux OPR, les entreprises doivent avoir réalisé leurs autocontrôles.

Par ailleurs, chaque CCTP liste les essais auxquels l'entreprise devra procéder lors des OPR. Ces essais comportent notamment (suivant le type de bâtiment) :

- les essais des installations techniques impactant la sécurité, qui permettent au bureau de contrôle de produire son rapport de vérifications réglementaires exigées par le règlement ERP[1] ;
- les essais du SSI le cas échéant ;
- les essais de perméabilité à l'air, lorsqu'ils sont imposés par la réglementation thermique ;
- les essais des installations de ventilation ;
- les essais acoustiques, etc.

1.3. Le rôle du maître d'œuvre : les OPR

1.3.1. La réalisation des OPR

Les *opérations préalables à la réception* (OPR) menées par le maître d'œuvre préparent la réception officielle des travaux. Cette prestation du maître d'œuvre fait partie de l'élément de mission *assistance aux opérations de réception* (AOR), qui est la dernière phase de sa mission de base, au sens de l'arrêté d'application de la loi MOP.

Pour réaliser les OPR, le maître d'œuvre réalise une tournée détaillée du chantier en présence des entreprises. Il établit la liste de toutes les finitions restant à réaliser lot par lot. Outre les finitions, il vérifie que l'ensemble des prestations prévues aux marchés a bien été réalisé. Tous les spécialistes de l'équipe de maîtrise d'œuvre doivent participer aux OPR : l'architecte, mais aussi l'ingénieur structure, le spécialiste électricité, le thermicien, l'acousticien le cas échéant, etc.

La présence de l'AMO conducteur d'opération aux OPR n'est ni nécessaire ni souhaitable. L'OPC participe aux OPR et relance dans les jours qui suivent les entreprises.

Les OPR peuvent être globales, ou porter sur une partie du chantier préalablement à sa réception.

1.3.2. Le choix du moment opportun pour réaliser les OPR

Il est essentiel de ne pas réaliser trop tôt les OPR : les finitions doivent être réellement terminées.

En effet, le maître d'œuvre est souvent sous la pression de l'entreprise, qui souhaite organiser au plus vite les OPR pour acter qu'elle a terminé les travaux. Or, des OPR réalisées alors que les finitions ne sont pas terminées ne sont pas des OPR, mais une simple tournée de chantier. En réalisant les OPR trop tôt, le maître d'œuvre ne peut pas constater les finitions restant à faire : si les peintures ne sont même pas terminées, on ne risque pas de pouvoir identifier une imperfection dans le travail du peintre !

Par ailleurs, les OPR ne doivent être organisées qu'une fois toutes les non-conformités aux règles de sécurité levées. La présence de non-conformités portant sur la sécurité ou l'accessibilité (non-respect de certains articles du règlement ERP ou aux règles d'accessibilité par exemple) entraîne l'impossibilité de réaliser les OPR.

1 En application des articles GE du règlement ERP.

1.4. Le rôle de l'OPC pour la réception du chantier

L'OPC peut être chargé de la programmation des OPR. Le cœur de sa prestation est la relance des entreprises en vue d'obtenir la levée rapide des réserves.

1.5. Le rôle du bureau de contrôle pour la réception du chantier

Pour les projets où il est présent, le bureau de contrôle rédige en fin de chantier trois documents essentiels :

- le *rapport de fin de contrôle technique* (RFCT), qui prend la forme, dans le cas des ERP du premier groupe, d'un *rapport de vérifications réglementaires après travaux* (RVRAT) [1], document essentiel qui conditionne la réception de l'ERP par la commission de sécurité à l'issue de travaux ayant fait l'objet d'un permis de construire ou d'une DACAM [2] ; ce rapport est le fruit de l'ensemble du processus de vérification des documents d'exécution et du chantier par le bureau de contrôle tout au long de la phase visa ;
- l'*attestation HAND*, qui certifie la conformité des travaux à la réglementation accessibilité [3] ; cette attestation est plus qu'un simple document, c'est une *véritable mission* à part entière, qui peut être réalisée par un architecte pour les projets sans bureau de contrôle ;
- l'*attestation solidité à froid*, qui est la conclusion de la mission solidité, dite mission L [4].

Conseil pratique

Afin d'obtenir un RVRAT ne comportant que des remarques mineures, trois conditions doivent être réunies en cours de chantier :

- les études d'exécution des entreprises doivent être sérieuses (c'est le rôle du maître d'œuvre d'y veiller, au cours de la phase visa),
- le bureau de contrôle doit participer à tout le déroulement du chantier :
  - il doit visiter régulièrement le chantier (typiquement mensuellement),
  - il doit émettre un avis sur tous les documents d'exécution,
  - il doit participer de temps à autre aux réunions de chantier (ou si nécessaire à des réunions d'étude) afin d'être connu des entreprises et de faciliter la résolution des non-conformités ;
- les entreprises doivent veiller à lever en cours de chantier toutes les non-conformités décelées par le bureau de contrôle, sans attendre la fin du chantier.

Si ces conditions sont réunies, le rapport final ne posera pas de problème. Si au contraire le bureau de contrôle a peu participé au déroulement du chantier, ou si ses avis n'ont pas été traités par les entreprises, les non-conformités s'accumuleront et seront très complexes à traiter en fin de chantier. Le traitement de certains points pourra même nécessiter des démontages d'équipements.

---

1 Le cadre réglementaire de ce rapport figure aux articles GE 7 et GE 8 § 1 ainsi qu'à l'appendice des articles GE du règlement ERP, consultables dans l'arrêté du 25 juin 1980 portant approbation des dispositions générales du règlement de sécurité contre les risques d'incendie et de panique dans les établissements recevant du public (ERP).

2 Demande d'autorisation de construire ou d'aménager un ERP.

3 Articles L111-7-4 et R111-19-27 du Code de la construction et de l'habitation et arrêté du 22 mars 2007 fixant les dispositions prises pour l'application des articles R111-19-21 et R111-19-24 du Code de la construction et de l'habitation, relatives à l'attestation constatant que les travaux sur certains bâtiments respectent les règles d'accessibilité aux personnes handicapées.

4 Article 46 du décret n° 95-260 du 8 mars 1995 relatif à la commission consultative départementale de sécurité et d'accessibilité.

1.6. Le rôle du coordonnateur SSI pour la réception du chantier

Pour les projets incluant un SSI (système de sécurité incendie), le coordonnateur SSI organise et pilote les essais et la réception du SSI. [1]

Il produit après ces essais finaux deux documents importants :

- le *procès-verbal de réception du SSI*, qui est attendu par le bureau de contrôle s'il y en a un ;
- le *dossier d'identité du SSI* (ou sa mise à jour dans le cas d'un SSI existant modifié), dossier de synthèse regroupant toutes les informations nécessaires à l'exploitation future du SSI.

Enfin, dans les ERP du premier groupe (1re à 4e catégorie d'ERP), le coordonnateur SSI participe à la visite de la commission de sécurité, en présence du bureau de contrôle.

1.7. Les dossiers des ouvrages exécutés (DOE)

1.7.1. Définition du DOE

Les DOE à remettre par les entreprises, essentiels pour la maintenance ultérieure, comportent l'ensemble des documents d'exécution émis par les entreprises au cours du chantier, sauf certains documents ne présentant pas d'intérêt pour l'exploitation-maintenance, comme le plan d'installation de chantier, les plans de bases vie et les procédures d'exécution (procédure de montage, procédure de bétonnage, etc.).

Tous les documents du DOE sont *conformes à l'exécution*, c'est-à-dire corrigés en fonction des adaptations qui ont pu être nécessaires sur le terrain en cours de chantier.

1.7.2. Le DOE idéal pour l'exploitation-maintenance

L'exploitation-maintenance peut être facilitée par une réflexion fine sur le contenu idéal des DOE, réflexion à mener au stade du programme, afin d'imposer au maître d'œuvre le niveau d'exigence requis, qu'il retranscrira dans ses CCTP pour les imposer aux entreprises.

En vue de faciliter l'exploitation-maintenance, le DOE idéal peut par exemple être organisé comme suit, si cette exigence a bien été imposée aux entreprises. Le terme « plans » est ici à prendre au sens large, c'est-à-dire plans, coupes et élévations.

1) Sous-dossier DOE architecte
   - plan de masse,
   - plan par niveau, avec repérage de chaque local et surface utile,
   - carnet de photos de chantier prises aux étapes importantes ;
2) Sous-dossier structure
   - rapport géotechnique G1/G2,
   - plans structure, y compris fondations,
   - notes de calculs, y compris notes d'hypothèses et schéma statique,
   - plans des surcharges admissibles de plancher, par zone et par niveau,
   - procès-verbaux des épreuves des bétons,
   - fiches techniques ;

---

1 Conformément à l'article 5.3.2.3 de la norme NF S 61-931 Systèmes de sécurité incendie (SSI) – Dispositions générales.

3) Sous-dossier second œuvre
   - plans d'exécution lot par lot tels qu'exécutés,
   - fiches techniques des matériaux,
   - notices de fonctionnement et d'entretien des éléments et équipements soumis à la garantie biennale : menuiseries extérieures et intérieures principalement [1],
   - notices d'entretien des éléments de second œuvre non soumis à la garantie biennale : systèmes de cloison, revêtements de sol, revêtements muraux, etc.,
   - procès-verbaux de classement au feu,
   - plan de localisation des trappes d'accès aux toitures, combles, vides sanitaires, faux plafonds, etc.,
   - ATEx et avis techniques utilisés ;
4) Sous-dossier technique
   - plans d'exécution lot par lot tels qu'exécutés,
   - synoptiques et schémas de fonctionnement,
   - notices de fonctionnement et d'entretien des équipements techniques,
   - fiches techniques,
   - liste des pièces de rechange de première urgence qu'il convient de détenir sur site, avec leurs références,
   - bilan de puissance électrique du projet,
   - procès-verbaux des essais sur site des équipements techniques,
   - notes de calculs, notamment CVC plomberie,
   - note de conseils sur les bonnes pratiques en termes de gestion technique du bâtiment en vue de l'optimisation des performances énergétiques (MOE).
5) Sous-dossier sécurité ou dossier GE3

   Nota : ce sous-dossier est un extrait des DOE de plusieurs lots. Il est donc normal que les documents y figurant figurent aussi en doublon dans un autre sous-dossier, celui propre au lot concerné.
   - plans d'évacuation des locaux (architecte),
   - plans de protection au feu, montrant les degrés coupe-feu, stabilité au feu et unités de passage (architecte),
   - ensemble des PV de classement au feu des matériaux employés (tous lots concernés, en particulier lots second œuvre) [2],
   - plans des RIA et des colonnes sèches (lot plomberie),
   - prescriptions concernant la remise en gaz après coupure (lot plomberie),
   - plan des clapets coupe-feu des installations de ventilation (lot CVC),
   - plans et synoptiques des dispositifs de désenfumage (lot désenfumage),
   - synoptique des installations courants forts (lot courants forts),
   - plans de localisation et consignes d'utilisation et d'entretien des BAES (lot courants forts),

---

1 Pour mémoire, seuls les équipements qui « fonctionnent » sont couverts par la garantie biennale ; un revêtement de sol ne « fonctionnant » pas, il ne relève pas de la biennale.

2 Article GN 12 du règlement ERP.

- plans de localisation des dispositifs de coupures instantanée des alimentations électricité et gaz (lots courants forts et plomberie),
- plans des peintures intumescentes et notice d'entretien (lot peinture ou lot charpente métallique),
- dossier d'identité du SSI (coordonnateur SSI).

La qualité des DOE est directement liée à la qualité des études d'exécution menées par les entreprises avant la réalisation des travaux. Si les entreprises ont correctement réalisé ces dernières, la constitution des DOE ne posera aucun problème. Dans le cas contraire, on aura de grandes difficultés à obtenir des DOE pertinents.

Dans sa mission de base au sens de la loi MOP, le maître d'œuvre doit assurer la vérification du contenu des DOE, vérification qui n'est pas superflue. Il doit aussi la mise à jour des plans généraux du projet, appelé ci-dessus *DOE architecte*.

Le DOE BIM et le rôle de l'AMO BIM

Dans les projets en BIM, le DOE prend la forme d'une ou plusieurs maquettes numériques.

On parle, suivant la terminologie américaine utilisée à l'international, de maquette LOD 500 «*as built*». Dans la maquette LOD 500 les éléments correspondent à la réalité du terrain en dimensions, forme, localisation, quantité et orientation ; les informations non géométriques sont attachées aux éléments modélisés.

La maquette numérique DOE est l'aboutissement de tout le processus BIM du projet : l'utilisation du BIM facilite tout le processus du projet, depuis le programme jusqu'aux études et à la réalisation, mais c'est surtout en phase exploitation-maintenance que le BIM peut apporter une aide importante sur le long terme.

La structuration des données au sein de la maquette DOE permet aux mainteneurs d'identifier les caractéristiques d'un élément en disposant uniquement de sa localisation dans le bâtiment, sans avoir besoin de faire une recherche dans les CCTP.

Les marchés de travaux ont normalement imposé le respect du cahier des charges BIM de l'AMO BIM, lequel doit préciser la forme, le contenu et le niveau de développement attendu des maquettes DOE.

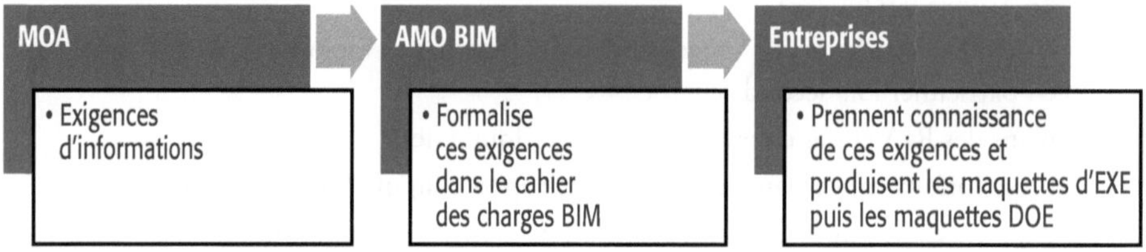

Figure 57 – Enchaînement des étapes aboutissant aux maquettes numériques DOE

Tout au long du projet, l'AMO BIM a vérifié la bonne prise en compte par les intervenants des niveaux d'exigence du maître d'ouvrage en matière de niveau d'information des maquettes numériques.

À la réception des projets de DOE, l'AMO BIM intervient pour vérifier que toutes les exigences du cahier des charges BIM ont bien été respectées.

Cette vérification porte sur :

- la structuration des données dans les maquettes ;
- le niveau de développement des maquettes ;
- le niveau d'information des maquettes.

Avant d'être livrées au maître d'ouvrage, les maquettes DOE ont normalement été vérifiées par la maîtrise d'œuvre et par le BIM manager. L'AMO BIM intervient donc, pour le compte du maître d'ouvrage, en dernière instance.

1.8. Le rôle du coordonnateur SPS pour la réception du chantier

Après la remise par les entreprises de leurs DOE, le coordonnateur SPS remet au maître d'ouvrage le *dossier d'intervention ultérieure sur les ouvrages* (DIUO), document qui définit les modalités d'intervention pour la maintenance, dans l'optique de faciliter les interventions ultérieures et de limiter les risques professionnels lors de ces interventions. Le DIUO précise en particulier :

- les modalités d'accès en toiture ;
- les modalités de nettoyage des surfaces vitrées situées en hauteur ou en verrière ;
- les modalités d'intervention sur équipements techniques (ascenseurs, CTA, etc.) ;
- les locaux sanitaires et logistiques utilisables par les équipes d'entretien.

Ce dossier est normalement initialisé par le coordonnateur SPS en phase conception, puis complété lors de la réception des informations issues des DOE des entreprises.

1.9. Consignes de sécurité incendie et plans associés

La conception des consignes de sécurité incendie et des plans associés est à réaliser avant la mise en service du bâtiment. Le maître d'ouvrage peut faire le choix de la confier en prestation complémentaire au maître d'œuvre ou à l'une des entreprises.

De même, la fourniture et la pose des extincteurs peuvent être confiées à l'un des lots, en l'anticipant dans le programme détaillé.

Pour en savoir plus sur la conception des consignes de sécurité incendie

Consulter la brochure gratuite de l'INRS sur ce sujet, sur www.inrs.fr. Cette brochure explicative est centrée sur les ERT.

2. Problématiques liées aux lots techniques

2.1. Consuel et raccordements aux réseaux concessionnaires

Le Consuel (Comité national pour la sécurité des usagers de l'électricité) est un organisme qui contrôle les installations électriques neuves à raccorder au réseau Enedis. Son passage est donc un préalable obligatoire au raccordement par Enedis d'une nouvelle installation.

Pour tout projet de bâtiment neuf, le maître d'ouvrage doit demander le passage du Consuel à la fin des travaux, en coordination avec l'entreprise en charge des courants forts.

L'achèvement du bâtiment nécessite aussi le raccordement aux réseaux concessionnaires électricité, gaz, courants faibles et, le cas échéant, réseau de chaleur ou de froid urbain.

2.2. La vérification initiale des installations électriques

2.2.1. Une procédure importante issue du Code du travail

La *vérification initiale des installations électriques*[1] est une procédure de vérification détaillée, instituée par le Code du travail et décrite par un arrêté, ainsi que dans la norme électrique C15-100. Elle doit être réalisée par le maître d'ouvrage (l'arrêté dit : *« le chef d'établissement »*) à la fin des travaux, avant la livraison du bâtiment à ses utilisateurs.

Étant imposée par le Code du travail, elle a donc un champ d'application extrêmement large et s'applique quasiment à tous les types d'établissements, hors habitations. Cette vérification, qui est spécifique aux installations courants forts, comporte un examen visuel et des essais, qui sont décrits en détail dans l'arrêté. Cette vérification est ensuite suivie de *vérifications périodiques* pendant la vie du bâtiment. Elle permet de s'assurer que les installations ne comportent pas de risques électriques pour les travailleurs et par extension pour le public.

Par exemple, la vérification permettra de garantir qu'il n'existe pas de câble dénudé accessible ou, dans un ERP, qu'aucun équipement n'est dangereux pour un enfant.

2.2.2. À qui confier la vérification initiale ?

Il est habituel que la vérification initiale soit réalisée par un prestataire missionné par le maître d'ouvrage un certain temps après la réception des travaux du lot Courants forts. En conséquence, la prise en compte par l'entreprise en charge du lot courants forts des remarques du vérificateur pose souvent problème, les travaux ayant déjà été réceptionnés. Elle est d'autant plus conflictuelle que la vérification aura eu lieu longtemps après la réception des travaux.

Conseil pratique

Pour éviter ces problèmes, il existe une solution simple : inclure la vérification initiale des installations électriques au marché de travaux (lot courants forts). Il suffit pour cela de demander au maître d'œuvre de prévoir au PRO du lot courants forts que l'entreprise devra, dans le cadre de son marché, missionner un organisme agréé pour procéder à la vérification initiale, puis amortir ses observations avant la réception des travaux. Cette disposition permet, au moment des OPR, de disposer d'une installation déjà vérifiée, dans un état techniquement impeccable, ce qui facilite grandement la réception.

---

1 Voir décret n° 88-1056 du 14 novembre 1988 pris pour l'exécution des dispositions du livre II du Code du travail (titre III : Hygiène, sécurité et conditions du travail) en ce qui concerne la protection des travailleurs dans les établissements qui mettent en œuvre des courants électriques (article 53), et arrêté du 10 octobre 2000 fixant la périodicité, l'objet et l'étendue des vérifications des installations électriques au titre de la protection des travailleurs ainsi que le contenu des rapports relatifs auxdites vérifications. Il existe aussi un arrêté du 26 décembre 2011 relatif aux vérifications ou processus de vérification des installations électriques ainsi qu'au contenu des rapports.

Point de vigilance

Cette réglementation ne doit pas être confondue avec l'article GE 8 du règlement de sécurité incendie dans les ERP, qui prescrit les vérifications techniques exigibles dans les ERP (lesquelles vérifications portent sur toutes les installations et pas seulement courants forts, et se traduisent à la fin du chantier par le RVRAT du bureau de contrôle).

---

3. La prononciation de la réception

3.1. Cas général

La réception est *«l'acte par lequel le maître d'ouvrage déclare accepter l'ouvrage avec ou sans réserves»*[1]. Elle est demandée par la partie la plus diligente: maître d'ouvrage ou entreprise. Elle doit être contradictoire, c'est-à-dire faire suite à une mise en présence des parties.

Sa bonne traçabilité est essentielle, car elle est l'origine des délais de garantie et permet aux parties de faire appel aux assureurs des constructeurs. Sans réception, les assurances des constructeurs ne couvrent pas les sinistres.

Autre conséquence importante, à compter de la réception l'entrepreneur n'est plus responsable de la *garde de l'ouvrage*. Par exemple, en cas de vandalisme sur un ouvrage, la réparation sera du ressort du maître d'ouvrage.

Après les OPR et la reprise des finitions listées en OPR, une fois vérifié le bon repli des installations de chantier, la réception est prononcée par écrit par le maître d'ouvrage, sous la forme d'un *procès-verbal de réception des ouvrages*, listant les réserves restant encore à lever.

En marchés publics, les maîtres d'œuvre utilisent des formulaires comme modèles[2].

3.2. Réception partielle

Si le marché prévoit une livraison phasée des ouvrages, une réception partielle est prononcée à chaque livraison.

3.3. Réfaction sur les prix

Le maître d'ouvrage peut proposer à l'entreprise de renoncer à certaines réserves moyennant une *réfaction* sur les prix. Si l'entreprise accepte la réfaction, la réception est alors prononcée sans réserve. Cette procédure existe tant en marchés publics (CCAG Travaux) qu'en marchés privés (norme volontaire NF P 03-001).

3.4. Absence de l'entrepreneur

L'absence de l'entrepreneur dûment convoqué ne s'oppose pas à la réception, mais le PV doit alors lui être notifié pour qu'il en prenne connaissance.

---

1 Article 1792-6 du Code civil.

2 Formulaires disponibles sur www2.economie.gouv.fr/daj/commande-publique.

3.5. Absence de signature de l'entrepreneur

L'absence de signature de l'entrepreneur, présent lors des opérations de réception, ne s'oppose pas non plus à la réception, a précisé la Cour de cassation :

> *« l'exigence de la contradiction ne nécessitait pas la signature formelle du procès-verbal de réception dès lors que la participation aux opérations de réception de celui qui n'a pas signé ne fait pas de doute »* [1]

3.6. Réception tacite

En l'absence de formalisation écrite, on peut considérer que la réception a été tacitement prononcée si le maître d'ouvrage a pris possession des lieux et si toutes les factures ont été réglées.

3.7. Réception judiciaire

À défaut d'être amiable, la réception peut être judiciaire si les parties n'ont pas réussi à s'entendre.

Ce sont normalement les entreprises qui peuvent être amenées à demander au juge la réception judiciaire, puisque le maître d'ouvrage a de son côté la possibilité de prononcer unilatéralement la réception. L'intérêt pour les entreprises est d'entrer grâce à la réception judiciaire dans le champ des garanties légales, et de faire appel si nécessaire à leur assureur.

Pour prononcer la réception judiciaire, il est cependant nécessaire que les ouvrages soient « en état d'être reçus », c'est-à-dire que les travaux soient achevés (la jurisprudence parle aussi d'ouvrage *habitable*). Un ouvrage comportant d'innombrables malfaçons ne peut faire l'objet d'une réception judiciaire.

Rien n'empêche toutefois que des réserves soient prises en compte dans la réception judiciaire.

4. La commission de sécurité en ERP

Seuls les ERP du premier groupe et les ERP de 5e catégorie avec locaux de sommeil sont réceptionnés par les commissions de sécurité [2] :

	ERP du 1er groupe (1re, 2e, 3e, 4e catégorie)	**ERP de 5e catégorie ne disposant pas d'un local à sommeil pour le public**	**ERP de 5e catégorie disposant d'un local à sommeil pour le public**
Réception de travaux par la commission de sécurité	Obligatoire	Pas de visite de réception de travaux	Obligatoire

1 Cour de cassation, chambre civile 3, 12 janvier 2011, n° de pourvoi : 09-70262.

2 Article R123-45 §3 du Code de la construction et de l'habitation.

4.1. Les ERP de catégories 1, 2, 3 et 4, ainsi que les 5e catégorie avec locaux de sommeil

Les *commissions consultatives départementales de sécurité et d'accessibilité* (CCDSA) existent depuis 1941. Un décret encadre leur activité[1].

L'intervenant essentiel de la commission départementale de sécurité est le SDIS – service départemental d'incendie et de sécurité, autrement dit les pompiers. Les autres membres de la commission sont des représentants des différents services de l'État et le représentant du maire : ils suivent généralement l'avis du pompier.

À Paris, la préfecture emploie des architectes de sécurité, dont le rôle est complémentaire de celui des sapeurs-pompiers. Alors que les pompiers examineront plutôt les moyens d'accès et les moyens de secours (RIA, sprinklage, colonnes sèches, etc.), les architectes de sécurité examineront la prise en compte de la sécurité incendie dans la conception même du bâtiment.

4.1.1. Demander la visite de la commission

Au moins un mois avant la date souhaitée d'ouverture au public, le futur exploitant doit de-mander par écrit la visite de la commission de sécurité, en vue d'obtenir l'autorisation d'ouverture au public[2]. Ça n'est donc pas le maître d'ouvrage qui demande le passage de la commission.

Le choix de la date de visite est évidemment crucial, puisqu'il est indispensable que les travaux soient réellement terminés et puisque la visite doit précéder l'ouverture au public.

4.1.2. Préparer la visite de la commission

Quelques conseils pour bien préparer la visite de la commission :

- Prévoir une salle de réunion accessible aux PMR : la commission comprend souvent une personne en fauteuil roulant en charge de l'accessibilité PMR.
- Pour les bâtiments de grande taille, si la visite dure toute la journée, se renseigner à l'avance auprès du secrétariat de la commission pour savoir si les membres s'absentent à midi ou s'il est de bon ton de leur proposer un en-cas.
- Prévoir la présence impérative, outre du maître d'ouvrage :
  - du maître d'œuvre ;
  - du futur exploitant en charge de la sécurité incendie, s'il est distinct du maître d'ouvrage ;
  - du représentant de l'entreprise en charge du lot courants forts ;
  - du représentant de l'entreprise en charge du lot CVC désenfumage ;
  - du bureau de contrôle ;
  - du coordonnateur SSI.

  (La présence des autres entreprises est très souhaitable mais moins impérative.)

1 Décret n° 95-260 du 8 mars 1995 relatif à la commission consultative départementale de sécurité et d'accessibilité, et en particulier son titre VII.

2 Article GE 3 du règlement ERP.

Le but de la convocation de tous ces intervenants est de s'assurer qu'on aura la ré-ponse à toutes les questions que pourra poser la commission.

- Tenir à disposition un classeur, que le maître d'œuvre aura préalablement réclamé aux entreprises, dit « Dossier sécurité » ou dossier GE 3 ; ce classeur est un extrait du DOE, comprenant tous les documents des DOE ayant un lien avec la sécurité incendie (voir plus haut le paragraphe consacré au DOE pour la composition de ce dossier).

  Normalement, étant donné que ces documents ont déjà été fournis par les entreprises dans le cadre des études d'exécution au bureau de contrôle, et étant donné que le RVRAT du bureau de contrôle atteste leur fourniture, la présentation de ces documents ne devrait pas être indispensable. Néanmoins, il convient de les tenir à disposition, conformément à l'article GE 3 du règlement ERP.
- Tenir à disposition le registre de sécurité comprenant les consignes de sécurité (à voir avec le futur exploitant), conformément à l'article GE 3. Les contrats de maintenance doivent aussi être disponibles.
- Tenir à disposition *« l'attestation par laquelle le maître de l'ouvrage certifie avoir fait effectuer l'ensemble des contrôles et vérifications techniques relatifs à la solidité conformément aux textes en vigueur ».*[1]
- Présenter l'attestation de solidité à froid du bureau de contrôle, lorsque son intervention est obligatoire.
- Et surtout – et là est l'essentiel –, présenter le RVRAT[2] établi par le bureau de contrôle, sans observations autres que mineures.

Ces trois derniers documents auront été transmis préalablement à la commission par le maître d'ouvrage.

De son côté le maître d'œuvre, qui doit participer activement à la préparation de la visite, pourra prendre utilement les mesures complémentaires suivantes :

- faire procéder au nettoyage correct du chantier ;
- relire les attendus du PC et s'assurer qu'ils ont bien été pris en compte dans les travaux[3] ;
- interdire aux entreprises de réaliser des travaux de finition le jour de la visite de la commission.

4.1.3. Le déroulement de la visite de la commission

Normalement, la visite comprend :

- une présentation rapide du projet (par exemple par le maître d'ouvrage) ;
- la présentation et l'examen des documents : essentiellement RVRAT et registre de sécurité ;
- l'examen des contrats de maintenance des installations concourant à la sécurité incendie ;

---

1 Article 46 du décret n° 95-260 du 8 mars 1995 relatif à la commission consultative départementale de sécurité et d'accessibilité.

2 Suivant l'appendice des articles GE du règlement ERP. Pour les 5e catégorie avec locaux de sommeil, voir l'article PE 4 du règlement ERP.

3 Cependant si ce n'est pas le cas, c'est un peu tard pour pouvoir agir…

- quelques questions permettant à la commission d'apprécier les connaissances du personnel chargé du service de sécurité [1] ;
- des essais des installations de sécurité, pour lesquelles la présence des entreprises est indispensable, même si l'exploitant est censé connaître les installations :
  - essais de détection incendie ;
  - essais de déclenchement de l'alarme ;
  - essais de désenfumage ;
  - compartimentage le cas échéant ;
  - essais des AES (alimentations électriques de sécurité ; groupe électrogène par exemple) ;
- en fin de visite, les membres délibèrent à huis clos.

C'est généralement le maire qui délivre par arrêté l'autorisation d'ouverture au public de l'ERP, après avis de la commission.

> **Zoom sur...**
>
> *... les essais de désenfumage*
>
> Les essais des systèmes de désenfumage mécanique sont souvent réalisés avec un foyer fumigène de type Chardot (du nom de son concepteur), foyer réalisé à partir d'un mélange d'un tiers (en masse) de nitrate de potassium, un tiers de fécule de pomme de terre et un tiers de lactose.
>
> L'avantage de ce type de fumigène est double :
>
> - les fumées sont suffisamment chaudes pour bien simuler un incendie (les fumées froides peuvent se comporter différemment en termes de mouvement) ;
> - les fumées ne dépassent pas la température de 70 °C, ce qui permet de ne pas mettre en danger les finitions des locaux à livrer (il serait certes dommage que les locaux à livrer soient dévastés par un incendie...).
>
> La réalisation pratique des essais de désenfumage est normalement réalisée par l'entreprise en charge du lot désenfumage.

4.2. Les ERP de 5e catégorie sans locaux de sommeil

Ces locaux ne nécessitent pas de passage de la commission. Il n'y a pas de démarche de demande d'autorisation d'ouverture à réaliser.

5. La levée des réserves

Une fois la réception officiellement prononcée, les entreprises doivent lever les réserves figurant au PV de réception des travaux.

---

1 Service défini dans les articles MS45 à 52 du règlement ERP, ainsi que dans les règlements particuliers propres à chaque type d'ERP.

Le suivi des levées de réserves est très chronophage pour la maîtrise d'œuvre, ainsi que pour la maîtrise d'ouvrage qui doit relancer à la fois entreprises et maîtrise d'œuvre. Il est indispensable de maintenir une forte pression sur tous les intervenants dans les jours qui suivent la réception, car plus on tarde et plus il sera difficile de faire revenir des équipes engagées dans d'autres chantiers.

Conseil pratique

Que faire si une entreprise tarde à lever les réserves, ce qui est évidemment un grand classique ?

Si les relances sont restées sans effet, il convient de mettre en demeure l'entreprise par courrier recommandé. On peut par exemple utiliser le modèle suivant :

« La réception des travaux du marché référencé … a été prononcée avec réserves le …
Il vous appartient de lever ces réserves au titre de la garantie de parfait achèvement, à laquelle vous êtes tenu en application de l'article 1792-6 du Code civil.
Ces réserves n'étant toujours pas levées à ce jour, je vous mets en demeure de les lever dans un délai de xx jours à compter de la réception de la présente lettre. » [1]

---

6. Les modalités financières de l'achèvement des travaux

Les travaux étant terminés, il s'agit maintenant de solder financièrement les marchés.

Cette procédure très encadrée est décrite pour les marchés publics au CCAG Travaux et, pour les marchés privés qui y font référence, dans la norme volontaire NF P 03-001.

Les étapes sont très similaires entre marchés publics et marchés privés.

6.1. Le projet de décompte final du marché

L'entreprise transmet son *projet de décompte final*, qui établit le montant global des sommes dues, compte tenu du marché, de ses avenants et des clauses de variation des prix. C'est la demande de paiement final de l'entreprise.

Elle prend en compte le cas échéant la retenue de garantie.

L'entreprise y rappelle les réserves qu'elle a émises sur des ordres de service reçus.

Ce projet de décompte final est accompagné du dernier projet de décompte mensuel, afin de ne pas retarder le paiement des travaux effectués pendant le dernier mois du chantier.

Si l'entreprise tarde à présenter son projet de décompte final, le maître d'œuvre l'établit lui-même, après mise en demeure restée infructueuse, aux frais de l'entreprise.

---

1 Inspiré de J.-L. Sablon, *Défauts de construction : Que faire ? Guide pratique et juridique*, Eyrolles, 2016.

6.2. Le décompte général

Le maître d'œuvre procède à la vérification du projet de décompte final. Il établit le *projet de décompte général* des sommes dues.

Le projet de décompte général est signé par le maître d'ouvrage et devient alors le *décompte général*, qui est notifié à l'entrepreneur.

6.3. Le décompte général et définitif

La notification à l'entreprise du décompte général débouche soit sur l'accord de l'entreprise, soit sur une réclamation.

L'absence de réponse de l'entreprise dans le délai prévu vaut accord.

En cas d'accord de l'entreprise, le décompte général devient *décompte général et définitif*, qui lie définitivement les parties (sauf en ce qui concerne les intérêts moratoires pouvant être associés au paiement du solde) et qui fait courir le délai de paiement du solde à l'entreprise.

Point de vigilance : décompte général et responsabilité contractuelle

À compter de la notification à l'entreprise du décompte général sans réserve, le maître d'ouvrage ne peut plus attaquer l'entreprise au titre de sa *responsabilité contractuelle* si des désordres apparaissent. Seule la responsabilité au titre des garanties légales pourra être recherchée en cas de désordres.

6.4. Le traitement des réclamations

En cas de réclamation, l'entreprise émet des réserves sur le décompte général, sous la forme d'un mémoire de réclamation. Le maître d'ouvrage procède alors au paiement des sommes admises dans le décompte final, puis engage une négociation sur la réclamation, débouchant ensuite sur le paiement d'un complément de paiement.

Point de vigilance : réclamation en marchés privés

Dans la norme volontaire des marchés privés, l'absence de réponse du maître d'ouvrage dans le délai prévu vaut accord sur la réclamation.

Le CCAP peut utilement y déroger.

De manière plus synthétique, les étapes s'enchaînent comme suit :

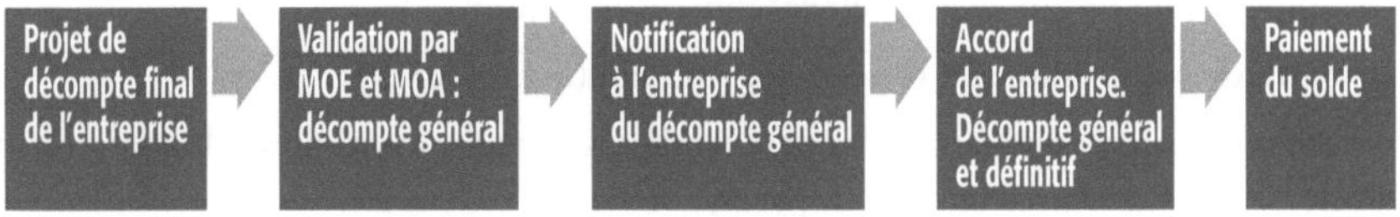

7. La déclaration attestant l'achèvement et la conformité des travaux (DAACT)

7.1. Une procédure créée en 2007

La fin des travaux d'un projet soumis à autorisation d'urbanisme (permis de construire, permis d'aménager ou déclaration préalable) doit faire l'objet d'une déclaration au maire.

C'est la procédure de *déclaration attestant l'achèvement et la conformité des travaux*, qui officialise la date à laquelle l'immeuble est à même d'être affecté à son usage [1].

La DAACT est signée par l'architecte ayant suivi la réalisation des travaux, qui n'est donc pas forcément le même que celui ayant assuré la conception. En l'absence d'architecte, le signataire est le maître d'ouvrage.

Le signataire atteste que les travaux ont été réalisés conformément à l'autorisation d'urbanisme.

7.2. Conséquences de la DAACT

Suite à la réception de l'attestation, la mairie peut mettre en demeure le maître d'ouvrage de mettre en conformité les travaux sur un point anormal, ou demander au maître d'ouvrage de déposer un permis modificatif en cas d'incohérence entre l'ouvrage réalisé et l'autorisation d'urbanisme. Trois ou cinq mois (en cas de procédure de récolement obligatoire) après la réception de l'attestation, l'autorité compétente ne peut plus contester la conformité de la construction à l'autorisation d'urbanisme et ne peut plus contraindre le maître d'ouvrage à régulariser la construction.

La réception de l'attestation par le maire fait courir le délai de recours d'un an au terme duquel plus aucune action n'est possible pour les tiers devant le tribunal administratif pour attaquer l'autorisation d'urbanisme.

Elle constitue aussi l'origine du délai de prescription de certaines actions civiles et pénales, qui peuvent donc ne jamais être prescrites si la DAACT n'a pas été transmise.

En promotion immobilière, la DAACT conditionne certaines transactions, en garantissant à l'acheteur que les travaux ont été réalisés dans les règles.

7.3. Attestations à joindre à la DAACT

Suivant la nature du projet, plusieurs attestations doivent être jointes à la DAACT :

- attestation de conformité à la réglementation thermique ;
- attestation de conformité à la réglementation acoustique ;
- attestation de conformité aux règles d'accessibilité (dite HAND) ;
- attestation de conformité aux règles parasismiques et paracycloniques (obligation future, le décret d'application n'étant jamais paru !).

---

1 Procédure décrite aux articles R462-1 et suivants du Code de l'urbanisme.

Les textes de référence et les intervenants devant produire ces attestations sont présentés dans le tableau ci-dessous.

8. Synthèse des principaux documents liés à l'achèvement du chantier

Toutes les étapes du projet sont riches en documents divers, mais la phase de réception des travaux se distingue tout particulièrement par le nombre important de documents essentiels, dont il n'est pas toujours évident d'identifier qui doit le produire.

Synthèse des principaux documents rencontrés dans la phase de livraison du chantier

Document	Émetteur du document	Texte de référence	Types de projets concernés	Commentaire
DOE	Entreprises	CCAG Travaux, norme NF P 03-001 ou CCAP du projet	Tous	Retransmis par le MOA à l'exploitant/ gestionnaire immobilier/responsable maintenance. Document essentiel pour la vie future du bâtiment
DOE BIM	Entreprises	Cahier des charges BIM du projet et Protocole BIM du projet	Tout projet avec cahier des charges BIM (exigeant un DOE BIM)	Le DOE classique prend la forme d'un DOE BIM dans les projets en BIM
Dossier sécurité ou dossier GE 3	Entreprises	Art. GE3 du règlement ERP	ERP du 1er groupe (catégories 1 à 4)	À disposition de la commission de sécurité
Dossier d'identité du SSI	Coordonnateur SSI	Norme NF S 61-931 SSI Dispositions générales	Tout projet avec un coordonnateur SSI	Fait partie du DOE et du DIUO
Rapport de réception technique du SSI				À transmettre au bureau de contrôle
DIUO	Coordonnateur SPS	Code du travail	Tout projet avec un coordonnateur SPS	
RVRAT	Bureau de contrôle	Art. GE7, GE8 §1 et appendice des art. GE du règlement ERP	ERP du 1er groupe (catégories 1 à 4) après PC ou DACAM	À transmettre à la commission de sécurité. Document essentiel, fruit du bon déroulement du chantier
Attestation de solidité à froid	Bureau de contrôle	Art. 46 du décret n° 95-260 du 8 mars 1995 relatif à la commission consultative départementale de sécurité et d'accessibilité	ERP et IGH si BC obligatoire	À transmettre à la commission de sécurité et d'accessibilité avant l'ouverture au public d'un ERP ou d'un IGH

Document	Émetteur du document	Texte de référence	Types de projets concernés	Commentaire
PV de réception des travaux	MOE	CCAG Travaux ou norme NF P 03-001. Code civil	Tous	
PV de levée des réserves	MOE	CCAG Travaux et NF P 03-001	Marchés publics et marchés privés régis par la norme volontaire	
Projet de décompte final	Entreprises			
Décompte général	MOE			
Décompte général et définitif				Le décompte général devient définitif après validation par le MOA
Déclaration attestant l'achèvement et la conformité des travaux (DAACT)	Architecte ayant suivi les travaux	Art. R462-1 du Code de l'urbanisme	Tous travaux ayant fait l'objet d'un permis ou d'une déclaration préalable	À transmettre au maire
Attestation de respect de la réglementation accessibilité	Bureau de contrôle ou architecte extérieur au projet	Art. L111-7-4 et R111-19-27 du Code de la construction et de l'habitation	Tous travaux soumis à permis de construire (sauf particuliers pour leur propre usage)	La fourniture de ces attestations est de la responsabilité du MOA. À joindre à la DAACT
Attestation de conformité à la réglementation thermique	Bureau de contrôle ou architecte [1]	Art. R111-20-3 du Code de la construction et de l'habitation	Bâtiments neufs ou parties nouvelles de bâtiment existant soumis à permis de construire	
Attestation de respect de la réglementation acoustique	Bureau de contrôle ou architecte ou BET	Art. R111-4-2 du Code de la construction et de l'habitation et arrêté du 27 novembre 2012 relatif à l'attestation de prise en compte de la réglementation acoustique	Bâtiments d'habitation neufs	
Attestation de respect des règles parasismiques et paracycloniques	Bureau de contrôle	Art. L112-19 du Code de la construction et de l'habitation	Décret apparemment non publié	

1 Dans le cas des attestations accessibilité et acoustique, la réglementation ne dit pas si l'architecte du projet peut signer l'attestation ; on peut logiquement considérer qu'il doit s'agir d'un architecte extérieur au projet.

9. Archivage en fin de chantier

La bonne conservation d'archives en fin de chantier est une obligation pour le maître d'ouvrage.

En cas de sinistre le maître d'ouvrage doit pouvoir appeler en garantie décennale les constructeurs. Depuis la loi de 2008 portant réforme de la prescription en matière civile, les délais de prescription ont été uniformisés et toutes les actions en responsabilité contre les constructeurs se prescrivent dix ans après la réception des travaux [1]. Cette réforme a donc simplifié l'archivage et permet maintenant de se baser sur la durée de conservation unique de dix ans pour tous les sujets liés risques de sinistres.

On peut recommander de conserver dix ans après la réception du chantier :

- le contrat de maîtrise d'œuvre et ses avenants éventuels ;
- l'attestation d'assurance du maître d'œuvre ;
- les contrats passés avec des prestataires, et leurs attestations d'assurance ;
- les correspondances importantes échangées avec les intervenants ;
- le dossier permis de construire, et son obtention ;
- les marchés de travaux, avec les ordres de services et avenants ;
- les attestations d'assurance des entreprises ;
- les comptes rendus des réunions de chantier et le cas échéant des réunions OPC ;
- l'attestation de fin de chantier ;
- les procès-verbaux de réception des marchés, dont la date de signature vaut origine des garanties légales ;
- les décomptes généraux et définitifs des marchés de travaux ;
- les décomptes généraux et définitifs des marchés des prestataires.

Par ailleurs dans le cadre de la traçabilité des procédures de mise en concurrence, notamment en marchés publics, la conservation des documents dépend du type de maîtrise d'ouvrage concernée.

Enfin, le maître d'ouvrage conserve sans limite de temps les DOE de l'ouvrage et les pièces du DIUO qu'on ne trouve pas dans les DOE.

1 Article 1792-4-1 du Code civil.

10. Récapitulatif des prestations courantes de l'AMO conducteur d'opération pendant la phase de livraison du chantier

Au cours de cette phase d'achèvement du chantier, l'AMO conducteur d'opération peut notamment être amené à réaliser les prestations suivantes :

Gestion des relations aux concessionnaires réseaux

- Préparation de la souscription des contrats avec les concessionnaires réseau (y com-pris contrats de rachat de l'énergie produite par le bâtiment).
- Coordination avec les concessionnaires réseaux afin de programmer leurs interventions sur le chantier.
- Programmation de la visite du Consuel en coordination avec le lot courants forts.

Relations avec les futurs utilisateurs

- Avant la réception des travaux, coordination avec les futurs utilisateurs (exploitants, service commercialisation) pour affinage de la date de réception des travaux.
- Présentation des locaux aux futurs utilisateurs.
- Analyse des demandes des futurs utilisateurs, en termes d'impact coût et délai, et proposition de décision au maître d'ouvrage.
- Le cas échéant, formalisation de la remise de l'ouvrage aux futurs utilisateurs.

Préparation de la passation en maintenance

- Préparation le cas échéant des contrats de maintenance (si mission confiée par le futur exploitant).
- Présentation des installations techniques aux futurs mainteneurs.
- Assistance à l'exploitation des maquettes numériques DOE par le logiciel de gestion immobilière utilisé par l'exploitant/mainteneur.

Gestion de la communication extérieure

- Organisation d'un événement d'inauguration.
- Préparation de dossier de presse.
- Communication sur les réseaux sociaux autour de la livraison du projet.

Préparation de la réception (version hors ERP)

- Détermination et affinage de la date prévisionnelle de réception, avec l'OPC et le maître d'œuvre.

Préparation de la réception (version ERP)

- Vérification au cours des dernières semaines du chantier de l'état des réserves du bureau de contrôle, afin d'aboutir à un rapport final sans réserves.

- Détermination et affinage de la date prévisionnelle de réception et de la date de passage de la commission, avec l'OPC et le maître d'œuvre.
- Organisation d'une réunion de préparation du passage de la commission avec le maître d'œuvre, l'OPC et le futur exploitant.
- Préparation de l'attestation du maître d'ouvrage (attestation par laquelle le maître de l'ouvrage certifie avoir fait effectuer l'ensemble des contrôles et vérifications techniques relatifs à la solidité conformément aux textes en vigueur).

Pilotage des prestataires

- Vérification de la réalisation exhaustive des tâches attendues des prestataires.
- Gestion des décomptes généraux en vue de la clôture des marchés des prestataires.
- Gestion des paiements de solde.

Gestion des DOE et DIUO

- Réception des DOE déjà vérifiés par le maître d'œuvre et transmission à l'AMO BIM pour vérification de la conformité au cahier des charges BIM.
- Remise des DOE aux futurs utilisateurs, avec traçabilité de la transmission.
- Relecture du DIUO du coordonnateur SPS et transmission tracée aux futurs utilisateurs.

Gestion de la réception des marchés

- Vérification et mise à la signature du maître d'ouvrage des procès-verbaux de réception des travaux, puis des procès-verbaux de levée des réserves.
- Propositions au maître d'ouvrage quant à des réfections sur les prix.

Gestion des paiements

- Mise à jour du suivi budgétaire (dépenses engagées, dépenses réglées, provisions), en utilisant, pour la part Travaux, le *reporting* du maître d'œuvre.
- Analyse des pénalités du retard proposées par le maître d'œuvre et proposition de décision au maître d'ouvrage.
- Gestion des paiements des entreprises : vérification des décomptes généraux, mise à la signature du maître d'ouvrage et notification aux entreprises.

Gestion des réclamations

- Instruction des mémoires de réclamation des entreprises et rédaction d'un mémoire en réponse, basé notamment sur les courriers transmis aux entreprises en cours de chantier.

Reporting aux financeurs, à l'autorité de tutelle ou à la direction

- Rédaction d'un rapport final.
- Préparation d'un dossier justificatif en cas de dépassement budgétaire nécessitant une validation d'un financeur.

Obligations réglementaires

- Recueil des attestations exigées par le Code de la construction et de l'habitation et transmission à la mairie, avec la déclaration attestant l'achèvement et la conformité des travaux.
- Pilotage de la vérification initiale des installations électriques, si pas traité par le marché Courants forts comme recommandé dans le présent ouvrage.

Archivage et capitalisation

- Réalisation de l'archivage du maître d'ouvrage.
- Organisation de retours d'expérience en vue de capitaliser sur le déroulement du projet.
- Rédaction d'un rapport de fin de mission de l'AMO conduite d'opération.

ÉTAPE 9

Le parfait achèvement et l'exploitation

La phase d'exploitation du bâtiment n'entre pas couramment dans le champ des missions du prestataire AMO. Le présent chapitre se contentera donc d'évoquer brièvement ces problématiques.

L'AMO conduite d'opération peut cependant être concerné par cette phase dans le cadre de la préparation de la future exploitation/maintenance, dans le cadre du suivi d'un bâtiment tout juste livré et dans le cadre des relations aux exploitants/mainteneurs.

1. Le contrôle de l'application des règles de construction (CRC)

Afin de limiter les problèmes de qualité dans les constructions neuves, qui sont sources de distorsion de concurrence, les préfectures réalisent des contrôles par sondage sur des bâtiments neufs de toute nature au cours des trois années qui suivent leur construction [1].

Bien que ces contrôles soient rares, le maître d'ouvrage doit être en capacité, en cas de contrôle, de produire le DOE complet du bâtiment.

Les points sensibles faisant le plus souvent l'objet de procès-verbaux sont :

- les installations de ventilation ;
- l'application des règles de sécurité incendie ;
- l'accessibilité PMR ;
- les performances acoustiques ;
- les garde-corps ;
- les performances thermiques ; et
- l'application des règles parasismiques.

1 Article L152-1 du Code de la construction et de l'habitation.

2. Optimiser les performances énergétiques

2.1. Les missions AMO de suivi de la performance énergétique

Pour les bâtiments neufs, et donc performants énergétiquement, se pose le problème du suivi de la performance lors des premières années d'exploitation.

En effet, le comportement des usagers et la qualité de la maintenance sont fondamentaux pour garantir la pérennité des performances énergétiques prévues dans les études.

Il pourra être pertinent de suggérer au maître d'ouvrage ou à l'exploitant de lancer une mission de suivi de la performance après mise en exploitation. Cette mission, à assurer par le BET thermique de l'équipe de maîtrise d'œuvre, éventuellement associé à l'AMO environnement, qui peut par exemple consister en une visite quelques mois après la mise en exploitation, puis une visite un ou deux ans après.

Ces visites permettent de vérifier que l'entretien courant est bien réalisé, que les usages des locaux sont pris en compte dans les paramétrages (par exemple prise en compte de l'effectif et des horaires d'occupation des locaux), que les réglages des équipements sont optimisés et que les consommations énergétiques sont cohérentes.

Cette mission ne fait pas partie de la mission de base du maître d'œuvre.

2.2. Le *commissioning*

Les maîtres d'ouvrage souhaitant aller plus loin dans l'optimisation des performances du bâtiment font appel à un spécialiste en *commissioning*.

Le *commissioning* est une démarche de « mise en qualité intensive », couramment pratiquée aux États-Unis, et qui commence à apparaître en France sur certains grands projets (typiquement pour des tours de bureaux). Elle s'applique aux projets dans le neuf ou dans l'existant et consiste à s'assurer tout au long du déroulement du projet, depuis la phase programme jusqu'à la première année d'exploitation, que tout est fait pour optimiser les performances du bâtiment, en termes de consommations énergétiques, de consommation d'eau, etc. L'objectif du *commissioning* est d'optimiser le budget exploitation et de valoriser le patrimoine immobilier. Le cœur de la mission porte sur la phase AOR.

La mission est réalisée par un AMO indépendant, pour le compte du maître d'ouvrage. L'expert analyse les études du maître d'œuvre et propose un protocole d'essais en phase réception. La mission porte sur le réglage des équipements de CVC (production, distribution, régulation), les équipements électriques (éclairage, production d'énergies renouvelables, ascenseurs, etc.) et les performances de l'enveloppe.

Le *commissioning* est obligatoire pour obtenir les niveaux supérieurs de certification BREEAM et LEED. Il n'en reste pas moins qu'en France il demeure rare, probablement à cause de la réticence des maîtres d'ouvrage à payer une prestation supplémentaire.

Il existe des variantes au *commissioning*:

- on parle de *retrocommissioning* pour désigner une mission portant sur un bâtiment existant et visant à proposer des actions au maître d'ouvrage en vue d'optimiser les performances, sans réaliser de travaux lourds;
- enfin, on parle de *recommissioning* pour désigner le cas où, quelques années après la mise en service d'un bâtiment ayant fait l'objet d'une mission de *commissionning*, le maître d'ouvrage missionne à nouveau le spécialiste pour vérifier la performance des installations.

3. Les certifications en phase exploitation

Les démarches de certification en phase exploitation ont pour objectif de mettre en valeur les immeubles dotés des meilleures performances énergétiques et environnementales.

Trois systèmes de certification sont particulièrement utilisés en France pour les bâtiments de bureau:

- la certification HQE Exploitation;
- la certification BREEAM-in-use;
- la certification WELL.

4. Le BIM en phase exploitation

Une littérature abondante traite du BIM en phase exploitation-maintenance.

4.1. Interopérabilité avec les logiciels de maintenance

Un enjeu essentiel à cette étape est de permettre l'exploitation des maquettes numériques DOE par les logiciels de gestion de patrimoine utilisés par les maîtres d'ouvrage.

Suivant le logiciel utilisé par le gestionnaire immobilier, l'interopérabilité sera plus ou moins aisée: des interventions manuelles *via* un fichier d'échange sont parfois nécessaires pour passer de la maquette DOE (IFC ou fichier natif) au logiciel de gestion de patrimoine.

L'AMO BIM peut être chargé de ces opérations.

4.2. Stockage de la maquette numérique

L'utilisation de la maquette numérique en phase exploitation-maintenance nécessite le choix d'une solution de stockage des fichiers. Ce stockage peut avoir lieu sur des serveurs internes ou sur le cloud.

4.3. Pérennité des données de la maquette numérique sur le long terme

4.3.1. Complémentarité des IFC et des fichiers natifs

Les fichiers sources, par exemple un fichier Revit, sont bien évidemment bien plus riches en informations qu'un plan papier et qu'un plan PDF. Mais qu'en sera-t-il de la possibilité de les consulter dans vingt ans? Combien de personnes ont aujourd'hui le matériel permettant de lire une disquette 3,5 pouces des années 1980? L'évolution technologique pose le problème de la lecture de l'ancien support physique et de l'ancien fichier.

Pour assurer la pérennité des données, les maquettes numériques ne doivent pas être stockées uniquement en format natif mais aussi en format IFC:

- le format IFC pour sa capacité d'interopérabilité avec des logiciels de tous éditeurs, et pour sa pérennité théoriquement supérieure;
- le format natif car l'IFC ne permet pas à ce jour une bonne exhaustivité des informations (présence de bugs).

4.3.2. Problématique des versions de logiciels

Les maquettes en format natif doivent faire l'objet de mises à jour lors de la sortie de nouvelles versions du logiciel utilisé, sous peine de devenir au bout d'un moment illisibles. Si la maintenance des maquettes numériques en phase exploitation est assurée par un prestataire, cette exigence doit être prévue à son contrat.

4.4. Tenue à jour de la maquette numérique

Le bâtiment étant un objet vivant, qui subit régulièrement des transformations, une maintenance permanente des maquettes est nécessaire. Un process doit être mis en place pour encadrer ces mises à jour.

Maintenir à jour la maquette numérique du bâtiment avec une bonne fiabilité sur le long terme est une tâche très complexe, même pour une maîtrise d'ouvrage bien rodée. La rareté dans le temps des modifications à réaliser peut complexifier paradoxalement la tâche.

Le service ou le prestataire désigné pour assurer cette mission doit avoir la compétence nécessaire et recevoir des informations fiables et exhaustives au fil de l'eau.

Les informations présentes dans la maquette peuvent nécessiter des mises à jour pour diverses causes:

- les opérations de maintenance réalisées sur le terrain peuvent nécessiter une mise à jour de dates prévisionnelles renseignées dans la maquette (date du prochain remplacement d'un filtre par exemple, ou date de la prochaine révision périodique d'un équipement);
- les modifications du bâtiment, mêmes mineures (modification d'un cloisonnement par exemple), sont à prendre en compte;

- la maquette peut contenir des liens vers des adresses Internet, qui nécessitent des vérifications et des mises à jour.

Pour en savoir plus sur l'utilisation du BIM en phase exploitation du bâtiment

Consulter le site d'éditeurs de logiciels spécialisés en gestion de patrimoine, comme :

- Archibus, un des leaders en matière de logiciels de gestion de patrimoine immobilier, sur www.archibus.fr ;
- AS-TECH sur www.astech-solutions.com;
- Active3d, sur www.active3d.soprasteria.com.

---

5. Faciliter la maintenance

À compter de la réception, les entreprises n'ont plus la *garde* de l'ouvrage. Le maître d'ouvrage doit donc en assurer la maintenance, afin de garantir la pérennité de l'ouvrage.

Cette maintenance peut être *préventive* (nettoyage de filtres, vérifications périodiques, etc.) ou *corrective* (suite à vandalisme, panne, intempéries...).

La maintenance préventive peut être :

- *systématique* (l'opération de maintenance intervient suivant un calendrier) ; ou
- *conditionnelle* (l'opération de maintenance est déclenchée lorsqu'un événement atteste de l'état de dégradation d'un équipement).

On distingue cinq niveaux de maintenance en fonction du niveau de compétence qu'ils requièrent :

1er niveau : réglages simples.

2e niveau : dépannages par échanges standards et opérations mineures de maintenance préventive.

3e niveau : identifications et diagnostics de pannes, réparations mineures et opérations courantes de maintenance préventive.

4e niveau : travaux importants de maintenance corrective ou préventive.

5e niveau : rénovation, reconstruction.

Un prestataire AMO peut être en charge, durant la phase projet, de préparer l'organisation de la future maintenance, en proposant l'organisation la plus optimale et la stratégie achat associée (nombre de prestataires de maintenance). Ces missions exigent des compétences pointues.

5.1. Le DIUO

Comprenant les recommandations visant à prévenir les risques professionnels lors des interventions sur l'ouvrage, le DIUO élaboré par le coordonnateur SPS et déjà évoqué au chapitre précédent, doit être tenu à jour par les gestionnaires du patrimoine en cas de modification du bâtiment impactant les interventions de maintenance.

Le DIUO est normalement transmis par acte notarial à chaque vente de l'immeuble.

5.2. Le dossier d'utilisation, d'exploitation et de maintenance (DUEM)

Afin de faciliter l'exploitation et la maintenance, il est utile de constituer un outil pratique, parfois appelé *dossier d'utilisation, d'exploitation et de maintenance*, qui va bien au-delà du DIUO réglementairement obligatoire et du dossier de maintenance exigé par le Code du travail.

Ce dossier n'est pas un document obligatoire, c'est un outil pratique destiné aux exploitants et aux mainteneurs.

Il est basé sur les DOE et sur les consignes de sécurité issues du DIUO, mais il présente les informations sous la forme la plus pratique possible pour faciliter l'exploitation et la maintenance, par exemple sous forme de fiches pratiques, distinguant :

- l'exploitation ;
- la maintenance préventive, avec la périodicité de chaque opération ;
- la maintenance corrective.

Ce dossier peut être constitué par l'AMO conduite d'opération, par un AMO technique spécialement missionné, ou par l'exploitant/gestionnaire technique de l'établissement lui-même.

Contenu du dossier

1) Partie administrative du dossier

Cette partie peut contenir :

- tous les renseignements généraux utiles relatifs à l'immeuble (par exemple adresse, références cadastrales, surfaces, etc.) ;
- PV de réception officiels (la date valant origine du délai des garanties légales) ;
- coordonnées de l'ensemble des intervenants :
  - maître d'œuvre et ses BET,
  - entreprises tenues aux garanties légales, (marché et périmètre du lot)
  - fabricants et fournisseurs,
  - concessionnaires réseaux (fournisseur d'électricité, de gaz, de chauffage urbain, etc.) ;
- attestations d'assurance décennale de tous les constructeurs et de leurs sous-traitants ;
- attestation d'assurance dommage-ouvrage du maître d'ouvrage ;
- tableau de suivi des contrats de maintenance, avec leurs dates de validité.

2) Dossier technique

Ce dossier est constitué par le dossier technique DOE, tel que présenté au chapitre relatif à la livraison du chantier.

On peut y ajouter d'autres documents techniques, comme le rapport géotechnique G2.

3) Suivi de l'exploitation-maintenance

- Tableau de suivi des opérations de maintenance réalisées.
- Calendrier prévisionnel des interventions futures.

4) Suivi des coûts

Il est utile que le dossier comporte un tableau de suivi des coûts, que le gestionnaire tient à jour.

Outre l'intérêt de ce suivi pour préparer des projets futurs le cas échéant, ce suivi permet de détecter toute augmentation anormale des coûts, qui peut être le signe d'un problème (fuite d'eau par exemple).

5) Suivi sécurité

Ce dossier, qui vaut registre de sécurité, comprend :

- le dossier sécurité du DOE ;
- le suivi des opérations de vérification ;
- le calendrier prévisionnel des vérifications futures.

5.3. Les contrats de maintenance

Les contrats de maintenance nécessaires doivent être opérationnels dès la réception des ouvrages, afin de permettre un bon fonctionnement du bâtiment.

Ceci nécessite une préparation et une mise en concurrence en amont, pendant le chantier.

L'AMO conducteur d'opération peut être chargé de cette prestation pour le compte du futur exploitant/gestionnaire immobilier.

En ERP, l'obligation de disposer d'un contrat de maintenance sur certains lots figure explicitement dans le règlement ERP, et la commission de sécurité peut demander que ces contrats lui soient présentés.

Afin d'éviter tout conflit entre mainteneur et entreprise pour l'application de la garantie de parfait achèvement, il est courant d'inclure au marché CVC plomberie la maintenance courante pendant l'année de parfait achèvement, comme déjà évoqué au chapitre relatif au programme.

5.4. Le carnet numérique de suivi et d'entretien du logement

Innovation introduite par la loi de Transition énergétique de 2015, le carnet numérique de suivi et d'entretien du logement doit mentionner toutes les informations nécessaires à la maintenance et au suivi de l'amélioration de la performance énergétique des logements.

Ce service en ligne est obligatoire pour les logements neufs et à partir de 2025 logements faisant l'objet d'une mutation [1].

Le carnet numérique doit inclure l'ensemble des diagnostics réglementaires exigés lors des mutations (le dossier de diagnostic technique).

---

1 Article L111-10-5 du Code de la construction et de l'habitation.

6. L'ERP du premier groupe et l'IGH en phase exploitation-maintenance : les obligations réglementaires

Des obligations strictes portent sur les ERP du premier groupe et les IGH en phase exploitation-maintenance.

6.1. Le registre de sécurité

Le registre de sécurité incendie regroupe toutes les informations relatives à la sécurité incendie du bâtiment, et notamment la traçabilité des opérations de vérification [1].

Il doit être tenu à jour en permanence.

6.2. Le service de sécurité incendie

Le service de sécurité, composé d'équipes formées, représente un coût important pour l'exploitation des ERP et des IGH le nécessitant.

Un poste de sécurité doit de plus être dédié à ces équipes dans le bâtiment, au niveau d'accès des secours.

Les exigences relatives au service de sécurité peuvent être cruciales en phase amont pour décider de la rentabilité financière d'un projet.

6.2.1. Service de sécurité en ERP du 1er groupe (4 premières catégories d'ERP)

On trouve les exigences relatives au service de sécurité dans les articles MS (moyens de secours) du règlement ERP [2].

Pour certains types d'ERP, des dispositions complémentaires figurent en outre dans le règlement particulier propre au type d'ERP.

Quelques exemples concrets de ces dispositions complémentaires :

Exemple d'un centre commercial

Dans l'exemple d'un centre commercial, l'article M 29 du règlement ERP prescrit le nombre de SSIAP exigible pour le service de sécurité en fonction de l'effectif théorique du public.

1 Voir l'article R123-51 du Code de la construction et de l'habitation. Le fait que cette obligation ne figure pas plutôt au règlement ERP est un nouvel exemple du manque d'ergonomie de la réglementation.

2 Articles MS 45 à 52 du règlement ERP, consultable sur www.sitesecurite.com ou dans l'arrêté du 25 juin 1980 portant approbation des dispositions générales du règlement de sécurité contre les risques d'incendie et de panique dans les établissements recevant du public.

ERP de type M : magasins de vente, centres commerciaux Extrait de l'article M 29	
Effectif théorique du public	**Effectif du service de sécurité**
< 4000 personnes	Des agents, entraînés à la manœuvre des moyens de secours contre l'incendie et à l'évacuation du public, doivent être désignés par l'exploitant
4001 à 6000 personnes	3 agents dont 1 SSIAP 2
6001 à 9000 personnes	4 agents dont 1 SSIAP 2
9001 à 12000 personnes	5 agents dont 1 SSIAP 2
Etc.	

Exemple d'un théâtre

Dans l'exemple d'un théâtre, l'article L 14 du règlement ERP distingue le service de sécurité incendie et le service de représentation :

Type L : salles à usage d'audition, de conférences, de réunions, de spectacles, ou à usages multiples Extrait de l'article L 14		
Établissement	**Service de sécurité incendie**	**Service de représentation** qui vient en complément du service de sécurité incendie (il ne peut être distrait de ses missions spécifiques)
1re catégorie de plus de 3000 personnes	Agents de sécurité incendie	1 SSIAP 2 2 SSIAP 1 majorés d'un SSIAP 1 à partir de 6000 personnes par fraction supplémentaire de 3000 personnes
1re catégorie de 1501 à 3000 personnes	Agents de sécurité incendie pouvant, par dérogation, être employés à d'autres tâches	1 SSIAP 1
2e catégorie avec espace scénique intégré ou adossé et décors de catégorie M2, ou classés C-s2, d0 ou bois classé M3	Un agent de sécurité incendie et deux personnes désignées qui peuvent toutes les deux être employées à d'autres tâches	1 SSIAP 1
3e et 4e catégories avec espace scénique intégré ou adossé et décors de catégorie M2, ou classés C-s2, d0 ou bois classé M3	Deux personnes désignées qui peuvent toutes les deux être employées à d'autres tâches	1 SSIAP 1
Autres établissements	Une personne désignée qui peut être employée à d'autres tâches	Aucune disposition à prévoir

6.2.2. Service de sécurité en IGH

Dans le cas des IGH, on parle de *service de sécurité incendie et d'assistance à personnes*; les exigences relatives à ce service figurent :

- à l'article GH 62 pour les règles transverses s'appliquant à tous les IGH;
- dans les règlements particuliers propres à chaque type d'IGH.

6.3. Vérifications techniques des installations concourant à la sécurité incendie en ERP du 1er groupe et en IGH

6.3.1. Dans les ERP du 1er groupe

Les vérifications techniques rendues obligatoires par le règlement ERP sont à effectuer en partie par des organismes agréés et en partie par des techniciens compétents.

Si l'article GE 7 du règlement ERP donne les principes généraux de ces vérifications, le détail des exigences est dispersé dans les articles du règlement ERP relatifs aux différentes installations.

Le nombre et la diversité de ces vérifications sont impressionnants. Le tableau ci-dessous récapitule les principales vérifications techniques prévues par le règlement ERP.

Vérifications techniques des ERP du 1er groupe			
Installations concernées	**Article du règlement ERP**	**Périodicité**	**Type de vérification**
Désenfumage naturel ou mécanique	DF 10	Annuelle	Technicien compétent
Désenfumage mécanique commandé par SSI de catégorie A ou B	DF 10	Triennale	Organisme agréé
Production de chaleur ou de froid, stockage de combustible	CH 58	Annuelle	Technicien compétent
CTA et installations de ventilation	CH 58	Annuelle	Technicien compétent
Stockage, distribution et utilisation de gaz	GZ 30	Annuelle	Technicien compétent
Installations électriques y compris éclairage	EL 19	Annuelle	Technicien compétent
Ascenseurs	AS 9	Tous les 5 ans	Organisme agréé
Escaliers mécaniques	AS 10	Annuelle	Organisme agréé
Installations de cuisson des grandes cuisines	GC 22	Annuelle	Technicien compétent
SSI de catégorie A ou B	MS 73	Triennale	Organisme agréé
Sprinklage	MS 73	Triennale	Organisme agréé
Extincteurs	MS 38	Annuelle	Technicien compétent
Portes automatiques	CO 48	Obligation d'un contrat d'entretien	

6.3.2. Vérifications techniques dans les IGH

Dans les IGH, les vérifications techniques sont effectuées par un organisme agréé. Les périodicités de vérification, pour chaque type d'installation, sont précisées à l'article GH 5 du règlement IGH.

6.4. Visites périodiques de la commission

Les ERP du premier groupe sont visités périodiquement par la commission de sécurité. L'article GE 4 du règlement ERP donne les périodicités de référence des visites en fonction du type et de la catégorie des ERP.

Les périodicités de visite sont de trois ans, cinq ans, ou ne sont pas imposées.

7. L'ERP de 5e catégorie en phase : les obligations réglementaires exploitation-maintenance

L'article PE 4 du règlement ERP indique que l'exploitant doit :

> *« procéder, ou faire procéder, par des techniciens compétents, aux opérations d'entretien et de vérification des installations et des équipements techniques de son établissement (chauffage, éclairage, installations électriques, appareils de cuisson, circuits d'extraction de l'air vicié, des buées et des graisses des grandes cuisines, des offices de remise en température et des îlots, ascenseurs, moyens de secours, etc.). »*

8. Le bâtiment d'habitation en phase : les obligations réglementaires exploitation-maintenance

Outre la maintenance courante de l'immeuble, le propriétaire est tenu de faire effectuer une vérification annuelle des installations de détection incendie, de désenfumage (notamment dispositifs de désenfumage en partie haute des escaliers), de ventilation, des portes coupe-feu, des ferme-porte ainsi que de toutes les installations fonctionnant automatiquement et des colonnes sèches.

Un registre de sécurité doit permettre de tracer l'historique :

- des vérifications des installations concourant à la sécurité ;
- des opérations d'entretien courant et des opérations de maintenance [1].

9. L'ERT en phase exploitation-maintenance : les obligations réglementaires

Le Code du travail prévoit que le maître d'ouvrage remette aux utilisateurs un *dossier de maintenance*, qui comprend toutes les dispositions prévues pour la maintenance, notamment les moyens d'accès pour les agents de maintenance [2].

---

1 Voir les articles 101 et 103 de l'arrêté du 31 janvier 1986 relatif à la protection contre l'incendie des bâtiments d'habitation.

2 Article R4211-3 du Code du travail.

Ce dossier est comparable au DIUO, si celui-ci a été correctement réalisé par le coordonnateur SPS.

Compte tenu de la diversité des installations pouvant être rencontrées dans les lieux de travail, le Code du travail n'impose pas de périodicité de vérification des installations. Il stipule que :

> *« les installations et dispositifs techniques et de sécurité des lieux de travail sont entretenus et vérifiés suivant une périodicité appropriée.*
> *Toute défectuosité susceptible d'affecter la santé et la sécurité des travailleurs est éliminée le plus rapidement possible.*
> *La périodicité des contrôles et les interventions sont consignées dans un dossier qui est, le cas échéant, annexé au dossier de maintenance des lieux de travail. »* [1]

10. Vérifications périodiques des installations électriques

La *vérification périodique* des installations électriques est une obligation issue du Code du travail, mais qui s'applique aussi aux ERP, ceux-ci constituant des lieux de travail.

Cette vérification, qui fait suite à la vérification initiale des installations électriques réalisée à l'issue de travaux (évoquée au chapitre précédent), est confiée à un organisme agréé ou à un technicien compétent, qui peut être un salarié du gestionnaire immobilier [2].

La périodicité est annuelle mais peut être portée à deux ans si le dernier rapport ne comporte aucune observation.

Cette procédure est essentielle et permet, si elle est correctement effectuée, de garantir le niveau de sécurité des installations électriques.

11. Les garanties / la sinistralité

11.1. Responsabilités de droit commun et garanties légales

Deux types de responsabilités peuvent intervenir suite à un sinistre :

- d'une part les responsabilités de *droit commun* (qui peuvent être contractuelles, délictuelles ou pénales, et qui ne sont pas spécifiques au domaine de la construction) ;
- d'autre part les responsabilités spécifiques des constructeurs, dites *garanties légales*.

Règle d'or

Dès lors que les conditions sont réunies pour appliquer l'une des garanties légales, un principe de droit veut qu'elles entrent en jeu prioritairement par rapport aux responsabilités de droit commun.

---

1 Voir l'article R4224-17 du Code du travail.

2 Article R4226-16 du Code du travail et arrêté du 26 décembre 2011 relatif aux vérifications ou processus de vérification des installations électriques ainsi qu'au contenu des rapports correspondants.

Ce sont donc ces garanties légales, spécifiques au monde du bâtiment, qui sont présentées ci-dessous.

On trouvera les références réglementaires relatives aux garanties légales dans le Code civil.

Toute clause d'un marché de travaux qui les exclurait ou limiterait leur application serait réputée non écrite.

Pour faire appliquer ces garanties légales, le maître d'ouvrage n'a pas besoin de prouver la faute du constructeur (constructeur au sens du Code civil, c'est-à-dire entrepreneurs mais aussi maîtres d'œuvre) : l'existence d'un désordre suffit à rendre applicable la garantie.

11.2. La garantie de parfait achèvement

D'une durée d'un an, elle porte [1] sur les désordres de toute nature, hors usure normale. Il peut s'agir de désordres listés en réserves au procès-verbal de réception des travaux ou de désordres apparus après la réception.

Elle ne couvre par exemple pas :

- les frais de maintenance (remplacement de consommables, etc.) ;
- les actes de vandalisme ;
- l'usure liée à l'utilisation des locaux (par exemple sur le lot peintures) ;
- les dysfonctionnements sur une installation modifiée par le maître d'ouvrage après réception (par exemple un tableau électrique sur lequel un exploitant aurait rajouté un départ supplémentaire après la réception du chantier).

La garantie de parfait achèvement ne donne pas lieu au paiement d'une indemnité mais à une *réparation en nature* : le constructeur doit réaliser les travaux correctifs nécessaires.

11.3. La fin de l'année de parfait achèvement

À la fin de l'année de parfait achèvement, le maître d'ouvrage débloque la retenue de garantie ou lève la caution bancaire.

11.4. La garantie de bon fonctionnement de deux ans, pour les ouvrages « dissociables »

Encore appelée garantie biennale de bon fonctionnement [2], elle couvre par exemple :

- des menuiseries (portes, fenêtres, etc.) ;
- des équipements techniques (CTA, radiateurs, etc.).

La Cour de cassation a rappelé avec sagesse qu'un carrelage n'est pas couvert par cette garantie car un carrelage ne « fonctionne » pas :

> *« des désordres qui affectent un carrelage ne compromettant pas la solidité de l'ouvrage ni ne le rendant impropre à sa destination, concernant un élément dissociable de l'immeuble, non destiné à fonctionner, relèvent de la garantie de droit commun »* [3]

---

1 Article 1792-6 du Code civil.

2 Article 1792-2 et 3 du Code civil.

3 Cour de cassation, civile, Chambre civile 3, 11 septembre 2013, 12-19.483.

La garantie biennale donne normalement lieu à paiement d'une indemnité et non à réparation en nature.

11.5. La garantie décennale

Elle couvre les atteintes à la solidité de l'ouvrage et les dommages rendant l'ouvrage impropre à sa destination[1].

Le Code civil précise qu'un équipement n'est couvert par la décennale que s'il forme *« indissociablement corps avec l'un des ouvrages de viabilité, de fondation, d'ossature, de clos ou de couvert »*. Cette notion de dissociable/indissociable est fondamentale pour savoir si un dommage est couvert par la responsabilité décennale ou biennale : les éléments dont le remplacement ne peut être effectué sans détérioration qui leur sert de support sont « indissociables » de l'ouvrage et donc couverts par la garantie décennale[2].

La garantie décennale couvre par exemple :

- des fissures avec infiltrations d'eau ;
- des défauts d'étanchéité d'une toiture ;
- un affaissement de charpente ;
- un dysfonctionnement du réseau d'assainissement empêchant l'évacuation des eaux usées.

Mais elle ne couvre pas :

- des fissures dans les murs n'affectant pas la solidité de l'ouvrage ;
- des traces inesthétiques sur une peinture ;
- un dysfonctionnement d'une menuiserie qui a travaillé ;
- un dysfonctionnement d'un tableau électrique ;
- un défaut d'isolation thermique entraînant des surcoûts « raisonnables » de chauffage (cependant des défauts d'isolation tels que les coûts d'exploitation du bâtiment deviendraient « exorbitants » sont couverts[3]).

Elle donne normalement lieu à paiement d'une indemnité et non à réparation en nature.

Point de vigilance

Quelle garantie appliquer si une installation de chauffage ne fonctionne pas ?

L'absence de chauffage est un dommage rendant impropre l'ouvrage (le bâtiment) à sa destination.

En conséquence, c'est la garantie décennale qui s'appliquera et pas seulement la biennale. Et ceci bien que l'installation de chauffage soit un élément dissociable du bâtiment[4].

---

1 Article 1792, 1792-2 et 1792-4-1 du Code civil.
2 Article 1792-2 du Code civil.
3 Article L111-3-1 du Code de la construction et de l'habitation.
4 On trouvera une jurisprudence sur ce sujet sur Légifrance : Cour de cassation, chambre civile 3, audience publique du jeudi 7 avril 2016, n° de pourvoi : 15-15441.

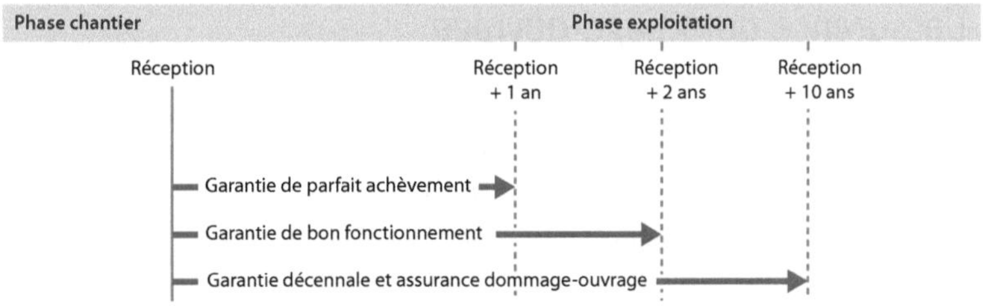

Figure 58 – Les garanties légales

11.6. Sinistralité et responsabilité des constructeurs

Le maître d'ouvrage peut appeler en responsabilité décennale l'entrepreneur, mais aussi le maître d'œuvre, car celui-ci est assimilé par le Code civil à un constructeur[1]. Les bureaux d'études sous-traitants peuvent aussi être appelés en responsabilité.

La responsabilité décennale du constructeur n'est pas engagée s'il peut démontrer que les dommages proviennent d'une cause étrangère (force majeure, imprévisible, irrésistible et insurmontable, par exemple un glissement de terrain).

Point de vigilance

Comme évoqué plus haut, l'immixtion fautive du maître d'ouvrage jugé notoirement compétent dans le domaine du bâtiment est un cas possible d'exonération de la responsabilité du constructeur (entrepreneur ou maître d'œuvre).

11.7. Garanties et équipements de process

Depuis 2005, la loi a exclu du champ des garanties légales les équipements techniques liés au process, c'est-à-dire dont la fonction exclusive est de permettre une activité professionnelle dans le bâtiment : chambre froide, équipements d'un dentiste, scanner d'un centre de radiologie, machines-outils d'une usine, etc.

Ces équipements sont donc couverts par les garanties spécifiées dans leurs contrats d'achats et de pose.

11.8. Assurances et mise en œuvre des garanties

En France le système de l'assurance construction est basé sur une double obligation d'assurance (on parle parfois de *système à double détente*) :

- l'assurance du maître d'ouvrage, la *dommage-ouvrage*, qui permet d'indemniser rapidement le propriétaire et les acquéreurs futurs des dommages relevant de la garantie décennale, avant même toute recherche de responsabilité ;
- l'*assurance décennale* des constructeurs qui prend en charge dans un second temps le coût final des travaux de réparation, préfinancés par la dommage-ouvrage.

1 Article 1792-1 du Code civil.

11.9. L'assurance dommage-ouvrage

Comme évoqué au chapitre précédent, l'assurance dommage-ouvrage est l'assurance du maître d'ouvrage. Elle couvre les défauts de construction dix ans après la réception des travaux et, dans certains cas, pendant le chantier lui-même (défaillance d'une entreprise).

La dommage-ouvrage expire en même temps que la garantie décennale.

11.10. L'assurance des constructeurs

Comme évoqué au chapitre précédent, les *constructeurs* au sens du Code civil, c'est-à-dire les entreprises, les promoteurs immobiliers, les architectes, les BET et les bureaux de contrôle, sont assurés pour couvrir leur responsabilité décennale. Cette assurance est une obligation légale.

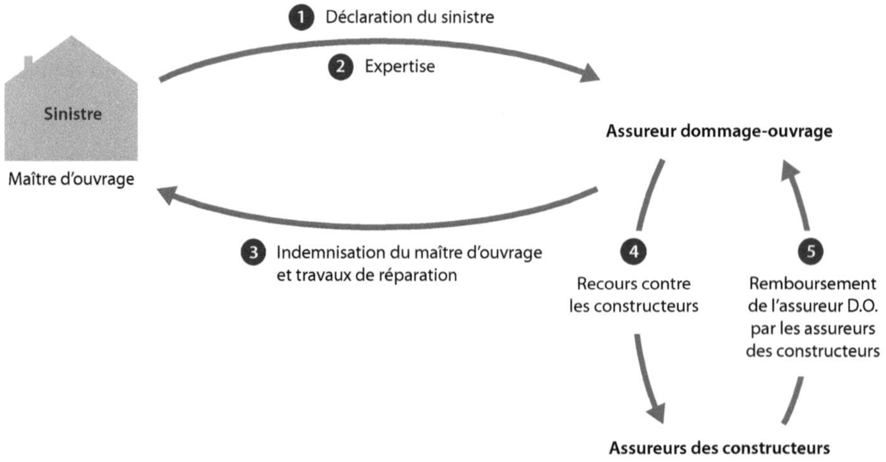

Figure 59 – Processus d'indemnisation de la dommage-ouvrage.

Pour en savoir plus sur les assurances

Consulter le Code de la construction, articles L111-27 à 39.

---

12. Récapitulatif des prestations courantes de l'AMO conducteur d'opération pendant la phase d'exploitation-maintenance

Au cours de cette phase, l'AMO conducteur d'opération, s'il est missionné, peut notamment être amené à réaliser les prestations suivantes :

- pilotage d'une mission de suivi de la performance énergétique, réalisée par le BET thermique du projet ;
- mission *commissioning* ;
- mission de *retrocommissioning* dans un bâtiment existant ;
- mission de *recommissioning* ;
- gestion des interfaces entre la maquette numérique DOE et le logiciel de gestion de patrimoine ; réalisation de fichiers d'échange et vérification de la bonne intégration des données au logiciel de gestion de patrimoine ;
- constitution du dossier d'utilisation, d'exploitation et de maintenance ;
- définition de l'organisation générale de l'exploitation-maintenance ;
- rédaction des cahiers des charges des prestations de maintenance et d'exploitation ;
- préparation des contrats de maintenance ;
- initialisation du registre de sécurité ;
- préparation d'une visite périodique de la commission de sécurité ;
- gestion d'un sinistre pour le compte du maître d'ouvrage, mise en œuvre des garanties légales.

Certaines prestations peuvent s'inscrire dans la durée :

- « Maintenance/Tenue à jour » de la maquette numérique DOE ;
- pilotage des vérifications techniques périodiques ;
- assistance à la gestion de site.

Glossaire/liste de sigles

ACT : assistance pour la passation des contrats de travaux

ACV : analyse du cycle de vie

AEC : signe anglais pour *architecture, engineering and construction*

AES : alimentation électrique de sécurité

AIPR : autorisation d'intervention à proximité des réseaux

AMO : assistance à maîtrise d'ouvrage

AOR : assistance aux opérations de réception

APD : avant-projet définitif

APS : avant-projet sommaire

APSAD : à l'origine, assemblée plénière des sociétés d'assurance dommage ; l'APSAD est aujourd'hui devenue une marque collective délivrée par le Centre national de prévention et de protection, organisme certificateur de l'assurance. L'APSAD distingue les professionnels qui garantissent la qualité des prestations techniques dans les domaines du contrôle des risques (incendie, inondation, malveillance,...) sous la forme de règles (les règles APSAD) de certification détaillées pour les éléments de sécurité et de protection

AQC : Agence Qualité Construction

ASI : alimentation sans interruption

ATE : agrément technique européen

ATec : avis technique

ATEx : appréciation technique d'expérimentation

Bbio : besoin bioclimatique ; terme introduit par la RT 2012

BAEH : bloc autonome d'éclairage d'habitation

BAES : bloc autonome d'éclairage de secours

BDF : bâtiment durable francilien

BDM : bâtiment durable méditerranéen

BET : bureau d'études techniques

BIM : *Building Information Modeling* (en français, maquette numérique du bâtiment) ; modélisation 3D du bâtiment, dans laquelle les composants du bâtiment sont représentés par des objets associés à des caractéristiques (structurelles, thermiques, acoustiques, etc.)

BPE : bon pour exécution

BT : basse tension

C2P : commission prévention produits de l'Agence Qualité Construction

CCAG : cahier des clauses administratives générales

CCAP : cahier des clauses administratives particulières

CCDSA : commission consultative départementale de sécurité et d'accessibilité

CCTP : cahier des clauses techniques particulières

CESI : chauffe-eau solaire individuel

CFD : *Computational Fluid Dynamics* (en français, simulation dynamique des fluides, ou mécanique des fluides numérique) ; méthodes de simulation des écoulements de fluides par ordinateur

CMSI : centralisateur de mise en sécurité incendie

CDAC : commission département d'aménagement commercial

CNAC : commission nationale d'aménagement commercial

Consuel : organisme qui vérifie les installations courants forts privatives avant leur raccordement au réseau ERDF

CSSI : coordonnateur du système de sécurité incendie

CSTB : Centre scientifique et technique du bâtiment

CTA : centrale de traitement d'air

CTB : en français table de styles de tracé ; paramètres utilisés dans AutoCad pour contrôler l'apparence des objets pendant le traçage

CVC : spécialité comprenant le chauffage, la ventilation, la climatisation et par extension le désenfumage mécanique

D9 : règles techniques émises par l'APSAD, pour le dimensionnement des besoins en eau pour la défense contre l'incendie

DACAM : demande d'autorisation de construire, d'aménager ou de modifier un ERP

DAD : détecteur autonome déclencheur

DAS : dispositif actionné de sécurité

DECI : défense extérieure contre l'incendie

DEE : document d'évaluation européen

DENFC : dispositif d'évacuation naturelle des fumées et de chaleur

DET : direction de l'exécution des travaux

DICT : déclaration d'intention de commencer les travaux

DOC : déclaration d'ouverture de chantier

DOE : dossier des ouvrages exécutés

DPGF : décomposition du prix global et forfaitaire

DRIM : *Deconstruction and Recovery Information Model*, maquette numérique d'étude d'un projet de démolition

DT : déclaration de projet de travaux dans le cadre de réglementation relative aux travaux à proximité des réseaux VRD

DTA : document technique d'application

DTU : document technique unifié

ECS : eau chaude sanitaire

EDDV : état descriptif de la division en volume

EN : norme européenne
EP : étude préliminaire (dans le domaine des infrastructures et travaux publics)
ERP : établissement recevant du public
ERT : établissement recevant des travailleurs
ESQ : esquisse
ETE : évaluation technique européenne
GTB : gestion technique du bâtiment
GTC : gestion technique centralisée
HEA, HEB, HEM : poutrelles de la gamme européenne
HT : haute tension
ICPE : installation classée pour la protection de l'environnement
IFC : *Industry Foundation Classes*. Format de fichier orienté objet utilisé par l'industrie du bâtiment pour échanger et partager des informations entre logiciels
IGH : immeuble de grande hauteur
IPE : poutrelle en I européenne
IPN : poutrelle en I à profil normal
ISO : *International Organization for Standardization*, organisation internationale de normalisation
ITE : isolation thermique par l'extérieur
ITR : isolation thermique répartie (dans l'épaisseur du mur)
LAN : *Local Area Network*, réseau informatique local
MEP : *Mechanical, Electrical, Plumbing*, sigle anglais pour CVC plomberie
MNEM : maquette numérique exploitation maintenance
MOA : maîtrise d'ouvrage
MOAD : maître d'ouvrage délégué, mandataire du maître d'ouvrage
MOE : maîtrise d'œuvre
MOP : maîtrise d'ouvrage publique
MTA : module de traitement d'air
OPC : ordonnancement pilotage coordination
OS : ordre de service
PACTE : programme d'action pour la qualité de la construction et la transition énergétique
PAU : parties actuellement urbanisées
PLM : *Product Lifecycle Management*, gestion du cycle de vie d'un produit
PLU : plan local d'urbanisme
PLUi : plan local d'urbanisme intercommunal
PMR : personne à mobilité réduite
PPP : partenariat public privé, formule abandonnée par la réforme des achats
PRO : phase projet
PSH : personne en situation de handicap
PSMV : plan de sauvegarde et de mise en valeur
RAGE : programme Règles de l'art Grenelle de l'environnement
RGE : reconnu garant de l'environnement
RIA : robinet d'incendie armé

RICT : rapport initial de contrôle technique
RNU : règlement national d'urbanisme
RPC : règlement européen sur les produits de construction
RT : réglementation thermique
RVRAT : rapport de vérifications réglementaires après travaux
SCoT : schéma de cohérence territoriale
SDI : système de détection incendie
SMSI : système de mise en sécurité incendie
SPR : site patrimonial remarquable (au titre du Code du patrimoine)
SSI : système de sécurité incendie
SSIAP : agent ayant suivi la formation « Service de sécurité incendie et d'assistance à la personne »
SYN : mission de synthèse des réseaux
TD : tableau divisionnaire ou tableau de distribution
TDD : *Technical Due Diligence* ; vérifications préalables à une transaction immobilière
TGBT : tableau général basse tension
TGS : tableau général de sécurité
UFR : usager fauteuil roulant
UTE : union technique de l'électricité
UTL : unité de traitement locale, utilisée dans certains systèmes courants faibles
VDI : voix, données, images ; équivalent à courants faibles
Visa : examen des documents d'exécution et avis du MOE
VRD : voiries et réseaux divers
VTP : volume technique protégé
WAN : *World Area Network*, réseau informatique mondial
ZA : zone d'alarme
ZC : zone de compartimentage
ZD : zone de détection
ZF : zone de désenfumage
ZS : zone de mise en sécurité

Bibliographie/ouvrages conseillés

Ajaccio F.-X., *L'assurance construction. Mieux comprendre le système de l'assurance construction*, CSTB éditions, 2e éd., 2016.

Auch-Schwelk V., Fuchs M., Hegger M. et Rosenkranz T., *Construire. Atlas des matériaux*, Presses polytechniques et universitaires romandes, Lausanne, 2009 – Ouvrage d'approfondissement théorique.

Bellenger A.-M. et Blandin A., *Le BIM sous l'angle du droit*, Eyrolles et CSTB éditions, 2e éd., 2019 – Rappelle le cadre juridique et clarifie les vides juridiques relatifs au BIM.

Borie V., *La médiation à l'usage des professionnels de la construction. BTP, Immobilier, architecture, urbanisme*, Eyrolles, 2017.

Celnik O. et Lebegue E. (sous la direction de), *BIM & maquette numérique pour l'architecture, le bâtiment et la construction*, CSTB éditions et Eyrolles, 2e éd., 2016 – Un des tout premiers livres français sur le BIM.

Chenaf M. et Ruaux N., *Guide pratique Fondations. Conception, dimensionnement et réalisation. Maisons individuelles et bâtiments assimilés*, CSTB éditions, 3e éd., 2014 – Petit ouvrage synthétique et clair.

De Maestri A., *Premiers pas en BIM*, Eyrolles et Afnor éditions, Paris, 2017 – Petit ouvrage peu détaillé mais bonne introduction, avec un exemple pratique d'application du BIM à une maison individuelle.

Estingoy P. et Rabatel M., *Prévenir les risques d'une opération de construction*, collection « Méthodes », Le Moniteur, 2006 – Ouvrage très concret, basé sur des années d'expérience.

Frederick M., *101 petits secrets d'architecture qui font les grands projets*, Dunod, 2012.

Gallauziaux T. et Fedullo D., *Le grand livre de l'isolation*, Eyrolles, 3e éd., 2013 – Excellent ouvrage de référence sur toutes les techniques de l'isolation, non seulement thermique mais aussi acoustique.

Hoyet N., Duchene F. et De Fouquet M., *BIM et architecture*, Dunod, 2016 – Ouvrage très détaillé par les concepteurs du nouveau TGI de Paris.

Kensek K., *Manuel BIM. Théorie et applications*, Eyrolles, 2015 – Traduction d'un excellent petit manuel américain qui présente des témoignages de professionnels. Peut-être le meilleur ouvrage en français pour commencer à découvrir le BIM.

Levan S.K., *Management et collaboration BIM*, Eyrolles, 2016 – Ouvrage extrêmement ardu, qui montre le décalage important entre les pratiques françaises et américaines et le chemin qu'il nous reste à parcourir en matière d'organisation de la collaboration en BIM.

Majza B., Merienne C., Cazaban F., Benages T. et Thevenot V., *Guide pratique de l'AMO*, Le Moniteur, 2016 – Ouvrage juridique très détaillé, en particulier sur les marchés de concession et les marchés globaux.

Mission interministérielle pour la qualité des constructions publiques, *Guide à l'intention des maîtres d'ouvrage publics pour la négociation des rémunérations de maîtrise d'œuvre. Loi MOP*, édition 2011, La Documentation française – Le guide officiel de référence.

Sablon J.-L., *Défauts de construction : Que faire ? Guide juridique et pratique*, Eyrolles, 2016 – Petit guide écrit par un avocat : très concret, très clair et très utile mais centré sur le marché des maisons individuelles.

Wright D., *Manuel d'architecture naturelle*, Parenthèses, nouvelle édition 2004 – Un classique de l'architecture bioclimatique.

Guide d'application de la réglementation incendie : Habitation, ERP, locaux d'activité, CSTB éditions, 2016 – Guide de la réglementation richement illustré.

Mémento pratique Francis Lefebvre : Urbanisme. Construction, Francis Lefebvre, 2019 – Ouvrage juridique de référence.

Règlement de sécurité contre l'incendie relatif aux établissements recevant du public. Dispositions générales et commentaires officiels, France-Sélection, 2018.

Documents consultés sur Internet :

Le Guide OGBTP, consultable sur www.qualibat.com, établi par l'Office général du bâtiment et des travaux publics, une fédération défendant les intérêts des architectes et des entrepreneurs – Ce guide mis à jour régulièrement et bien rédigé rappelle les principes de passation et de gestion des marchés de travaux.

Plan transition numérique dans le bâtiment et MICQP, *BIM et maquette numérique - Guide de recommandations à la maîtrise d'ouvrage*, 2016, sur www.miqcp.gouv.fr

52 missions d'AMO pour vos projets. Guide de l'assistance à maîtrise d'ouvrage, www.untec.com et www.cinov.fr

L'Assistance à maîtrise d'ouvrage (AMO) – Comment réussir vos projets d'infrastructures ?, AMF (Association des maires de France et des présidents d'intercommunalité) / IDRIM (Institut des routes, des rues et des infrastructures pour la mobilité), 2015, sur www.idrim.com

Missions d'assistance à décideur et maître d'ouvrage. Terminologie et repères de pratiques, direction générale de l'urbanisme, de l'habitat et de la construction, Syntec-ingénierie et AITF, 2005, www.syntec-ingenierie.fr

Quelques sites Internet utiles

- www.legifrance.gouv.fr/
- www.sitesecurite.com
- www.cstb.fr
- www.actu-environnement.com
- www.geoportail.fr
- www.architectes.org
- www.batiactu.com
- www.breeam.org
- www.ademe.fr
- www.lemoniteur.fr
- www.planbatimentdurable.fr
- www.programmepacte.fr
- www.negawatt.org : le site de l'association Negawatt
- www.energieinstitut.at : le site de l'Institut de l'énergie du Vorarlberg
- www.lagazettedescommunes.com
- http://guidebatimentdurable.bruxellesenvironnement.be

Quelques documents et sites Internet particulièrement recommandables :

Arrêté du 22 mars 2019 précisant les modalités techniques d'exécution des éléments de mission de maîtrise d'œuvre confiés par des maîtres d'ouvrage publics à des prestataires de droit privé – consultable sur Légifrance

– L'arrêté d'application de la loi MOP décrivant le contenu type des phases

Le CCAG Travaux – consultable sur Légifrance dans l'arrêté du 8 septembre 2009 portant approbation du cahier des clauses administratives générales applicables aux marchés publics de travaux

– Le texte de référence pour la phase chantier en marchés publics

www.inrs.fr/metiers/btp.html

– Aide-mémoire gratuitement téléchargeables sur la sécurité sur les chantiers

www.effinergie.org

- L'association Effinergie publie des guides intéressants sur l'efficacité énergétique dans l'habitat neuf et existant, gratuitement téléchargeables

http://guidebatimentdurable.bruxellesenvironnement.be

Bruxelles environnement, l'administration de l'environnement de la région de Bruxelles a mis au point et mis en ligne un guide thématique remarquablement complet, une véritable mine d'informations pour le concepteur en matière de qualité environnementale du bâtiment

www.reseaux-et-canalisations.ineris.fr

- Le guide d'application de la réglementation relative aux travaux à proximité des réseaux VRD, composé de trois fascicules, est extrêmement utile pour tout maître d'œuvre en charge de projets d'aménagements extérieurs. Le fascicule 2 en particulier, véritable guide technique, est richement illustré et facilite l'identification de la nature des réseaux que l'on rencontre en aménagements extérieurs

Premières bribes de vocabulaire international

Vocabulaire des phases utilisé au Royaume-Uni

Il peut être intéressant de connaître ce vocabulaire à l'occasion d'un projet certifié BREEAM.

RIBA stages	***Government draft digital plan of work***	**Tentative d'équivalence française**
0 *Strategic definition*	*Strategy*	Émergence
1 *Preparation and brief*	*Brief*	Programme
2 *Concept design*	*Concept*	Esquisse/APS
3 *Developed design*	*Definition*	APD
4 *Technical design*	*Design*	PRO
5 *Construction*	*Build and commission*	Chantier
6 *Handover and close out*	*Handover and close out*	Livraison

Pour en savoir plus

www.ribaplanofwork.com

Avertissement

Les sites Internet de fabricants d'équipements et d'éditeurs de logiciels cités dans cet ouvrage le sont à titre d'exemples, sans préjuger de la qualité particulière de ces sociétés.

INDEX

D

N

O

P

U

V

Z

Chez le même éditeur (extrait du catalogue)

Architecture

Isabelle Chesneau (dir.), *Profession Architecte. Identité, responsabilité, contrats, règles, agence, économie, chantier*, 576 p., 2018

Michel Possompès, *La fabrication du projet. Méthode destinée aux étudiants des écoles d'architecture*, 2e éd., 384 p., 2016

– *Mes clients et moi : un architecte raconte. Récits*, 320 p., 2018

Xavier Bezançon & Daniel Devillebichot, *Histoire de la construction*

– *de la Gaule romaine à la Révolution française*, 392 p. en couleurs, 2013

– *moderne et contemporaine en France*, 480 p. en couleurs, 2014

Alain Billard, *De la construction à l'architecture*

– *Les structures-poids*, 604 p., 2015

– *Les structures en portiques*, 252 p., 2016

– *Les structures de hautes performances*, 400 p., 2016

Grégoire Bignier, *Architecture & écologie : comment partager le monde habité*, 2e éd., 216 p., 2015

– *Architecture & économie : ce que l'architecture fait à l'économie circulaire*, 160 p., 2018

Christophe Olivier & Avril Colleu, *12 solutions bioclimatiques pour l'habitat. Construire ou rénover : climat et besoins énergétiques*, 232 p., 2016

Carol Maillard, *Façades & couvertures. Performances, architecture, acier*, coédition Eyrolles/ConstruirAcier, 264 p., 2016

Manuels de formation initiale

Yves Widloecher & David Cusant, *Manuel de l'étude de prix, Entreprises du BTP. Contexte, cours, études de cas, exercices résolus*, 4e éd., 224 p., 2018

– *Descriptifs et CCTP de projets de construction. Manuel pour comprendre, analyser organiser et décrire*, 2e éd., 224 p. 2018

– *Manuel d'analyse d'un dossier de bâtiment. Initiation, décodage, contexte, études de cas*, 2e éd., 276 p., 2018

Jean-Pierre Gousset, *Avant-métré. Terrassement, VRD & gros-œuvre : principes, ouvrages élémentaires ; études de cas, applications*, 264 p., 2016

Série « Technique des dessins du bâtiment »

– *Dessin technique et lecture de plan. Principes ; exercices*, 2e éd., 288 p., 2013

– *Plans topographiques, plans d'architecte, permis de construire et RT 2012. Détails de construction*, 280 p., 2014

Gérard Calvat, *Initiation au dessin de bâtiment, avec 23 exercices d'application corrigés*, 186 p., 2015

Marie Fondacci Guillarmé, *Maîtiser les techniques de l'immobilier. Transaction immobilière, gestion locative, gestion de copropriété*, 4e éd., 288 p., 2019

– *Conseil en ingénierie de l'immobilier*, 128 p., 2017

Jean-Claude Doubrère, *Résistance des matériaux. Cours et exercices corrigés*, 12e éd., 176 p., 2013

Réglementation

Bernard de Polignac, Jean-Pierre Monceau, Xavier de Cussac et Pascal Lesieur, *Expertise immobilière. Guide pratique*, 7e édition, 512 p., 2019

Vincent Borie, *La médiation à l'usage des professionnels de la construction*, 136 p., 2017

Gérald Pinchera, *Passation et gestion des marchés privés de travaux. Guide pratique*, 104 p., 2017

Jean-Louis Sablon, *Défauts de construction : que faire ? Guide juridique et pratique*, 144 p., 2016

Construction

Victor Davidovici, *Le projet de construction parasismique*, 464 p., 2019

Erick Ringot, *Calcul des ouvrages. Résistance des matériaux et fondement du calcul des structures*, 512 p., 2017

Erick Ringot, Bernard Husson & Thierry Vidal, *Calcul des ouvrages : applications*, 768 p., 2018

Jean-Paul Roy & Jean-Luc Blin-Lacroix, *Le dictionnaire professionnel du BTP*, 3e éd., 828 p., 2011

Collectif CAPEB/CTICM/ConstruirAcier, *Structures métalliques : ouvrages simples. Guide technique et de calcul d'éléments structurels en acier*, 104 p., 2013

Brice Fèvre & Sébastien Fourage, *Mémento du conducteur de travaux. Préparation et suivi de chantier*, 5e éd., 176 p., 2019

Claude Prêcheur, *Manuel technique du maçon*

– *Organisation, conception, applications*, 2e éd., 304 p., 2019

– *Matériaux, outils, techniques*, 2e éd., 288 p., 2019

Bertrand Hubert, Bruno Philipponnat, Olivier Payant et Moulay Zerhouni, *Fondations et ouvrages en terre. Manuel professionnel de géotechnique du BTP*, 828 p., 2019

Éric Mullard, *La couverture du bâtiment. Manuel de construction*, 2e éd., 352 p., 2018

Jean-Marie Rapin, *L'acoustique du bâtiment. Manuel professionnel d'entretien et de réhabilitation*, 192 p., 2017

Étienne de Villepin, *Les courants faibles*, 180 p., 2019

Philippe Peiger & Nathalie Baumann, *Végétalisation biodiverse et biosolaire des toitures*, 280 p., 2018

Philippe Philipparie, *Pathologie générale du bâtiment*, 176 p., 2019

Alexandre Caussarieu & Thomas Gaumart, *Rénovation des façades : pierre, brique, béton. Guide à l'usage des professionnels*, 2e éd., 192 p., 2013

Gérard Karsenty, *Guide pratique des VRD et des aménagements extérieurs. Des études à la réalisation des travaux*, 2004, 632 p., 7e tirage 2015

René Bayon, *VRD : voirie, réseaux divers, terrassements, espaces verts. Aide-mémoire du concepteur*, 6e éd. 1998, 528 p., 9e tirage 2015

Philippe Carillo, *Conception d'un projet routier. Guide technique*, 112 p., 2015

Jean Barillot, Hervé Cabanes & Philippe Carillo, *La route et ses chaussées. Manuel de travaux publics*, 264 p., 2018